入試精選問題集

文系数学の良問プラチカ

数学Ⅰ・A・Ⅱ・B・C 四訂版

（数列）（ベクトル）

問題編

JN083340

河合出版

著者から皆さんへ

この問題集は，翌春，文系難関大学合格を目指す諸君が，**自学自習用に夏から利用し始め，入試本番前に終えられる**ことを想定し，数多（あまた）の問題から，解くことによってあるいは解こうとすることによって得るものが多いと思われる問題を，質・量を考えて作られています．**【解答】**はやや丁寧気味に書かれていますから，本番ではここまで書かなくても満点が取れるはずです．

また，総合大学の理系の学部・学科で出題されたものであっても，文系でも出される可能性の高いと思われる問題は採ってあります．

入試では複数の分野にまたがる融合問題がしばしば出されるので，配列については，必ずしも高校での学習順とはなっていません．（融合問題は主たるテーマと思われる分野あるいは難しいと思われる部分の分野，はたまた問題文の見た目の分野の方に収めた．）

さらに，数学Ｃのベクトル分野については，文系学部ではあってもそれが難関大学であると出題範囲に入っていたりもするので本問題集にも収載したし，表向きは他分野の問題の答案作成にも躊躇せずに用いました．また，整数は入試では頻出なので特に講建てしました．逆に，出題されることが少ない分野は取り扱いませんでした．

不得手な分野が１つでもあると，合格点を取ることが不確実になります．この問題集で十二分に演習し不得意分野を一掃してください．

本書では解答編にできるだけ多くの図を載せて理解の一助としましたが，諸君も自分でこのような**図を描く練習**をし，さらに**その中から必要な情報を抽出する訓練**をするとよいでしょう．

答案例は諸君が試験現場で考え付き易いと思われるものを採用しましたが，それは人に依って違うことも多々あるでしょうから，こっちのアプローチの方を気づくかもという答案例も（あれば）別解として挙げておきました．

さらに，もしかすると知らなかったかもしれないあるいはここらで一度知識をまとめておいてもらおうと考えられる事柄については，適宜，【注】，【参考】も付けておいたので確認して欲しい．

加えて，公式，定理がたくさん出てきますが，「公式，定理そのものの暗記だけ」では役に立ちません．**「道具」はその「使用目的，使用方法」を知って，**

なおかつ「使用経験」があって初めて有効なのですから，ここのところを意識しつつ学習なさい．

さらに加えて，入試の採点においては，諸君の数学の力のみならず，

『“自分が理解しているという事実” を，あなたのことを何も知らない（しかも目の前に居ない）赤の他人に，説明する力が評価される』

のですから，決して，最終結果だけ合っていれば（当たっていれば？）いいのだという手前勝手な答案でよしなどとせず，本書の解答を参考にして手習いをするつもりで，**論述の訓練**をすることが肝要です．

この問題集を隅から隅まで利用すれば，後は諸君が志望する大学の過去問をチェックして，合格点（7～8 割）が取れるはずです．

“あなたが受験数学に真剣に費やした時間は入試会場であなたを裏切らない”

とわたしは思う．

著　者

言わずもがなのことだけれど，入試数学に話が限定されているわけだから当然，いくつかの考え方や方法はこの本の中で繰り返し出現していて，

「なんだこの著者，同じ事ばかり何度も書いているではないか」

と思うでしょう．

その通りです．そう思ってもらえたら重畳（ちょうじょう）です．

譬え話（たとえばなし）にならないかもですが，アドレナリン（エピネフリン）は交感神経を興奮させるホルモンで，運動器官においては血液循環を上昇させ，呼吸器官においてはガス交換効率を向上させ，感覚器官においてはその感度を高めるなど様々なところに働く多くのいろいろな“力”を持っているそうです．受験数学の考え方や方法，技もこれに似ているといえるかも知れません．

また，仄聞（そくぶん）するところ，1 回 2 回では覚えられないが 7 回聞けば身に付くそうですから，こらえて下さい．志望大学合格後も生涯にわたって役に立つなどとは言いませんが，

“あの手がダメでも，この手があるさ”

という二枚腰の魂は長らく重宝すると，これまたわたしは思います．

入試出題傾向と対策

数学Ⅰ

「2次関数」は単独で出題されるよりは，“変数を置き換えて2次関数や2次方程式，不等式に帰着させる他分野との融合問題”が多数を占めます．

また，**「三角比」**は出題数としては他分野と比べ少ない方で，出題されてもほとんどが典型的な問題です．したがって，数学Ⅰのこれらの分野については，典型的な問題を数題学習することで対応は十分です．

数学A

数学Aでは何といっても**「場合の数，確率」**の出題が圧倒的に多く，単なる“数え上げの問題”から始まって，“整数問題や数列分野との融合問題”に至るまでさまざまですから，いろいろな問題をその工夫の仕方に注目して学習しておきましょう．

また，**「整数」**分野から毎年のように出題する大学もあります．この分野の問題ほど“経験がものをいう”問題はありません．十分な演習が求められます．

数学Ⅱ

「指数関数，対数関数」，**「三角関数」**については，“方程式や不等式”，“関数の最大，最小”といった比較的単純な問題の演習で，公式を正しく速く使える計算力を養うことが第一です．

「図形と方程式，不等式」では，“円と直線に関する単純な問題”の出題も相変わらず多いけれど，数学Ⅰの2次方程式，不等式との融合的な“軌跡および領域の問題”を練習することが応用力を身に付けるという点からも効果的でしょう．

「微分」では，“係数に文字を含んだ関数に絡む接線の問題”，“関数の増減，極値に関する問題”，また，微分の応用として“方程式の実数解の存在条件，実数解の個数についての問題”が多く出題されています．

「積分」の面積を求める問題については，放物線が絡むものが圧倒的ですが，その多くの問題が典型問題です．積分の学習を進めるうえでの課題は，確実で要領のよい計算力を身に付けることです．

数学B

「数列」は，単に漸化式の解法や和の公式をマスターするにとどまらず，等式や不等式の数学的帰納法による証明や，図形，場合の数，確率，整数など他分野との融合問題として出題されることも多い（したがって，たいがい難しい問題に感じられる）から，ここは，しっかり時間をかけて訓練する必要があります．

数学C　「ベクトル」分野では，“「平面上の点が与えられた直線上にある」,「空間内の点が与えられた平面上にある」ことからベクトルを決定する問題（一次結合で表しておいて係数比較する問題）”，および，“平面，空間におけるベクトルの内積を含む図形問題”が出題されます．平面ベクトルでは，“円とベクトルに関する問題”，“点の軌跡，領域に関する問題”として数学Ⅱの三角関数や平面図形と方程式との融合形式による出題が目立ちます．空間ベクトルでは，“座標空間で考える問題”も多く出題され，この分野で学習を進めるポイントは，いろいろな素材（直線，平面，球面，四面体，三角柱，平行六面体，etc.）の問題を解いてみることです．

問題文の記号や表現を原典から変更した場合であっても，その解答の流れが（記号を除いて）元と全く同じでよいときや穴埋め問題を論述式問題に変更しただけのとき，その出典を一々「○○大・改」とはしなかった．

問題文の理解，解法の習得が難しいであろう問題には†（ダガーマーク）を付けておいた．†付きの問題に限らず，答案作成中に10分間手や頭が止まったら，さっさと【解答】を見てしまうのも一手だと思う．そこが自分の弱点だということが判ったのだし，二度と同じ様なところで引っ掛からなければよいのだから．
尚，答案をスッキリとさせる為に次の意味を持つ記号 ∴ や ∵ を用いた．

∴　それ故（ゆえ）に，したがって，よって，だから，therefore
∵　なぜならば，because

目 次

§1 2次関数，2次方程式，2次不等式

1. x の関数

$$f(x)=ax^2-2x+1$$

の $-1 \leqq x \leqq 1$ における最大値および最小値を求めよ．

（関西大）

2. 区間 $[a,\ b]$ が関数 $f(x)$ に関して不変であるとは，

「定義域が $a \leqq x \leqq b$ ならば，値域は $a \leqq f(x) \leqq b$」

が成り立つこととする．

$f(x)=4x(1-x)$ とするとき，

(1) 区間 $[0,\ 1]$ は関数 $f(x)$ に関して不変であることを示せ．

(2) $0<a<b<1$ とする．このとき，区間 $[a,\ b]$ は関数 $f(x)$ に関して不変ではないことを示せ．

（九州大）

3. $f(x)=\dfrac{x^2+ax+b}{x^2-x+1}$ の最大値が 3，最小値が $\dfrac{1}{3}$ である．このとき，a，b の値を求めよ．

（上智大）

4. 半径 1 の円 C_1 に内接する直角三角形の直角をなす 2 辺の長さをそれぞれ a，b とする．また，その直角三角形の内接円 C_2 の半径を r とする．

(1) $X=a+b$，$Y=ab$ とおくとき，X と Y をそれぞれ r で表せ．

(2) r の値の範囲を求めよ．

（南山大・改）

5. a は $1 \leqq a < 2$ をみたす定数である．辺 AB の長さが a，辺 AD の長さが 1 である長方形 ABCD があり，半径 x の円 O と半径 y の円 O' がこの長方形に含まれている．また，円 O は 2 辺 AB，AD に接し，円 O' は 2 辺 CB，CD に接し，2 つの円 O と O' は互いに外接している．このとき，

(1) $x+y$ を a の式で表せ．

(2) x の取り得る値の範囲を求めよ．

(3) x，y の値が変化するとき，2 つの円 O，O' の面積の和の最大値と最小値を求めよ．

（関西学院大・改）

6. α，β を $x^2-x+1=0$ の異なる解とする．

(1) $\dfrac{1}{\alpha}+\dfrac{1}{\beta}$ の値を求めよ．

(2) α^{27} と β^{27} の値を求めよ．

(3) $\alpha^n+\beta^n$（$n=1$，2，3，…）の値を求めよ．

（三重大）

7. 実数 x，y が，条件

$$x^2+xy+y^2=x+y$$

をみたしているとき，

(1) $s=x+y$ が取り得る値の範囲を求めよ．

(2) $t=x-y$ が取り得る値の範囲を求めよ．

(3) $u=x^2+y^2$ の最大値と，それを与える x，y の値を求めよ．

（立教大）

8. (1) 等式 $|x^2-4x|=x+a$ を満たす実数 x がちょうど 2 つ存在するような実数 a の値の範囲を求めよ．

(2) 等式 $|x^2-4x|=bx$ を満たす 0 でない実数 x が存在するような実数 b の値の範囲を求めよ．

（慶應義塾大・改）

9. a を 2 以上の実数とし，$f(x)=(x+a)(x+2)$ とする．このとき，$f(f(x))>0$ がすべての実数 x に対して成り立つような a の範囲を求めよ．

（京都大）

10. 不等式

$$-x^2+(a+2)x+a-3<y<x^2-(a-1)x-2 \qquad \cdots(*)$$

を考える．ただし，x，y，a は実数とする．このとき，

(1) 「どんな x に対しても，それぞれ適当な y をとれば不等式(*)が成立する」ための a の値の範囲を求めよ．

(2) 「適当な y をとれば，どんな x に対しても不等式(*)が成立する」ための a の値の範囲を求めよ．

（早稲田大）

§2 | 図形と計量（三角比）

11. 平面上の四角形 ABCD が円に内接している．

$$a=\mathrm{AB},\ b=\mathrm{BC},\ c=\mathrm{CD},\ d=\mathrm{DA},$$
$$x=\mathrm{BD},\ y=\mathrm{AC},\ \theta=\angle\mathrm{BAD}$$

とする．

(1) x^2 を a，d，θ を用いて表せ．

(2) 次の等式を証明せよ．

$$x^2=\frac{(ab+cd)(ac+bd)}{ad+bc}$$

(3) 次の等式を証明せよ．

$$xy=ac+bd$$

（大阪教育大）

12. 三角形 ABC において，AB=6，AC=7，BC=5 とする．点 D を辺 AB 上に，点 E を辺 AC 上にとり，三角形 ADE の面積が三角形 ABC の面積の $\frac{1}{3}$ となるようにする．辺 DE の長さの最小値と，そのときの辺 AD，辺 AE の長さを求めよ．

（岐阜大．類題；鳥取大，上智大，東京大，一橋大，名古屋大，三重大，広島大，他）

13. 平面上の 4 点 O(0, 0)，A(0, 3)，B(1, 0)，C(3, 0) について，

(1) $\sin\angle\mathrm{BAC}$ の値を求めよ．

(2) 点 P が線分 OA 上を動くとき，$\sin\angle\mathrm{BPC}$ の最大値とそれを与える点 P の座標を求めよ．

（北海道大）

14. 四角形 ABCD が，半径 $\dfrac{65}{8}$ の円に内接している．この四角形の周の長さが 44 で，辺 BC と辺 CD の長さがいずれも 13 であるとき，残りの 2 辺 AB と DA の長さを求めよ．

（東京大）

15. 一辺の長さが 1 の正四面体 OABC の辺 BC 上に点 P をとり，線分 BP の長さを x とする．

⑴　三角形 OAP の面積を x で表せ．

⑵　P が辺 BC 上を動くとき，三角形 OAP の面積の最小値を求めよ．

（京都大）

§3 図形の性質

16. 直線 l 上に3点A，B，Cをこの順にとり，ABを直径とする円を O とする．Cを通る直線 $m(\neq l)$ を円 O の円周と2点で交わるように引き，Cに近い交点をB′とし，他の交点をA′とする．AA′とBB′の交点をPとし，AB′とBA′の交点をQ，PQと l の交点をRとする．

(1) $\dfrac{\mathrm{AR}}{\mathrm{RB}}=\dfrac{\mathrm{AC}}{\mathrm{CB}}$ が成り立つことを証明せよ．

(2) 直線PRは l に垂直であることを証明せよ．

(3) 直線 m が上の条件をみたしながら動くときの，点Pの軌跡を求めよ．

（愛知教育大）

17. 三角形ABCにおいて，∠Aの二等分線とこの三角形の外接円との交点でAと異なる点をA′とする．同様に∠B，∠Cの二等分線とこの外接円との交点をそれぞれB′，C′とする．このとき3直線AA′，BB′，CC′は1点Hで交わり，この点Hは三角形A′B′C′の垂心と一致することを証明せよ．

（京都大）

18. C_1，C_2，C_3 は，半径がそれぞれ a，a，$2a$ の円とする．いま，半径1の円 C にこれらが内接していて，C_1，C_2，C_3 は互いに外接しているとき，a の値を求めよ．

（名古屋大）

19. 空間内に四面体ABCDを考える．このとき，4つの頂点A，B，C，Dのすべてを通る球面が存在することを示せ．

（京都大）

20. 1辺の長さが1の立方体がある．

(1) この立方体の8個の頂点のうちの4個を頂点とする正四面体の体積を求めよ．

†(2) この立方体の8個の頂点のうちの4個を頂点とする正四面体と，残りの4個を頂点とする正四面体の共通部分の体積を求めよ．

（早稲田大）

§4　場合の数，確率

21. 1から2000までの自然数の集合をAとする．

(1)　Aの要素のうち，7または11のいずれか一方のみで割り切れるものの個数を求めよ．

(2)　Aの要素のうち，7，11，13のいずれか一つのみで割り切れるものの個数を求めよ．

（奈良女子大）

22. 縦4個，横4個のマス目のそれぞれに1，2，3，4の数字を入れていく．このマス目の横の並びを行といい，縦の並びを列という．どの行にも，どの列にも同じ数字が1回しか現れない入れ方は何通りあるか求めよ．下図はこのような入れ方の1例である．

1	2	3	4
3	4	1	2
4	1	2	3
2	3	4	1

（京都大）

23. サイレンを断続的に鳴らして16秒の信号を作る．ただし，サイレンは1秒または2秒鳴り続けて1秒休み，これを繰り返す．また，信号はサイレンの音で始まり，サイレンの音で終わるものとする．

(1)　1秒または2秒鳴り続ける回数をそれぞれm回，n回とするとき，m，nのみたす関係式を求めよ．

(2)　信号は何通りできるか．

（名古屋大）

24. (1) 正九角形の 3 つの頂点を結んでできる ${}_9C_3(=84)$ 個の三角形のうち，鈍角三角形の個数を求めよ．

(2) 正の整数 n に対して，正 $2n+1$ 角形の 3 つの頂点を結んでできる鈍角三角形の個数を求めよ．

（慶應義塾大）

25. 男子 4 人，女子 3 人がいる．次の並び方は何通りあるか．

(1) 男子が両端にくるように 7 人が一列に並ぶ．

(2) 女子が隣り合わないように 7 人が一列に並ぶ．

(3) 女子のうち 2 人だけが隣り合うように 7 人が一列に並ぶ．

(4) 女子の両隣りには男子がくるように 7 人が円周上に並ぶ．

（青山学院大）

26. 9 人を 3 つの組に分ける．このとき，

(1) 2 人，3 人，4 人の 3 つの組に分けるとき，その分け方は全部で何通りか．

(2) 3 人，3 人，3 人の 3 つの組に分けるとき，その分け方は全部で何通りか．

(3) 9 人のうち，5 人が男，4 人が女であるとする．3 人，3 人，3 人の 3 つの組に分け，かつ，どの組にも男女がともにいる分け方は全部で何通りか．

（法政大）

27. 1 から n までの番号をつけた n 枚のカードがある．これら n 枚のカードを A，B，C の 3 つの箱に分けて入れる．ただし，どの箱にも少なくとも 1 枚は入れるものとする．

(1) 入れ方は全部で何通りあるか．

(2) 自然数 l は $2l \leqq n$ をみたすとする．$1 \leqq k \leqq l$ である各整数 k について $2k-1$ と $2k$ の番号のカードをペアと考える．どれかの箱に少なくとも 1 つのペアが入る場合の数を n と l を用いて表せ．

（東北大）

28. 3つの部屋がある建物Aと，4つの部屋がある建物Bがあり，建物Aの各部屋には番号1，2，3が，建物Bの各部屋には番号1，2，3，4がそれぞれ付いている．また，互いに区別できない荷物が7個用意されており，それぞれの荷物を建物Aまたは建物Bのいずれかの部屋に格納する．ただし，1つの部屋に7個すべての荷物を格納する配置や，建物Aにまったく荷物が格納されない配置，建物Bにまったく荷物が格納されない配置もある．

(1) 荷物の配置は何通りあるか．

(2) 建物Aの番号2の部屋に荷物が3個だけ格納される配置は何通りあるか．

(3) 建物Aに格納される荷物の総数よりも，建物Bに格納される荷物の総数が多い配置は何通りあるか．

(4) 建物Bの中に荷物がまったく格納されない部屋が1つ以上ある配置は何通りあるか．

（九州大）

29. 1個のサイコロをn回振る．

(1) $n \geqq 2$ のとき，1の目が少なくとも1回出て，かつ2の目も少なくとも1回出る確率を求めよ．

(2) $n \geqq 3$ のとき，1の目が少なくとも2回出て，かつ2の目が少なくとも1回出る確率を求めよ．

（一橋大）

30. A，B，Cの3人でじゃんけんをする．一度じゃんけんで負けた人は，以後のじゃんけんから抜ける．残りが1人になるまでじゃんけんを繰り返し，最後に残った人を勝者とする．ただし，あいこの場合も1回のじゃんけんを行ったと数える．

(1) 1回目のじゃんけんで勝者が決まる確率を求めよ．

(2) 2回目のじゃんけんで勝者が決まる確率を求めよ．

(3) 3回目のじゃんけんで勝者が決まる確率を求めよ．

(4) $n \geqq 4$ とする．n回目のじゃんけんで勝者が決まる確率を求めよ．

（東北大）

31. n を 2 以上の自然数とし，1 個のサイコロを n 回振って出る目の数を順に X_1，X_2，…，X_n とする．X_1，X_2，…，X_n の最小公倍数を L_n，最大公約数を G_n とするとき，

(1) $L_2=5$ となる確率，および，$G_2=5$ となる確率を求めよ．

(2) L_n が素数でない確率を求めよ．

(3) G_n が素数でない確率を求めよ．

（大阪大，類題；北海道大，同志社大，九州大）

32. 1 から n までの整数を書いた玉がそれぞれ 2 個ずつ，全部で $2n$ 個入っている袋がある．この袋から 2 個の玉を同時に取り出すことを考える．取り出した玉の数の大きい方を X，小さい方を Y とする．ただし，同じ数のときはその数を X および Y（すなわち $X=Y$）とする．

(1) 確率 $P(X\leqq k)$ および $P(Y\geqq k)$（$k=1$，2，3，…，n）を求めよ．

(2) 確率 $P(X=k)$ および $P(Y=k)$（$k=1$，2，3，…，n）を求めよ．

（九州大・改）

33. 投げたとき表が出る確率と裏が出る確率が等しい硬貨を用意する．数直線上に石を置き，この硬貨を投げて表が出れば数直線上で原点に関して対称な点に石を移動し，裏が出れば数直線上で座標 1 の点に関して対称な点に石を移動する．

(1) 石が座標 x の点にあるとする．2 回硬貨を投げたとき，石が座標 x の点にある確率を求めよ．

(2) 石が原点にあるとする．n を自然数とし，$2n$ 回硬貨を投げたとき，石が座標 $2n$ の点にある確率を求めよ．

(3) 石が原点にあるとする．n を自然数とし，$2n$ 回硬貨を投げたとき，石が座標 $2n-2$ の点にある確率を求めよ．

（京都大・改）

†34. 表が出る確率が p，裏が出る確率が $1-p$ であるような硬貨がある．ただし，$0<p<1$ とする．この硬貨を投げて，次のルール(R)の下で，ブロック積みゲームを行う．

(R) ① ブロックの高さは，最初は 0 とする．
② 硬貨を投げて表が出れば高さ 1 のブロックを 1 つ積み上げ，裏が出ればブロックをすべて取り除いて高さ 0 に戻す．

n が正の整数，m を $0 \leqq m \leqq n$ をみたす整数とする．

(1) n 回硬貨を投げたとき，最後にブロックの高さが m となる確率 p_m を求めよ．

(2) n 回硬貨を投げたとき，最後にブロックの高さが m 以下となる確率 q_m を求めよ．

(3) ルール(R)の下で，n 回の硬貨投げを独立に 2 度行い，それぞれ最後のブロックの高さを考える．2 度のうち，高い方のブロックの高さが m である確率 r_m を求めよ．ただし，最後のブロックの高さが等しいときはその値を考えるものとする．

（東京大）

35. 座標平面上の点を，サイコロの出た目に従って移動させるゲームをする．ゲームの規則は次の通りとする．

・出た目が，1，2 のとき，x 軸の正の方向に，1 だけ進む．
・出た目が，3，4，5，6 のとき，y 軸の正の方向に，1 だけ進む．

このゲームを 7 回繰り返すとき，

(1) 原点 (0，0) から出発して，点 (3，4) に到着する確率は □ である．

(2) 原点 (0，0) から出発して，点 (2，2) を通らないで，点 (3，4) に到着する確率は □ となる．

（慶應義塾大）

36. A，Bの2人があるゲームを独立に繰り返し行う．1回ごとのゲームでA，Bの勝つ確率はそれぞれ $\frac{2}{3}$，$\frac{1}{3}$ であるとする．ただし，このゲームはAとBが対戦するゲームである．

(1) 先に3回勝った者を優勝とするとき，Aの優勝する確率 p を求めよ．

(2) 一方の勝った回数が他方の勝った回数より2回多くなった時点で勝った回数の多い者を優勝とするとき，$2n$ 回目までにAの優勝する確率 q_n を求めよ．

(3) p と q_n の大小を比較せよ．

（一橋大）

37. A，B，Cの3人が次のように勝負を繰り返す．1回目にはAとBの間で硬貨投げにより勝敗を決める．2回目以降には，直前の回の勝者と参加しなかった残りの1人との間で，やはり硬貨投げにより勝敗を決める．この勝負を繰り返し，誰かが2連勝するか，または，100回目の勝負を終えたとき，終了する．ただし，硬貨投げで勝つ確率は各々 $\frac{1}{2}$ である．

(1) 4回以内の勝負でAが2連勝する確率を求めよ．

(2) $n=2, 3, 4, \cdots, 100$ とする．n 回以内の勝負で，A，B，Cのうち誰かが2連勝する確率を求めよ．

（北海道大）

38. ある製品が工場 A と工場 B で生産されている．工場 A で生産された製品が不良品である確率を $\frac{1}{20}$，工場 B で生産された製品が不良品である確率を $\frac{1}{10}$ とする．

(1) 工場 A と工場 B で生産された多数の製品がある．その中から 1 つ取り出すとき，その製品が工場 A で生産されたものである確率を $\frac{3}{5}$，工場 B で生産されたものである確率を $\frac{2}{5}$ とする．取り出された製品が不良品である確率を求めよ．

(2) 製品が不良品か否かを判定する検査装置の導入を考える．この検査装置は検査対象が不良品だったとき，$\frac{9}{10}$ の確率で不良品であることを正しく判定する．一方，不良品でない製品を検査したときにも $\frac{1}{10}$ の確率で不良品であると誤って判定する．工場 A で生産された製品を 1 つ取り出して検査装置で検査したとき，それが不良品と判定される確率を求めよ．

(3) 工場 A で生産された製品を 1 つ取り出して(2)の検査装置で検査したところ，不良品と判定された．その製品が実際に不良品である確率を求めよ．

(4) 工場 A で生産された製品を出荷前に(2)の検査装置で検査し，不良品と判定されたものを取り除いてから出荷する．このとき，工場 A から出荷された検査済みの製品が実際に不良品である確率を求めよ．

（岐阜大，類題；東北学院大，摂南大）

39. カード1，カード2，カード3を左から右に順に並べる．左端のカードを $\frac{1}{3}$ ずつの確率でそのままにするか，2枚の間に置くか，右端に置く．これを5回繰り返す．

(1) 5回目に初めてカード3が真中にくる事象を A とする．この事象の起こる確率 $P(A)$ を求めよ．

(2) 5回目のカードの並びが（1，3，2）となる事象を B とする．事象 A が起こったとして事象 B が起こる条件付き確率 $P_A(B)$ を求めよ．

（琉球大）

40. 右図のような六角形ABCDEFからなる経路において，Aから出発して6回の移動をする動点Pを考える．ここで，1回の移動とは1つの頂点から隣りの頂点に進むこととし，毎回 $\frac{1}{2}$ ずつの確率で進む方向を決める．

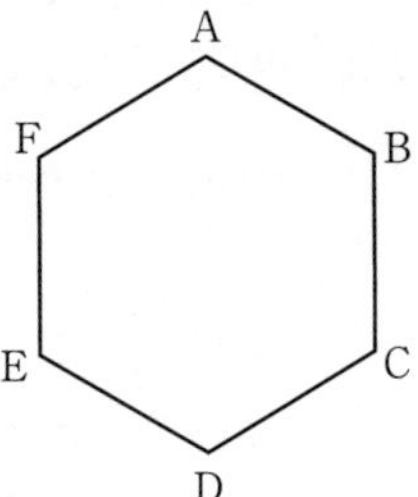

(1) 最後にPがAにある確率を求めよ．

(2) Pが少なくとも1度はCを訪問するという条件の下で，最後にPがAにある条件付き確率を求めよ．

（千葉大・改）

†41. n 枚の100円玉と $n+1$ 枚の500円玉を投げたとき，表の出た100円玉の枚数より表の出た500円玉の枚数の方が多い確率を求めよ．

（京都大．類題；名古屋市立大）

§5 整数

42. 2次不等式

$$2x^2+(4-7a)x+a(3a-2)<0$$

の解がちょうど3個の整数を含むような正の定数aの値の範囲を求めよ.

（中京大）

†43. 1つの角が120°の三角形がある. この三角形の3辺の長さx, y, zは$x<y<z$をみたす整数である.

(1) $x+y-z=2$ をみたすx, y, zの組をすべて求めよ.

(2) $x+y-z=3$ をみたすx, y, zの組をすべて求めよ.

(3) a, bを0以上の整数とする. $x+y-z=2^a\cdot 3^b$ をみたすx, y, zの組の個数をaとbの式で表せ.

（一橋大）

44. (1) 方程式 $65x+31y=1$ の整数解をすべて求めよ.

(2) $65x+31y=2016$ をみたす正の整数の組 (x, y) を求めよ.

(3) 2016以上の整数mは, 正の整数x, yを用いて $m=65x+31y$ と表せることを示せ.

（福井大, 類題；新潟大, 島根大, 宮城教育大）

45. (1) $(2\times3\times5\times7\times11\times13)^{10}$ の10進法での桁数を求めよ.

（一橋大）

(2) 30!の一の位は0である. ここから始めて十の位, 百の位と順に左に見ていく. 最初に0でない数字が現れるまでに, 連続していくつの0が並ぶか. また, 最初に現れる0でない数字は何であるか.

（千葉大・改）

46. n を 4 以上の整数とする.

(1) $(n+1)(3n^{-1}+2)(n^2-n+1)$ と表される数を n 進法の小数で表せ.

(2) 3 進数 $21201_{(3)}$ を n 進法で表すと $320_{(n)}$ となるような n の値を求めよ.

(3) 正の整数 N を 3 倍して 7 進法で表すと 3 桁の数 $abc_{(7)}$ となり, N を 4 倍して 8 進法で表すと 3 桁の数 $acb_{(8)}$ となる. 各位の数字 a, b, c を求めよ. また, N を 10 進法で表せ.

(徳島大, 類題多数)

47. p は 3 よりも大きい素数であり, $p+4$ も素数であるとする.

(1) p を 6 で割った余りは 1 であることを示せ.

(2) $(p+1)(p+2)(p+3)$ は 120 の倍数であることを示せ.

(富山大・改)

48. (1) 正の整数 n で n^3+1 が 3 で割り切れるものをすべて求めよ.

(2) 正の整数 n で n^n+1 が 3 で割り切れるものをすべて求めよ.

(一橋大)

49. 方程式 $x^3-3x-1=0$ の解 α に対して次のことがらを示せ.

(1) α は整数ではない.

(2) α は有理数ではない.

(3) α は $p+q\sqrt{3}$ (p, q は有理数) の形で表せない.

(小樽商科大)

50. (1)　$\log_2 3=\dfrac{m}{n}$ を満たす自然数 m，n は存在しないことを証明せよ．

(2)　p，q を異なる自然数とするとき，$p\log_2 3$ と $q\log_2 3$ の小数部分は等しくないことを証明せよ．

（広島大・改）

51. $\alpha=\dfrac{2}{7}\pi$ とする．

(1)　$\cos 4\alpha=\cos 3\alpha$ であることを示せ．

(2)　$f(x)=8x^3+4x^2-4x-1$ とするとき，$f(\cos\alpha)=0$ が成り立つことを示せ．

(3)　$\cos\alpha$ は無理数であることを示せ．

（大阪大）

52. p，q を自然数，α，β を

$$\tan\alpha=\frac{1}{p},\quad \tan\beta=\frac{1}{q}$$

をみたす実数とする．このとき，

$$\tan(\alpha+2\beta)=2$$

をみたす p，q の組（p，q）をすべて求めよ．

（京都大）

§6 いろいろな式

53. n と k を自然数とし，整式 x^n を整式 $(x-k)(x-k-1)$ で割った余りを $ax+b$ とする．

(1) a と b は整数であることを示せ．

(2) a と b をともに割り切る素数は存在しないことを示せ．

（京都大）

54. (1) $\sqrt[3]{2}$ が無理数であることを証明せよ．

†(2) $P(x)$ は有理数を係数とする x の多項式で，$P(\sqrt[3]{2})=0$ を満たしているとする．このとき，$P(x)$ は x^3-2 で割り切れることを証明せよ．

（京都大）

55. (1) x の整式 $P(x)$ を $x-1$ で割った余りが 1，$x-2$ で割った余りが 2，$x-3$ で割った余りが 3 となった．

$P(x)$ を $(x-1)(x-2)(x-3)$ で割った余りを求めよ．

(2) n は 2 以上の自然数とする．$k=1,\ 2,\ 3,\ \cdots,\ n$ について，整式 $P(x)$ を $x-k$ で割った余りが k となった．

$P(x)$ を $(x-1)(x-2)(x-3)\cdots(x-n)$ で割った余りを求めよ．

（神戸大）

56. a は 0 と異なる実数とし，$f(x)=ax(1-x)$ とおく．

(1) $f(f(x))-x$ は，$f(x)-x$ で割り切れることを示せ．

(2) $f(p)=q$，$f(q)=p$ をみたす異なる実数 p，q が存在するような a の範囲を求めよ．

（一橋大）

57. 整式 $f(x)$ について恒等式 $f(x^2)=x^3f(x+1)-2x^4+2x^2$ が成り立つとする.

(1) $f(0)$, $f(1)$, $f(2)$ の値を求めよ.

(2) $f(x)$ の次数を求めよ.

(3) $f(x)$ を決定せよ.

（東京都立大）

58. $P(0)=1$, $P(x+1)-P(x)=2x$ をみたす整式 $P(x)$ を求めよ.

（一橋大）

59. 実数 α, β に対して，整式

$$f(x)=x^4+2\alpha x^3+(\alpha^2-\beta^2+2)x^2+2\alpha x+1$$

を考える．ただし，(2), (3)では方程式の解とは，複素数範囲で考えるものとする.

(1) $y=x+\dfrac{1}{x}$ とおく，このとき，$\dfrac{1}{x^2}f(x)$ を y の整式で表せ.

(2) $(\alpha,\ \beta)=\left(\dfrac{1}{2},\ \dfrac{3}{2}\right)$ のとき，方程式 $f(x)=0$ の解をすべて求めよ.

(3) 方程式 $f(x)=0$ がちょうど1つの解をもつような $(\alpha,\ \beta)$ をすべて求めよ.

（鹿児島大）

60. $a+b+c\neq 0$, $abc\neq 0$ をみたす実数 a, b, c が

$$\text{(A)}\qquad \frac{1}{a}+\frac{1}{b}+\frac{1}{c}=\frac{1}{a+b+c}$$

をみたしている．このとき，任意の奇数 n に対し

$$\text{(B)}\qquad \frac{1}{a^n}+\frac{1}{b^n}+\frac{1}{c^n}=\frac{1}{(a+b+c)^n}$$

が成立することを示せ.

（早稲田大，関西学院大）

61. 実数 a，b は $0<a<b$ をみたすとする．次の 3 つの数の大小関係を求めよ．

$$\frac{a+2b}{3},\quad \sqrt{ab},\quad \sqrt[3]{\frac{b(a^2+ab+b^2)}{3}}$$

（九州大）

62. 正の数 a，b，c，d が不等式

$$\frac{a}{b} \leqq \frac{c}{d}$$

をみたすとき，不等式

$$\frac{a}{b} \leqq \frac{2a+c}{2b+d} \leqq \frac{c}{d}$$

を成り立つことを示せ．

（学習院大．類題；中央大，宮崎大）

63. (1) 正の数 a，b に対して $\sqrt{a+b}<\sqrt{a}+\sqrt{b}$ が成り立つことを示せ．

(2) 正の数 a，b に対して $\sqrt{a}+\sqrt{b} \leqq k\sqrt{a+b}$ がつねに成り立つような k の最小値を求めよ．

（鳴門教育大）

64. 不等式

$$ax^2+y^2+az^2-xy-yz-zx \geqq 0$$

が任意の実数 x，y，z に対してつねに成り立つような定数 a の値の範囲を求めよ．

（滋賀県立大）

65. 次の文章は，ある条件をみたすものが存在することを証明する際に，よく使われる「鳩の巣原理」（または，抽出し論法ともいう）を説明したものである．

「m 個のものが，n 個の箱にどのように分配されても，$m>n$ であれば，2 個以上のものが入っている箱が少なくとも 1 つ存在する．このことを鳩の巣原理という．」

この原理を用いて，次の命題(1)，(2)が成り立つことを証明せよ．ただし，証明はこの原理をどのように使ったかがよくわかるようにせよ．

(1) 1 辺の長さが 2 の正三角形の内部に，任意に 5 個の点をとったとき，そのうちの 2 点で，距離が 1 より小さいものが少なくとも 1 組存在する．

(2) 任意に与えられた相異なる 4 つの整数 m_1，m_2，m_3，m_4 から，適当に 2 つの整数を選んで，その差が 3 の倍数となるようにできる．

（(1) 広島大，(2) 神戸大）

§7 図形と方程式，不等式

66. kを実数の定数とする．x，yの連立方程式

$$\begin{cases} y=x^2+k, & \cdots ① \\ x=y^2+k & \cdots ② \end{cases}$$

の実数解の組（x，y）の個数を求めよ．（東京都立大，早稲田大）

67. 座標平面上に2点 A(1, 0)，B(−1, 0) と直線lがあり，Aとlの距離とBとlの距離の和が1であるという．

(1) lはy軸と平行でないことを示せ．

(2) lが線分ABと交わるとき，lの傾きを求めよ．

(3) lが線分ABと交わらないとき，lと原点との距離を求めよ．

（神戸大）

68. a，bを正の定数とする，座標平面上の点（a，b）を通る直線lが，x軸の正の部分およびy軸の正の部分と交わるように動くとする．x軸，y軸および直線lで囲まれる三角形の面積が最小になるような直線lの方程式を求めよ．

（福島大）

69. Cは，2次関数 $y=x^2$ のグラフを平行移動した放物線で，頂点が円 $x^2+(y-2)^2=1$ 上にある．原点からCに引いた接線で傾きが正のものをlとする．このとき，Cとlの接点のx座標が最大および最小になるときのCの頂点の座標をそれぞれ求めよ．

（千葉大）

70. 次の連立不等式の表す領域が三角形の内部になるような点（a，b）の集合を式で表し，図示せよ．

$$x-y<0, \quad x+y<2, \quad ax+by<1.$$

（北海道大）

71. $a>\frac{1}{2}$ とし，放物線 $C：y=x^2$ を考える．点 $(0,\ a)$ を中心とし C と共有点をもつような円のうち，半径最小のものを C_1，その半径を r とする．

(1)　r を a で表せ．

(2)　$b>a$ とする．$(0,\ b)$ を中心とし放物線 C と共有点をもつような円のうち，半径最小のものを C_2 とする．C_2 が C_1 と接するとき，C_2 の半径は $r+1$ に等しいことを示せ．

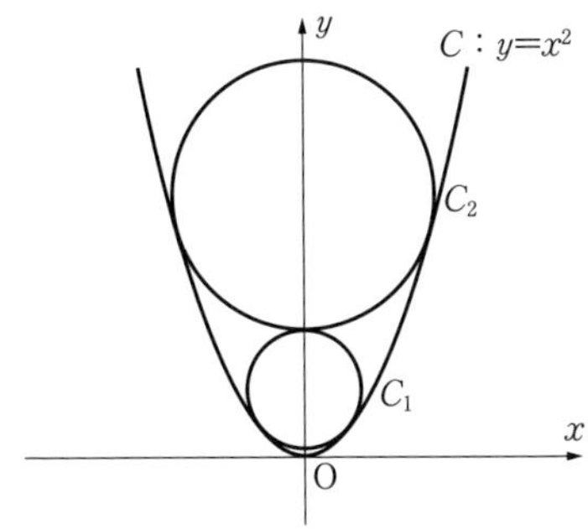

（学習院大）

72. a を正の実数とする．座標平面上の曲線 B_a と曲線 C を次のように定める．

$$B_a：y=-\frac{1}{a}x^2+2,\quad C：x^2+y^2=1$$

(1)　点 P が曲線 B_a 上を動くとき，P と原点 O$(0,\ 0)$ との距離の最小値を a を用いて表せ．

(2)　曲線 B_a と曲線 C が共有点をもつような a の値の範囲を求めよ．

(3)　点 P が曲線 B_a 上を動き，点 Q が曲線 C 上を動くとき，P と Q との距離の最小値を a を用いて表せ．

（広島大）

†73. xy 平面内の領域

$$-1 \leqq x \leqq 1,\quad -1 \leqq y \leqq 1$$

において

$$1-ax-by-axy$$

の最小値が正となるような定数 a, b を座標とする点 $(a,\ b)$ の範囲を図示せよ.

（東京大）

74. 放物線 $y=x^2$ 上に，直線 $y=ax+1$ に関して対称な位置にある異なる2点 P，Q が存在するような a の範囲を求めよ.

（一橋大）

75. 座標平面上に直線 $l: 3x+4y=5$ がある. l 上の点 P と原点 O を結ぶ線分上に $\mathrm{OP} \cdot \mathrm{OQ}=1$ となるように点 Q をとる.

(1) P，Q の座標をそれぞれ $(x,\ y)$，$(X,\ Y)$ とするとき，x と y をそれぞれ X と Y で表せ.

(2) P が l 上を動くとき，点 Q の軌跡を求めよ.

（東北学院大）

76. 平面上に原点 O を中心とする半径 r の円 C と点 $\mathrm{A}(r,\ 0)$ がある. y 軸に平行な直線 $x=r$ 上に点 $\mathrm{P}(r,\ t)$ をとる. ただし，$t \neq 0$ とする.

(1) 点 P を通り，円 C と接する直線で直線 PA と異なるものを l とする. l と円 C との接点を T とするとき，点 T の座標を r，t を用いて表せ.

(2) 線分 AT と線分 OP との交点を Q とする. 点 P が直線 $x=r$ の第1象限にある部分を動くとき，点 Q の軌跡を求めよ.

（北海道大）

77. 2直線 $mx-y=0$，$x+my-m-2=0$ の交点をPとする．m がすべての実数値をとって変わるとき，点Pの軌跡を求めよ．

（東京大・改）

78. 実数 x，y が $x^2+y^2 \leqq 3$ をみたして変化するとき，$x-y-xy$ の最大値を求めよ．

（早稲田大）

79. xy 平面上の2点 $(t,\ t)$，$(t-1,\ 1-t)$ を通る直線を l_t とする．

(1) l_t の方程式を求めよ．

(2) t が $0 \leqq t \leqq 1$ を動くとき，l_t の通り得る範囲を図示せよ．

（京都産業大）

80. a，t を実数とするとき，座標平面において，

$$x^2+y^2-4-t(2x+2y-a)=0$$

で定義される図形 C を考える．

(1) すべての t に対して C が円であるような a の範囲を求めよ．ただし，点は円とみなさないものとする．

(2) $a=4$ とする．t が $t>0$ の範囲を動くとき，C が通過してできる領域を求め，図示せよ．

(3) $a=6$ とする．t が $t>0$ であって，かつ C が円であるような範囲を動くとき，C が通過してできる領域を求め，図示せよ．

（千葉大）

81. a を正の定数とする．放物線 $P：y=ax^2$ 上の動点Aを中心とし x 軸に接する円を C とする．動点Aが放物線 P 上のすべての点を動くとき，座標平面上で $y>0$ の表す領域において，どの円 C の内部にも含まれない点がある．この点の集まりを図示せよ．

（名古屋大）

†82. 座標平面上の3点 A(1, 0)，B(−1, 0)，C(0, −1) に対し，

$$\angle \mathrm{APC}=\angle \mathrm{BPC}$$

をみたす点Pの軌跡を求めよ．ただし，P≠A，B，C とする．

（東京大）

§8　指数関数，対数関数

83. 1とは異なる正の数aに対して，$b=a^a$ とおくとき，a^b と b^a の大小関係を求めよ．

（日本女子大・改）

84. (1)　tを実数とする．xについての方程式 $2^x+2^{-x}=t$ の実数解の個数を調べよ．

(2)　aとbを実数とし，xについての方程式 $4^x+4^{-x}+a(2^x+2^{-x})+b=0$ が，ちょうど3個の実数解をもつとする．このとき，点$(a,\ b)$の存在する範囲を図示せよ．

（和歌山大）

85. xの方程式

$$\log_2(2-x)+\log_2(x-2a)=1+\log_2 x$$

が実数解をもつようなaの範囲を求め，そのときの実数解を求めよ．

（関西大）

86. 次の等式が成り立っている．

$$(\log_a x)^2+(\log_a y)^2=\log_a x^2+(\log_a x)(\log_a y)+\log_a y^2.$$

このとき，積xyの最大値および最小値を求めよ．

ただし，aは定数である．（広島修道大）

87. $x,\ y$の連立方程式

$$\begin{cases} x^4y^2=1024, \\ (\log_8 x)^2-\log_2 y=2 \end{cases}$$

を解け．

（東北福祉大）

88. 次の連立不等式をみたす x の値の範囲を求めよ．

$$\begin{cases} a^{2x-4}-1 < a^{x+1}-a^{x-5}, \\ \log_a(x-2)^2 \geqq \log_a(x-2)+\log_a 5. \end{cases}$$

ただし，a は正の定数で，$a \neq 1$ とする．

（京都府立大・改）

89. $\log_{10}7=0.8451\cdots$ である．

(1) 7^6 の桁数を求めよ．

(2) 7^{7^7} の桁数が 10^n より大きく，10^{n+1} より小さくなるような整数 n を求めよ．

（慶應義塾大）

90. $\log_{10}2=0.3010\cdots$，$\log_{10}3=0.4771\cdots$，$\log_{10}7=0.8451\cdots$，$\log_{10}11=1.0414\cdots$とする．

(1) 7^{70} の桁数および最高位の数を求めよ．

(2) 7^{70} の最高位の次の位の数を求めよ．

（早稲田大・改）

91. $0.30<\log_{10}2<0.32$ である．

(1) $\dfrac{1}{2^{60}}$ を小数で表したとき，小数第何位までは 0 だといえるか．

(2) $\dfrac{1}{5^{200}}$ は小数第 139 位まで 0 で，第 140 位は 1 である．$\log_{10}5$ はどんな範囲に入る数だといえるか．

(3) 5^{80} は何桁の整数か．

（宮城教育大・改）

§9 三角関数

92. 三角形 ABC の内接円の半径を r，外接円の半径を R とする．また，$\angle\mathrm{A}=2x$，$\angle\mathrm{B}=2y$，$\angle\mathrm{C}=2z$ とする．

(1) 辺 BC の長さを，r，y，z で表せ．

(2) $r=4R\sin x\sin y\sin z$ であることを示せ．

（津田塾大）

93. (1) $\sin A+\sin B$ を積の形で表し（結果のみでよい），それが正しいことを加法定理を用いて証明せよ．

(2) 凸四角形 ABCD の 4 つの内角を A，B，C，D で表すとき，

$$\sin A+\sin B=\sin C+\sin D$$

が成り立つ四角形の形状を述べよ．

（高崎経済大）

94. 鋭角三角形 ABC において，次の等式が成り立つことを証明せよ．

(1) $\tan A+\tan B+\tan C=\tan A\tan B\tan C$.

(2) $\dfrac{\mathrm{BC}}{\cos A}+\dfrac{\mathrm{CA}}{\cos B}+\dfrac{\mathrm{AB}}{\cos C}=\dfrac{\mathrm{BC}}{\cos A}\tan B\tan C$.

（島根大）

95. 半径 1 の円周上に相異なる 3 点 A，B，C がある．

(1) $\mathrm{AB}^2+\mathrm{BC}^2+\mathrm{CA}^2>8$ ならば三角形 ABC は鋭角三角形であることを示せ．

(2) $\mathrm{AB}^2+\mathrm{BC}^2+\mathrm{CA}^2\leqq 9$ が成立することを示せ．また，この等号が成立するのはどのような場合か．

（京都大）

96. 座標平面において，放物線 $y=x^2$ 上の点で x 座標が p，$p+1$，$p+2$ である点をそれぞれ P，Q，R とする．また，直線 PQ の傾きを m_1，直線 PR の傾きを m_2，$\angle \mathrm{QPR}=\theta$ とする．

(1) m_1，m_2 をそれぞれ p を用いて表せ．

(2) p が実数全体を動くとき，m_1m_2 の最小値を求めよ．

(3) p が実数全体を動くとき，θ が最大になる p の値を求めよ．

（立教大）

97. 関数 $f(x)=a\sin^2 x+b\cos^2 x+c\sin x\cos x$ の最大値が 2，最小値が -1 となる．このような a，b，c をすべて求めよ．ただし，a は整数，b，c は実数とする．

（お茶の水女子大）

98. $0\leqq\theta\leqq\dfrac{\pi}{2}$ とする．

(1) $\sin\theta+\cos\theta=t$ とおくとき，t の取り得る値の範囲を求めよ．

(2) $\sin\theta\cos\theta$ を t で表せ．

(3) $\sin^3\theta+\cos^3\theta$ の最大値と最小値を求めよ．

（東北学院大）

99. (1) $A=\sin x$ とおく．$\sin 5x$ を A の整式で表せ．

(2) $\sin^2\dfrac{\pi}{5}$ の値を求めよ．

(3) 曲線 $y=\cos 3x$ $(x\geqq 0)$ と曲線 $y=\cos 7x$ $(x\geqq 0)$ の共有点の x 座標を小さい方から順に x_1，x_2，x_3，…とする．このとき，関数

$$y=\cos 3x \quad (x_5\leqq x\leqq x_6)$$

の値域を求めよ．

（広島大）

100. $f(x)=\sin x$ について，

$$\frac{f(\alpha)+f(\beta)}{2}\leqq f\left(\frac{\alpha+\beta}{2}\right) \qquad (\text{ただし，}0\leqq\alpha\leqq\beta\leqq\pi)$$

が成り立つことを示せ．

（神戸商科大）

§10 微分法，積分法

101. 3次関数 $f(x)=x^3+3ax^2+bx+c$ に関して，

(1) $f(x)$ が極値をもつための条件を，$f(x)$ の係数を用いて表せ．

(2) $f(x)$ が $x=\alpha$ で極大になり，$x=\beta$ で極小になるとき，点 $(\alpha,\ f(\alpha))$ と点 $(\beta,\ f(\beta))$ を結ぶ直線の傾き m を $f(x)$ の係数を用いて表せ．また，$y=f(x)$ のグラフは平行移動によって $y=x^3+\dfrac{3}{2}mx$ のグラフに移ることを示せ．

（大阪大）

102. a は0でない実数とする．関数

$$f(x)=(3x^2-4)\left(x-a+\frac{1}{a}\right)$$

の極大値と極小値の差が最小となる a の値を求めよ．

（東京大）

103. xy 平面において，曲線 $y=-x^3+ax$ 上の $x>0$ の部分に，点Pを次の条件をみたすようにとる．ただし，$a>0$ とする．

「点Pにおけるこの曲線の接線と y 軸との交点をQとするとき，原点Oにおける接線が $\angle\mathrm{QOP}$ を二等分する．」

このとき，三角形QOPの面積 $S(a)$ の最小値と，それを与える a の値を求めよ．

（東京大）

104. 方程式

$$2x^3+3x^2-12x-k=0$$

は，異なる3つの実数解 α，β，γ をもつとする．$\alpha<\beta<\gamma$ とするとき，

(1) 定数 k の値の範囲を求めよ．

(2) $-2<\beta<-\dfrac{1}{2}$ となるとき，α，γ の値の範囲を求めよ．

（高知大）

105. 直線 $y=3x+\dfrac{1}{2}$ 上の点 $\mathrm{P}(p,\ q)$ から放物線 $y=x^2$ の法線は何本引けるか調べよ．ただし，放物線の法線とは，放物線上の点でその点における接線に直交する直線のことである．

（お茶の水女子大）

106. x の 2 次関数で，そのグラフが $y=x^2$ のグラフと 2 点で直交するようなものをすべて求めよ．ただし，2 つの関数のグラフがある点で直交するとは，その点が 2 つのグラフの共有点であり，かつ接線どうしが直交することをいう．

（京都大）

107. 二等辺三角形の等辺が一定であるとき，内接円の面積が最大となる場合の等辺と底辺の長さの比を求めよ．

（岩手大）

108. a を正の実数とする．座標平面上の曲線 C を $y=ax^3-2x$ で定める．原点を中心とする半径 1 の円と C の共有点の個数が 6 個であるような a の範囲を求めよ．

（東京大）

†109. 実数 a が $0<a<1$ の範囲を動くとき，曲線 $y=x^3-3a^2x+a^2$ の極大点と極小点の間にある部分（ただし，極大点，極小点は含まない）が通る範囲を図示せよ．

（一橋大）

110. xy 平面上で，曲線 $y=x^2-4$ と x 軸とで囲まれた図形（境界を含む）に含まれる最長の線分の長さを求めよ．

（名古屋大）

111. t が区間 $\left[-\dfrac{1}{2},\ 2\right]$ を動くとき，$F(t)=\displaystyle\int_0^1 x|x-t|\,dx$ の最大値と最小値を求めよ．

（山口大）

112. $f(x)=\displaystyle\int_{-1}^1 (x-t)f(t)\,dt+1$ をみたす関数 $f(x)$ を求めると，
$f(x)=$ $\boxed{}$．

（小樽商科大）

113. 2 次関数 $f(x)=ax^2+bx+c$ が次の関係式

$$\int_0^1 f(x)\,dx=1,\quad \int_0^1 xf(x)\,dx=\frac{1}{2}$$

を満たすとする．このとき，$\displaystyle\int_0^1 \{f(x)\}^2 dx>1$ となることを証明せよ．

（お茶の水女子大）

114. xy 平面上の曲線

$$C：y=|2x-1|-x^2+2x+1$$

について，

(1) 曲線 C の概形を描け．

(2) 直線 $l：y=ax+b$ が曲線 C と相異なる 2 点において接するときの a，b の値を求めよ．

(3) (2)の直線 l と曲線 C で囲まれた図形の面積 S を求めよ．

（岡山大）

115. xy 平面上において，(0, 0)，(1, 0)，(1, 1)，(0, 1) を 4 頂点とする正方形の内部および周を領域 D とする．また，2 つの放物線

$$C_1 : y=px^2,$$
$$C_2 : y=-q(x-1)^2+1$$

は共有点をただ 1 つ持ち，その点で接線を共有している．ただし，p，q は正の数である．

(1) $\dfrac{1}{p}+\dfrac{1}{q}$ の値を求めよ．

(2) D のうち $y \geqq px^2$ の部分の面積を S_1 とし，D のうち $y \leqq -q(x-1)^2+1$ の部分の面積を S_2 とするとき，$S=S_1+S_2$ を p，q を用いて表せ．

(3) S が最大となる p，q の値と，S の最大値を求めよ．

（長崎大・改）

116. 関数 $f_n(x)$ $(n=1, 2, 3, \cdots)$ は，

$$f_1(x)=4x^2+1,$$
$$f_n(x)=\int_0^1 \{3x^2 t f_{n-1}'(t)+3f_{n-1}(t)\}\,dt \quad (n=2, 3, 4, \cdots)$$

で，帰納的に定義されている．この $f_n(x)$ を求めよ．

（京都大）

§11 数列

117. a を実数とする．方程式

$$x^4+(8-2a)x^2+a=0$$

は相異なる 4 個の実数解をもち，これらの解を小さい順に並べたとき，等差数列となる．a の値を求めよ．

（名古屋大）

118. 等比数列 2，4，8，… と等比数列 3，9，27，… のすべての項を小さい順に並べてできる数列の第 1000 項は，2 つの等比数列のどちらの第何項か．（$\log_6 2=0.386852\cdots$ を使ってよい．）

（弘前大）

119. n を 3 以上の自然数とする．n 次多項式

$$(x+1)\times(x+2)\times\cdots\times(x+n)$$

を展開し，x^k の係数を a_k とおく（$k=0,\ 1,\ 2,\ \cdots,\ n$）．

(1) a_{n-1} を n を用いて表せ．

(2) $n=5$ のとき，a_3 の値を求めよ．

(3) a_{n-2} を n を用いて表せ．

（中央大）

120. 数列 a_1, a_2, a_3, $\cdots$ を

$$a_n=\frac{{}_{2n}\mathrm{C}_n}{n!}\quad (n=1,\ 2,\ 3,\ \cdots)$$

で定める．

(1) a_7 と 1 の大小を調べよ．

(2) $n \geqq 2$ とする．$\dfrac{a_n}{a_{n-1}}<1$ をみたす n の範囲を求めよ．

(3) a_n が整数となる $n \geqq 1$ をすべて求めよ．

（東京大）

121. 箱の中に 1 から n までの番号がついた n 枚の札がある．ただし，$n \geqq 5$ とし，同じ番号の札はないとする．この箱から 3 枚の札を同時に取り出し，札の番号を小さい順に X，Y，Z とする．このとき，$Y-X \geqq 2$ かつ $Z-Y \geqq 2$ となる確率を求めよ．

（京都大）

122. 実数 a に対して，a を超えない最大の整数を $[a]$ で表すことにする．

(1) すべての実数 x に対して，

$$[x]+\left[x+\frac{1}{2}\right]=[2x]$$

が成り立つことを示せ．

(2) すべての自然数 n に対して，$2^n>n$ が成り立つことを示せ．

(3) n を自然数とするとき，

$$\sum_{k=1}^{n}\left[\frac{n}{2^k}+\frac{1}{2}\right]$$

を求めよ．

（富山大．京都府立大．類題；早稲田大）

123. (1) $\left(\sum_{k=1}^{2016} k \sin\frac{2k-1}{2016}\pi\right)\sin\frac{\pi}{2016}$ の値を求めよ.

（早稲田大）

(2) 数列 $\{a_n\}$ を

$$a_n=\frac{1}{2^n}\left(\sin\frac{n\pi}{2}+\cos\frac{n\pi}{2}\right)\quad (n=1,\ 2,\ 3,\ \cdots)$$

で定める. 自然数 n に対して $S_{4n}=\sum_{k=1}^{4n} a_k$ とおくとき, S_{4n} を n を用いて表せ.

（香川大・改）

124. 自然数 n に対して, $\sqrt{n}$ に最も近い整数を a_n とする.

(1) m を自然数とするとき, $a_n=m$ となる自然数 n の個数を m を用いて表せ.

(2) $\sum_{k=1}^{2001} a_k$ を求めよ.

（横浜国立大）

125. 自然数 p，q の組（p，q）を

(i) $p+q$ の値の小さい組から大きい組へ，

(ii) $p+q$ の値の同じ組では，p の値が大きい組から小さい組へ

という規則に従って，次のように一列に並べる．

$$(1,\ 1),\ (2,\ 1),\ (1,\ 2),\ (3,\ 1),\ (2,\ 2),\ (1,\ 3),\ \cdots$$

このとき，

(1) 組（m，n）は，初めから何番目にあるか．

(2) 初めから 100 番目にある組を求めよ．

（立命館大．類題；香川大）

126. 座標平面上で，x 座標と y 座標がともに整数である点を格子点という．

n は自然数であるとして，不等式

$$x>0,\quad y>0,\quad \log_2\frac{y}{x}\leqq x\leqq n$$

をみたす格子点の個数を求めよ．（京都大）

127. 数列 $\{a_n\}$（$n=1,\ 2,\ 3,\ \cdots$）があるとき，初項から第 n 項までの和を S_n（$n=1,\ 2,\ 3,\ \cdots$）とおく．いま，a_n と S_n が，関係式

$$S_n=2{a_n}^2+\frac{1}{2}a_n-\frac{3}{2}$$

をみたし，かつ，すべての項 a_n は同符号である．このとき，

(1) a_{n+1} を a_n を用いて表せ．

(2) 一般項 a_n を n の式で表せ．

（早稲田大）

128. $a_1=-6,\ a_{n+1}=2a_n+2n+4\ (n=1,\ 2,\ 3,\ \cdots)$

で定義される数列 $\{a_n\}$ がある．

(1) 数列が初めて正の値をとるのは，第何項か．

(2) 一般項 a_n を求めよ．

(3) 初項から第 n 項までの和 S_n を求めよ．

（南山大）

129. 数列 $\{a_n\}$ を

$$\begin{cases} a_1=5, \\ a_{n+1}=2a_n+3^n\ (n=1,\ 2,\ 3,\ \cdots) \end{cases}$$

で定める．

(1) $b_n=a_n-3^n$ とおく．b_{n+1} を b_n で表せ．

(2) a_n を求めよ．

(3) $a_n<10^{10}$ をみたす最大の正の整数 n を求めよ．

ただし，$\log_{10}2=0.3010\cdots$，$\log_{10}3=0.4771\cdots$ である．

（一橋大）

130. n を自然数とする．数列 2，1，2，1，1 のように各項が 1 または 2 の有限数列（項の個数が有限である数列）を考える．各項が 1 または 2 の有限数列のうちすべての項の和が n となるものの個数を s_n とする．例えば，$n=1$ のときは，1 項からなる数列 1 のみである．したがって，$s_1=1$ となる．$n=2$ のときは，1 項からなる数列 2 と 2 項からなる数列 1，1 の 2 つである．したがって，$s_2=2$ となる．

(1) s_3 を求めよ．

(2) $n\geqq3$ のとき，s_n を s_{n-1} と s_{n-2} を用いて表せ．

(3) 3 以上のすべての n に対して $s_n-\alpha s_{n-1}=\beta(s_{n-1}-\alpha s_{n-2})$ が成り立つような実数 α，β の組 $(\alpha,\ \beta)$ を 1 組求めよ．

(4) s_n を求めよ．

（北海道大．類題；大分大）

131. 数字1，2，3をn個並べてできるn桁の数全体を考える．そのうち1が奇数回現れるものの個数をa_n，1が偶数回現れるかまったく現れないものの個数をb_nとする．

(1) a_{n+1}，b_{n+1}をa_n，b_nを用いて表せ．

(2) a_n，b_nを求めよ．

（早稲田大）

132. 円 $x^2+(y-1)^2=1$ をC，円 $(x-2)^2+(y-1)^2=1$ をC_0とする．C，C_0，x軸に接する円をC_1とする．C，C_1，x軸に接しC_0と異なる円をC_2とし，これを繰り返してC，C_n，x軸に接しC_{n-1}と異なる円をC_{n+1}とする．また，円C_nの半径をa_nとする．このとき，

(1) a_1を求めよ．

(2) $b_n=\dfrac{1}{\sqrt{a_n}}$ とするとき，数列 $\{b_n\}$ のみたす漸化式を求めよ．

(3) 数列 $\{a_n\}$ の一般項を求めよ．

（信州大，鳴門教育大．類題；筑波大，名古屋大，東北大）

133. 数列 $\{a_n\}$ は条件

$$\begin{cases} a_1=1, \\ a_n+(2n+1)(2n+2)a_{n+1}=\dfrac{2\cdot(-1)^n}{(2n)\,!} \quad (n=1,\ 2,\ 3,\ \cdots) \end{cases}$$

をみたすとする．

(1) a_2，a_3，a_4をそれぞれ求めよ．

(2) 一般項a_nを求めよ．

（大阪公立大）

134. 2つの数列 $\{a_n\}$，$\{b_n\}$ が次の条件をみたしている．

$$\begin{cases} a_1=1,\ a_n=\dfrac{b_n+b_{n+1}}{2} \\ b_1=0,\ b_{n+1}=\sqrt{a_n a_{n+1}} \end{cases} \quad (n=1,\ 2,\ 3,\ \cdots)$$

このとき，

(1)　a_2，a_3，a_4，b_2，b_3，b_4 の値を求めよ．

(2)　a_n，b_n をそれぞれ推定し，それらが正しいことを数学的帰納法を用いて証明せよ．

(3)　$S_n=\sum_{k=1}^{n} b_k$ を n を用いて表せ．

（香川大．類題；一橋大）

135. $\alpha=1+\sqrt{2}$，$\beta=1-\sqrt{2}$ に対して，$P_n=\alpha^n+\beta^n$ とする．このとき，すべての自然数 n に対して，P_n は 4 の倍数ではない偶数であることを証明せよ．

（長崎大．類題；山梨大，香川大，筑波大，一橋大，東京大）

136. 2個の白玉が入った袋Aと，1個の白玉と2個の赤玉が入った袋Bがある．以下の操作を考える．

操作：Aから無作為に1個の玉を取り出してBに入れ，続いてBから無作為に1個の玉を取り出してAに入れる．

n を自然数とし，この操作を n 回くり返したとき，Aの中に赤玉が2個ある確率を p_n とし，Aの中に赤玉が1個と白玉が1個ある確率を q_n とする．このとき，

(1)　p_1，q_1 を求めよ．

(2)　p_n，q_n を p_{n-1} と q_{n-1} を用いて表せ．ただし，n は2以上の自然数とする．

(3)　p_n，q_n を n を用いて表せ．

（大阪公立大）

§12 ベクトル

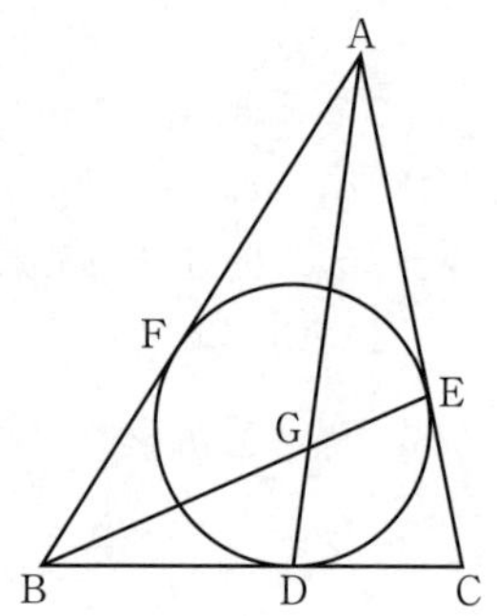

137. 三角形 ABC において BC=5，CA=6，AB=7 とする．この三角形の内接円と辺 BC，CA，AB の接点をそれぞれ D，E，F とする．また，線分 BE と線分 AD の交点を G とする．

$\overrightarrow{AB}=\vec{p}$，$\overrightarrow{AC}=\vec{q}$ として，

(1) $\overrightarrow{AD}$ を $\vec{p}$，$\vec{q}$ を用いて表せ．

(2) $\overrightarrow{AG}$ を $\vec{p}$，$\vec{q}$ を用いて表せ．

(3) 3点C，G，F は一直線上にあることを示せ．

（広島市立大・改）

138. t は $0<t<1$ をみたす定数とする．三角形 OAB において，辺 OA を 2：3 に内分する点を C，辺 OB を $t:(1-t)$ に内分する点を D，線分 AD と線分 BC の交点を E，直線 OE と辺 AB の交点を F とする．$\vec{a}=\overrightarrow{OA}$，$\vec{b}=\overrightarrow{OB}$ とするとき，

(1) $\overrightarrow{AD}$ と $\overrightarrow{BC}$ をそれぞれ $\vec{a}$，$\vec{b}$ と t を用いて表せ．

(2) $\overrightarrow{OE}$ を $\vec{a}$，$\vec{b}$ と t を用いて表せ．

(3) $\overrightarrow{OF}$ を $\vec{a}$，$\vec{b}$ と t を用いて表せ．

（大阪公立大・改）

139. 三角形OABにおいて，$\overrightarrow{\mathrm{OA}}=\vec{a}$，$\overrightarrow{\mathrm{OB}}=\vec{b}$ とし，$\vec{a}$，$\vec{b}$ は，

$$|\vec{a}|=1,\ |\vec{b}|=2,\ |\vec{a}+\vec{b}|=\sqrt{7}$$

をみたすとする，s，t，k は，

$$s\geqq 0,\ t\geqq 0,\ s+t=k$$

をみたす実数とし，点Pは，

$$\overrightarrow{\mathrm{OP}}=(s-2t)\vec{a}+(s+t)\vec{b}$$

をみたしながら動くとする．

(1) 内積 $\vec{a}\cdot\vec{b}$ と $|-2\vec{a}+\vec{b}|$ の値を求めよ．

(2) $k=1$ のとき，点Pの存在範囲を求めよ．

(3) $1\leqq k\leqq 2$ のとき，点Pの存在範囲を求めよ．

(4) $1\leqq k\leqq 2$ のとき，点Pの存在範囲の面積を求めよ．

（大分大）

140. 三角形の3頂点から対辺またはその延長に下ろした垂線は，1点で交わる．その点を三角形の垂心という．

直角三角形ではない三角形ABCの外心をO，垂心をHとする．

(1) 直線OBと三角形ABCの外接円との交点でBでない点をDとする．四角形AHCDは平行四辺形であることを示せ．

(2) 辺BCの中点をMとする．$\overrightarrow{\mathrm{AH}}=2\overrightarrow{\mathrm{OM}}$ が成り立つことを示せ．

(3) $\overrightarrow{\mathrm{OA}}+\overrightarrow{\mathrm{OB}}+\overrightarrow{\mathrm{OC}}=\overrightarrow{\mathrm{OH}}$ が成り立つことを示せ．

（山口大）

141. 三角形ABCは，3辺の長さが

$$\mathrm{AB}=1,\ \mathrm{BC}=\sqrt{6},\ \mathrm{CA}=2$$

である．$\overrightarrow{\mathrm{AB}}=\vec{u}$，$\overrightarrow{\mathrm{AC}}=\vec{v}$ とするとき，

(1) 内積 $\vec{u}\cdot\vec{v}$ を求めよ．

(2) 三角形ABCの外心（外接円の中心）をOとする．$\overrightarrow{\mathrm{AO}}=s\vec{u}+t\vec{v}$ となる実数 s，t を求めよ．

（信州大）

142. 平面上の点 O を中心にもつ半径 1 の円周上に 3 点 A，B，C がある．ベクトル間の関係式

$$3\overrightarrow{OA}+4\overrightarrow{OB}-5\overrightarrow{OC}=\vec{0}$$

が成り立つとき，

(1) 内積 $\overrightarrow{OA}\cdot\overrightarrow{OB}$，$\overrightarrow{OB}\cdot\overrightarrow{OC}$，$\overrightarrow{OC}\cdot\overrightarrow{OA}$ の値を求めよ．

(2) 三角形 ABC の面積を求めよ．

（東京都立大）

143. 三角形 ABC において，AB$=2$，AC$=1$，$\angle$BAC$=120°$ とし，実数 $k>0$，$l>0$ に対して，$4\overrightarrow{PA}+2\overrightarrow{PB}+k\overrightarrow{PC}=\vec{0}$ で与えられる点を P，直線 AP と直線 BC との交点を D とし，$\overrightarrow{AQ}=l\overrightarrow{AD}$ で与えられる点を Q とする．

このとき，

(1) 線分の長さの比 BD：DC を k を用いて表せ．

(2) $\overrightarrow{AD}\perp\overrightarrow{BC}$ となるとき，k の値を求めよ．

(3) (2)の k の値に対して，点 Q が三角形 ABC の外接円の周上にあるとき，l の値を求めよ．

（鹿児島大）

144. 平面上に原点 O を中心とする半径 1 の円 K_1 を考える．K_1 の直径を 1 つとり，その両端を A，B とする．円 K_1 の周上の任意の点 Q に対し，線分 QA を 1：2 の比に内分する点を R とする．いま，k を正の定数として，

$$\vec{p}=\overrightarrow{AQ}+k\overrightarrow{BR}$$

とおく．ただし，Q$=$A のときは R$=$A とする．また，$\overrightarrow{OA}=\vec{a}$，$\overrightarrow{OQ}=\vec{q}$ とおく．

(1) $\overrightarrow{BR}$ を $\vec{a}$，$\vec{q}$ を用いて表せ．

(2) 点 Q が円 K_1 の周上を動くとき，$\overrightarrow{OP}=\vec{p}$ となるような点 P が描く図形を K_2 とする．K_2 は円であることを示し，中心の位置ベクトルと半径を求めよ．

(3) 円 K_2 の内部に点 A が含まれるような k の値の範囲を求めよ．

（大阪大）

145. 座標平面上で，原点Oを基準とする点Pの位置ベクトル $\overrightarrow{\mathrm{OP}}$ が $\vec{p}$ であるとき，点Pを $\mathrm{P}(\vec{p})$ で表す．

(1) $\mathrm{A}(\vec{a})$ を原点Oと異なる点とする．

(i) 点 $\mathrm{A}(\vec{a})$ を通り，ベクトル $\vec{a}$ に垂直な直線上の任意の点を $\mathrm{P}(\vec{p})$ とするとき，$\vec{a}\cdot\vec{p}=|\vec{a}|^2$ が成り立つことを示せ．

(ii) ベクトル方程式 $|\vec{p}|^2-2\vec{a}\cdot\vec{p}=0$ で表される図形を図示せよ．

(2) ベクトル $\vec{b}=(1,\ 1)$ に対して，不等式

$$|\vec{p}-\vec{b}|\leqq|\vec{p}+3\vec{b}|\leqq3|\vec{p}-\vec{b}|$$

をみたす点 $\mathrm{P}(\vec{p})$ 全体が表す領域を図示せよ．

（金沢大）

146. 四面体ABCDを考える．

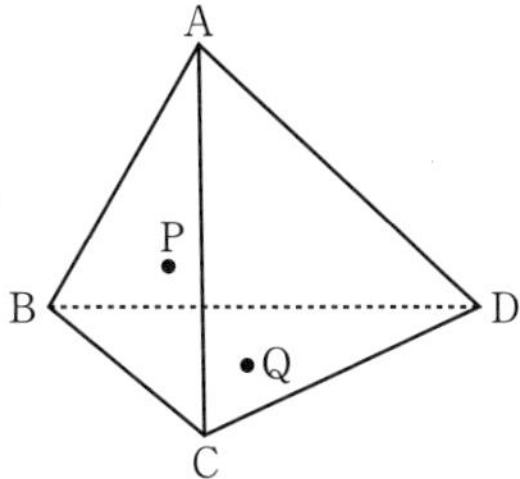

面ABC上の点Pと面BCD上の点Qについて，

$$\begin{cases}\overrightarrow{\mathrm{AP}}=x\overrightarrow{\mathrm{AB}}+y\overrightarrow{\mathrm{AC}}, \\ \overrightarrow{\mathrm{AQ}}=s\overrightarrow{\mathrm{AB}}+t\overrightarrow{\mathrm{AC}}+u\overrightarrow{\mathrm{AD}}\end{cases}$$

とおくとき，$x:y=s:t$ ならば，線分AQとDPが交わることを示せ．

（神戸大）

147. 四面体ABCDの3辺AB，BC，CD上に，それぞれ，頂点とは異なる点P，Q，Rをとり，三角形PQRの重心をG，三角形BCDの重心をHとする．3点A，G，Hが同一直線上にあるとき，

$$\frac{2}{3}<\frac{\mathrm{AG}}{\mathrm{AH}}<1$$

であることを示せ．

（大阪公立大・改）

148. 空間内の四面体 OABC について，$\overrightarrow{OA}=\vec{a}$，$\overrightarrow{OB}=\vec{b}$，$\overrightarrow{OC}=\vec{c}$ とおく．辺 OA 上の点 D は OD：DA＝1：2 を満たし，辺 OB 上の点 E は OE：EB＝1：1 を満たし，辺 BC 上の点 F は BF：FC＝2：1 を満たすとする．3 点 D，E，F を通る平面を α とする．

(1) α と辺 AC が交わる点を G とする．$\vec{a}$，$\vec{b}$，$\vec{c}$ を用いて $\overrightarrow{OG}$ を表せ．

(2) α と直線 OC が交わる点を H とする．OC：CH を求めよ．

(3) 四面体 OABC を α で 2 つの立体に分割する．この 2 つの立体の体積比を求めよ．

（岐阜大）

149. 一辺の長さが 1 の正四面体 OABC において，辺 OA を 1：2 に内分する点を L，辺 OB を 2：1 に内分する点を M とし，辺 BC 上に ∠LMN が直角となるように点 N をとる．このとき，

(1) BN：NC を求めよ．

(2) $\angle \text{MNB}=\theta$ とするとき，$\cos\theta$ の値を求めよ．

（和歌山大）

150. 座標空間における 3 点 A(4，−1，2)，B(2，2，3)，C(5，−4，0) を頂点とする三角形の外心（外接円の中心）の座標を求めよ．

（早稲田大）

151. 座標空間の 5 点 A(1，1，2)，B(2，1，4)，C(3，2，2)，D(2，7，1)，E(3，4，3) を考える．

(1) 三角形 ABC の面積を求めよ．

(2) 点 D から平面 ABC に下ろした垂線の足を H とする．H の座標を求めよ．

(3) 点 E を通り，平面 ABC に平行な平面を α とする．四面体 ABCD を平面 α で切ったときの切り口の面積を求めよ．

（岐阜大・改）

152. αを実数とする．Oを原点とする座標空間内に3点A $(3,\ -3,\ -3)$，B $(3,\ -1,\ 3)$，C $(\alpha,\ 1,\ 1)$ がある．Aを通り $\overrightarrow{m_1}=(1,\ 2,\ 1)$ に平行な直線を l_1 とする．Bを通り $\overrightarrow{m_2}=(-1,\ 1,\ 1)$ に平行な直線を l_2 とする．点Pは l_1 上にあり，点Qは l_2 上にある．$|\overrightarrow{PQ}|$ が最小となるとき，

(1) PとQの座標を求めよ．

(2) 三角形OPQの面積を求めよ．

(3) 3点O，P，Qの定める平面をπとする．Cを通りπの法線ベクトルに平行な直線を l_3 とする．l_3 とπの交点をHとする．Hが三角形OPQの周上にあるとき，αの値をすべて求めよ．

（京都府立大）

153. xyz 空間内に $\mathrm{P}(k,\ 0,\ 0)$ を通ってベクトル $\vec{d}=(0,\ 1,\ \sqrt{3})$ に平行な直線 l と xy 平面上の円 $C:x^2+y^2=a^2,\ z=0\ (a>0)$ がある．直線 l 上に点Q，円 C 上に点 $\mathrm{R}(a\cos\theta,\ a\sin\theta,\ 0)$ をとるとき，QRの最小値を求めよ．

（信州大・改）

154. 四面体OABCにおいて，$\mathrm{OA}=2,\ \mathrm{OB}=\sqrt{2},\ \mathrm{OC}=1$ であり，$\angle\mathrm{AOB}=\dfrac{\pi}{2},\ \angle\mathrm{AOC}=\dfrac{\pi}{3},\ \angle\mathrm{BOC}=\dfrac{\pi}{4}$ であるとする．また，3点O，A，Bを含む平面をαとし，点Cから平面αに下ろした垂線とαとの交点をH，平面αに関してCと対称な点をDとする．$\overrightarrow{\mathrm{OA}}=\vec{a},\ \overrightarrow{\mathrm{OB}}=\vec{b},\ \overrightarrow{\mathrm{OC}}=\vec{c}$ とおくとき，

(1) $\overrightarrow{\mathrm{OH}},\ \overrightarrow{\mathrm{OD}}$ を $\vec{a},\ \vec{b},\ \vec{c}$ を用いて表せ．

(2) 四面体OABCの体積を求めよ．

(3) 三角形ABCの重心をGとし，平面OAB上の点Pで $\mathrm{CP}+\mathrm{PG}$ を最小にする点を $\mathrm{P_0}$ とする．このとき，$\overrightarrow{\mathrm{OP_0}}$ を $\vec{a},\ \vec{b}$ を用いて表し，$\mathrm{CP_0}+\mathrm{P_0G}$ の値を求めよ．

（福井大・改）

155. 一辺の長さが1の正方形を底面とする四角柱 OABC−DEFG を考える．3点 P，Q，R をそれぞれ辺 AE，辺 BF，辺 CG 上に，4点 O，P，Q，R が同一平面上にあるようにとる．四角形 OPQR の面積を S とおく．また，$\angle$AOP を α，$\angle$COR を β とおく．

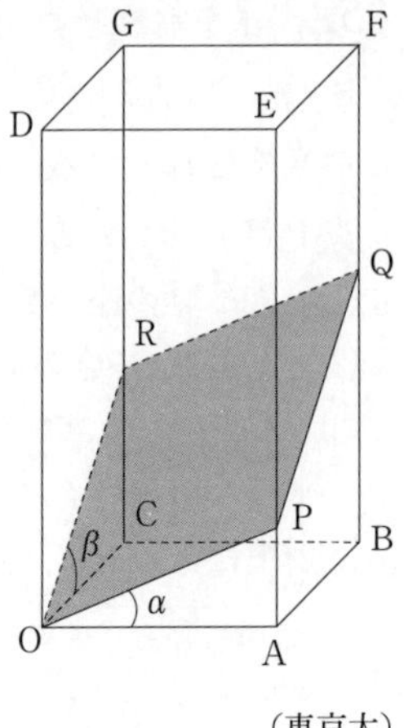

(1) S を $\tan\alpha$ と $\tan\beta$ を用いて表せ．

(2) $\alpha+\beta=\dfrac{\pi}{4}$，$S=\dfrac{7}{6}$ であるとき，

$\tan\alpha+\tan\beta$ の値を求めよ．さらに，$\alpha\leqq\beta$ のとき，$\tan\alpha$ の値を求めよ．

（東京大）

156. O を原点とする xyz 空間内に3点 A（1，0，0），B（0，2，0），C（0，0，3）がある．3点 A，B，C の定める平面を α とする．α，xy 平面，yz 平面，zx 平面のすべてに接する球面のうち，その中心の x 座標，y 座標，z 座標すべてが正であるものは2つある．半径が小さい方の球面を Q_1，半径が大きい方の球面を Q_2 とする．Q_1，Q_2 の中心をそれぞれ C_1，C_2 とする．

(1) 平面 α の方程式を求めよ．

(2) Q_1，Q_2 の方程式を求めよ．

(3) 直線 C_1C_2 と α との交点の座標を求めよ．

(4) 4点 A，B，C，O を通る球面の方程式を求めよ．

（京都府立大．類題；九州大，慶應義塾大）

157. 座標空間において，原点 O を中心とし半径が $\sqrt{5}$ の球面を S とする．点 A（1，1，1）からベクトル $\vec{u}=(0,\ 1,\ -1)$ と同じ向きに出た光線が球面 S に点 B で当たり，反射して球面 S の点 C に到達したとする．ただし，反射光は，点 O，A，B が定める平面上を，直線 OB が $\angle$ABC を二等分するように進むものとする．点 C の座標を求めよ．

（早稲田大）

158. 座標空間において，点（0，0，1）を中心とする半径 1 の球面を考える．点 P（0，1，2）と球面上の点 Q の 2 点を通る直線が xy 平面と交わるとき，その交点を R とおく．点 Q が球面上を動くとき，R の動く領域を求め，xy 平面に図示せよ．

（香川大．類題；横浜国立大，立命館大，京都大，早稲田大）

†159. xyz 座標空間に，右図のように一辺の長さ 1 の立方体 OABC－DEFG がある．この立方体を xy 平面上の直線 $y=-x$ のまわりに，頂点 F が z 軸の正の部分にくるまで回転させる．このとき，

(1) 回転後の頂点 B の座標を求めよ．

(2) 回転後の頂点 A，G で定まるベクトル $\overrightarrow{\mathrm{AG}}$ の成分を求めよ．

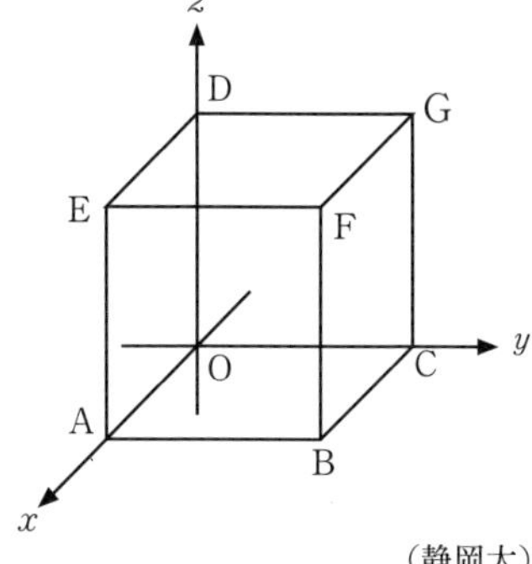

（静岡大）

24920

KAWAI PUBLISHING

入試精選問題集

文系数学の良問プラチカ

数学Ⅰ・A・Ⅱ・B（数列）・C（ベクトル） 四訂版

河合塾講師 鳥山昌純 著

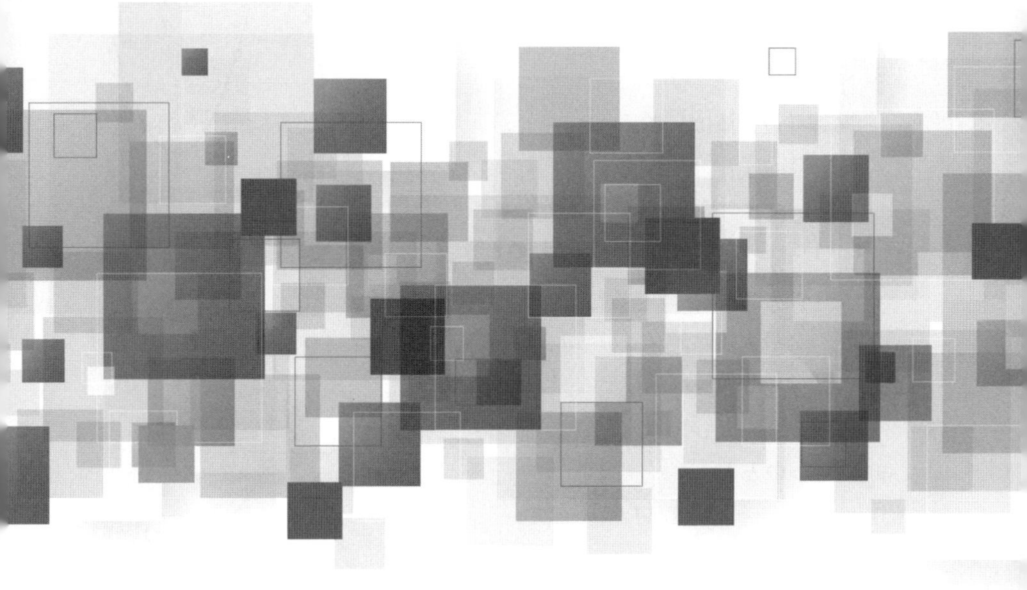

河合出版

§1 | 2次関数，2次方程式，2次不等式

1.

解法メモ

単に「xの関数」とあるだけですから，$a=0$ かも知れません．で，

$$\begin{cases} (\text{i}) & a>0 \text{ のとき,} \\ (\text{ii}) & a=0 \text{ のとき,} \\ (\text{iii}) & a<0 \text{ のとき} \end{cases}$$

に場合分けして考えます．

$a \neq 0$ なら，$f(x)$ は2次関数ですから，平方完成して，放物線 $y=f(x)$ の軸と，定義域の位置関係でさらに分類して考えます．

【解答】

(i) $a>0$ のとき，

$$f(x)=a\left(x-\frac{1}{a}\right)^2+1-\frac{1}{a}.$$

(ア) $0<\dfrac{1}{a}\leqq 1$，すなわち，$a\geqq 1$ のとき，

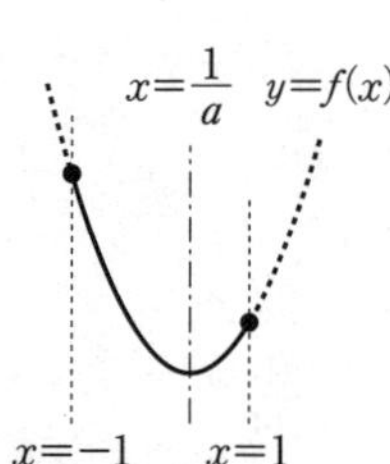

$f(x)$ の

$$\begin{cases} \text{最大値は，} f(-1)=a+3, \\ \text{最小値は，} f\left(\dfrac{1}{a}\right)=1-\dfrac{1}{a}. \end{cases}$$

(イ) $1<\dfrac{1}{a}$，すなわち，$0<a<1$ のとき，

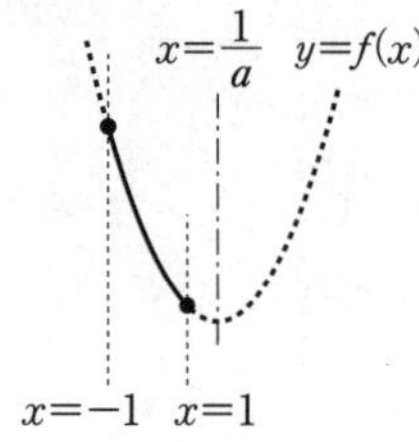

$f(x)$ の

$$\begin{cases} \text{最大値は，} f(-1)=a+3, \\ \text{最小値は，} f(1)=a-1. \end{cases}$$

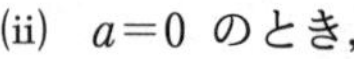
(ii) $a=0$ のとき，

$$f(x)=-2x+1.$$

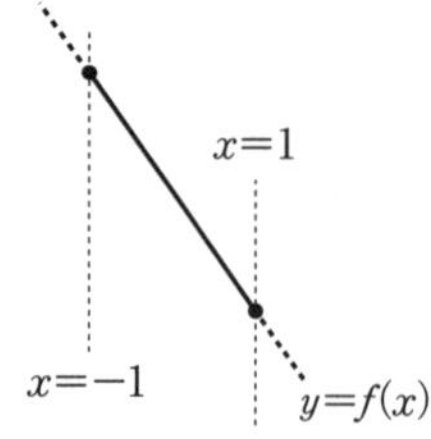

$f(x)$ の

$$\begin{cases} \text{最大値は，} f(-1)=3, \\ \text{最小値は，} f(1)=-1. \end{cases}$$

(iii)　$a<0$ のとき,

$$f(x)=a\left(x-\frac{1}{a}\right)^2+1-\frac{1}{a}.$$

(ア)　$-1\leqq\frac{1}{a}<0$, すなわち, $a\leqq -1$ のとき,

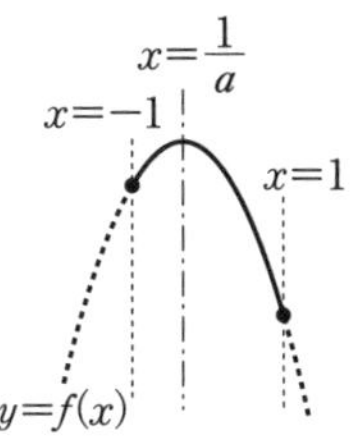

$f(x)$ の

$$\begin{cases} \text{最大値は, } f\left(\frac{1}{a}\right)=1-\frac{1}{a}, \\ \text{最小値は, } f(1)=a-1. \end{cases}$$

(イ)　$\frac{1}{a}<-1$, すなわち, $-1<a<0$ のとき,

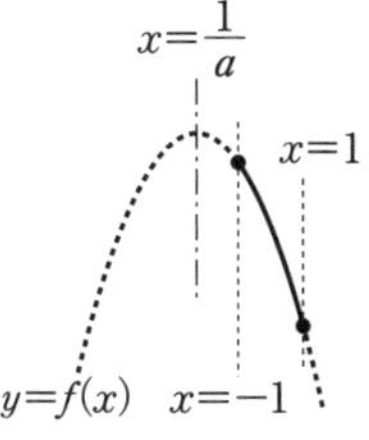

$f(x)$ の

$$\begin{cases} \text{最大値は, } f(-1)=a+3, \\ \text{最小値は, } f(1)=a-1. \end{cases}$$

以上, (i), (ii), (iii) より, $f(x)$ の

$$\textbf{(最大値)}=\begin{cases} \boldsymbol{a+3} & \boldsymbol{(a>-1)}, \\ \boldsymbol{1-\frac{1}{a}} & \boldsymbol{(a\leqq -1)}, \end{cases}$$

$$\textbf{(最小値)}=\begin{cases} \boldsymbol{1-\frac{1}{a}} & \boldsymbol{(a\geqq 1)}, \\ \boldsymbol{a-1} & \boldsymbol{(a<1)}. \end{cases}$$

2.

解法メモ

(1) は $y=f(x)$ $(0\leqq x\leqq 1)$ のグラフを描けばお終(しま)い.

(2) は $f(x)$ が $x\leqq\frac{1}{2}$ において増加, $\frac{1}{2}\leqq x$ において減少ですから, a, b と $\frac{1}{2}$ の大小関係による場合分けが必要です.

【解答】

$$\begin{aligned} f(x)&=4x(1-x) \\ &=-4\left(x-\frac{1}{2}\right)^2+1. \end{aligned}$$

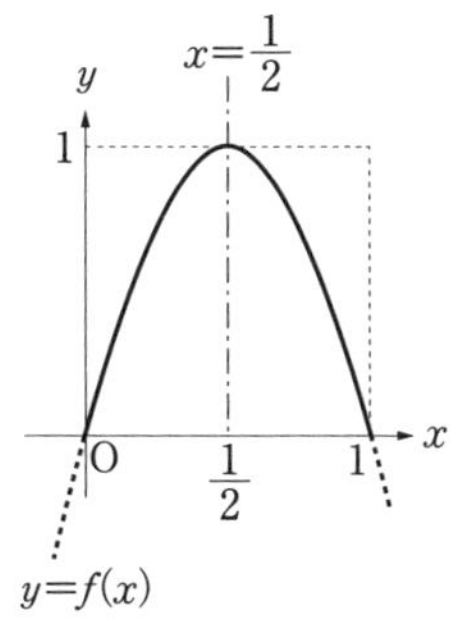

(1)　$0\leqq x\leqq 1$ において,

$y=f(x)$ のグラフは, 右図の通りで,

定義域が $0\leqq x\leqq 1$ のとき値域は $0\leqq f(x)\leqq 1$

ゆえ，区間［0，1］は関数 $f(x)$ に関して不変である．

(2) $0<a<b<1$ のとき，区間［a，b］が関数 $f(x)$ に関して不変であるとする．定義域が $a\leqq x\leqq b$ のとき，

(i) $0<a<b\leqq\dfrac{1}{2}$ …① なら，$f(x)$ の値域は

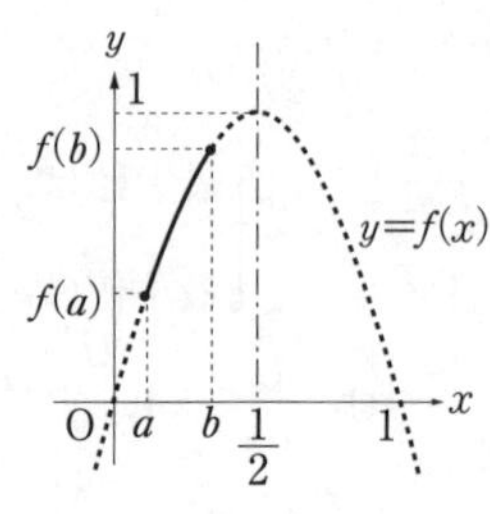

$f(a)\leqq f(x)\leqq f(b)$ ゆえ，

$$\begin{cases} a=f(a), \\ b=f(b). \end{cases} \quad \therefore \begin{cases} a=4a(1-a), & \cdots② \\ b=4b(1-b). \end{cases}$$

②から，$4a^2-3a=0$． ∴ $4a\left(a-\dfrac{3}{4}\right)=0$．

$$\therefore \quad a=0,\ \frac{3}{4}.$$

これらは共に①に不適．

(ii) $0<a\leqq\dfrac{1}{2}<b<1$ …③ なら，

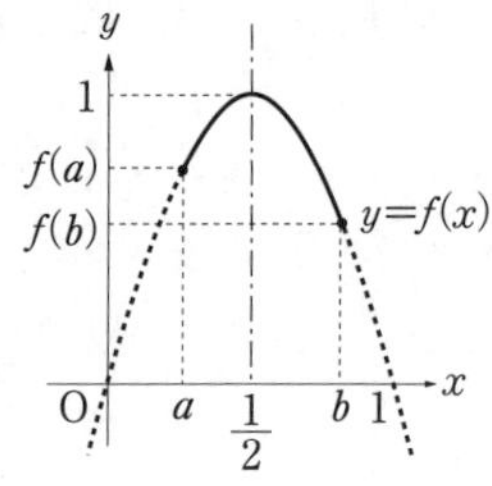

$$f(x)\leqq f\left(\frac{1}{2}\right)=1 \text{ ゆえ，}$$

$$b=1.$$

これは③に不適．

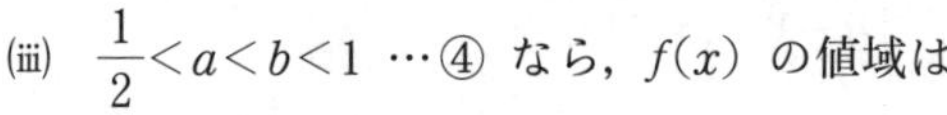

(iii) $\dfrac{1}{2}<a<b<1$ …④ なら，$f(x)$ の値域は

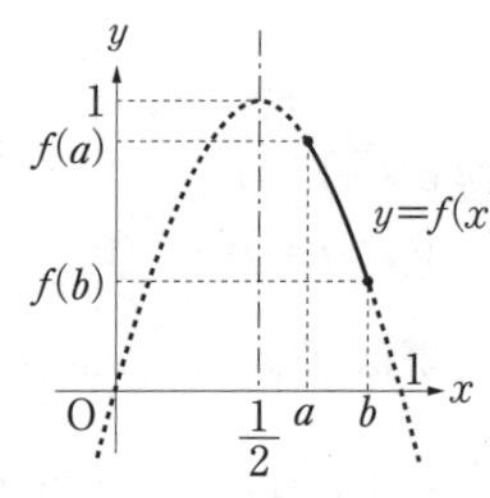

$f(b)\leqq f(x)\leqq f(a)$ ゆえ，

$$\begin{cases} a=f(b), \\ b=f(a). \end{cases} \quad \therefore \begin{cases} a=4b(1-b), & \cdots⑤ \\ b=4a(1-a). & \cdots⑥ \end{cases}$$

⑤－⑥から，

$$a-b=4(b-a)-4(b-a)(b+a).$$

$$\therefore \quad 4(b-a)\left(a+b-\frac{5}{4}\right)=0.$$

ここで，$a<b$ より，$b-a\neq 0$ ゆえ，

$$a+b-\frac{5}{4}=0,\text{ すなわち，}b=\frac{5}{4}-a.$$

これを⑥へ代入して，$\dfrac{5}{4}-a=4a(1-a)$．

$$\therefore \quad 16a^2-20a+5=0.$$

$$\therefore \quad a=\frac{10\pm\sqrt{20}}{16}=\frac{5\pm\sqrt{5}}{8}.$$

同様にして, $b=\dfrac{5\pm\sqrt{5}}{8}$.

$a<b$ ゆえ, $(a,\ b)=\left(\dfrac{5-\sqrt{5}}{8},\ \dfrac{5+\sqrt{5}}{8}\right)$.

$2<\sqrt{5}<3$ から, $\dfrac{1}{4}<\dfrac{5-\sqrt{5}}{8}<\dfrac{3}{8}\left(<\dfrac{1}{2}\right)$ ゆえ,

これは④に不適.

以上, (i), (ii), (iii)より, $0<a<b<1$ のとき, 区間 $[a,\ b]$ は関数 $f(x)$ に関して不変ではない.

3.

解法メモ

$f(x)$ の分母について, $x^2-x+1=\left(x-\dfrac{1}{2}\right)^2+\dfrac{3}{4}>0$ ですから, $f(x)$ の定義域はすべての実数で, その最大値が3, 最小値が $\dfrac{1}{3}$ という条件は,

$$\frac{1}{3} \leqq f(x) \leqq 3,\ \text{すなわち,}$$

$$\frac{1}{3}(x^2-x+1) \leqq x^2+ax+b \leqq 3(x^2-x+1)$$

となることで, なおかつ, 2つの等号が成立する実数 x が存在することです.

こう読み替えれば, この問題はありふれた 2 次関数の問題に帰着します.

【解答】

$x^2-x+1=\left(x-\dfrac{1}{2}\right)^2+\dfrac{3}{4}\geqq\dfrac{3}{4}>0$ ゆえ, 与条件は,

$$\underbrace{\frac{1}{3}\leqq f(x)\leqq 3}_{(*)},\ \text{かつ, 等号が成立する実数}\ x\ \text{が存在する}$$

である.

$$(*) \iff \frac{1}{3} \leqq \frac{x^2+ax+b}{x^2-x+1} \leqq 3$$

$$\iff x^2-x+1 \leqq 3(x^2+ax+b),\ x^2+ax+b \leqq 3(x^2-x+1)$$

$$\iff \begin{cases} 2x^2+(3a+1)x+3b-1\geqq 0, & \cdots① \\ 2x^2-(a+3)x+3-b\geqq 0. & \cdots② \end{cases}$$

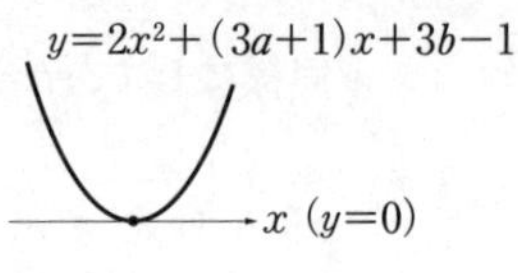

すべての実数 x に対して，①が成り立ち，かつ，等号が成立する x が存在する条件から

$$\begin{pmatrix}2x^2+(3a+1)x+3b-1=0 \\ \text{の判別式}\end{pmatrix}=0.$$

$$\therefore\quad (3a+1)^2-4\cdot 2(3b-1)=0.$$

$$\therefore\quad 3a^2+2a-8b+3=0. \qquad \cdots③$$

y=2x²−(a+3)x+3−b

x (y=0)

また，すべての実数 x に対して，②が成り立ち，かつ，等号が成立する x が存在する条件から，

$$\begin{pmatrix}2x^2-(a+3)x+3-b=0 \\ \text{の判別式}\end{pmatrix}=0.$$

$$\therefore\quad (a+3)^2-4\cdot 2\cdot(3-b)=0.$$

$$\therefore\quad a^2+6a+8b-15=0. \qquad \cdots④$$

③＋④から，

$$4a^2+8a-12=0.$$

$$\therefore\quad 4(a+3)(a-1)=0.$$

$$\therefore\quad a=-3,\ 1.$$

これと④から，それぞれ $b=3,\ 1$.

以上より，求める a，b の値は，

$$(\boldsymbol{a},\ \boldsymbol{b})=(-3,\ 3),\ (1,\ 1).$$

4.

解法メモ

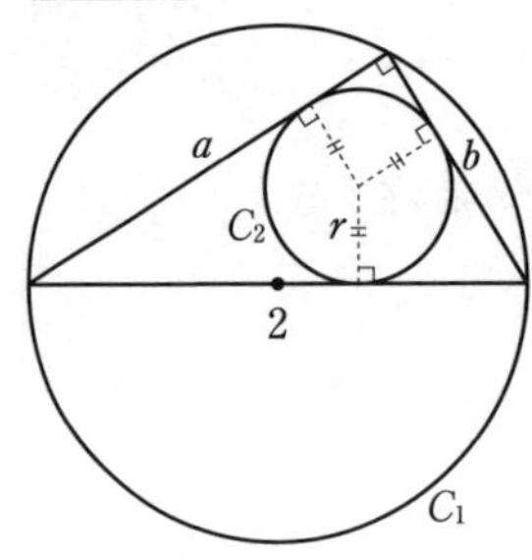

この図の中から，

$$a+b,\ ab,\ r$$

の間に成り立つ関係を少なくとも 2 つ見つければよいのです.

それは，

長さの関係であっても，
面積の関係であっても，
比例の関係であっても，

何でもよい訳です.

例えば,

$$\text{直角三角形} \Longrightarrow \text{三平方の定理} \Longrightarrow a^2+b^2=2^2$$

で1つ．さあ，あと1つ．

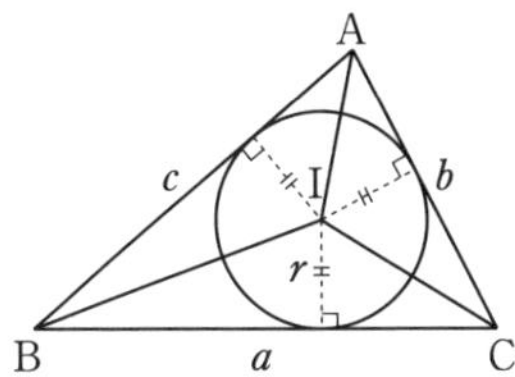

$$\triangle\mathrm{ABC}=\triangle\mathrm{IBC}+\triangle\mathrm{ICA}+\triangle\mathrm{IAB}$$
$$=\frac{1}{2}ra+\frac{1}{2}rb+\frac{1}{2}rc$$
$$=\frac{1}{2}r(a+b+c).$$

【解答】

(1)　直角三角形の条件から，三平方の定理により，

$$a^2+b^2=2^2.$$
$$\therefore\ (a+b)^2-2ab=4. \qquad \cdots①$$

直角三角形の面積の条件から，

$$\frac{1}{2}ab=\frac{1}{2}(a+b+2)r.$$
$$\therefore\quad ab=(a+b+2)r. \qquad \cdots②$$

ここで，$X=a+b$，$Y=ab$ とおくと，①，②より，

$$\begin{cases} X^2-2Y=4, & \cdots①' \\ Y=(X+2)r. & \cdots②' \end{cases}$$

②′を①′へ代入して，整理すると，

$$X^2-2rX-4r-4=0.$$
$$\therefore\ (X+2)\{X-(2r+2)\}=0.$$

$X=a+b>0$ は明らかゆえ，

$$X=2r+2.$$

これを②′へ代入して，

$$Y=2r^2+4r.$$

以上より，

$$\begin{cases} \boldsymbol{X=2r+2,} \\ \boldsymbol{Y=2r^2+4r.} \end{cases}$$

(2)　$X=a+b$，$Y=ab$ ゆえ，a，b は t の2次方程式

$$t^2-Xt+Y=0 \qquad \cdots③$$

の2解で，斜辺の長さが2の直角三角形の他の2辺の長さであることから，

$$0<a<2,\ 0<b<2,\ a+b>2.$$

よって，求める条件は，③が $0<t<2$ に2つの実数解を持ち，

$$X>2$$

となることである．

$$f(t)=t^2-Xt+Y$$
$$=\left(t-\frac{X}{2}\right)^2+Y-\frac{X^2}{4}$$

とおくと，この条件は，

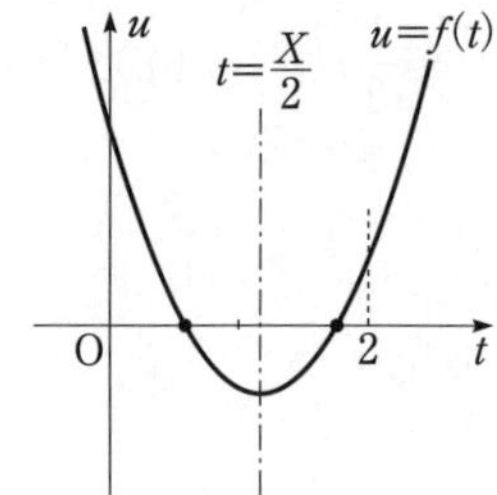

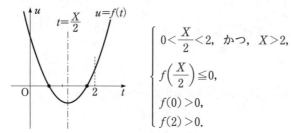

$$\begin{cases} 0<\dfrac{X}{2}<2,\ かつ,\ X>2, & \cdots④ \\ f\left(\dfrac{X}{2}\right)\leqq 0, & \cdots⑤ \\ f(0)>0, & \cdots⑥ \\ f(2)>0. & \cdots⑦ \end{cases}$$

④より，$1<r+1<2$.

$$\therefore\quad 0<r<1. \qquad \cdots④'$$

⑤より，$Y-\dfrac{X^2}{4}\leqq 0$，すなわち，

$$(2r^2+4r)-\frac{1}{4}(2r+2)^2\leqq 0.$$
$$\therefore\quad r^2+2r-1\leqq 0.$$
$$\therefore\quad -1-\sqrt{2}\leqq r\leqq -1+\sqrt{2}. \qquad \cdots⑤'$$

⑥より，$Y>0$，すなわち，$2r^2+4r>0$.

$$\therefore\quad 2r(r+2)>0.$$
$$\therefore\quad r<-2,\ または,\ 0<r. \qquad \cdots⑥'$$

⑦より，$4-2X+Y>0$，すなわち，$4-2(2r+2)+(2r^2+4r)>0$.

$$\therefore\quad 2r^2>0.$$
$$\therefore\quad r\neq 0. \qquad \cdots⑦'$$

以上，④′，⑤′，⑥′，⑦′ より，求める r の値の範囲は，

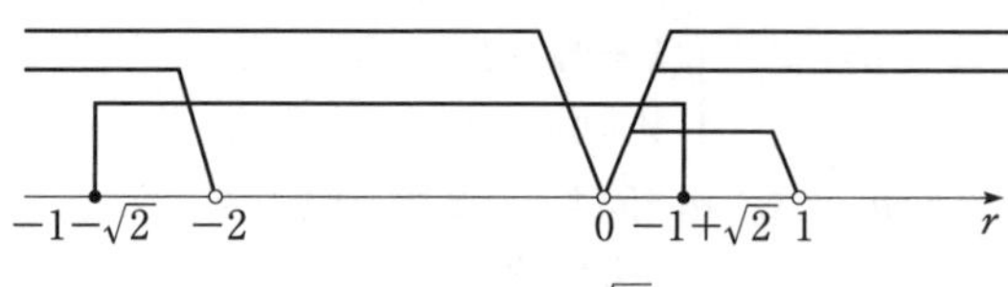

$$\boldsymbol{0<r\leqq -1+\sqrt{2}}.$$

[参考]

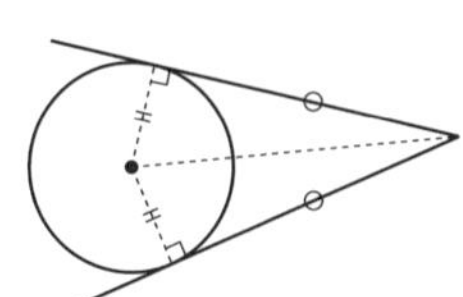

(1)では，$a+b$，ab，r の間に成り立つ関係式として，三平方の定理の他に，面積の情報を採りましたが，これ以外にも，

「円外の 1 点から円に引いた 2 本の接線の長さは等しい」

ことを用いるなら，

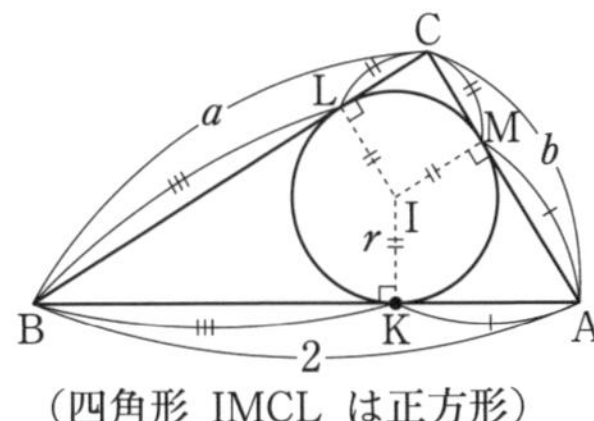

(四角形 IMCL は正方形)

$$\begin{aligned} 2=\mathrm{AB}&=\mathrm{AK}+\mathrm{BK} \\ &=\mathrm{AM}+\mathrm{BL} \\ &=(b-r)+(a-r) \\ &=a+b-2r, \end{aligned}$$

したがって，

$$a+b=2r+2$$

という情報が得られます.

5.

解法メモ

まず，正しい作図ができますか.

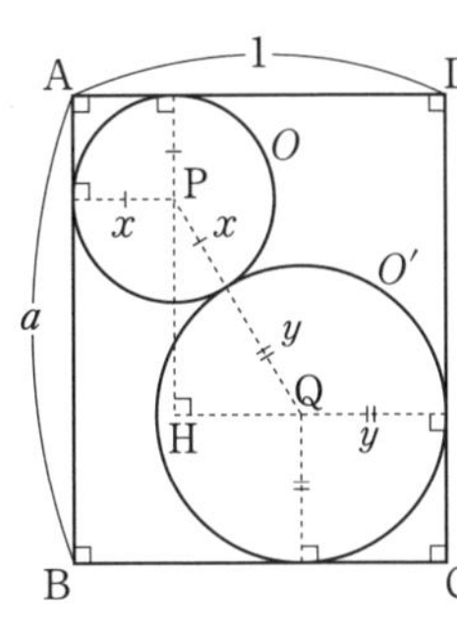

この図の中から，

$$x+y,\ a$$

の間に成り立つ関係式が 1 本見つけられればよいのです.

2 円 O，O' が外接しているから，$x+y$ は，この 2 円の中心間距離 PQ に等しい.

これと外側の長方形の辺の長さ a とを結びつけようとすると，…（直角三角形 PQH が見えてきませんか?!）

【解答】

図のように，2 円 O，O' の中心をそれぞれ P，Q とし，P を通り AB に平行な直線と，Q を通り AD に平行な直線の交点を H とすると，三角形 PQH は $\angle\mathrm{H}=90^\circ$ の直角三角形で，

$$\begin{cases} \mathrm{PH}=a-x-y, \\ \mathrm{QH}=1-x-y, \\ \mathrm{PQ}=x+y \end{cases}$$

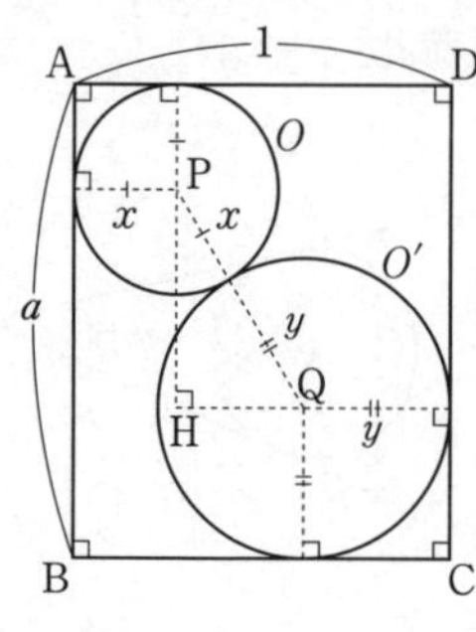

である．

(1)　直角三角形 PQH に三平方の定理 $PQ^2=PH^2+QH^2$ を用いて，

$$(x+y)^2=\{a-(x+y)\}^2+\{1-(x+y)\}^2.$$

$$\therefore\quad (x+y)^2-2(a+1)(x+y)+a^2+1=0.$$

$$\therefore\quad x+y=a+1\pm\sqrt{(a+1)^2-(a^2+1)}.$$

$$=a+1\pm\sqrt{2a}.$$

ここで，図より明らかに，$x+y\leqq 1$ だから，

$$\boldsymbol{x+y=a+1-\sqrt{2a}}. \quad \cdots ①$$

(2)　図より明らかに，x，y の最大値はともに $\dfrac{1}{2}$ で，①より，

$$\frac{1}{2}\geqq y=a+1-\sqrt{2a}-x.$$

よって，x の取り得る値の範囲は，

$$\boldsymbol{a+\frac{1}{2}-\sqrt{2a}\leqq x\leqq\frac{1}{2}}. \quad \cdots ②$$

(3)　①より，

$$\begin{aligned}x^2+y^2&=x^2+(a+1-\sqrt{2a}-x)^2\\&=2x^2-2(a+1-\sqrt{2a})x+(a+1-\sqrt{2a})^2\\&=2\left(x-\frac{a+1-\sqrt{2a}}{2}\right)^2+\frac{1}{2}(a+1-\sqrt{2a})^2.\end{aligned}$$

$\dfrac{a+1-\sqrt{2a}}{2}$ が区間②の真ん中であることから，次の図を得る．

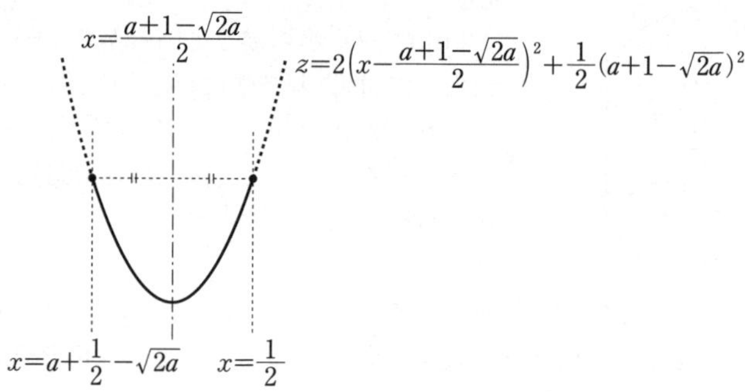

よって，求める 2 円 O，O' の面積の和 $\pi(x^2+y^2)$ の

最大値は，

$$\boldsymbol{\frac{\pi}{4}+\pi\left(a+\frac{1}{2}-\sqrt{2a}\right)^2}\quad\left(\{x,\ y\}=\left\{\frac{1}{2},\ a+\frac{1}{2}-\sqrt{2a}\right\}\text{ のとき}\right),$$

最小値は，

$$\frac{\pi}{2}\left(a+1-\sqrt{2a}\right)^2 \qquad \left(x=y=\frac{a+1-\sqrt{2a}}{2}\ \text{のとき}\right).$$

［別解］

a が定数であることと①から，$x+y$ は一定ゆえ，

$$x^2+y^2=\frac{1}{2}\left\{(x+y)^2+(x-y)^2\right\}$$

は，$|x-y|$ が大きいほど大きい．

よって，$x=y=\dfrac{1}{2}(a+1-\sqrt{2a})$ のとき最小で，

$$\{x,\ y\}=\left\{\frac{1}{2},\ a+\frac{1}{2}-\sqrt{2a}\right\}\ \text{のとき最大となる．}$$

…（以下，略）

注$_1$　①の1行上の不等式について，$a<2$ ですから，$x=y=\dfrac{1}{2}$ となることはなく，したがって，$x+y=1$ となることもありませんから，「$x+y<1$ だから，」としても可です．

注$_2$　最後の答えのところで，$\{x,\ y\}=\{\alpha,\ \beta\}$ とは，

$$(x,\ y)=(\alpha,\ \beta)\ \text{or}\ (\beta,\ \alpha)$$

をまとめて表したものです．

6.

解法メモ

(1)，(3)の問から見える様に，2次方程式 $x^2-x+1=0$ の2つの解 α，β に関する対称式の取り扱いの問題ですから，基本対称式 $\alpha+\beta$，$\alpha\beta$ の値を準備して臨みます．

また，x^2-x+1 を見ると，覚（おぼ）えず $x+1$ を掛けたくなりませんか．

$$(x+1)(x^2-x+1)=x^3+1.$$

【解答】

α，β は $x^2-x+1=0$ の2解だから，2次方程式の解と係数の関係により，

$$\alpha+\beta=1,\quad \alpha\beta=1. \qquad \cdots ①$$

また，

$$\alpha^2-\alpha+1=0,\quad \beta^2-\beta+1=0. \qquad \cdots ②$$

(1)
$$\frac{\mathbf{1}}{\boldsymbol{\alpha}}+\frac{\mathbf{1}}{\boldsymbol{\beta}}=\frac{\alpha+\beta}{\alpha\beta}$$
$$=\mathbf{1}.\quad (\because\ ①)$$

(2) ②から,
$$(\alpha+1)(\alpha^2-\alpha+1)=0,\ (\beta+1)(\beta^2-\beta+1)=0.$$
$$\therefore\ \alpha^3+1=0,\ \beta^3+1=0.$$
$$\therefore\ \alpha^3=-1,\ \beta^3=-1. \qquad \cdots③$$
$$\therefore\ \begin{cases}\boldsymbol{\alpha}^{\mathbf{27}}=(\alpha^3)^9=(-1)^9=\mathbf{-1},\\ \boldsymbol{\beta}^{\mathbf{27}}=(\beta^3)^9=(-1)^9=\mathbf{-1}.\end{cases}$$

(3) ③から,
$$\alpha^6=1,\ \beta^6=1. \qquad \cdots④$$

よって, $k=0$, 1, 2, …として,

(i) $n=6k+1$ のとき,
$$\begin{aligned}\alpha^n+\beta^n&=\alpha^{6k+1}+\beta^{6k+1}\\&=(\alpha^6)^k\cdot\alpha+(\beta^6)^k\cdot\beta\\&=\alpha+\beta\quad(\because\ ④)\\&=1.\quad(\because\ ①)\end{aligned}$$

(ii) $n=6k+2$ のとき,
$$\begin{aligned}\alpha^n+\beta^n&=\alpha^{6k+2}+\beta^{6k+2}\\&=(\alpha^6)^k\cdot\alpha^2+(\beta^6)\cdot\beta^2\\&=\alpha^2+\beta^2\quad(\because\ ④)\\&=(\alpha-1)+(\beta-1)\quad(\because\ ②)\\&=-1.\quad(\because\ ①)\end{aligned}$$
$$\left(\begin{aligned}&=(\alpha+\beta)^2-2\alpha\beta\\&=-1\quad(\because\ ①)\ \text{も可.}\end{aligned}\right)$$

(iii) $n=6k+3$ のとき,
$$\begin{aligned}\alpha^n+\beta^n&=\alpha^{6k+3}+\beta^{6k+3}\\&=(\alpha^6)^k\cdot\alpha^3+(\beta^6)^k\cdot\beta^3\\&=\alpha^3+\beta^3\quad(\because\ ④)\\&=-2.\quad(\because\ ③)\end{aligned}$$

(iv) $n=6k+4$ のとき,
$$\begin{aligned}\alpha^n+\beta^n&=\alpha^{6k+4}+\beta^{6k+4}\\&=(\alpha^6)^k\cdot\alpha^3\cdot\alpha+(\beta^6)^k\cdot\beta^3\cdot\beta\\&=-(\alpha+\beta)\quad(\because\ ④,\ ③)\\&=-1.\quad(\because\ ①)\end{aligned}$$

(v) $n=6k+5$ のとき,
$$\alpha^n+\beta^n=\alpha^{6k+5}+\beta^{6k+5}$$

$$
\begin{aligned}
&=(\alpha^6)^k\cdot\alpha^3\cdot\alpha^2+(\beta^6)^k\cdot\beta^3\cdot\beta^2 \\
&=-(\alpha^2+\beta^2)\quad(\because\ ④,\ ③)\quad \left(\begin{aligned}&=-(\alpha+\beta)^2+2\alpha\beta\\&=1\quad(\because\ ①)\ \text{も可.}\end{aligned}\right) \\
&=(-\alpha+1)+(-\beta+1)\quad(\because\ ②) \\
&=1.\quad(\because\ ①)
\end{aligned}
$$

(vi)　$n=6k+6$ のとき,

$$
\begin{aligned}
\alpha^n+\beta^n&=\alpha^{6k+6}+\beta^{6k+6} \\
&=(\alpha^6)^{k+1}+(\beta^6)^{k+1} \\
&=2.\quad(\because\ ④)
\end{aligned}
$$

以上, (i)〜(vi)より, 求める $\alpha^n+\beta^n$ の値は, $k=0,\ 1,\ 2,\ 3,\ \cdots$ として,

$$
\boldsymbol{\alpha^n+\beta^n=\begin{cases}
1 & (n=6k+1\ \text{のとき}), \\
-1 & (n=6k+2\ \text{のとき}), \\
-2 & (n=6k+3\ \text{のとき}), \\
-1 & (n=6k+4\ \text{のとき}), \\
1 & (n=6k+5\ \text{のとき}), \\
2 & (n=6k+6\ \text{のとき}).
\end{cases}}
$$

[参考]

$$a_n=\alpha^n+\beta^n\quad(n=1,\ 2,\ 3,\ \cdots)$$

とおいて, 数学Bの数列(漸化式)の考え方を用いると,

$$
\begin{aligned}
a_{n+2}&=\alpha^{n+2}+\beta^{n+2} \\
&=(\alpha+\beta)(\alpha^{n+1}+\beta^{n+1})-\alpha\beta(\alpha^n+\beta^n) \\
&=a_{n+1}-a_n.\quad(\because\ ①)
\end{aligned}
$$

すなわち, 1つ手前と2つ手前の項が分っていれば, 次が計算できる訳で, これと, $a_1=\alpha+\beta=1$, $a_2=\alpha^2+\beta^2=(\alpha+\beta)^2-2\alpha\beta=-1$ から, 順に,

$$\{a_n\}\ ;\ \underset{a_1}{\underset{\parallel}{1}},\ \underset{a_2}{\underset{\parallel}{-1}},\ -2,\ -1,\ 1,\ 2,\ \underset{a_7}{\underset{\parallel}{1}},\ \underset{a_8}{\underset{\parallel}{-1}},\ -2,\ -1,\ 1,\ 2,\ \cdots$$

ここで, $(a_1,\ a_2)=(a_7,\ a_8)=(1,\ -1)$ と一致したので, このあとも a_1〜a_6 のセットと同じ並びが繰り返されることが判ります. すなわち, 数列 $\{a_n\}$ は, 周期6の周期的数列だということです.

また,

$$
\begin{aligned}
&②\ \cdots\ \alpha^2=\alpha-1\qquad(\alpha\ \text{の2次式})\Longrightarrow(\alpha\ \text{の1次式}), \\
&③\ \cdots\ \alpha^3=-1\qquad(\alpha\ \text{の3次式})\Longrightarrow(\alpha\ \text{の0次式})
\end{aligned}
$$

は, "α の次数を下げる道具" と見做(みな)せることが肝要です.

7.

解法メモ

(1)　与えられた関係式が対称式で，聞かれている $s=x+y$ は基本対称式ですから，もう1つの基本対称式 xy を s で表すことができます．和と積の式

$$x+y=s,\ xy=s^2-s \qquad \cdots ㋐$$

をみると…，x，y は（例えば）X の2次方程式

$$X^2-sX+s^2-s=0$$

の2つの実数解とみることができて….

(2)　今度の $x-y$ は対称式ではないので，$y=x-t$ として与式に代入すると，x の2次方程式

$$3x^2-(3t+2)x+t^2+t=0$$

ができて，これの実数解条件から，t の条件が出ます．

（x が実数であれば，$y=x-t$ も実数として定まります．）

(3)　$u=x^2+y^2$ は x，y の対称式ですから，(1)の㋐を使えば s の2次関数となるので….

【解答】

(1)

$$\begin{aligned} & x^2+xy+y^2=x+y \\ \iff & (x+y)^2-xy=x+y \\ \iff & xy=(x+y)^2-(x+y) \\ & \quad =s^2-s. \quad (\because\ x+y=s.) \end{aligned}$$

よって，x，y は X の2次方程式

$$X^2-sX+s^2-s=0 \qquad \cdots ①$$

の2つの実数解である（重解も含む）．

x，y が実数だから，s も実数で，実数係数の2次方程式①について，

（①の判別式）$\geqq 0$.

$$\therefore\ s^2-4(s^2-s)\geqq 0.$$

$$\therefore\ 3s\left(s-\frac{4}{3}\right)\leqq 0.$$

よって，$s=x+y$ の取り得る値の範囲は，

$$\boldsymbol{0\leqq s\leqq \frac{4}{3}}.$$

(2)　$t=x-y$ から，$y=x-t$．これを，与式

$$x^2+xy+y^2=x+y$$

に代入して，

$$x^2+x(x-t)+(x-t)^2=x+(x-t).$$

$$\therefore \quad 3x^2-(3t+2)x+t^2+t=0. \qquad \cdots ②$$

x，y が実数だから，t も実数で，実数係数の 2 次方程式②について，

(②の判別式)$\geqq 0$.

$$\therefore \quad (3t+2)^2-4\cdot 3(t^2+t)\geqq 0.$$

$$\therefore \quad 3t^2-4\leqq 0.$$

（このとき，x は実数で，$y=x-t$ も実数となる.）

よって，$t=x-y$ の取り得る値の範囲は，

$$-\frac{2}{\sqrt{3}}\leqq \boldsymbol{t}\leqq \frac{2}{\sqrt{3}}.$$

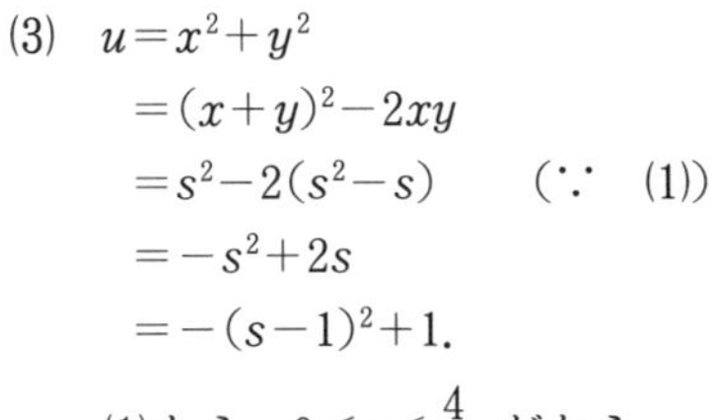

(3)　$u=x^2+y^2$

$=(x+y)^2-2xy$

$=s^2-2(s^2-s)$　　（∵　(1)）

$=-s^2+2s$

$=-(s-1)^2+1.$

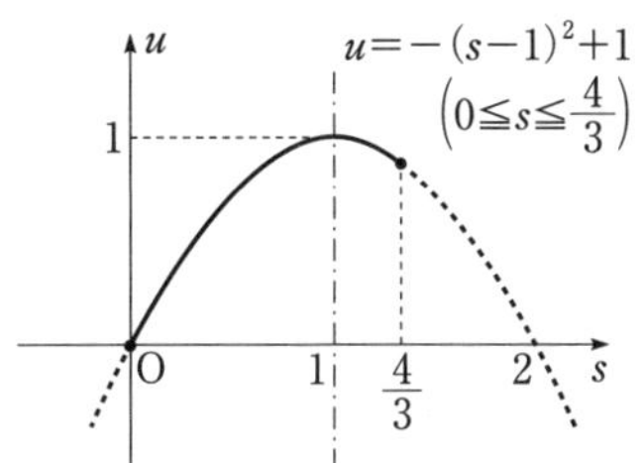

(1)から，$0\leqq s\leqq \frac{4}{3}$ だから，

$$u\leqq 1.$$

等号成立は $s=1$ のときで，このとき，

$$①\cdots \quad X^2-X=0 \iff X(X-1)=0$$
$$\iff X=0,\ 1$$

より，$(x,\ y)=(0,\ 1),\ (1,\ 0)$.

以上より，求める u の**最大値は,**

$$\boldsymbol{1}$$

で，これを与える x，y の値は，

$$\boldsymbol{(x,\ y)=(0,\ 1),\ (1,\ 0)}.$$

8.

解法メモ

方程式 $|x^2-4x|=h(x)$ の実数解は，$y=|x^2-4x|$ と $y=h(x)$ の 2 つのグラフの共有点の x 座標ですが，(1), (2)いずれも

$$|x^2-4x|=x+a \iff |x^2-4x|-x=a,$$
$$|x^2-4x|=bx,\ x\neq 0 \iff |x||x-4|=bx,\ x\neq 0$$
$$\iff \begin{cases} x>0, & |x-4|=b, \\ x<0, & -|x-4|=b \end{cases}$$

と，少し下ごしらえしてから，グラフを描くと楽でしょう．

【解答】

$$|x^2-4x|=\begin{cases} x^2-4x & (x\leqq 0,\ 4\leqq x\ \text{のとき}), \\ -(x^2-4x) & (0<x<4\ \text{のとき}). \end{cases}$$

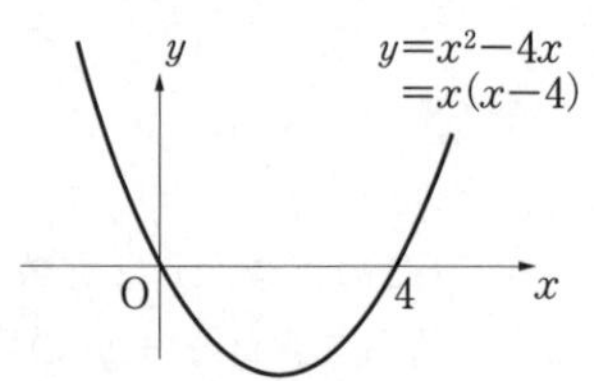

(1) $|x^2-4x|=x+a \iff |x^2-4x|-x=a.$

ここで，$f(x)=|x^2-4x|-x$ とおくと，

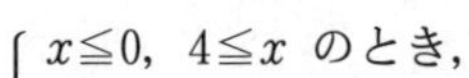

$x\leqq 0,\ 4\leqq x$ のとき，

$$\begin{aligned} f(x)&=(x^2-4x)-x \\ &=x^2-5x \\ &=\left(x-\frac{5}{2}\right)^2-\frac{25}{4}, \end{aligned}$$

$0<x<4$ のとき，

$$\begin{aligned} f(x)&=-(x^2-4x)-x \\ &=-x^2+3x \\ &=-\left(x-\frac{3}{2}\right)^2+\frac{9}{4}. \end{aligned}$$

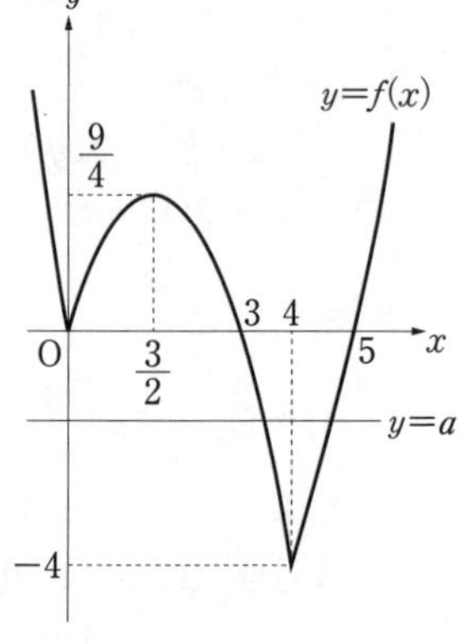

よって，$y=f(x)$ のグラフは，右図の通り．

$|x^2-4x|=x+a$，すなわち，$f(x)=a$ をみたす実数 x がちょうど 2 つ存在する条件は，$y=f(x)$ と $y=a$ のグラフがちょうど 2 つの共有点を持つときだから，求める a の値の範囲は，

$$\boldsymbol{-4<a<0,\ \frac{9}{4}<a.}$$

(2) $$|x^2-4x|=bx. \qquad \cdots①$$

$x<0,\ 4\leqq x$ のとき，①から，$x^2-4x=bx.$

$\therefore\ x-4=b.$

$0<x<4$ のとき，①から，$-(x^2-4x)=bx.$

$\therefore\ -x+4=b.$

ここで，

$$g(x)=\begin{cases} x-4 & (x<0,\ 4\leqq x\ \text{のとき}), \\ -x+4 & (0<x<4\ \text{のとき}) \end{cases}$$

とおくと，$y=g(x)$ のグラフは右図の通り．

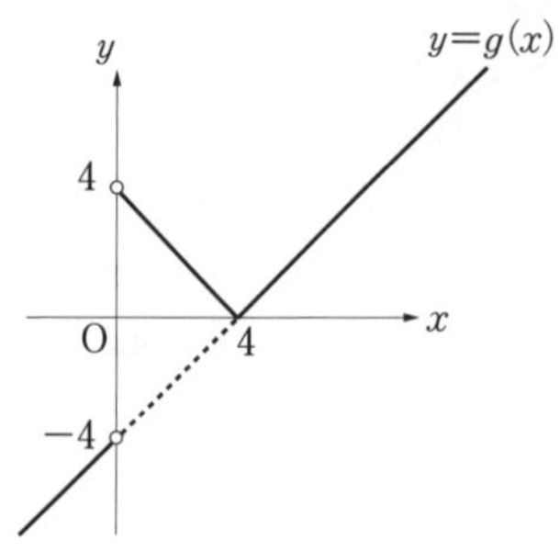

①，すなわち，$g(x)=b$ をみたす 0 ではない実数 x が存在する条件は，$y=g(x)$ と $y=b$ のグラフが共有点を持つときだから，求める b の値の範囲は，

$$b<-4,\ \ 0\leqq b.$$

[参考]

(2) については，$y=|x^2-4x|$ と $y=bx$ の 2 つのグラフが原点以外の共有点を持つときの b の条件を求めるのも可．

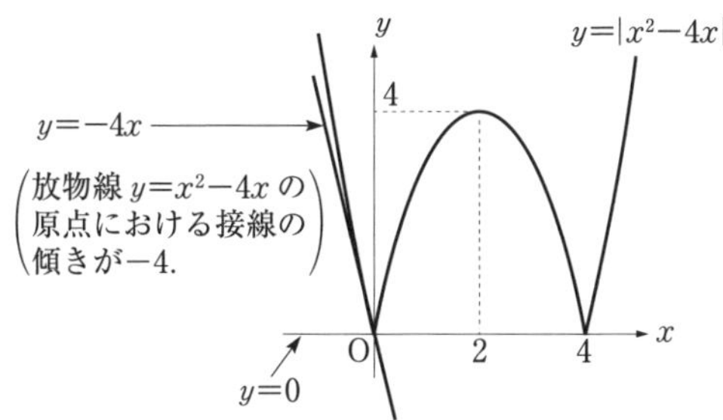

9.

解法メモ

$f(x)=(x+a)(x+2)=x^2+(a+2)x+2a$ ですから，$f(f(x))>0$ を素朴に計算すると，…

$f(f(x))>0$

$\iff\ \{f(x)+a\}\{f(x)+2\}>0$　　…㋐

$\iff\ \{x^2+(a+2)x+3a\}\{x^2+(a+2)x+2a+2\}>0$

$\iff\ x^4+(2a+4)x^3+(a^2+9a+6)x^2+(5a^2+12a+4)x+6a^2+6a>0$

となってしまいます．

㋐で一旦手を止めて，$a\geqq 2$ の条件もあることですし，…

【解答】

$$f(x)=(x+a)(x+2)$$

$$=\left(x+\frac{a+2}{2}\right)^2-\frac{(a-2)^2}{4}\ \ (a\geqq 2)$$ だから，

$$f(f(x))>0\iff\{f(x)+a\}\{f(x)+2\}>0$$

$$\iff f(x)<-a,\ \text{または},\ -2<f(x).$$

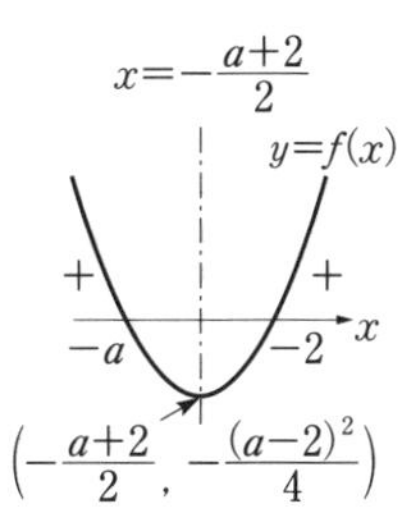

よって，すべての実数 x に対して，$f(f(x))>0$ となるための条件は，$f(x)$ の最小値が -2 より大きくなることで，

$$-2<-\frac{(a-2)^2}{4}.$$

$$\therefore\ \ (a-2)^2<8.$$

$$\therefore\ \ -2\sqrt{2}<a-2<2\sqrt{2}.$$

$$\therefore\ \ 2-2\sqrt{2}<a<2+2\sqrt{2}.$$

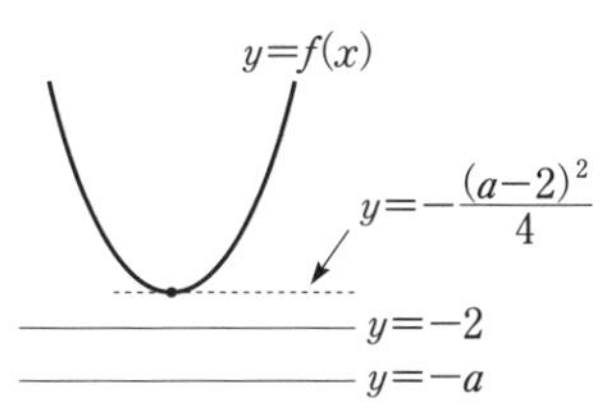

これと与条件 $a\geqq 2$ から，

$$2 \leqq a < 2+2\sqrt{2}.$$

10.

解法メモ

日常会話的には，語順を少し替えたくらいでは大意は変わらないことも多いですが，(1)，(2)の「　」内の違いは数学村では大変な違いになってしまいます．

「適当な y」を，

$$\begin{cases} \text{(1)では，} x \text{ に応じてあとで決めてよい，} \\ \text{(2)では，} x \text{ を決めるより先に決めておかなくてはならない} \end{cases}$$

の違いです．

【解答】

$$\begin{cases} f(x)=-x^2+(a+2)x+a-3, \\ g(x)=x^2-(a-1)x-2 \end{cases}$$

とおくと，

$$\begin{cases} f(x)=-\left(x-\dfrac{a+2}{2}\right)^2+\dfrac{1}{4}(a^2+8a-8), \\ g(x)=\left(x-\dfrac{a-1}{2}\right)^2+\dfrac{1}{4}(-a^2+2a-9) \end{cases}$$

で，

$$(*) \quad \cdots \quad f(x)<y<g(x).$$

(1)「どんな x に対しても，それぞれ適当な y をとれば不等式$(*)$が成立する」ための条件は，

「どんな x に対しても，$f(x)<g(x)$ が成立する」

ことである．

ここで，

$$\begin{aligned} & f(x)<g(x) \\ \iff\ & g(x)-f(x)>0 \\ \iff\ & 2x^2-(2a+1)x-a+1>0 \\ \iff\ & 2\left(x-\frac{2a+1}{4}\right)^2-\frac{1}{8}(4a^2+12a-7)>0 \end{aligned}$$

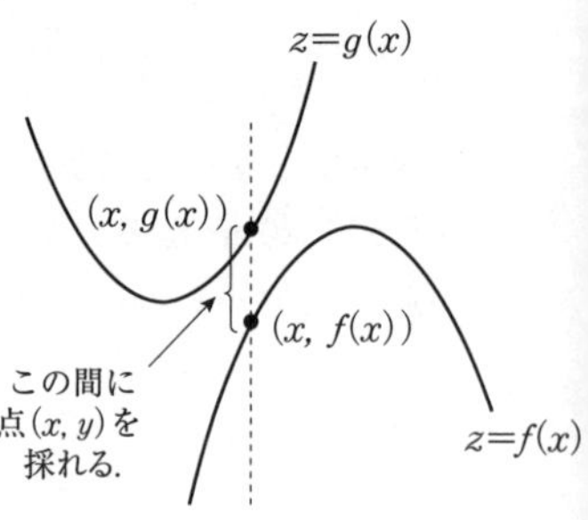

だから，求める条件は，$-\dfrac{1}{8}(4a^2+12a-7)>0$.

これを解いて，$4a^2+12a-7<0$.

$$\therefore \quad (2a+7)(2a-1)<0.$$

$$\therefore\quad -\frac{7}{2}<\boldsymbol{a}<\frac{1}{2}.$$

(2) 「適当な y をとれば，どんな x に対しても不等式(*)が成立する」

ための条件は,

「($f(x)$ の最大値)<($g(x)$ の最小値)」

である.

よって，求める条件は,

$$\frac{1}{4}(a^2+8a-8)<\frac{1}{4}(-a^2+2a-9).$$

$$\therefore\quad 2a^2+6a+1<0.$$

$$\therefore\quad \frac{-3-\sqrt{7}}{2}<\boldsymbol{a}<\frac{-3+\sqrt{7}}{2}.$$

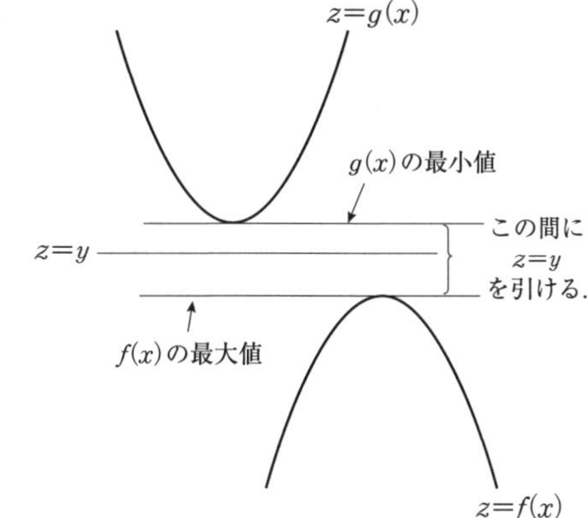

§2 | 三角比

11.

解法メモ

円に内接する四角形 ABCD について，

$$xy = ac + bd$$

（対角線の長さの積）＝（対辺の長さの積の和）

という定理があって，これを**トレミーの定理**といいます．

本問はこの定理の誘導付き証明問題です．

x，a，d，θ が登場人物で，しかも x^2 ときていますから，三角形 ABD に余弦定理を用います．

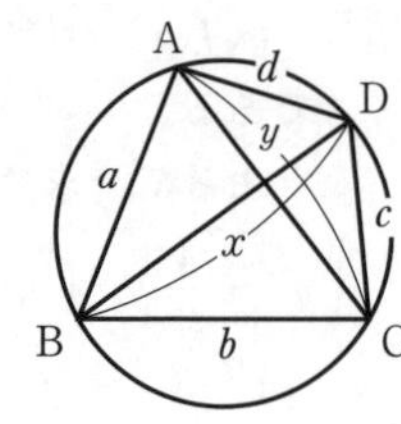

【解答】

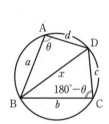

(1)　三角形 ABD に余弦定理を用いて，

$$\boldsymbol{x^2 = a^2 + d^2 - 2ad\cos\theta}. \quad \cdots①$$

(2)　四角形 ABCD は円に内接するから，

$$\begin{aligned}\angle \mathrm{BCD} &= 180^\circ - \angle \mathrm{DAB}\\ &= 180^\circ - \theta.\end{aligned}$$

また，三角形 BCD に余弦定理を用いて，

$$\begin{aligned}x^2 &= b^2 + c^2 - 2bc\cos(180^\circ - \theta)\\ &= b^2 + c^2 + 2bc\cos\theta. \quad \cdots②\end{aligned}$$

①×bc＋②×ad から，

$$\begin{aligned}(bc+ad)x^2 &= bc(a^2+d^2) + ad(b^2+c^2)\\ &= ab(ac+bd) + cd(bd+ac)\\ &= (ab+cd)(ac+bd).\end{aligned}$$

$$\therefore \quad x^2 = \frac{(ab+cd)(ac+bd)}{ad+bc}.$$

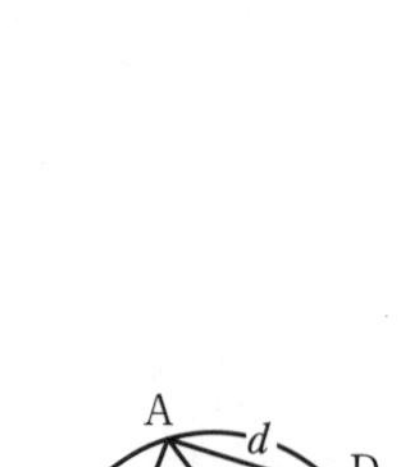

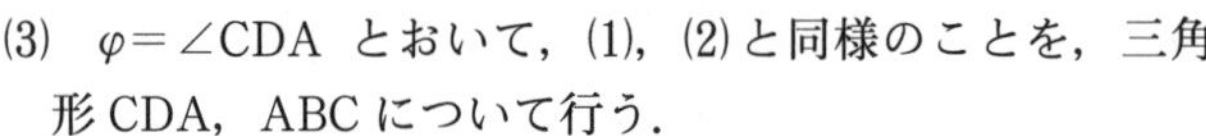

(3)　$\varphi = \angle \mathrm{CDA}$ とおいて，(1)，(2) と同様のことを，三角形 CDA，ABC について行う．

(1)，(2) における θ，a，b，c，d，x を順に，φ，d，a，b，c，y に対応させて，

$$\begin{aligned}y^2 &= \frac{(da+bc)(db+ac)}{dc+ab}\\ &= \frac{(ad+bc)(ac+bd)}{ab+cd}.\end{aligned}$$

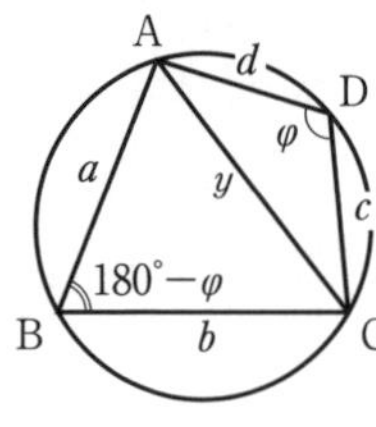

これと(2)の結果から，

$$x^2y^2=\frac{(ab+cd)(ac+bd)}{ad+bc}\cdot\frac{(ad+bc)(ac+bd)}{ab+cd}$$

$$=(ac+bd)^2.$$

$$\therefore\quad xy=ac+bd.$$

12.

解法メモ

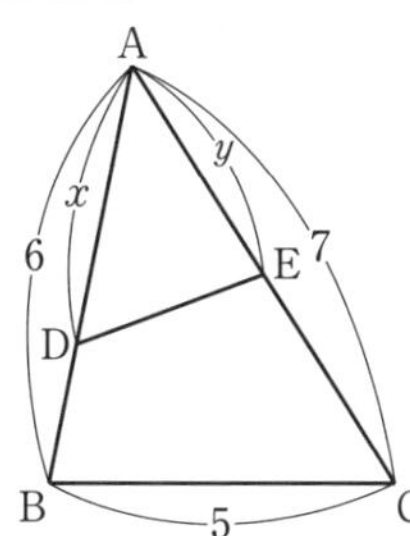

面積の条件から，$\triangle\text{ADE}=\dfrac{1}{3}\triangle\text{ABC}$.

$$\therefore\quad \frac{1}{2}xy\sin A=\frac{1}{3}\cdot\frac{1}{2}\cdot6\cdot7\sin A.$$

$$\therefore\quad xy=14.$$

この条件，および，$0<x\leqq6$，$0<y\leqq7$ をみたしながら x，y が変化するときの DE の長さを調べればよいのです．

余弦定理により，$\text{DE}^2=x^2+y^2-2xy\cos A$ だから，あとは，$\cos A$ の情報を得れば….

【解答】

AD$=x$，AE$=y$ とおくと，面積の条件 $\triangle\text{ADE}=\dfrac{1}{3}\triangle\text{ABC}$ から，

$$\frac{1}{2}xy\sin A=\frac{1}{3}\cdot\frac{1}{2}\cdot6\cdot7\sin A.$$

$$\therefore\quad xy=14. \qquad \cdots①$$

また，三角形 ABC に余弦定理を用いて，

$$\cos A=\frac{7^2+6^2-5^2}{2\cdot7\cdot6}=\frac{5}{7}. \qquad \cdots②$$

さらに，三角形 ADE に余弦定理を用いて，

$$\begin{aligned}\text{DE}^2&=y^2+x^2-2yx\cos A\\&=x^2+y^2-2\cdot14\cdot\frac{5}{7}\quad(\because\ ①,\ ②)\\&=x^2+y^2-20\\&\geqq2\sqrt{x^2y^2}-20\\&=2xy-20\\&=2\cdot14-20\quad(\because\ ①)\end{aligned}$$

…（∵ (相加平均)≧(相乗平均)．等号成立は，$x^2=y^2$，すなわち，$x=y=\sqrt{14}$ のとき．）

$$=8.$$

$$\therefore\ \mathrm{DE} \geqq \sqrt{8} = 2\sqrt{2}.$$

以上より，DE の長さは，**AD=AE=$\sqrt{14}$** のとき，**最小値 $2\sqrt{2}$** をとる．

[参考]

DE^2 の最小値を求めるところで，

$$\begin{aligned}\mathrm{DE}^2 &= x^2+y^2-20\\ &= (x-y)^2+2xy-20\\ &= (x-y)^2+2\cdot 14-20 \quad (\because\ ①)\\ &= (x-y)^2+8\\ &\geqq 8 \quad (\text{等号成立は，} x=y=\sqrt{14} \text{ のとき．})\end{aligned}$$

としてもよい．

13.

解法メモ

2 直線のなす角の情報の採り方はいろいろあります．

(i)

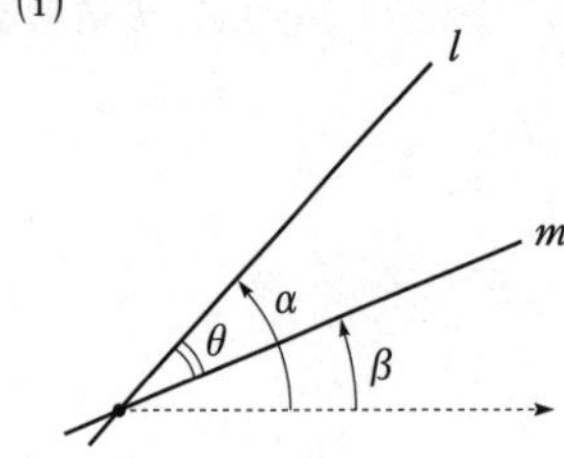

$$\theta = \alpha - \beta.$$

$$\tan\theta = \tan(\alpha-\beta) = \frac{\tan\alpha - \tan\beta}{1+\tan\alpha\tan\beta}.$$

(ii)

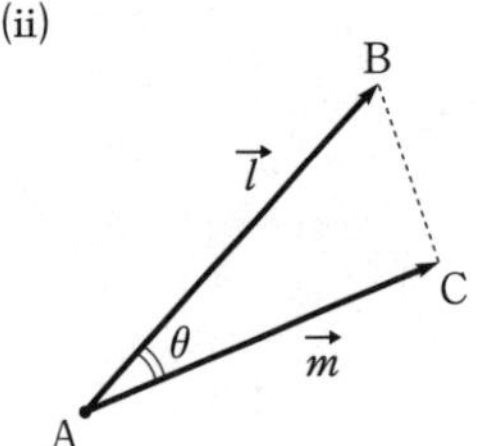

$$\cos\theta = \frac{\vec{l}\cdot\vec{m}}{|\vec{l}||\vec{m}|},$$

または，

$$\cos\theta = \frac{\mathrm{AB}^2+\mathrm{AC}^2-\mathrm{BC}^2}{2\,\mathrm{AB}\cdot\mathrm{AC}}.$$

(iii)

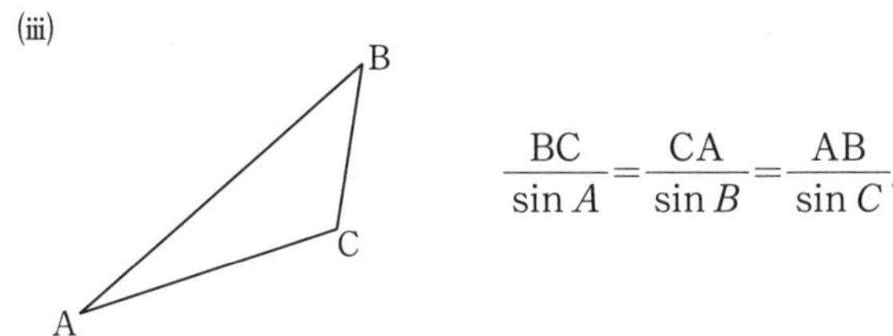

$$\frac{\mathrm{BC}}{\sin A}=\frac{\mathrm{CA}}{\sin B}=\frac{\mathrm{AB}}{\sin C}.$$

本問では，いずれを選択しても大差ありませんが，sin を聞いているので，(iii) でやりましょうか．ただし，問題によっては，損得が生ずることもあるでしょう．

また，θ，α，β が 90° になるかも知れないとき，(i)の利用には注意が必要．

【解答】

(1) 三角形 ABC に正弦定理を用いて，

$$\frac{\sqrt{10}}{\sin 45^\circ}=\frac{2}{\sin\angle\mathrm{BAC}}.$$

$$\therefore\quad \mathbf{\sin\angle BAC}=\frac{2\sin 45^\circ}{\sqrt{10}}$$

$$=\boldsymbol{\frac{1}{\sqrt{5}}}.$$

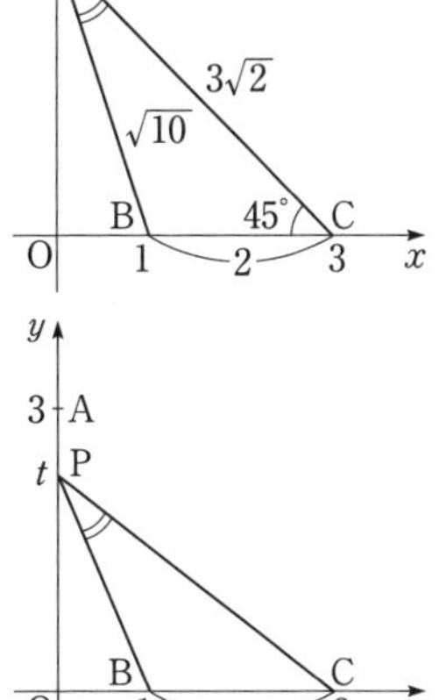

(2) P$(0,\ t)$ $(0\leqq t\leqq 3)$ とおくと，

$$\mathrm{PB}=\sqrt{t^2+1},\ \mathrm{BC}=2,$$

$$\mathrm{CP}=\sqrt{t^2+9},$$

$$\sin\angle\mathrm{BCP}=\frac{\mathrm{PO}}{\mathrm{CP}}=\frac{t}{\sqrt{t^2+9}}.$$

$t=0$ のとき，$\angle\mathrm{BPC}=0^\circ$ ゆえ，

$$\sin\angle\mathrm{BPC}=0.$$

$0<t\leqq 3$ のとき，三角形 PBC に正弦定理を用いて，

$$\frac{\mathrm{PB}}{\sin\angle\mathrm{BCP}}=\frac{\mathrm{BC}}{\sin\angle\mathrm{BPC}}.$$

$$\therefore\quad \sin\angle\mathrm{BPC}=\frac{\mathrm{BC}}{\mathrm{PB}}\sin\angle\mathrm{BCP}=\frac{2}{\sqrt{t^2+1}}\cdot\frac{t}{\sqrt{t^2+9}}$$

$$=\frac{2t}{\sqrt{t^4+10t^2+9}}=\frac{2}{\sqrt{t^2+\dfrac{9}{t^2}+10}}$$

$$\leqq \frac{2}{\sqrt{2\sqrt{t^2\cdot\frac{9}{t^2}}+10}} \quad \left(\begin{array}{l}\because\ (\text{相加平均})\geqq(\text{相乗平均}).\\ \text{等号成立は，} t^2=\frac{9}{t^2},\\ \text{すなわち，} t=\sqrt{3} \text{ のとき．}\end{array}\right)$$

$$=\frac{1}{2}(=\sin 30^\circ).$$

よって，P(**0**, $\sqrt{\mathbf{3}}$) のとき，$\sin\angle \mathrm{BPC}$ は**最大値** $\mathbf{\frac{1}{2}}$ をとり，このとき，$\angle \mathrm{BPC}=30^\circ$ である．

［別解 1］ 〈解法メモ の(ii)でやると…〉

$t=0$ のとき，$\angle \mathrm{BPC}=0^\circ$．

$t>0$ のとき，$\angle \mathrm{BPC}$ は明らかに鋭角だから，

「$\sin\angle \mathrm{BPC}$ が最大のとき」と「$\cos\angle \mathrm{BPC}$ が最小のとき」は一致し，余弦定理により，

$$\cos\angle \mathrm{BPC}=\frac{\mathrm{CP}^2+\mathrm{PB}^2-\mathrm{BC}^2}{2\mathrm{CP}\cdot\mathrm{PB}}=\frac{(t^2+9)+(t^2+1)-4}{2\sqrt{t^2+9}\sqrt{t^2+1}}$$

$$=\frac{t^2+3}{\sqrt{t^2+9}\sqrt{t^2+1}}.$$

$$\therefore\quad \cos^2\angle \mathrm{BPC}=\frac{t^4+6t^2+9}{t^4+10t^2+9}=1-\frac{4t^2}{t^4+10t^2+9}$$

$$=1-\frac{4}{t^2+\frac{9}{t^2}+10}$$

$$\geqq 1-\frac{4}{2\sqrt{t^2\cdot\frac{9}{t^2}}+10} \quad \left(\begin{array}{l}\because\ (\text{相加平均})\geqq(\text{相乗平均}).\\ \text{等号成立は，} t^2=\frac{9}{t^2},\\ \text{すなわち，} t=\sqrt{3} \text{ のとき．}\end{array}\right)$$

$$=\frac{3}{4}.$$

…(以下，略)

［別解 2］ 〈解法メモ の(i)でやると…〉

$t=0$ のとき，$\angle \mathrm{BPC}=0^\circ$．

$t>0$ のとき，$\angle \mathrm{BPC}$ は明らかに鋭角だから，

「$\sin\angle \mathrm{BPC}$ が最大のとき」と「$\tan\angle \mathrm{BPC}$ が最大のとき」は一致し，

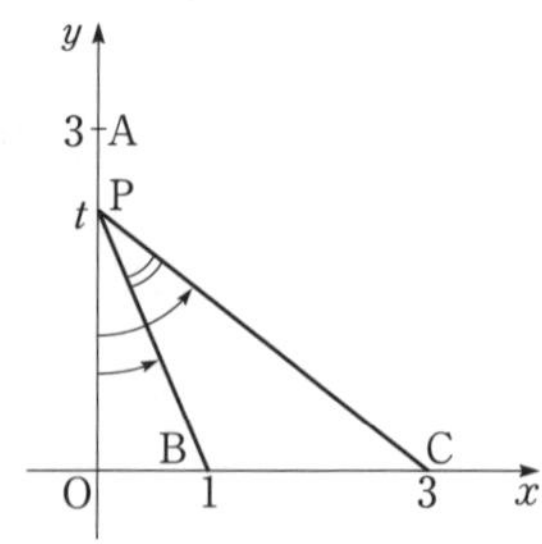

$0<t\leqq 3$ のとき，

$\angle \mathrm{BPC}=\angle \mathrm{OPC}-\angle \mathrm{OPB}$ ゆえ，

$\tan\angle \mathrm{BPC}=\tan(\angle \mathrm{OPC}-\angle \mathrm{OPB})$

$$=\frac{\tan\angle\mathrm{OPC}-\tan\angle\mathrm{OPB}}{1+\tan\angle\mathrm{OPC}\cdot\tan\angle\mathrm{OPB}}$$

$$=\frac{\dfrac{3}{t}-\dfrac{1}{t}}{1+\dfrac{3}{t}\cdot\dfrac{1}{t}}=\frac{2t}{t^2+3}=\frac{2}{t+\dfrac{3}{t}}$$

$$\leqq\frac{2}{2\sqrt{t\cdot\dfrac{3}{t}}}$$

$$=\frac{1}{\sqrt{3}}.$$

（∵　(相加平均)≧(相乗平均).
等号成立は，$t=\dfrac{3}{t}$,
すなわち，$t=\sqrt{3}$　のとき.）

…(以下，略)

[別解 3]　〈初等幾何的にやると…〉

P＝O　のとき，∠BPC＝0°，sin∠BPC＝0.

P≒O　のとき，2 点 B，C を通り y 軸の正の部分に接する円を K，その中心を K とし，接点を $\mathrm{P_0}$ とする.

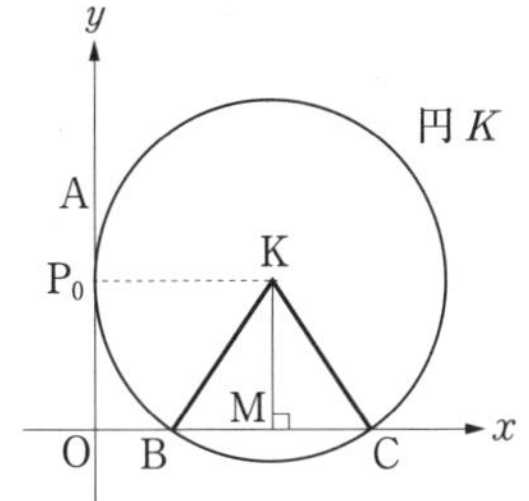

また，線分 BC の中点を M とすると，M(2，0) で，KM⊥BC，$\mathrm{KP_0}$⊥(y 軸) から，四角形 $\mathrm{OMKP_0}$ は長方形である.

∴　(円 K の半径)＝$\mathrm{KP_0}$＝OM＝2.

さらに，BC＝2 ゆえ，三角形 KBC は正三角形で，

$$\angle\mathrm{BP_0C}=\frac{1}{2}\angle\mathrm{BKC}\quad（∵\ 円周角の定理）$$
$$=30^\circ.$$

今，線分 OA 上（O を除く）を点 P が動くとき，P≒$\mathrm{P_0}$ なら点 P は円 K の外部にあるので，$\angle\mathrm{BPC}<\angle\mathrm{BP_0C}$.

したがって，

$$\angle\mathrm{BPC}\leqq\angle\mathrm{BP_0C}\quad（等号成立は，\mathrm{P}=\mathrm{P_0}\ のとき）$$
$$=30^\circ.$$

ここで，∠BPC は鋭角ゆえ，

$$\sin\angle\mathrm{BPC}\leqq\sin 30^\circ$$
$$=\frac{1}{2}.\quad（このとき，\mathrm{OP_0}=\mathrm{KM}=\sqrt{3}.）$$

…(以下，略)

14.

解法メモ

初等幾何の諸定理，正弦定理，余弦定理，面積公式

などは，ほとんど等式の形，すなわち，方程式の形で表されています．したがって，定理や公式を1本書けば，方程式が1本得られるということです．

問題で与えられている量や値と，聞かれている量や値を含む定理や公式を必要な本数だけ書き出せば，あとは計算するのみです．

本問では，AB，DA の長さを含む定理，公式を必要なだけ書き出すのですが，“触媒”として，∠BCD の大きさも導入し，定理「円に内接する四角形の向かい合う角の大きさの和は 180°」も使います．

【解答】

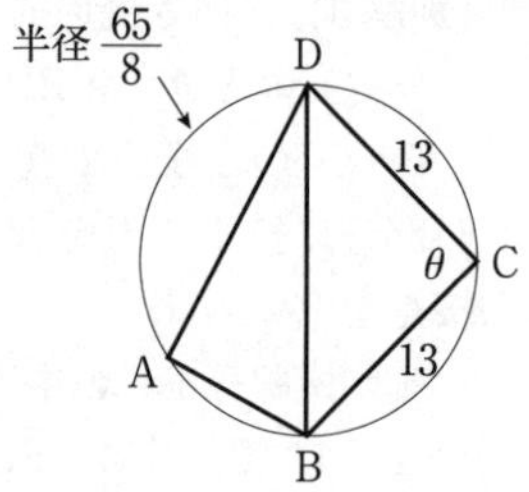

$\theta=\angle\mathrm{BCD}$ とおく．

半径 $\frac{65}{8}$　D　13　θ　C　13　A　B

三角形 BCD に正弦定理を用いて，

$$\frac{\mathrm{BD}}{\sin\theta}=2\cdot\frac{65}{8}.$$

$$\therefore\quad \mathrm{BD}=\frac{65}{4}\sin\theta. \qquad \cdots①$$

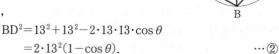

さらに，余弦定理から，

$$\mathrm{BD}^2=13^2+13^2-2\cdot13\cdot13\cdot\cos\theta$$
$$=2\cdot13^2(1-\cos\theta). \qquad \cdots②$$

①, ②から，$\left(\frac{65}{4}\right)^2\sin^2\theta=2\cdot13^2(1-\cos\theta).$

$$\therefore\quad \frac{5^2\cdot13^2}{4^2}(1+\cos\theta)(1-\cos\theta)=2\cdot13^2(1-\cos\theta).$$

ここで明らかに，$0^\circ<\theta<180^\circ$ ゆえ，$\cos\theta\fallingdotseq1$ だから，

$$\frac{5^2}{4^2}(1+\cos\theta)=2.$$

$$\therefore\quad \cos\theta=\frac{7}{25}. \qquad \cdots③$$

これを②へ代入して，

$$\mathrm{BD}^2=2\cdot13^2\left(1-\frac{7}{25}\right)=13^2\cdot\frac{36}{25}.$$

$$\therefore\quad \mathrm{BD}=\frac{13\cdot6}{5}=\frac{78}{5}.$$

ここで，x＝AB，y＝DA とおくと，周の長さの条件から，$x+y+13+13=44$.

$$\therefore\quad x+y=18. \qquad \cdots ④$$

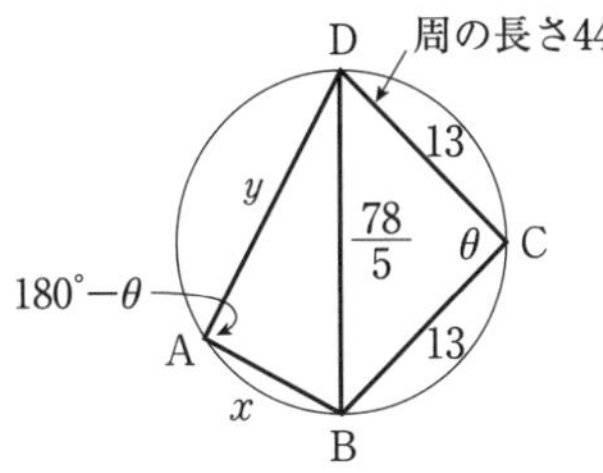

また，四角形 ABCD は円に内接するから，

$$\angle \mathrm{DAB}=180^\circ-\angle \mathrm{BCD}=180^\circ-\theta.$$

三角形 DAB に余弦定理を用いて，

$$\begin{aligned}\left(\frac{78}{5}\right)^2&=y^2+x^2-2yx\cos(180^\circ-\theta).\\&=x^2+y^2+2xy\cos\theta\\&=(x+y)^2-2xy(1-\cos\theta)\\&=18^2-2xy\left(1-\frac{7}{25}\right)\ (\because\ ③,\ ④)\\&=18^2-\frac{36}{25}xy.\end{aligned}$$

$$\therefore\quad xy=56. \qquad \cdots ⑤$$

④, ⑤から，x，y は t の 2 次方程式 $t^2-18t+56=0$ の 2 解で，

$$(t-4)(t-14)=0.$$

$$\therefore\quad t=4,\ 14.$$

よって，

$$\textbf{(AB, DA)=(4, 14), (14, 4).}$$

15.

解法メモ

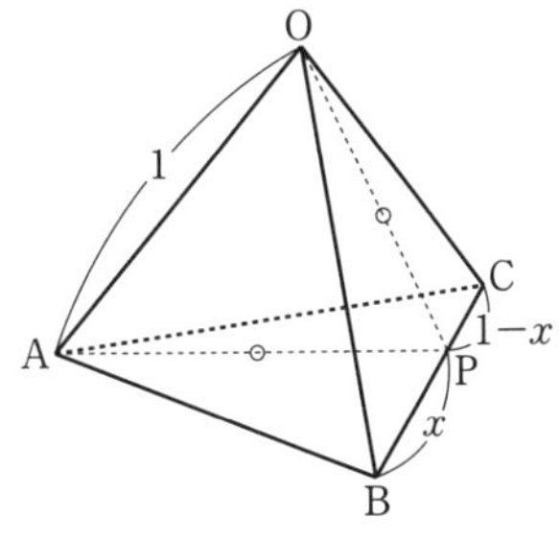

「立体図形の三角比」の出題もあります.

与えられている条件，聞かれている量や値などを，見やすい位置からの見取図に書き込み，位置関係がわかりやすい平面図，部分図を多用してください.

例えば，本問なら，左のような見取図を書きます.

尚，「線分 BP の長さを x とする」とありますから，$0<x\leqq 1$ としてよいでしょう.

【解答】

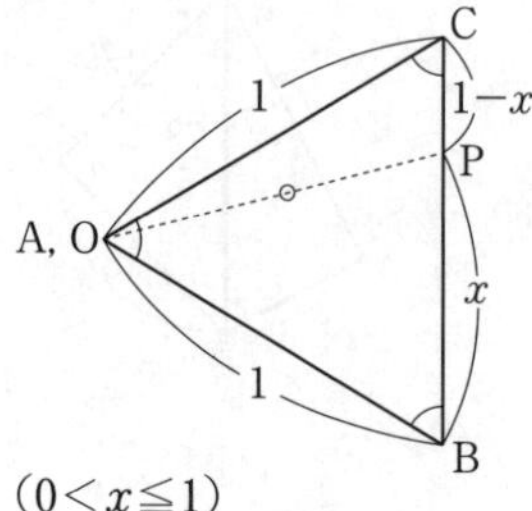

$(0<x\leqq 1)$

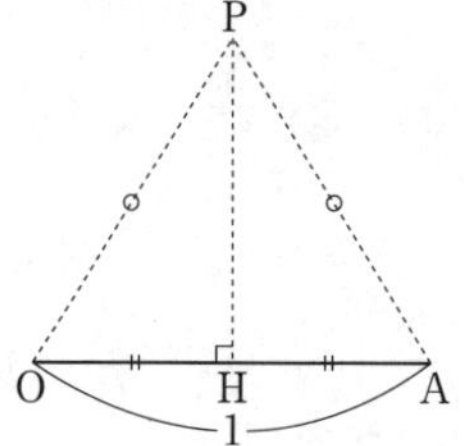

(1) 三角形 OBP に余弦定理を用いて,

$$\begin{aligned}\mathrm{OP}^2&=\mathrm{PB}^2+\mathrm{BO}^2-2\cdot\mathrm{PB}\cdot\mathrm{BO}\cdot\cos\angle\mathrm{PBO}\\&=x^2+1^2-2\cdot x\cdot 1\cdot\cos 60^\circ\\&=x^2-x+1.\qquad\cdots①\end{aligned}$$

同様にして,

$$\mathrm{AP}^2=x^2-x+1\ (=\mathrm{OP}^2).$$

よって，三角形 OAP は，PO=PA の二等辺三角形だから，P から辺 OA に下ろした垂線の足を H とすると,

$$\mathrm{OH}=\mathrm{HA}=\frac{1}{2}.\qquad\cdots②$$

三平方の定理より,

$$\begin{aligned}\mathrm{PH}&=\sqrt{\mathrm{OP}^2-\mathrm{OH}^2}\\&=\sqrt{(x^2-x+1)-\frac{1}{4}}\quad(\because\ ①,\ ②)\\&=\sqrt{x^2-x+\frac{3}{4}}.\end{aligned}$$

$$\begin{aligned}\therefore\quad \boldsymbol{\triangle\mathrm{OAP}}&=\frac{1}{2}\cdot\mathrm{OA}\cdot\mathrm{PH}=\frac{1}{2}\cdot 1\cdot\sqrt{x^2-x+\frac{3}{4}}\\&=\boldsymbol{\frac{1}{2}\sqrt{x^2-x+\frac{3}{4}}}\ (0<x\leqq 1).\end{aligned}$$

(2) (1)の結果より,

$$\begin{aligned}\triangle\mathrm{OAP}&=\frac{1}{2}\sqrt{\left(x-\frac{1}{2}\right)^2+\frac{1}{2}}\\&\geqq\frac{1}{2\sqrt{2}}\\&=\frac{\sqrt{2}}{4}.\end{aligned}$$

（等号成立は，$x=\dfrac{1}{2}$ のとき，すなわち，P が辺 BC の中点に一致するとき.）

以上より，求める**最小値**は,

$$\boldsymbol{\frac{\sqrt{2}}{4}}.$$

§3 | 図形の性質

16.

解法メモ

(1)　線分の長さの比が話題になっていますから，

チェバの定理

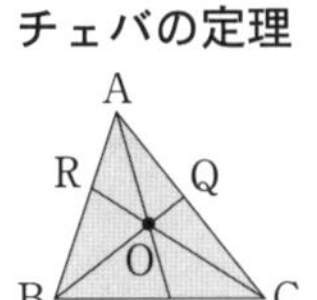

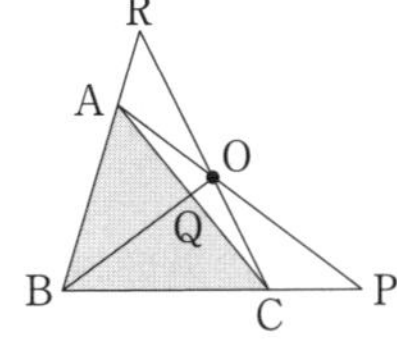

$$\frac{BP}{PC}\cdot\frac{CQ}{QA}\cdot\frac{AR}{RB}=1$$

メネラウスの定理

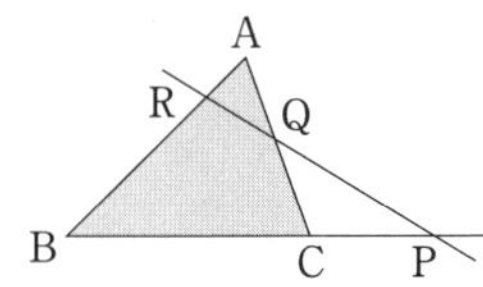

$$\frac{BP}{PC}\cdot\frac{CQ}{QA}\cdot\frac{AR}{RB}=1$$

の技が掛からないかと考えます．

【解答】

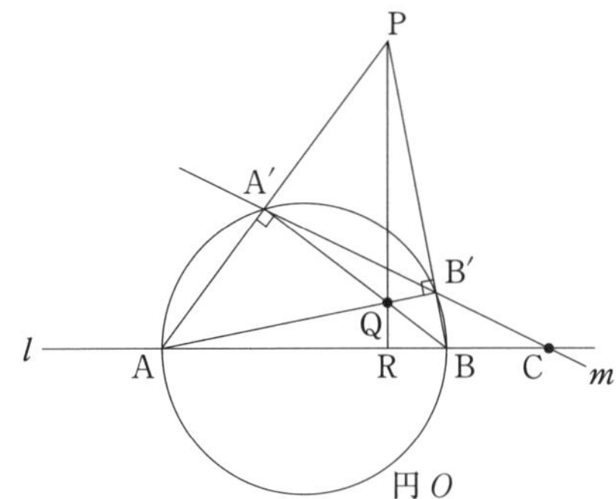

(1)　チェバの定理により，

$$\frac{AR}{RB}\times\frac{BB'}{B'P}\times\frac{PA'}{A'A}=1. \qquad \cdots①$$

メネラウスの定理により，

$$\frac{AC}{CB}\times\frac{BB'}{B'P}\times\frac{PA'}{A'A}=1. \qquad \cdots②$$

①，②より，

$$\frac{\mathrm{AR}}{\mathrm{RB}}=\frac{\mathrm{AC}}{\mathrm{CB}}.$$

(2) ABを直径とする円 O の周上に A′, B′ があるから,

$$\angle \mathrm{AA'B}=90^\circ,\ \angle \mathrm{AB'B}=90^\circ,$$

すなわち, $\mathrm{PA}\perp\mathrm{BA'}$, $\mathrm{PB}\perp\mathrm{AB'}$ ゆえ, Q は三角形 PAB の垂心である.

$$\therefore\ \mathrm{PR}\perp\mathrm{AB}.$$

$$\therefore\ \mathrm{PR}\perp l.$$

(3) (1)で示したことから, AR : RB = AC : CB. よって, R は定点である.

(2)で示したことから, 点 P は点 R を通って線分 AB に垂直な直線上の点である.

また, P の定め方から, P は円 O の外部の点である.

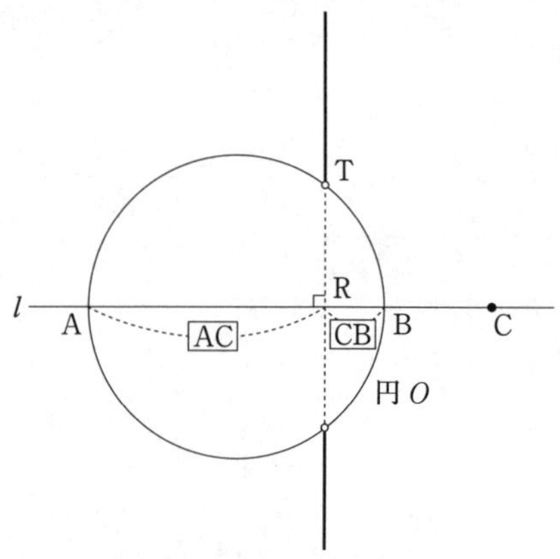

よって, P は図の太線部分にある.

特に, l の上方に P がある場合を考える.

m が連続的に変化するとき, P も連続的に変化する.

m が l に近づくと P は (R から) 無限に遠ざかり, m が円の接線に近づくと P は T にいくらでも近づく.

P が l の下方にある場合も同様.

以上より, 求める P の軌跡は,

線分 AB を AC : CB に内分する点 R を通り l に垂直な直線のうち, 円 O の外部にある部分

である.

17.

解法メモ

まずは用語の確認から.

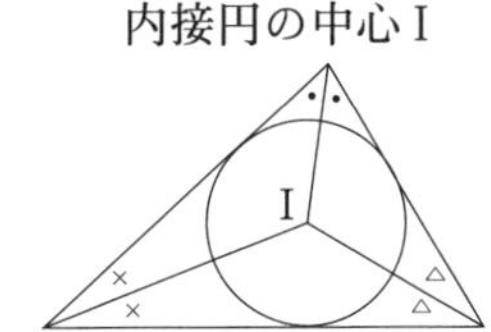

・**内心**　三角形の3つの内角の二等分線の交点.

・**垂心**　三角形の3頂点から，その対辺あるいはその延長線に下ろした垂線の交点.

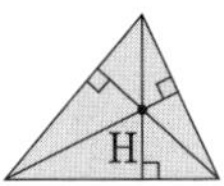

鋭角三角形なら内部にある.

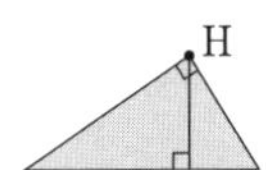

直角三角形ならその直角の頂点.

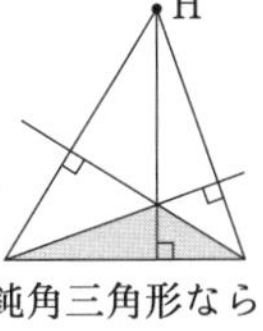

鈍角三角形なら外部にある.

【解答】

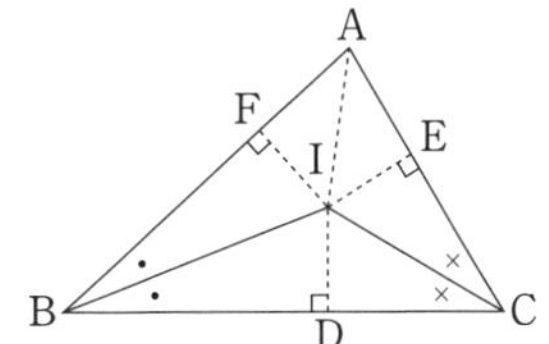

三角形ABCの，∠Bの二等分線と∠Cの二等分線の交点をIとする.

Iから三辺BC，CA，ABに下した垂線の足をそれぞれD，E，Fとすると，

$$\triangle \mathrm{IDB} \equiv \triangle \mathrm{IFB},\ \triangle \mathrm{IDC} \equiv \triangle \mathrm{IEC}.$$

$$\therefore\ \mathrm{ID}=\mathrm{IF},\ \mathrm{ID}=\mathrm{IE}.$$

$$\therefore\ \mathrm{IF}=\mathrm{IE}.$$

これと，$\angle \mathrm{IFA}=\angle \mathrm{IEA}=90^\circ$，および，AI共通から，

$$\triangle \mathrm{IFA} \equiv \triangle \mathrm{IEA}.$$

$$\therefore\ \angle \mathrm{IAF}=\angle \mathrm{IAE}.$$

よって，AIは∠Aの二等分線であるから，三角形ABCの三つの内角の二等分線AA′，BB′，CC′は1点Iで交わる.

したがって，これが点Hである.

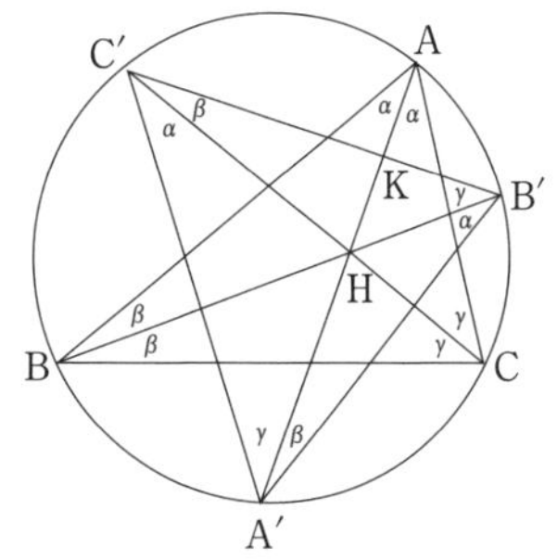

次に三角形ABCの内角A，B，Cの大きさをそれぞれ2α，2β，2γとおくと，$2\alpha+2\beta+2\gamma=180^\circ$…①　で，円周角の定理により，右図のようになる.

ここで，2直線AA′，B′C′の交点をKとし，三角形A′C′Kの内角を考えると，

$$\angle \mathrm{A'KC'}=180^\circ-(\alpha+\beta+\gamma)$$
$$=90^\circ.\quad (\because\ ①)$$

$$\therefore\quad AA' \perp B'C'.$$

同様にして，$BB' \perp C'A'$，$CC' \perp A'B'$ が示せるから，H(＝I) は三角形 $A'B'C'$ の垂心と一致する．

［参考］ 前段の証明から，

$$ID = IE = IF,\ ID \perp BC,\ IE \perp CA,\ IF \perp AB$$

ゆえ，I を中心とする半径 ID の円を描くと，三角形 ABC の三辺と D，E，F で接するから，これは内接円で，I は内心．

18.

解法メモ

問題の図を対称性の良さに留意しながら，正しく描ければ，第一関門通過です．

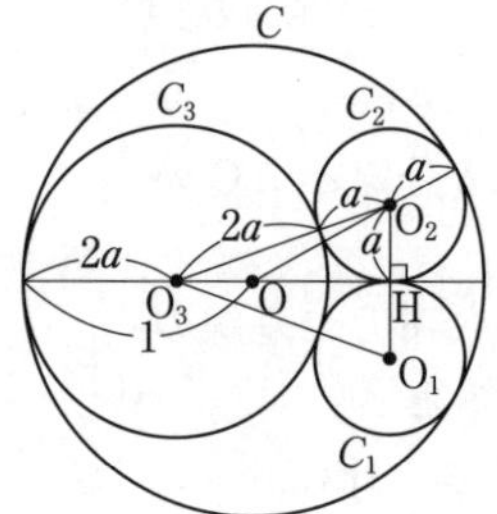

で，半径 R，r $(R>r)$ の 2 円が

外接する条件は，

(2 円の中心間距離)$=R+r$,

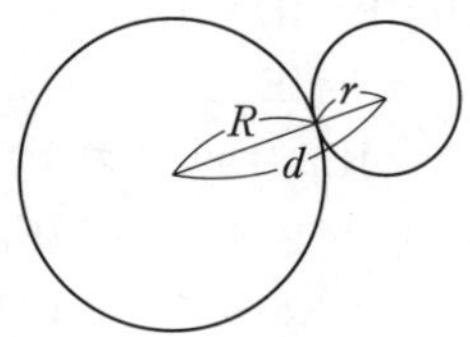

内接する条件は，

(2 円の中心間距離)$=R-r$

であることを考え併せて，a にまつわる関係式をこの図から抽出するのです．

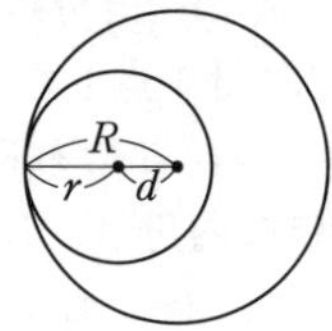

【解答】

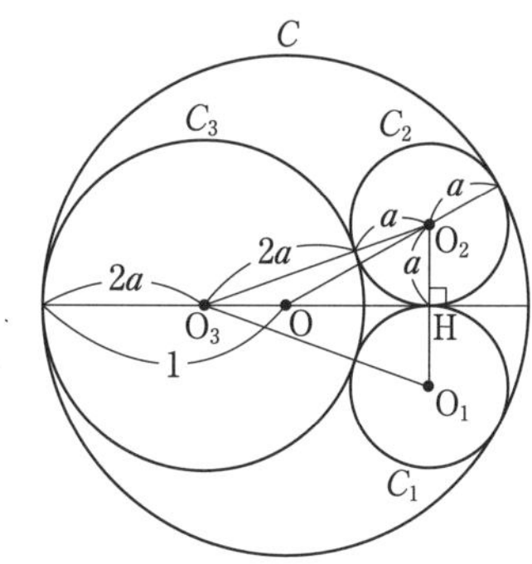

円 C, C_1, C_2, C_3 の中心をそれぞれ O, O_1, O_2, O_3 とし，2 円 C_1, C_2 の接点を H とする．

2 円 C_1, C_2 がそれぞれ円 C_3 に外接するから，

$$O_1O_3 = O_2O_3 = a + 2a$$
$$= 3a. \qquad \cdots①$$

また，2 円 C_1, C_2 がそれぞれ円 C に内接するから，

$$OO_1 = OO_2$$
$$= 1 - a. \qquad \cdots②$$

さらに，円 C_3 が円 C に内接するから

$$OO_3 = 1 - 2a. \qquad \cdots③$$

ここで，

$$OO_1 = OO_2,\ O_1H = O_2H,\ OH = OH$$

より，

$$\triangle OO_1H \equiv \triangle OO_2H$$

ゆえ，

$$\angle OHO_1 = \angle OHO_2 = 90^\circ.$$

同様に，$O_3O_1 = O_3O_2$, $O_1H = O_2H$, $OH = OH$ より，$\triangle O_3O_1H \equiv \triangle O_3O_2H$ ゆえ，$\angle O_3HO_1 = \angle O_3HO_2 = 90^\circ$.

直角三角形 O_3O_2H に三平方の定理を用いて，

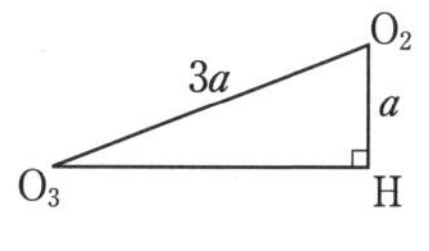

$$O_3H = \sqrt{O_2O_3{}^2 - O_2H^2}$$
$$= \sqrt{(3a)^2 - a^2} \qquad (\because\ ①)$$
$$= \sqrt{8a^2}$$
$$= 2\sqrt{2}\,a. \qquad \cdots④$$

また，直角三角形 OO_2H に三平方の定理を用いて，

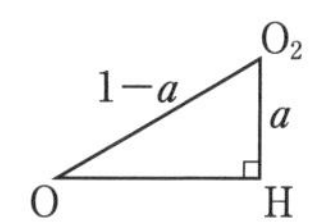

$$OH = \sqrt{OO_2{}^2 - O_2H^2}$$
$$= \sqrt{(1-a)^2 - a^2} \qquad (\because\ ②)$$
$$= \sqrt{1-2a}. \qquad \cdots⑤$$

$OO_3 = O_3H - OH$，および，③，④，⑤より，

$$1 - 2a = 2\sqrt{2}\,a - \sqrt{1-2a}.$$

$$\therefore\quad \sqrt{1-2a} = (2\sqrt{2}+2)a - 1.$$

$$\therefore\quad 1 - 2a = (12 + 8\sqrt{2})a^2 - (4\sqrt{2}+4)a + 1,\ (2\sqrt{2}+2)a - 1 > 0.$$

$$\therefore \quad (12+8\sqrt{2})a^2=(2+4\sqrt{2})a,\ \ a>\frac{1}{2(\sqrt{2}+1)}\left(=\frac{\sqrt{2}-1}{2}>0\right).$$

$$\therefore \quad \boldsymbol{a}=\frac{2+4\sqrt{2}}{12+8\sqrt{2}}=\frac{1+2\sqrt{2}}{6+4\sqrt{2}}$$

$$=\boldsymbol{\frac{-5+4\sqrt{2}}{2}}. \quad \left(\text{これは，}\frac{\sqrt{2}-1}{2}<a<\frac{1}{2}\text{ をみたしている．}\right)$$

19.

解法メモ

四面体 ABCD の 4 つの頂点 A，B，C，D から，等距離にある点（外接球の中心）を求めようとして，それが求まることを示して下さい．

"幾何的" にもできるでしょうし，うまく座標軸をとって，（本気になって）2 点間距離を調べたとして，思う程赤子(ややこ)しくはありません．

【解答】

（その 1）

三角形 ABC の外心 O を通り平面 ABC に垂直な直線を l とする．

l 上の O 以外の任意の点 P に対して，

$$\mathrm{OA}=\mathrm{OB}=\mathrm{OC},$$

$$\angle\mathrm{POA}=\angle\mathrm{POB}=\angle\mathrm{POC}=90^\circ$$

だから，

$$\triangle\mathrm{POA}\equiv\triangle\mathrm{POB}\equiv\triangle\mathrm{POC}.$$

$$\therefore \quad \mathrm{PA}=\mathrm{PB}=\mathrm{PC}.$$

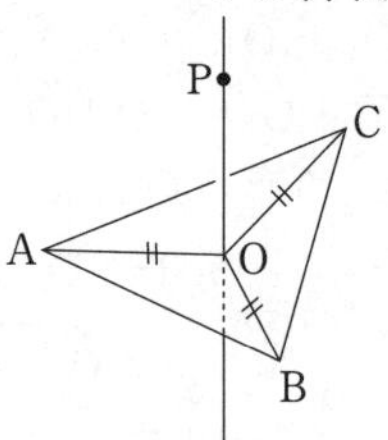

（P＝O のときも言える．）

次に，線分 AD の垂直二等分面 σ を考えると，この面上の任意の点から A，D までの距離は等しい．

また，$\sigma \not\parallel l$ である．

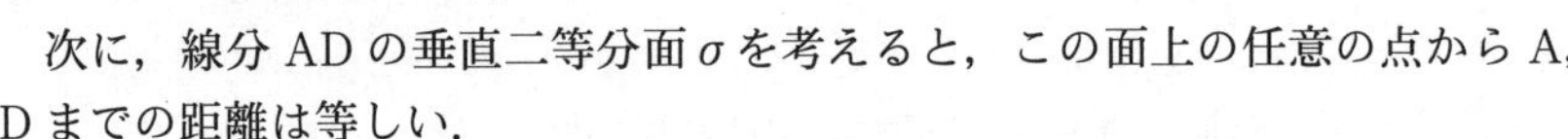
（∵ $\sigma \parallel l$ とすると $\mathrm{AD}\perp l$ となって，D が平面 ABC 上にあることになり，四面体 ABCD が存在しなくなる．）

よって，σ と l は交点をもち，この交点を P とすれば

$$\mathrm{PD}=\mathrm{PA}=\mathrm{PB}=\mathrm{PC}$$

をみたし，P を中心とする 4 点 A，B，C，D のすべてを通る球面が存在する．

（その 2）

題意の四面体 ABCD の 4 頂点の座標が

$$\mathrm{A}(0,\ 0,\ 0),\ \mathrm{B}(a,\ 0,\ 0),\ \mathrm{C}(b,\ c,\ 0),\ \mathrm{D}(d,\ e,\ f)$$
$$(a \neq 0,\ c \neq 0,\ f \neq 0)$$

をみたすように座標空間を定めることができる.

点 $\mathrm{P}(x,\ y,\ z)$ について,

$$\begin{aligned} & \mathrm{PA}=\mathrm{PB}=\mathrm{PC}=\mathrm{PD} && \cdots(*) \\ \Longleftrightarrow\ & x^2+y^2+z^2=(x-a)^2+y^2+z^2 \\ & \qquad =(x-b)^2+(y-c)^2+z^2 \\ & \qquad =(x-d)^2+(y-e)^2+(z-f)^2 \\ \Longleftrightarrow\ & \begin{cases} -2ax+a^2=0, & \cdots ① \\ -2bx-2cy+b^2+c^2=0, & \cdots ② \\ -2dx-2ey-2fz+d^2+e^2+f^2=0 & \cdots ③ \end{cases} \end{aligned}$$

である.

ここで,

4つの頂点 A, B, C, D を通る球面が存在する

$\Longleftrightarrow$ (*)をみたす P が存在する

$\Longleftrightarrow$ ①, ②, ③をみたす x, y, z が存在する

だから, これを示せばよい.

$a \neq 0$, および, ①から,

$$x=\frac{a}{2}. \qquad \cdots ①'$$

これを②へ代入して,

$$-ab-2cy+b^2+c^2=0.$$

これと, $c \neq 0$ から,

$$y=\frac{-ab+b^2+c^2}{2c}. \qquad \cdots ②'$$

①′, ②′を③へ代入して,

$$-ad+\frac{abe-b^2e-c^2e}{c}-2fz+d^2+e^2+f^2=0.$$

これと $f \neq 0$ から,

$$z=\frac{-acd+abe-b^2e-c^2e+cd^2+ce^2+cf^2}{2cf}.$$

以上より, ①, ②, ③をみたす $(x,\ y,\ z)$ は唯一組存在する.

したがって, 題意の球面は存在する.

20.

解法メモ

“昔からよく知られたキレイな立体図形”ですので，その“キレイさ”を覚えてしまって下さい．

【解答】

題意の立方体の頂点を（図 1）のように定める．

(図 1)

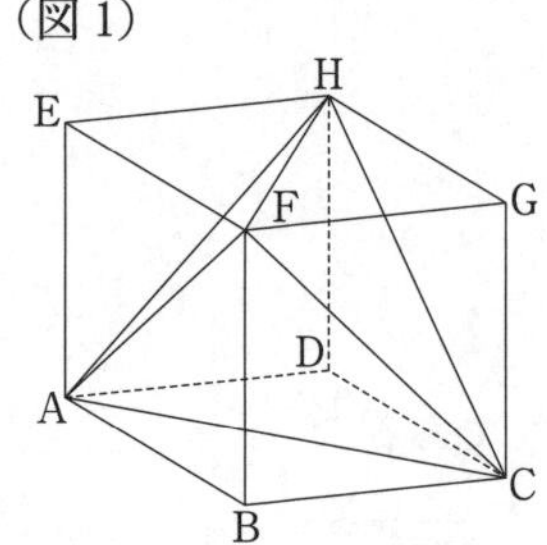

(1) 四面体 ABCF の体積は，

$$\frac{1}{3}\cdot\triangle ABC\cdot BF=\frac{1}{3}\cdot\left(\frac{1}{2}\cdot 1\cdot 1\right)\cdot 1=\frac{1}{6}.$$

3 つの四面体 ADCH，EFHA，FGHC の体積も $\frac{1}{6}$ だから，求める正四面体 ACFH の体積は，

$$1-\frac{1}{6}\times 4=\boldsymbol{\frac{1}{3}}.$$

(図 2)

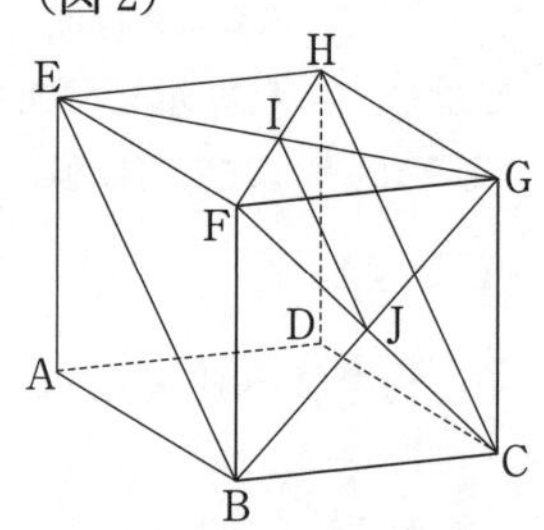

(2) 対角線 EG，FH の交点を I，対角線 BG，FC の交点を J とすると，2 つの三角形 CHF，BEG の交線は（図 2）の線分 IJ である．

図形の対称性により，2 つの四面体 ACFH，BDEG の他の面の交わりも同様だから，題意の共通部分は（図 3）の一辺の長さが $IJ\left(=\frac{\sqrt{2}}{2}\right)$ の正八面体 IJKLMN である．

(図 3)

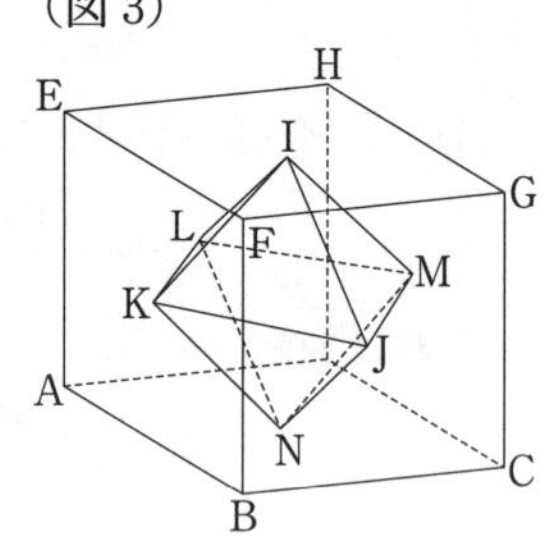

よって，求める共通部分の体積は，

$$\frac{1}{3}\cdot\square JKLM\cdot\frac{IN}{2}\times 2$$

$$=\frac{1}{3}\cdot\left(\frac{\sqrt{2}}{2}\right)^2\cdot\frac{1}{2}\times 2 \qquad (\because\ IN=EA=1)$$

$$=\boldsymbol{\frac{1}{6}}.$$

§4 場合の数，確率

21.

解法メモ

1から2000までの自然数で，7，11，13で割り切れるもの，すなわち，7，11，13の倍数はそれぞれ，

$$7,\quad 7\times2,\quad 7\times3,\quad \cdots,\quad 7\times285 \text{ の } 285 \text{ 個},$$
$$11,\quad 11\times2,\quad 11\times3,\quad \cdots,\quad 11\times181 \text{ の } 181 \text{ 個},$$
$$13,\quad 13\times2,\quad 13\times3,\quad \cdots,\quad 13\times153 \text{ の } 153 \text{ 個}$$

ありますが，この中には，

7と11の両方で割り切れるもの（例えば，77，154，…），
11と13の両方で割り切れるもの（例えば，143，286，…），
13と7の両方で割り切れるもの（例えば，91，182，…），
7と11と13のすべてで割り切れるもの（1001）

が入っていますから，(1)，(2)に答える際には，ダブリやトリプリ（?）に注意すること．

ベン図を描くと，誤りにくくなるでしょう．

【解答】

集合 A の次の部分集合を考える．

$$\begin{cases} S\cdots\ \ 7 \text{ で割り切れる数の集合}, \\ E\cdots\ 11 \text{ で割り切れる数の集合}, \\ T\cdots\ 13 \text{ で割り切れる数の集合}. \end{cases}$$

また，集合 X の要素の個数を $n(X)$ と書くことにする．

(1)　A の要素のうち，7または11のいずれか一方のみで割り切れるものの集合は，次図の網目部分で表される．

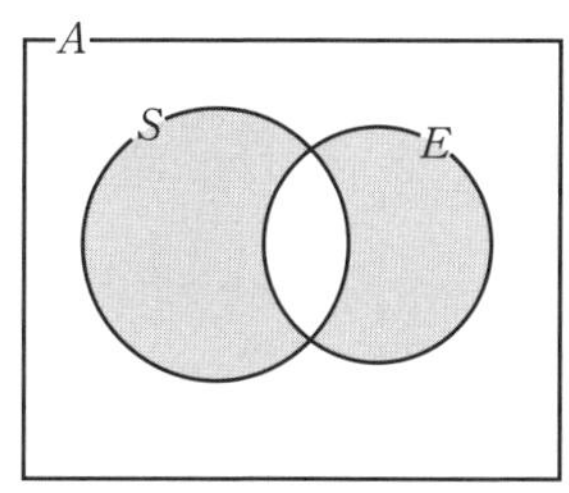

ここで，

$$\begin{cases} 2000=7\times285+5, \\ 2000=11\times181+9, \\ 2000=(7\times11)\times25+75 \end{cases}$$

だから，

$$n(S)=285,\quad n(E)=181,\quad n(S\cap E)=25$$

である．

よって，求める個数は，

$$\left\{n(S)-n(S\cap E)\right\}+\left\{n(E)-n(S\cap E)\right\}$$
$$=(285-25)+(181-25)$$
$$=\mathbf{416}\ (\text{個}).$$

(2) A の要素のうち，7，11，13 のいずれか 1 つのみで割り切れるものの集合は，次図の網目部分で表される．

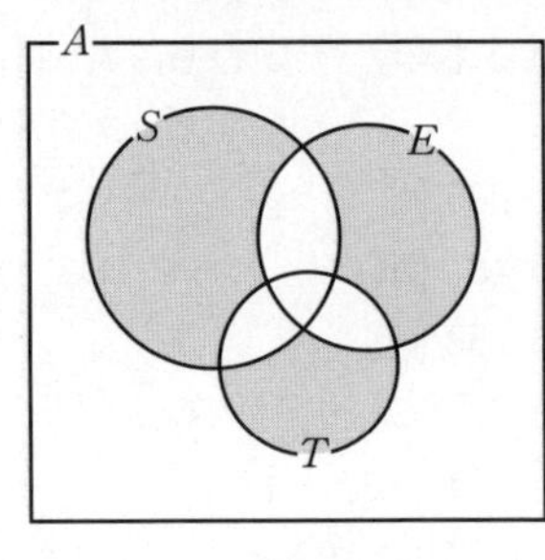

ここで，

$$2000=13\times153+11,$$
$$2000=(11\times13)\times13+141,$$
$$2000=(13\times7)\times21+89,$$
$$2000=(7\times11\times13)\times1+999$$

だから，

$$n(T)=153,\ \ n(E\cap T)=13,$$
$$n(T\cap S)=21,\ \ n(S\cap E\cap T)=1$$

である．

よって，求める個数は，

$$\left\{n(S)-n(S\cap E)-n(T\cap S)+n(S\cap E\cap T)\right\}$$
$$+\left\{n(E)-n(E\cap T)-n(S\cap E)+n(S\cap E\cap T)\right\}$$
$$+\left\{n(T)-n(T\cap S)-n(E\cap T)+n(S\cap E\cap T)\right\}$$
$$=(285-25-21+1)+(181-13-25+1)+(153-21-13+1)$$
$$=\mathbf{504}\ (\text{個}).$$

22.

解法メモ

条件をみたすパターンを無闇（むやみ）に作っていこうとすると，数が多過ぎて破綻しそうです．何か方針を定めていかないと．例えば 1 行目の決め方は 4! 通りあります．このとき，条件をみたすパターンの 2，3，4 行目のどの 2 行を行ごと入れ替えてもやはり条件をみたすパターンとなります．そこで，1 行目と 1 列目を固定したとして残り 3 マス×3 マスにどの程度の自由度が残っているのかを調べてみましょう．これは心配する程多くはありません．

【解答】

1 行目の数字を左から順に a, b, c, d とする．この決め方が，

$$4!=24 \text{ 通り}.$$

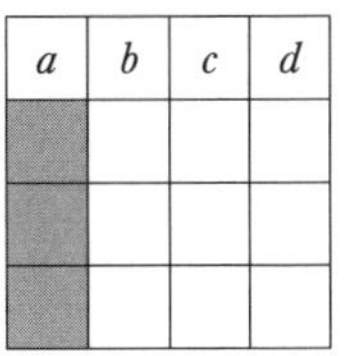

このとき，2，3，4 行目の 1 列目の数字は，b, c, d でこの置き方が，

$$3!=6 \text{ 通り}$$

ある．このうち，上から順に b, c, d となっているパターンについて考える．

a	b	c	d
b			
c			
d			

このとき，2 行目の 2，3，4 列目のいずれかに a が置かれる．

甲

a	b	c	d
b	a		
c			
d			

乙

a	b	c	d
b		a	
c			
d			

丙

a	b	c	d
b			a
c			
d			

甲のパターンは次の 2 通り．

甲$_1$

a	b	c	d
b	ⓐ	d	c
c	d	a	b
d	c	b	a

甲$_2$

a	b	c	d
b	ⓐ	d	c
c	d	b	a
d	c	a	b

乙のパターンは次の 1 通り．

乙

a	b	c	d
b	d	ⓐ	c
c	a	d	b
d	c	b	a

丙のパターンは次の 1 通り.

丙

a	b	c	d
b	c	d	ⓐ
c	d	a	b
d	a	b	c

甲$_1$，甲$_2$，乙，丙の併せて，4 通り.
以上より，求める入れ方の総数は,

$$4!\times 3!\times 4=\mathbf{576}\textbf{通り}.$$

23.

解法メモ

信号がサイレンの音で始まり，サイレンの音で終わるのだから,「1 秒休み」の回数は「サイレン」の回数より 1 回少ない.（小学生の時に習った(?)「植木算」ですネ．懐かしい.）

1 秒サイレンと 2 秒サイレンの使用回数が決まったら，あとは，並べ方を定めれば（すなわち，1 秒サイレンと，2 秒サイレンの配置を決めれば）1 つの信号のでき上がりです.

【解答】

(1) 1 秒鳴り続けるサイレンが m 回鳴り，2 秒鳴り続けるサイレンが n 回鳴るとすると，この信号がサイレンの音で始まり，サイレンの音で終わることから，1 秒休みの回数は,（$m+n-1$）回である.

したがって，16 秒の信号を作るために，m，n のみたす条件は,

$$1\times m+2\times n+1\times(m+n-1)=16.$$

$$\therefore\quad \mathbf{2m+3n=17}. \qquad \cdots①$$

(2) m，n は①をみたす 0 以上の整数であるから,

$$(m,\ n)=(1,\ 5),\ (4,\ 3),\ (7,\ 1)$$

に限る.

信号は，1 秒鳴るサイレンと 2 秒鳴るサイレンの並べ方で決まるから（信号として区別されるから),

(ア) （m，n)＝(1，5) のとき,

$$\frac{(1+5)!}{1!5!}=6\ (\text{通り}).$$

(イ)　$(m,\ n)=(4,\ 3)$ のとき，

$$\frac{(4+3)!}{4!3!}=35\ (\text{通り}).$$

(ウ)　$(m,\ n)=(7,\ 1)$ のとき，

$$\frac{(7+1)!}{7!1!}=8\ (\text{通り}).$$

以上，(ア)，(イ)，(ウ)より，できる信号の数は，

$$6+35+8=\mathbf{49}\ (\text{通り}).$$

24.

解法メモ

鈍角三角形　　　直角三角形　　　鋭角三角形

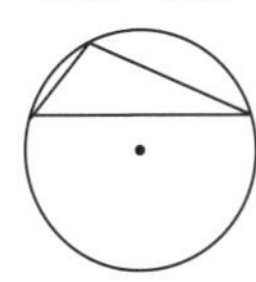

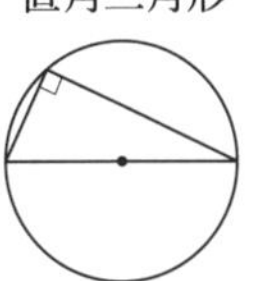

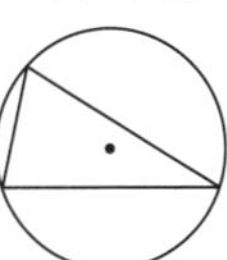

鈍角三角形の外心は三角形の外部にありますから，鈍角に対する辺（最長辺）を先に決めれば，鈍角の頂点の選び方が決まります．

【解答】

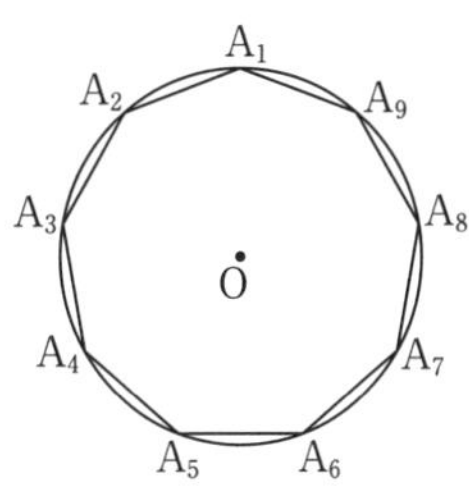

(1)　正九角形の頂点を図のように反時計まわり（左まわり）に

A_1，A_2，A_3，A_4，A_5，A_6，A_7，A_8，A_9

とする．

題意の鈍角三角形の最長辺の長さは，

A_1A_3，A_1A_4，A_1A_5

のいずれかの長さに等しい．

(i)　(最長辺の長さ)$=A_1A_3$ である鈍角三角形は，三角形 $A_1A_3A_2$ を中心 O のまわりに $40°m$ $(m=0,\ 1,\ 2,\ \cdots,\ 8)$ まわしたもので，9 個ある．

(ii)　(最長辺の長さ)$=A_1A_4$ である鈍角三角形は，三角形 $A_1A_4A_2$，$A_1A_4A_3$ を中心 O のまわりに $40°m$ $(m=0,\ 1,\ 2,\ \cdots,\ 8)$ まわしたもので，9 個ずつある．

(iii)　(最長辺の長さ)$=A_1A_5$ である鈍角三角形は三角形 $A_1A_5A_2$，$A_1A_5A_3$，

$A_1A_5A_4$ を中心 O のまわりに $40°m$ ($m=0,\ 1,\ 2,\ \cdots,\ 8$) まわしたもので，9 個ずつある．

以上，(i)，(ii)，(iii)から，求める鈍角三角形の個数は，

$$9+9\times2+9\times3=\mathbf{54}\ (\text{個}).$$

(2) 正 $2n+1$ 角形の頂点を反時計まわりに

$$A_1,\ A_2,\ A_3,\ \cdots,\ A_{2n+1}$$

とする．

(その 1)

題意の鈍角三角形の最長辺の長さは，

$$A_1A_3,\ A_1A_4,\ A_1A_5,\ \cdots,\ A_1A_{n+1}$$

のいずれかの長さに等しい．

(1)と同様に考えて，

$$(\text{最長辺の長さ})=A_1A_k\ (k=3,\ 4,\ 5,\ \cdots,\ n+1)$$

である鈍角三角形は，三角形 $A_1A_kA_l$ ($l=2,\ 3,\ 4,\ \cdots,\ k-1$) を中心 O のまわりに $\dfrac{360°}{2n+1}\times m$ ($m=0,\ 1,\ 2,\ \cdots,\ 2n$) まわしたもので，$2n+1$ 個ずつあるから，$(k-2)(2n+1)$ 個ある．

よって，求める鈍角三角形の個数は，

$$\begin{aligned}\sum_{k=3}^{n+1}(k-2)(2n+1)&=\left\{1+2+3+\cdots+(n-1)\right\}(2n+1)\\&=\boldsymbol{\frac{1}{2}(n-1)n(2n+1)}\ (\text{個}).\end{aligned}$$

(その 2)

題意の鈍角三角形の 3 頂点を反時計まわりに見る．

例えば，三角形 $A_1A_kA_l$ ($k<l$) で $\angle A_k$ が鈍角であるものは，$\{2,\ 3,\ 4,\ \cdots,\ n+1\}$ の n 個から 2 個選んで，小さい方を k，大きい方を l とすれば得られ，${}_nC_2$ 個ある．

他の頂点から始めても同様でこれらに重複はないから，求める鈍角三角形の個数は，

$${}_nC_2\times(2n+1)=\boldsymbol{\frac{1}{2}n(n-1)(2n+1)}\ (\text{個}).$$

25.

解法メモ

この手の問題は，特殊な条件を持つものから考えていくのが常套(じょうとう)手段です．

(1) まず，両端の男子を決めてから，残り 5 人を並べます．

(2)　「女子が隣り合わない」$\iff$「各々の女子の隣りは必ず男子」
$\iff$「男子と男子の間または両端の5か所から3か所を選び1人ずつ女子を配置する」

と考えます．

(3)　隣り合う2人の女子をひとまとめにして，あとは(2)と同じ考え方でOK．

(4)　まず，男子4人が円形に並んでから，その間（4か所ある）に女子を配置します．

【解答】

以下，男子をBで，女子をGで表すことにする．

(1)　B ○ ○ ○ ○ ○ B

（○印は男子または女子）

両端にくる男子の並び方は，${}_4P_2=12$（通り）で，他の5人の男女の並び方は，${}_5P_5=120$（通り）であるから，求める並び方は，

$12\times 120=$**1440（通り）**．

(2)　まず，男子4人が並び（この並び方が ${}_4P_4=24$（通り）），男子と男子の間または両端の5か所（∧印の所）に，女子3人が並べばよいから（この並び方が ${}_5P_3=60$（通り）），求める並び方は，

$24\times 60=$**1440（通り）**．

B B B B
∧ ∧ ∧ ∧ ∧
↑ ↑ ↑ ↑ ↑
{G, G, G}

(3)　(2)と同様に，まず，男子4人が並び（この並び方が ${}_4P_4=24$（通り）），男子と男子の間または両端の5か所（∧印の所）に，隣り合う2人の女子（この選び方，並び方が ${}_3P_2=6$（通り））と，そうでない女子1人が並べばよいから（この選び方，並び方が ${}_5P_2=20$（通り）），求める並び方は，

$24\times 6\times 20=$**2880（通り）**．

B B B B
∧ ∧ ∧ ∧ ∧
↑ ↑ ↑ ↑ ↑
{(G, G), G}

(4)　まず，男子4人が円形に並んでから（この並び方が，円順列で考えて，$(4-1)!=6$（通り）），4か所あるその間（∧印の所）に，女子3人が並べばよいから（この並び方が ${}_4P_3=24$（通り）），求める並び方は，

$6\times 24=$**144（通り）**．

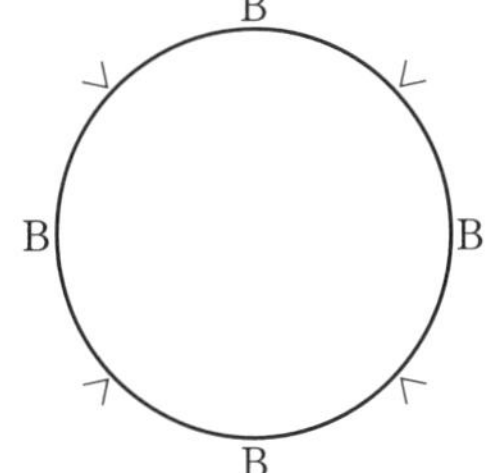

注　“人”が並ぶ場合，仮に，この中に一卵性双生児が混ざっていたとしても，みんな別人格（別もの）として扱って下さい．

26.

解法メモ

(2) 9人をa, b, c, d, e, f, g, h, iで表して考えてみます.

3人ずつの3組に分けるとき，仮にこの組にそれぞれ名前を付けて（例えば，雪組，月組，花組と）考えるなら，

	雪組	月組	花組	
分け方(i)	$\{a, b, c\}$,	$\{d, e, f\}$,	$\{g, h, i\}$	と

	雪組	花組	月組	
分け方(ii)	$\{a, b, c\}$,	$\{d, e, f\}$,	$\{g, h, i\}$	とは,

明らかに異なる分け方ということになりますが，組に名前を付けないなら（名前が無いなら），上の2つの分け方(i), (ii)は差別化されないのですから，まとめて一通りと数えねばなりません.

で，このような「名前を消したら差別化されなくなってしまうパターン」は何通りずつあるかというと，当然，3組への名前の付け方の $3!=6$（通り）ずつあります.

(3) 男子をB，女子をGで表すと，3組は,

$$\{B, B, G\}, \{B, B, G\}, \{B, G, G\}$$

とせねばなりません.

【解答】

(1) 2人の組のメンバーの選び方は，${}_9C_2$ 通り.

残り7人の中から，3人の組のメンバーを選ぶのは，${}_7C_3$ 通り.

残り4人は自動的に4人の組を構成するから，1通り.

以上より， 求める分け方の総数は,

$${}_9C_2\times{}_7C_3\times1=\mathbf{1260}\ \textbf{（通り）}.$$

(2) この3組に名前を付けて，松組，竹組，梅組とする.

(1)と同様に考えて，松組，竹組，梅組のメンバーの選び方の総数は,

$${}_9C_3\times{}_6C_3\times{}_3C_3=1680\ （通り）.$$

本問の場合，この3組には名前が無いのだから，3組への名前の付け方の場合の数 $3!=6$（通り）ずつをまとめて一通りとみなさなければならないので，求める分け方の総数は,

$$\frac{1680}{6}=\mathbf{280}\ \textbf{（通り）}.$$

(3) 3組を,

甲組　　　　　　乙組　　　　　　丙(へい)組

{男, 男, 女}, {男, 男, 女}, {男, 女, 女}

とする.

甲組の男 2 人, 女 1 人の選び方が,

$${}_5C_2 \times {}_4C_1 = 40 \text{ (通り)},$$

乙組の男 2 人, 女 1 人の選び方が,

$${}_3C_2 \times {}_3C_1 = 9 \text{ (通り)},$$

丙組の男 1 人, 女 2 人は自動的に決まるので, 1 通り

より, 全部で $40 \times 9 \times 1 = 360$（通り）あるが, 甲組と乙組は, 男, 女それぞれの数が一致しているから, (2) と同様に, 甲乙の名前を消せば差別されず, 2 組の名前の付け方の場合の数 $2! = 2$（通り）をまとめて一通りとみなさなければならないので, 求める分け方の総数は,

$$\frac{360}{2} = \mathbf{180} \text{ (通り)}.$$

注　丙組は男, 女それぞれの数が他の組と異なるので, この組は（たとえ名前を付けなくても）差別化されます.

[(3)の別解]

補集合（余事象）で考える手もあります.

すなわち, 男 3 人の組や, 女 3 人の組ができてしまう分け方の数を考えるのです.

(i)　男 3 人の組ができる分け方の総数は,

$${}_5C_3 \times \frac{{}_6C_3 \times {}_3C_3}{2!} = 100 \text{ (通り)}.$$

（男 3 人の組のメンバーの決め方）　（残り 6 人を 3 人ずつ 2 組に分ける分け方）

(ii)　女 3 人の組ができる分け方の総数は,

$${}_4C_3 \times \frac{{}_6C_3 \times {}_3C_3}{2!} = 40 \text{ (通り)}.$$

（女 3 人の組のメンバーの決め方）　（残り 6 人を 3 人ずつ 2 組に分ける分け方）

(iii)　男 3 人の組, 女 3 人の組ができる分け方の総数は,

$$\underset{\sim\sim}{{}_5C_3} \times \underset{\sim\sim}{{}_4C_3} \times \underset{\sim}{1} = 40\ (\text{通り}).$$

(男3人の組のメンバーの決め方)　(女3人の組のメンバーの決め方)　(残り3人は自動的に1組となる)

以上，(i)，(ii)，(iii)より，求める分け方の総数は，

$$280-(100+40-40)=\mathbf{180}\ (\text{通り}).$$

((i)と(ii)で二重に数えている分の(iii)を1回引く.)

注 (ii) 女3人の組ができるとき，自動的に男3人の組ができることになり，

(ii)＝(iii)＝40（通り）

となるのです.

27.

解法メモ

(1) 空箱があってもよい場合なら楽です.

各カードの入れるべき箱の選択肢は3通りずつあるから，

3^n 通り.

このうち，空箱が1箱できてしまう場合と，2箱できてしまう場合を除けばよろしい.

(2) 「少なくとも1つの〜」，これ，キーワードですね．これが出てきたら補集合（余事象）で考えてみましょう.

まず，「ペアのカードの組」は，

$\{\boxed{1},\boxed{2}\}$，$\{\boxed{3},\boxed{4}\}$，$\{\boxed{5},\boxed{6}\}$，…，$\{\boxed{2l-1},\boxed{2l}\}$

の l 組あります.

どの箱にも，これらのペアが入らないのは，

$\boxed{2k-1}$ と $\boxed{2k}$ $(k=1,\ 2,\ 3,\ \cdots,\ l)$

が別々の箱に入ることです.

また，この場合の中にも，空箱が1箱できてしまう場合が含まれてしまいますから，注意が必要です.（空箱が2箱できてしまう場合はありません．なぜなら，あるペアのカードを別々の箱に，すなわち2つの箱に入れるのだから）

【解答】

(1) 空箱ができてもよい場合，$\boxed{1}$〜$\boxed{n}$ の各カードを入れる箱の選択肢はそ

れぞれ3通りずつあるから，全部で，

$$3^n\ 通り.$$

このうち，

(i)　空箱がちょうど1箱できる場合.

空箱となる箱の選び方は 3 通りある．例えば箱Cが空となるとき，$\boxed{1}$～$\boxed{n}$ の n 枚のカードを，箱A，Bがともに空にならない様に入れる入れ方の数は，

$$2^n-2\ 通り.$$

したがって，空箱がちょうど1箱できるのは，

$$3(2^n-2)\ 通り.$$

(ii)　空箱が2箱できる場合.

$\boxed{1}$～$\boxed{n}$ の n 枚のカードすべてが箱A，B，Cのいずれか1箱に入る場合で，

$$3\ 通り.$$

以上より，求める入れ方の数は，

$$3^n-3(2^n-2)-3=\mathbf{3^n-3\cdot 2^n+3}\ \textbf{(通り)}.$$

(2)　ペアのカードの組は，次の l 組である.

$$\{\boxed{1},\ \boxed{2}\},\ \{\boxed{3},\ \boxed{4}\},\ \{\boxed{5},\ \boxed{6}\},\ \cdots,\ \{\boxed{2l-1},\ \boxed{2l}\}.$$

どの箱にもこれらのペアが入らない場合を考える.

或るペアのカード

$$\boxed{2k-1},\ \boxed{2k}$$

を別々の箱に入れる入れ方の数は，

$$_3\mathrm{P}_2=6\ (通り)$$

であり，ペアは全部で l 組あるから，各ペアが別々の箱に入る入れ方の数は，

$$6^l\ 通り.$$

他の $(n-2l)$ 枚のカード $\{\boxed{2l+1},\ \boxed{2l+2},\ \cdots,\ \boxed{n}\}$ の3つの箱への入れ方の数は，

$$3^{n-2l}\ 通り.$$

($2l=n$ のときもこれでよい.)

よって，どの箱にもこれらのペアが入らない場合の数は，

$$6^l\cdot 3^{n-2l}=2^l\cdot 3^{n-l}\ (通り) \qquad \cdots①$$

あるが，この中には，空箱が1箱できる場合が含まれる.

空箱となる箱の選び方が3通りあって，例えば箱Cが空となるのは，

l 組のペアのカードがすべて箱A，Bに別々に入り(この場合の数が 2^l 通り)，

他の $(n-2l)$ 枚のカードが箱A，Bに自由に入る(この場合の数が 2^{n-2l} 通り)

ことだから，①のうち，空箱が 1 箱できる場合の数は，

$$3\times 2^{l}\times 2^{n-2l}=3\cdot 2^{n-l}\ \text{(通り)}.$$

以上，および，(1)より，求める場合の数は，

$$\left(3^{n}-3\cdot 2^{n}+3\right)-\left(2^{l}\cdot 3^{n-l}-3\cdot 2^{n-l}\right)$$

$$=\mathbf{3^{n}\left\{1-\left(\frac{2}{3}\right)^{l}\right\}-3\cdot 2^{n}\left\{1-\left(\frac{1}{2}\right)^{l}\right\}+3}\ \textbf{(通り)}.$$

28.

解法メモ

問題文が長いですね．こういうときは，絵，図にします．

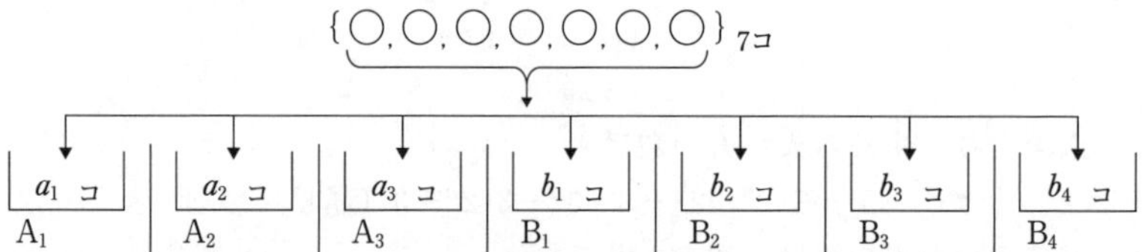

本問では個々の荷物を差別しません．

ここで，「数学村場合の数集落の方言」に注意してください．

いくら瓜二つの双子でも，目の前に 2 人並んでいれば，そりゃあ 2 人が「区別」されて「2 人と認識」されるに決まってます．「区別できない荷物」とあっても，左手に持った荷物と右手に持った荷物とが「区別」できないはずがありません．

しかしながら，数学村で言う「区別ができない」とは，例えば 7 個の荷物が

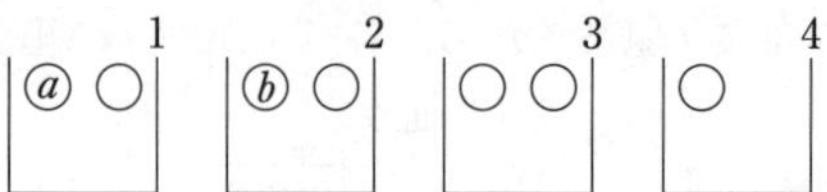

と 4 個の部屋に入っているとき，荷物ⓐと荷物ⓑを差し替えて，

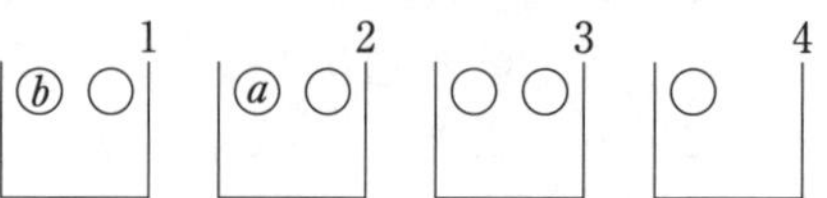

としても，この 2 つの状態を差別化しないで同じものとみなす，という意味を表します．

要するに，本問ではそれぞれの荷物の「個数以外の個性は無視する」ということです．

(4)は「b_1，b_2，b_3，b_4 の少なくとも 1 つが 0 に等しい」ですが “少なくとも 1

つ”のキーワードがありますので，その否定「b_1，b_2，b_3，b_4 はすべて 1 以上」を考えることにして，初めに荷物を 1 つずつ B_1，B_2，B_3，B_4 に格納して置いて，残りの 3 個を 7 つの部屋に格納します．

【解答】

Aの部屋 1，2，3，Bの部屋 1，2，3，4 に格納する荷物の個数をそれぞれ，a_1，a_2，a_3，b_1，b_2，b_3，b_4 とすると，

$$\begin{cases} a_1+a_2+a_3+b_1+b_2+b_3+b_4=7, \\ a_1,\ a_2,\ a_3,\ b_1,\ b_2,\ b_3,\ b_4 \text{ は 0 以上の整数} \end{cases} \quad \cdots①$$

である．

(1)　求める配置の数は，①をみたす $(a_1,\ a_2,\ a_3,\ b_1,\ b_2,\ b_3,\ b_4)$ の組の数に等しく，これは 7 個の○と 6 本の仕切りを横一列に並べて，左から順に見て，最初の仕切りまでの○の個数を a_1 に，次の仕切りまでの○の個数を a_2 に，その次の仕切りまでの個数を a_3 に，と順に b_1，b_2，b_3 に対応させ，6 本目の仕切りの右にある○の個数を b_4 に対応させる並べ方の総数に等しい．

例えば，
(○|○|○|○|○|○|○) なら
$(a_1,\ a_2,\ a_3,\ b_1,\ b_2,\ b_3,\ b_4)=(1,\ 1,\ 1,\ 1,\ 1,\ 1,\ 1)$
(○|○○|○○○|○|||) なら
$(a_1,\ a_2,\ a_3,\ b_1,\ b_2,\ b_3,\ b_4)=(1,\ 2,\ 3,\ 1,\ 0,\ 0,\ 0)$

よって，求める配置の数は，

$$\frac{(7+6)!}{7!6!}=\mathbf{1716}\ \textbf{通り}.$$

(2)　$a_2=3$ となるのは，

$$\begin{cases} a_1+a_3+b_1+b_2+b_3+b_4=4, \\ a_1,\ a_3,\ b_1,\ b_2,\ b_3,\ b_4 \text{ は 0 以上の整数} \end{cases}$$

のときだから，(1)と同様に考えて，求める配置の数は，

$$\frac{(4+5)!}{4!5!}=\mathbf{126}\ \textbf{通り}.$$

(3)　$a_1+a_2+a_3<b_1+b_2+b_3+b_4$ となるのは，

$$(a_1+a_2+a_3,\ b_1+b_2+b_3+b_4)=\begin{cases} (0,\ 7), & \cdots (ア) \\ (1,\ 6), & \cdots (イ) \\ (2,\ 5), & \cdots (ウ) \\ (3,\ 4) & \cdots (エ) \end{cases}$$

のときである．

(ア)のときの配置の数は，

$$\frac{(7+3)!}{7!3!}=120 \text{ 通り}.$$

(イ)のときの配置の数は,

$$\frac{(1+2)!}{1!2!}\times\frac{(6+3)!}{6!3!}=252 \text{ 通り}.$$

$(a_1,\ a_2,\ a_3)$ の組の数　$(b_1,\ b_2,\ b_3,\ b_4)$ の組の数

(ウ)のときの配置の数は,

$$\frac{(2+2)!}{2!2!}\times\frac{(5+3)!}{5!3!}=336 \text{ 通り}.$$

$(a_1,\ a_2,\ a_3)$ の組の数　$(b_1,\ b_2,\ b_3,\ b_4)$ の組の数

(エ)のときの配置の数は,

$$\frac{(3+2)!}{3!2!}\times\frac{(4+3)!}{4!3!}=350 \text{ 通り}.$$

以上, (ア), (イ), (ウ), (エ)より, 求める配置の総数は,

$120+252+336+350=$ **1058 通り.**

(4) 「B の 4 つの部屋には少なくとも 1 個ずつの荷物が格納される」配置の数を数える.

残りの 3 個を 7 つの部屋に格納すると考えて,

$$\frac{(3+6)!}{3!6!}=84 \text{ 通り}.$$

よって, 求める B の中に荷物がまったく格納されない部屋が 1 つ以上ある配置の数は,

$1716-84=$ **1632 通り.**

29.

解法メモ

「少なくとも 1 回〜」や「少なくとも 2 回〜」とありますから, 余事象の考え方で攻められないか…

また, 複数の事象が登場しますから, ベン図を書いて考えた方が無難です.

全事象 U … 1 個のサイコロを n 回振る,

事象 A … 1 の目が 1 回も出ない,

事象 B … 2 の目が 1 回も出ない,

事象 C … 1 の目が 1 回だけ出る

とするとよいでしょう.

【解答】

全事象「1個のサイコロをn回振る」をUとし，この部分事象として，

$$\begin{cases} 1\text{の目が}1\text{回も出ない事象}A, \\ 2\text{の目が}1\text{回も出ない事象}B, \\ 1\text{の目がちょうど}1\text{回出る事象}C \end{cases}$$

を考える．

(1)　$n \geqq 2$ のとき，1の目が少なくとも1回出て，かつ，2の目も少なくとも1回出る事象は，図の網目部分の事象である．

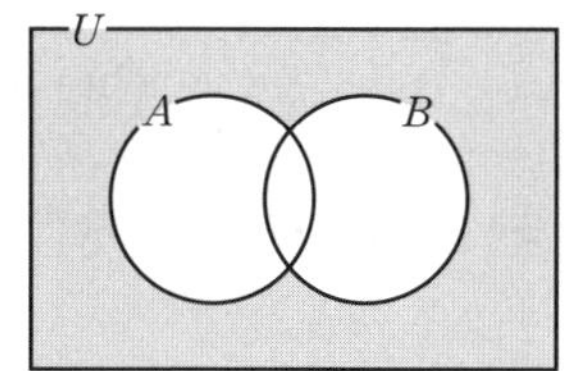

ここで，全事象Uの根元事象は6^n通りあって，これらの起こることは同様に確からしい．いま，事象Xの根元事象の数を$n(X)$で表すことにすると，

$$n(U)=6^n,$$

A…「n回とも，2，3，4，5，6の目が出る」だから，

$$n(A)=5^n,$$

B…「n回とも，1，3，4，5，6の目が出る」だから，

$$n(B)=5^n,$$

$A \cap B$…「n回とも，3，4，5，6の目が出る」だから，

$$n(A \cap B)=4^n$$

である．

よって，求める確率は，

$$1-\frac{n(A)+n(B)-n(A \cap B)}{n(U)}=1-\frac{5^n+5^n-4^n}{6^n}$$

$$=\mathbf{1-\frac{2 \cdot 5^n-4^n}{6^n}}.$$

(2)　$n \geqq 3$ のとき，1の目が少なくとも2回出て，かつ，2の目が少なくとも1回出る事象は，図の網目部分の事象である．

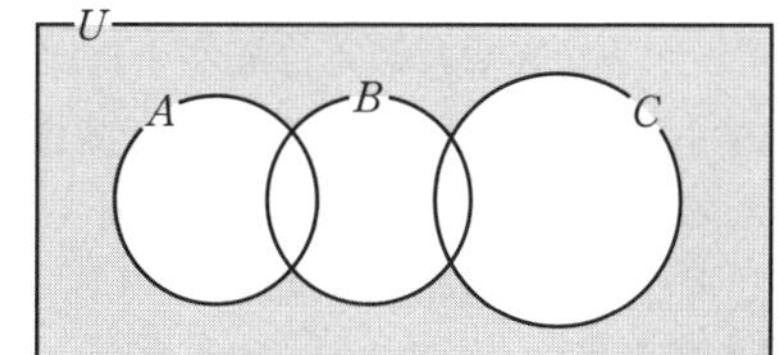

(1)と同様に考えて，

C…「n回中，1の目がちょうど1回出て，他の$(n-1)$回は，2，3，4，5，6の目が出る」だから，

$$n(C)={}_n\mathrm{C}_1 \cdot 5^{n-1}=n \cdot 5^{n-1},$$

$B \cap C$…「n回中，1の目がちょうど1回出て，他の$(n-1)$回は，3，4，5，6の目が出る」だから，

$$n(B\cap C)={}_n\mathrm{C}_1\cdot 4^{n-1}=n\cdot 4^{n-1},$$

である．

よって，求める確率は，

$$1-\frac{n(A)+n(B)+n(C)-n(A\cap B)-n(B\cap C)}{n(U)}$$
$$=1-\frac{5^n+5^n+n\cdot 5^{n-1}-4^n-n\cdot 4^{n-1}}{6^n}$$
$$=\mathbf{1-\frac{(10+n)\cdot 5^{n-1}-(4+n)\cdot 4^{n-1}}{6^n}}.$$

注　$A\cap C$ はここでは空事象です．

30.

解法メモ

3人で1回じゃんけんをすると，その結果残る人の数は，

- 3人 … 3人が同じ手を出す，または，3人とも違う手を出す，
- 2人 … 2人が勝つ手を，他の1人が負ける手を出す，
- 1人 … 1人が勝つ手を，他の2人が負ける手を出す

のいずれかで，

2人で1回じゃんけんをすると，その結果残る人の数は，

- 2人 … 2人が同じ手を出す，
- 1人 … 1人が勝つ手を，他の1人が負ける手を出す（2人が違う手を出す）

のいずれかです．

(1)～(4)の設問に入る前に上記の確率をすべて計算しておくと，答案がスッキリするでしょう．

3人でじゃんけんをすれば3人の手の出方は 3^3 通り，

2人でじゃんけんをすれば2人の手の出方は 3^2 通り

あって，これらが起こることは同様に確からしい（同程度に起こりやすい）と考えてください．（A さんは，どーもグーを多用するらしい，などとすると解答のしようがなくなりますから．）

【解答】

3人による1回のじゃんけんで，3人，2人，1人が残る確率をそれぞれ a，b，c とし，2人による1回のじゃんけんで，2人，1人が残る確率をそれぞれ d，e とすると，

$a=$(3 人が同じ手を出すか，3 人とも違う手を出す確率)

$$=\frac{3}{3^3}+\frac{3!}{3^3}=\frac{1}{3},$$

$b=$(2 人が勝つ手を出し，他の 1 人が負ける手を出す確率)

$$=\frac{{}_3C_2\times 3}{3^3}=\frac{1}{3},$$

$c=$(1 人が勝つ手を出し，他の 2 人が負ける手を出す確率)

$$=\frac{{}_3C_1\times 3}{3^3}=\frac{1}{3},$$

$d=$(2 人が同じ手を出す確率)

$$=\frac{3}{3^2}=\frac{1}{3},$$

$e=$(2 人が違う手を出す確率)

$$=\frac{{}_3P_2}{3^2}=\frac{2}{3}.$$

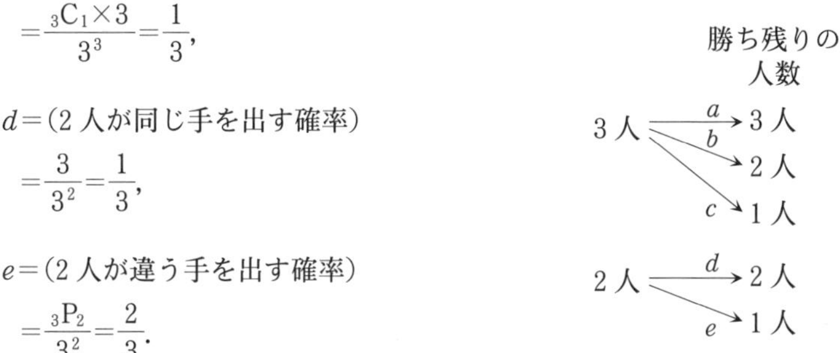

(1)　1 回目のじゃんけんで勝者が決まる確率は,

$$c=\mathbf{\frac{1}{3}}.$$

(2)　2 回目のじゃんけんで勝者が決まるのは，2 回のじゃんけんによる残りの人数の変化が

$$\begin{cases} 3\text{人} \xrightarrow{a} 3\text{人} \xrightarrow{c} 1\text{人}, \\ 3\text{人} \xrightarrow{b} 2\text{人} \xrightarrow{e} 1\text{人} \end{cases}$$

の 2 通りの場合があって，これらは互いに排反であるから，求める確率は,

$$ac+be=\frac{1}{3}\cdot\frac{1}{3}+\frac{1}{3}\cdot\frac{2}{3}$$
$$=\mathbf{\frac{1}{3}}.$$

(3)　3 回目のじゃんけんで勝者が決まるのは，3 回のじゃんけんによる残りの人数の変化が

$$\begin{cases} 3\text{人} \xrightarrow{a} 3\text{人} \xrightarrow{a} 3\text{人} \xrightarrow{c} 1\text{人}, \\ 3\text{人} \xrightarrow{a} 3\text{人} \xrightarrow{b} 2\text{人} \xrightarrow{e} 1\text{人}, \\ 3\text{人} \xrightarrow{b} 2\text{人} \xrightarrow{d} 2\text{人} \xrightarrow{e} 1\text{人} \end{cases}$$

の 3 通りの場合があって，これらは互いに排反であるから，求める確率は,

$$aac+abe+bde=\frac{1}{3}\cdot\frac{1}{3}\cdot\frac{1}{3}+\frac{1}{3}\cdot\frac{1}{3}\cdot\frac{2}{3}+\frac{1}{3}\cdot\frac{1}{3}\cdot\frac{2}{3}$$

$$=\frac{\mathbf{5}}{\mathbf{27}}.$$

(4)　$n(\geqq 4)$ 回目のじゃんけんで勝者が決まるのは，

$$\begin{cases} \text{(i)}\quad n\ \text{回目のじゃんけんが 3 人で行われる場合,} \\ \text{(ii)}\quad n\ \text{回目のじゃんけんが 2 人で行われる場合} \end{cases}$$

があって，これらは互いに排反である．

(i)のとき，1 回目から n 回目まですべて 3 人でじゃんけんが行われるから，この確率は，

$$3\text{人} \xrightarrow{a} 3\text{人} \xrightarrow{a} 3\text{人} \xrightarrow{a} \cdots \xrightarrow{a} 3\text{人} \xrightarrow{a} 3\text{人} \xrightarrow{c} 1\text{人}$$

$$a^{n-1}\cdot c=\left(\frac{1}{3}\right)^{n-1}\cdot\frac{1}{3}=\left(\frac{1}{3}\right)^{n}.$$

(ii)のとき，k $(1\leqq k\leqq n-1)$ 回目のじゃんけんで 3 人から 2 人になるとすると，1 回目から k 回目までは 3 人で，$(k+1)$ 回目から n 回目までは 2 人でじゃんけんが行われるから，この確率は，

$$3\text{人} \xrightarrow{a} 3\text{人} \xrightarrow{a} \cdots \xrightarrow{a} 3\text{人} \xrightarrow{b} 2\text{人} \xrightarrow{d} 2\text{人} \xrightarrow{d} \cdots \xrightarrow{d} 2\text{人} \xrightarrow{d} 2\text{人} \xrightarrow{e} 1\text{人}$$

1 回目	2 回目	$k-1$ 回目	k 回目	$k+1$ 回目	$k+2$ 回目	$n-2$ 回目	$n-1$ 回目	n 回目

$$a^{k-1}\cdot b\cdot d^{n-1-k}\cdot e=\left(\frac{1}{3}\right)^{k-1}\cdot\frac{1}{3}\cdot\left(\frac{1}{3}\right)^{n-1-k}\cdot\frac{2}{3}$$

$$=2\left(\frac{1}{3}\right)^{n}\quad (k=1,\ 2,\ 3,\ \cdots,\ n-1).$$

よって，求める確率は，

$$\left(\frac{1}{3}\right)^{n}+\sum_{k=1}^{n-1}2\left(\frac{1}{3}\right)^{n}=\mathbf{(2n-1)\left(\frac{1}{3}\right)^{n}}.$$

31.

解法メモ

L_n，G_n が「素数でない」より，「素数である」を考える方が場合分けが少なくて済みそうです．いずれも，2，3，5 の場合だけとなりますから．

【解答】

(1)　1 個のサイコロを 2 回振るとき，目の出方は $6^2=36$ 通りあって，これらが起こることは同様に確からしい．

このうち，最小公倍数が 5 となるのは，

$$(X_1,\ X_2)=(1,\ 5),\ (5,\ 1),\ (5,\ 5)$$

の3通りであるから，求める確率は，

$$\boldsymbol{P(L_2=5)}=\frac{3}{36}=\boldsymbol{\frac{1}{12}}.$$

また，最大公約数が5となるのは，

$$(X_1,\ X_2)=(5,\ 5)$$

の1通りであるから，求める確率は，

$$\boldsymbol{P(G_2=5)=\frac{1}{36}}.$$

(2)　1個のサイコロを n 回振るとき，目の出方は 6^n 通りあって，これらが起こることは同様に確からしい.

このうち，L_n が素数であるのは，2，3，5に限る.

$L_n=2$ となるのは，n 回とも1または2の目が出て，かつ，少なくとも1回は2の目が出る場合で，

$$2^n-1 \text{ 通り.}$$

（2^n：n 回とも1または2の目が出る）（1：n 回とも1の目が出る）

$L_n=3$ や $L_n=5$ の場合も同様だから，求める確率は，

$$\begin{aligned}\boldsymbol{P(L_n\text{が素数でない})}&=1-P(L_n\text{が素数})\\&=1-\{P(L_n=2)+P(L_n=3)+P(L_n=5)\}\\&=1-\frac{2^n-1}{6^n}\times 3\\&=\boldsymbol{\frac{6^n-3\cdot 2^n+3}{6^n}}.\end{aligned}$$

(3)　G_n が素数であるのは，2，3，5に限る.

$G_n=2$ となるのは，n 回とも2，4，6の目が出て，かつ，「n 回とも4の目が出る」ということが起こらず，「n 回とも6の目が出る」ということも起こらない場合で，

$$3^n-1-1 \text{ 通り.}$$

（3^n：n 回とも2，4，6の目が出る）（1：n 回とも4の目が出る）（1：n 回とも6の目が出る）

$G_n=3$ となるのは，n 回とも3，6の目が出て，かつ，「n 回とも6の目が出る」ということが起こらない場合で，

$$\underset{\sim\sim}{2^n}-\underset{\sim}{1}\text{ 通り.}$$

（n 回とも 3，6 の目が出る）（n 回とも 6 の目が出る）

$G_n=5$ となるのは，n 回とも 5 の目が出る場合で，

1 通り.

よって，求める確率は，

$$\begin{aligned}\boldsymbol{P(G_n\text{ が素数でない})}&=1-P(G_n\text{ が素数})\\&=1-\{P(G_n=2)+P(G_n=3)+P(G_n=5)\}\\&=1-\frac{(3^n-1-1)+(2^n-1)+1}{6^n}\\&=\boldsymbol{\frac{6^n-3^n-2^n+2}{6^n}}.\end{aligned}$$

32.

解法メモ

まず，操作を絵にしておきましょう.

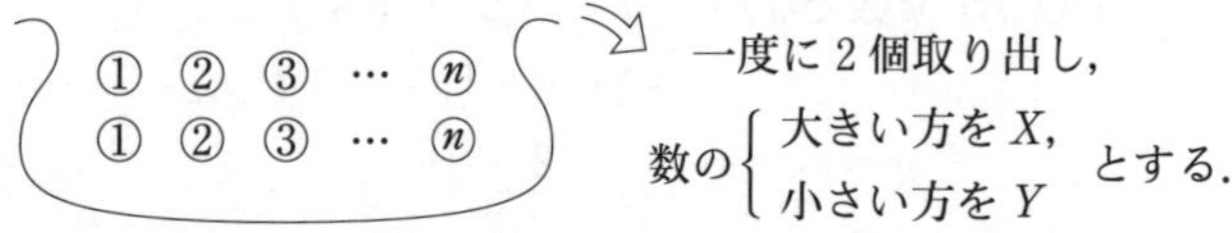

問題文中の，$P(X\leqq k)$，$P(X=k)$ などは，

$P(X\leqq k)$ … X が k 以下となる確率，
$P(X=k)$ … X が k に等しくなる確率

などの意味です.

ところで，年齢が 18 歳以上の人達の中から，19 歳以上の人を除けば，ちょうど 18 歳の人だけが残りますよね.

これと同様に考えて，

$$P(X=k) = P(X \leqq k) - P(X \leqq k-1).$$

↑（大きい方がちょうど k）　↑（大きい方が k 以下）　↑（大きい方が $(k-1)$ 以下）

$$P(Y=k) = P(Y \geqq k) - P(Y \geqq k+1).$$

↑（小さい方がちょうど k）　↑（小さい方が k 以上）　↑（小さい方が $(k+1)$ 以上）

【解答】

$2n$ 個の玉の中から 2 個の玉を取り出す取り出し方の総数は，全部で ${}_{2n}\mathrm{C}_2$ 通りあって，これらが起こることは同様に確からしい.

(1)　$X \leqq k$ となるのは，k 以下の数が書かれている玉（$2k$ 個ある）から 2 個を取り出す場合であるから，

$$\boldsymbol{P(X \leqq k)} = \frac{{}_{2k}\mathrm{C}_2}{{}_{2n}\mathrm{C}_2} = \frac{\left\{\dfrac{2k(2k-1)}{2}\right\}}{\left\{\dfrac{2n(2n-1)}{2}\right\}}$$

$$= \boldsymbol{\frac{k(2k-1)}{n(2n-1)}} \quad (k=1,\ 2,\ 3,\ \cdots,\ n).$$

$Y \geqq k$ となるのは，k 以上の数が書かれている玉（$2n-2k+2$ 個ある）から 2 個を取り出す場合であるから，

$$\boldsymbol{P(Y \geqq k)} = \frac{{}_{2n-2k+2}\mathrm{C}_2}{{}_{2n}\mathrm{C}_2} = \frac{\left\{\dfrac{(2n-2k+2)(2n-2k+1)}{2}\right\}}{\left\{\dfrac{2n(2n-1)}{2}\right\}}$$

$$= \boldsymbol{\frac{(n-k+1)(2n-2k+1)}{n(2n-1)}} \quad (k=1,\ 2,\ 3,\ \cdots,\ n).$$

(2)　$k=2,\ 3,\ 4,\ \cdots,\ n$ のとき，

$$\begin{aligned} P(X=k) &= P(X \leqq k) - P(X \leqq k-1) \\ &= \frac{k(2k-1)}{n(2n-1)} - \frac{(k-1)(2k-3)}{n(2n-1)} \\ &= \frac{4k-3}{n(2n-1)}. \end{aligned} \qquad \cdots①$$

ここで，(1)より，

$$P(X=1) = P(X \leqq 1) = \frac{1}{n(2n-1)} = \frac{4 \cdot 1 - 3}{n(2n-1)}$$

ゆえ，①を $k=1$ のときに流用してよい．

$$\therefore\quad \boldsymbol{P(X=k)=\frac{4k-3}{n(2n-1)}}\quad (k=1,\ 2,\ 3,\ \cdots,\ n).$$

また，$k=1,\ 2,\ 3,\ \cdots,\ n-1$ のとき，

$$\begin{aligned}P(Y=k)&=P(Y\geqq k)-P(Y\geqq k+1)\\&=\frac{(n-k+1)(2n-2k+1)}{n(2n-1)}-\frac{(n-k)(2n-2k-1)}{n(2n-1)}\\&=\frac{-4k+4n+1}{n(2n-1)}.\end{aligned}\qquad\cdots②$$

ここで，(1)より，

$$P(Y=n)=P(Y\geqq n)=\frac{1}{n(2n-1)}=\frac{-4n+4n+1}{n(2n-1)}$$

ゆえ，②を $k=n$ のときに流用してよい．

$$\therefore\quad \boldsymbol{P(Y=k)=\frac{-4k+4n+1}{n(2n-1)}}\quad (k=1,\ 2,\ 3,\ \cdots,\ n).$$

33.

解法メモ

2 回，あるいは，$2n$ 回硬貨を投げたときのことを聞かれているのですから，「2 回で 1 セットとみなさい」ということです．

【解答】

硬貨を 1 回投げたとき，座標 x にあった石の移動は，

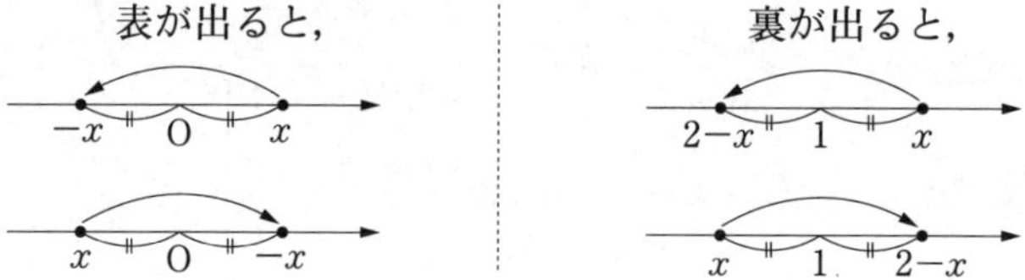

(1) 1, 2回目の硬貨の裏表に応じて座標 x にあった石の移動は,

(i) (1回目, 2回目)=(表, 表) と出たとき,

$$x \longrightarrow -x \longrightarrow -(-x)=x,$$

(ii) (1回目, 2回目)=(表, 裏) と出たとき,

$$x \longrightarrow -x \longrightarrow 2-(-x)=2+x \neq x,$$

(iii) (1回目, 2回目)=(裏, 表) と出たとき,

$$x \longrightarrow 2-x \longrightarrow -(2-x)=-2+x \neq x,$$

(iv) (1回目, 2回目)=(裏, 裏) と出たとき,

$$x \longrightarrow 2-x \longrightarrow 2-(2-x)=x$$

x　$2+x$

$-2+x$　x

の4通りでこれらは互いに排反である. 確率はいずれも $\left(\frac{1}{2}\right)^2$ だから, 求める確率は ((i), (iv)の場合の確率で),

$$\left(\frac{1}{2}\right)^2 \times 2 = \boldsymbol{\frac{1}{2}}.$$

(2) 最初原点にあった石が, 硬貨を $2n$ 回投げたとき座標 $2n$ の点にあるのは, (1)の(ii)が n 回起こるときだから, 求める確率は,

$$\left\{\left(\frac{1}{2}\right)^2\right\}^n = \boldsymbol{\frac{1}{4^n}}.$$

(3) n 回中
(i)または(iv)が a 回,
(ii)が b 回,
(iii)が c 回　起こったとすると,

$$a+b+c=n \qquad \cdots ①$$

で, 最初原点にあった石は座標

$$0 \times a + 2 \times b + (-2) \times c = 2(b-c)$$

にある.

これが $2n-2$ に等しくなるのは, $2(b-c)=2n-2$.

$$\therefore \quad b-c=n-1. \qquad \cdots ②$$

①−②から,

$$a+2c=1.$$

ここで, a, b, c は0以上の整数だから,

$$(a, b, c)=(1, n-1, 0).$$

(i)または(iv)が起こる確率が $\frac{1}{2}$, (ii)が起こる確率が $\frac{1}{4}$ だから, 求める確率は (反復試行の確率を考えて),

$${}_n\mathrm{C}_1\left(\frac{1}{2}\right)^1\left(\frac{1}{4}\right)^{n-1} = \boldsymbol{\frac{n}{2^{2n-1}}}.$$

34.

解法メモ

(1) ブロックの高さが m となるのは，最後に裏が出てから，m 回連続して表が出たときです．（無論，高さが n となるのは最初から n 回連続して表が出たときです．）

(2) (1)の結果を用いますが，その方法として，

$$q_m=p_0+p_1+p_2+\cdots+p_m,$$

あるいは，ブロックの高さが m 以下とならないのは（$m+1$）以上となる場合だから，

$$q_m=1-p^{m+1}$$

の 2 通りの方法があるでしょう．

【解答】

題意の硬貨を投げて，表，裏が出ることを，それぞれ

$$\begin{cases} \bigcirc \ (\text{確率}\ p) \\ \times \ (\text{確率}\ 1-p) \end{cases} \quad (\text{ただし，}0<p<1)$$

と表すことにする．

(1) ブロックの高さについて，これが

(i) m（$m=0,\ 1,\ 2,\ \cdots,\ n-1$）となるのは，

		⋯	×	○	⋯	○

と出る場合だから，この確率は，

$$\begin{aligned} p_m&=1^{n-m-1}\times(1-p)\times p^m \\ &=(1-p)p^m. \end{aligned}$$

(ii) n となるのは，n 回続けて表が出る場合だから，この確率は

$$p_n=p^n.$$

以上，(i), (ii) より，

$$\boldsymbol{p_m=\begin{cases} (1-p)p^m & (m=0,\ 1,\ 2,\ \cdots,\ n-1\ \text{のとき}), \\ p^n & (m=n\ \text{のとき}). \end{cases}}$$

(2) ブロックの高さについて，これが

(i) m 以下（$m=0,\ 1,\ 2,\ \cdots,\ n-1$）となる確率は，

$$\begin{aligned} q_m&=p_0+p_1+p_2+\cdots+p_m=\sum_{k=0}^{m}p_k \\ &=\sum_{k=0}^{m}(1-p)p^k \quad (\because\ (1)) \end{aligned}$$

$$=(1-p)\cdot\frac{1-p^{m+1}}{1-p}\quad(\because\ \ 0<p<1 \text{ より，} p\neq 1)$$
$$=1-p^{m+1}.$$

(ii)　n 以下となるのは自明だから，この確率は，

$$q_n=1.$$

以上，(i), (ii)から，

$$\boldsymbol{q_m=\begin{cases}1-p^{m+1} & (m=0,\ 1,\ 2,\ \cdots,\ n-1 \text{ のとき}),\\ 1 & (m=n \text{ のとき}).\end{cases}}$$

(3)　高い方のブロックの高さについて，これが，

(i)　m（$m=0,\ 1,\ 2,\ \cdots,\ n-1$）となるのは，2 度のうち少なくとも一方の高さが m で，他方の高さが m 以下のときだから，この確率は，

$$r_m=p_m q_m+q_m p_m-{p_m}^2$$

{1 回目 m, 2 回目 m 以下}　{1 回目 m 以下, 2 回目 m}　1，2 回目共に m

$$=(1-p)p^m\cdot(1-p^{m+1})\times 2-\left\{(1-p)p^m\right\}^2$$
$$=(1-p)p^m(2-p^m-p^{m+1}).$$

(ii)　n となるのは，2 度のうち少なくとも一方の高さが n で，他方の高さが n 以下のときだから，この確率は，

$$r_n=p_n q_n+q_n p_n-{p_n}^2$$

{1 回目 n, 2 回目 n 以下}　{1 回目 n 以下, 2 回目 n}　1，2 回目共に n

$$=p^n\times 2-(p^n)^2$$
$$=2p^n-p^{2n}.$$

以上，(i)，(ii)より，

$$\boldsymbol{r_m=\begin{cases}(1-p)p^m(2-p^m-p^{m+1}) & (m=0,\ 1,\ 2,\ \cdots,\ n-1 \text{ のとき}),\\ 2p^n-p^{2n} & (m=n \text{ のとき}).\end{cases}}$$

[参考]

(2)　(i)　「高さが m 以下となる」の余事象「高さが（$m+1$）以上になる」のは，

1	2	･･･	$n-m$		･･･	n 回目
		･･･	○	○	･･･	○

○, ×任意　（$m+1$）回連続で○

と出る場合であり，この確率は，$1^{n-m-1}\times p^{m+1}=p^{m+1}$ ゆえ，

$$q_m=1-p^{m+1}\quad(m=0,\ 1,\ 2,\ \cdots,\ n-1 \text{ のとき}).$$

(3) (ア) $m=0$ のとき，

$$r_0=p_0{}^2=(1-p)^2.$$

(イ) $m=1,\ 2,\ 3,\ \cdots,\ n-1$ のとき，

$r_m=$(2度のうち，高い方のブロックの高さが m である確率)

$=\begin{pmatrix}\text{2度とも高さが}\\ m\ \text{以下の確率}\end{pmatrix}-\begin{pmatrix}\text{2度とも高さが}\\ (m-1)\ \text{以下の確率}\end{pmatrix}$

$=q_m{}^2-q_{m-1}{}^2$

$=(1-p^{m+1})^2-(1-p^m)^2$

$=(1-p)p^m(2-p^{m+1}-p^m).$

(ウ) $m=n$ のとき，(イ)と同様に考えて，

$r_n=q_n{}^2-q_{n-1}{}^2$

$=1^2-(1-p^n)^2$

$=2p^n-p^{2n}.$

35.

解法メモ

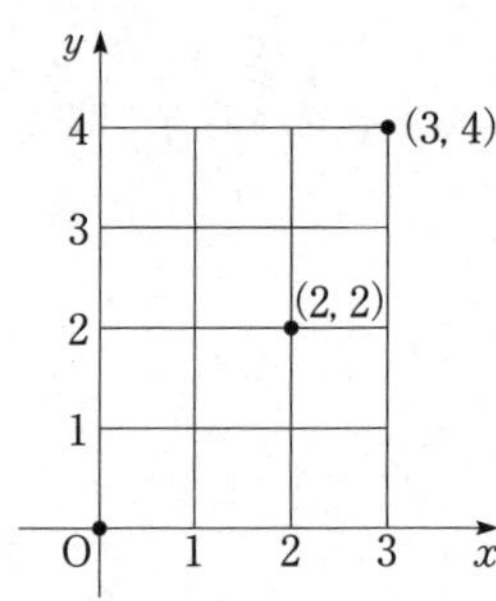

出た目が

$\begin{cases}1,\ 2\ \text{のとき，}\ \overset{1}{\rightarrow}\ \text{進む}\left(\text{確率}\dfrac{2}{6}\right),\\ 3,\ 4,\ 5,\ 6\ \text{のとき，}\ \uparrow 1\ \text{進む}\left(\text{確率}\dfrac{4}{6}\right).\end{cases}$

(1) 「(0, 0) から (3, 4) へ」は，

$$\{\rightarrow,\ \rightarrow,\ \rightarrow,\ \uparrow,\ \uparrow,\ \uparrow,\ \uparrow\}$$

の移動をすればよい（順序は任意）.

(2) 「(0, 0) から (2, 2) を経て (3, 4) へ」は，

$\{\rightarrow,\ \rightarrow,\ \uparrow,\ \uparrow\}$ に続いて $\{\rightarrow,\ \uparrow,\ \uparrow\}$

の移動をすればよい（それぞれの { } の中で，順序は任意）.

【解答】

サイコロを1回振って，座標平面上の点が

x 軸の正の方向に1進む（以下これを → と表す）確率は，

$$\frac{2}{6}=\frac{1}{3},$$

y 軸の正の方向に1進む（以下これを ↑ と表す）確率は，

$$\frac{4}{6}=\frac{2}{3}$$

である．

(1)　座標平面上の点が（0，0）から出発して，（3，4）に到着するのは，サイコロを7回振って，

$$\{\rightarrow,\ \rightarrow,\ \rightarrow,\ \uparrow,\ \uparrow,\ \uparrow,\ \uparrow\}\ （順序は任意）$$

の移動をするときで，その確率は，

$$ {}_7\mathrm{C}_3\left(\frac{1}{3}\right)^3\left(\frac{2}{3}\right)^4=\boldsymbol{\frac{560}{2187}}.$$

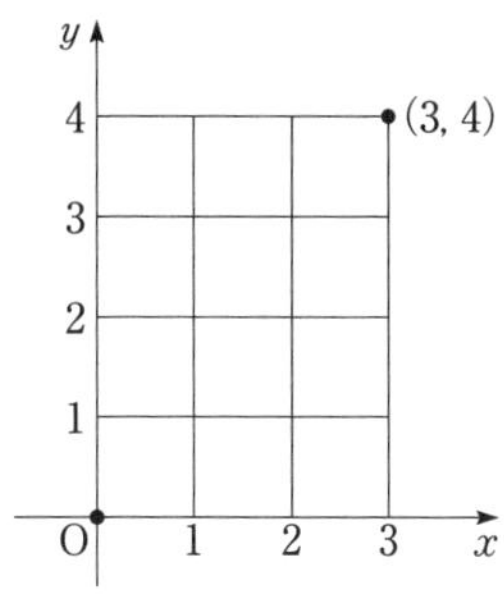

(2)「（0，0）から出発して，（2，2）を通って，（3，4）に到着する」について考える．

これは，サイコロを7回振って，

$$\{\rightarrow,\ \rightarrow,\ \uparrow,\ \uparrow\}\ に続いて\ \{\rightarrow,\ \uparrow,\ \uparrow\}$$

（それぞれ順序は任意）

の移動をするときで，　その確率は，

$$ {}_4\mathrm{C}_2\left(\frac{1}{3}\right)^2\left(\frac{2}{3}\right)^2\times{}_3\mathrm{C}_1\left(\frac{1}{3}\right)^1\left(\frac{2}{3}\right)^2=\frac{288}{2187}.$$

よって，求める確率は，

$$\underbrace{\frac{560}{2187}}_{(1)の確率}-\frac{288}{2187}=\boldsymbol{\frac{272}{2187}}.$$

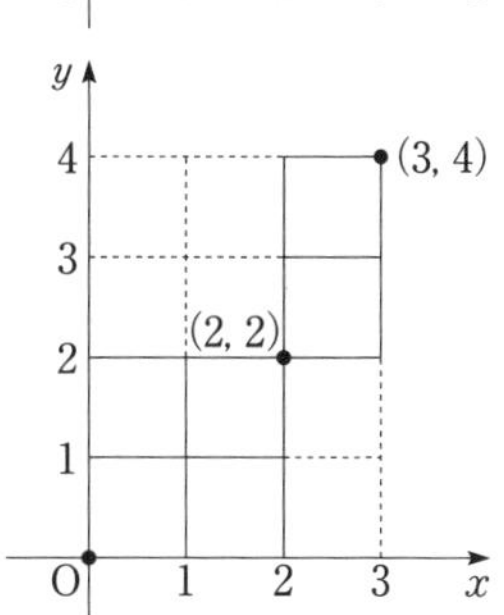

36.

解法メモ

(2)は，まず，ちょうど $2k$（$k=1,\ 2,\ 3,\ \cdots,\ n$）回目にAが優勝する確率（これを例えば p_k とでもおいて）を求めておいて，

$$q_n=p_1+p_2+\cdots+p_n=\sum_{k=1}^{n}p_k$$

で求めてやればよさそうです．

で，p_k ですが，「ちょうど $2k$ 回目にAが優勝する」ということは，それまで，AもBも優勝しない，すなわち，

$$-1\leqq(\text{A}の勝った回数)-(\text{B}の勝った回数)\leqq 1$$

ということです．

さて，これをどのように答案上で表現するか．

Aの勝った回数とBの勝った回数の「差」に注目すべきなのですから，例えば，優勝が決まらない状況というのは，

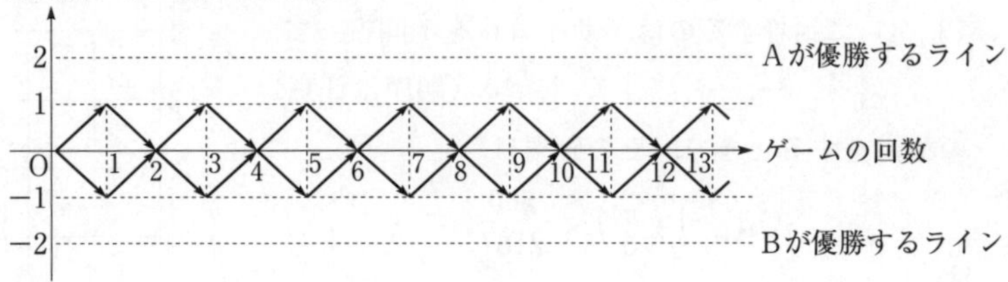

ですね．

【解答】

Aが勝つこと $\left(確率\dfrac{2}{3}\right)$ を **A** で，Bが勝つこと $\left(確率\dfrac{1}{3}\right)$ を **B** で表す．

(1) Aが優勝するのが

(i) 3回目のゲームのとき，

1	2	3 (回目)
A	**A**	**A**

Aが3連勝する場合で，その確率は，

$$\left(\frac{2}{3}\right)^3=\frac{8}{27}.$$

(ii) 4回目のゲームのとき，

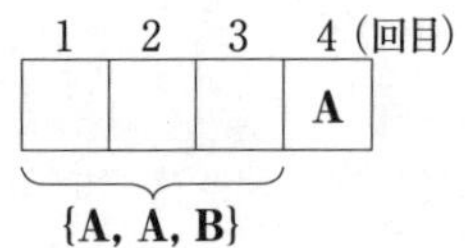

3回目までに，Aが2勝，Bが1勝して，4回目にAが勝つ場合で，その確率は，

$${}_3C_2\left(\frac{2}{3}\right)^2\left(\frac{1}{3}\right)\times\frac{2}{3}=\frac{8}{27}.$$

(iii) 5回目のゲームのとき，

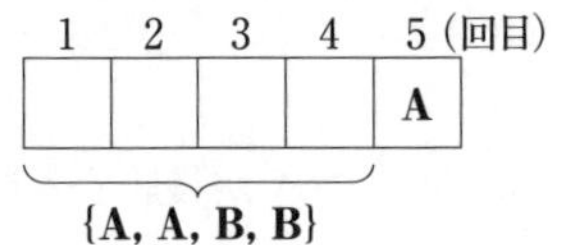

4回目までに，Aが2勝，Bが2勝して，5回目にAが勝つ場合で，その確率は，

$${}_4C_2\left(\frac{2}{3}\right)^2\left(\frac{1}{3}\right)^2\times\frac{2}{3}=\frac{16}{81}.$$

(i), (ii), (iii) は互いに排反で，6回目以降にAが優勝することはないから，求める確率 p は，

$$\boldsymbol{p}=\frac{8}{27}+\frac{8}{27}+\frac{16}{81}=\boldsymbol{\frac{64}{81}}.$$

(2) ちょうど $2k$ $(k=1,\ 2,\ 3,\ \cdots,\ n)$ 回目でAが優勝するのは，$(2k-2)$ 回目までA，Bの勝ち数の差が2以上離れることはなく（したがって，$(2k-2)$ 回目にA，Bの勝ち数が一致しており），$(2k-1)$ 回目，$2k$ 回目と

Aが連続して2回勝つ場合である.

いま，この確率をp_kとおく.

(Aの勝った回数)−(Bの勝った回数)

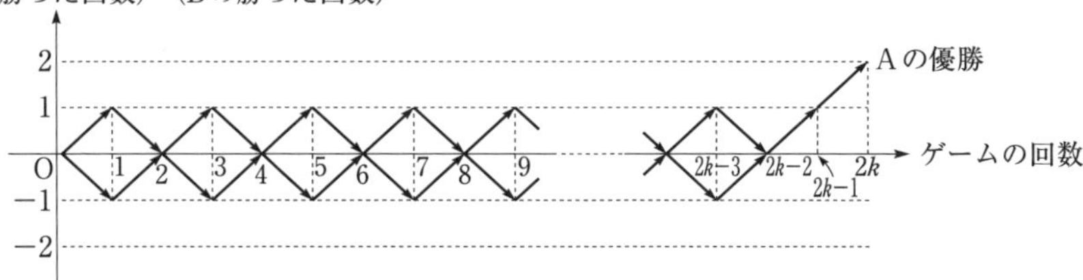

ここで，◇の1個分の起こる確率は，

$$\frac{2}{3}\times\frac{1}{3}+\frac{1}{3}\times\frac{2}{3}=\frac{4}{9}$$

であるから，

$$p_k=\left(\frac{4}{9}\right)^{k-1}\times\left(\frac{2}{3}\right)^2=\left(\frac{4}{9}\right)^k\quad(k=1,\ 2,\ 3,\ \cdots,\ n).$$

よって，求める「$2n$回目までにAの優勝する確率q_n」は，

$$\boldsymbol{q_n}=\sum_{k=1}^{n}p_k=\sum_{k=1}^{n}\left(\frac{4}{9}\right)^k=\frac{4}{9}\cdot\frac{1-\left(\frac{4}{9}\right)^n}{1-\frac{4}{9}}$$

$$=\boldsymbol{\frac{4}{5}\left\{1-\left(\frac{4}{9}\right)^n\right\}}.$$

(3)　(1),(2)の結果より（以下，複号同順），

$$p \gtreqless q_n \iff \frac{64}{81} \gtreqless \frac{4}{5}\left\{1-\left(\frac{4}{9}\right)^n\right\}$$

$$\iff \frac{80}{81} \gtreqless 1-\left(\frac{4}{9}\right)^n$$

$$\iff \left(\frac{4}{9}\right)^n \gtreqless \frac{1}{81}$$

$$\iff \left(\frac{4}{9}\right)^{n-2} \gtreqless \frac{1}{16}.$$

ここで，nが増えるにしたがって，$\left(\frac{4}{9}\right)^{n-2}$は減少することと，

$$\left(\frac{4}{9}\right)^{5-2}=\frac{64}{729}>\frac{64}{1024}=\frac{1}{16},$$

$$\left(\frac{4}{9}\right)^{6-2}=\frac{256}{6561}<\frac{256}{4096}=\frac{1}{16}$$

から，

$$\begin{cases} 1 \leqq n \leqq 5 \text{ のとき，} p > q_n, \\ 6 \leqq n \text{ のとき，} \quad p < q_n. \end{cases}$$

37.

解法メモ

3人の間の勝ち負けの，この問題のような決め方を巴戦（ともえせん）といいます．

難しいですから，樹形図を書くなり，表を書くなり工夫をしてください．ほとんどそこのところが「命」といえる問題です．

(1) 4回目までの勝者の図を書いてみると，

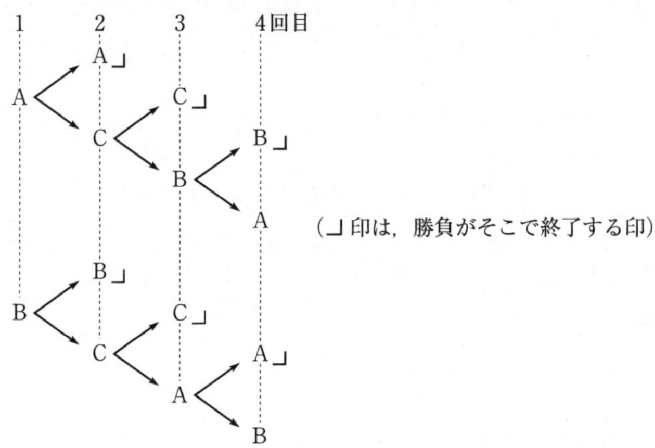

【解答】

(1) 4回以内の勝負でAが2連勝するのは，各回の勝者が順に，

$$\begin{cases} \text{(i)} & \text{A，Aとなる場合，} \\ \text{(ii)} & \text{B，C，A，Aとなる場合} \end{cases}$$

のいずれかで，これらは互いに排反だから，求める確率は，

$$\left(\frac{1}{2}\right)^2 + \left(\frac{1}{2}\right)^4 = \mathbf{\frac{5}{16}}.$$

(2) 余事象「n回以内の勝負で誰も2連勝しない」を考える．

これは，各回の勝者が順に，

$$\begin{cases} \text{(i)} & \text{A，C，B，A，C，B，……（A，C，Bの繰り返し），} \\ \text{(ii)} & \text{B，C，A，B，C，A，……（B，C，Aの繰り返し）} \end{cases}$$

となる場合で，これらは互いに排反だから，求める「n回以内の勝負で，A，B，Cのうち誰かが2連勝する」確率は，

$$1-2\times\left(\frac{1}{2}\right)^n=\mathbf{1-\left(\frac{1}{2}\right)^{n-1}}\quad(n=2,\ 3,\ 4,\ \cdots,\ 100).$$

38.

解法メモ

問題文が長い！　表にしてスッキリさせましょう.

	工場 A	工場 B
良品	19/20	9/10
不良品	1/20	1/10

(1)では,

	製品
工場 A	3/5
工場 B	2/5

(2)では, A の製品について,

	良品	不良品
良品と判定	9/10	1/10
不良品と判定	1/10	9/10

【解答】

与条件より,

	工場 A	工場 B
良品	19/20	9/10
不良品	1/20	1/10

(1)　取り出された製品が不良品であるのは,

(ア)　工場 A で生産された不良品である,
(イ)　工場 B で生産された不良品である

のいずれかの場合で, これらは互いに排反である.

よって, 求める確率は,

$$\underbrace{\frac{3}{5}\times\frac{1}{20}}_{(ア)}+\underbrace{\frac{2}{5}\times\frac{1}{10}}_{(イ)}=\mathbf{\frac{7}{100}}.$$

(2)　工場 A で生産された製品を 1 つ取り出して検査したとき,

不良品であるという事象をE,
不良品と判定されるという事象を F

とすると，与条件から，

	良品 $\overline{E}$	不良品 E
良品と判定 $\overline{F}$	9/10	1/10
不良品と判定 F	1/10	9/10

$$P(E)=\frac{1}{20},\quad P(\overline{E})=1-P(E)=\frac{19}{20},$$

$$P_E(F)=\frac{9}{10},\quad P_E(\overline{F})=1-P_E(F)=\frac{1}{10},$$

$$P_{\overline{E}}(F)=\frac{1}{10},\quad P_{\overline{E}}(\overline{F})=1-P_{\overline{E}}(F)=\frac{9}{10},$$

$$P(E\cap F)=P(E)\cdot P_E(F)=\frac{1}{20}\cdot\frac{9}{10}=\frac{9}{200},$$

$$P(\overline{E}\cap F)=P(\overline{E})\cdot P_{\overline{E}}(F)=\frac{19}{20}\cdot\frac{1}{10}=\frac{19}{200}.$$

よって，求める確率は，

$$P(F)=P(E\cap F)+P(\overline{E}\cap F)=\frac{9}{200}+\frac{19}{200}$$
$$=\mathbf{\frac{7}{50}}.$$

(3)　求める確率は，

$$P_F(E)=\frac{P(E\cap F)}{P(F)}$$
$$=\frac{\left(\frac{9}{200}\right)}{\left(\frac{7}{50}\right)}\quad(\because\ (2))$$
$$=\mathbf{\frac{9}{28}}.$$

(4)　求める確率は，良品と判定され（不良品と判定されずに），出荷されたものの実は不良品であった確率で，

$$P_{\overline{F}}(E)=\frac{P(E\cap\overline{F})}{P(\overline{F})}$$
$$=\frac{P(E)-P(E\cap F)}{1-P(F)}$$
$$=\frac{\frac{1}{20}-\frac{9}{200}}{1-\frac{7}{50}}\quad(\because\ (2))$$
$$=\mathbf{\frac{1}{172}}.$$

39.

解法メモ

$\{1,\ 2,\ 3\}$ の並びは，$3!=6$ 通りあります．

題意の1回の操作でどのように状態変化するかをキレイに一望できる“図”を書いてみます．

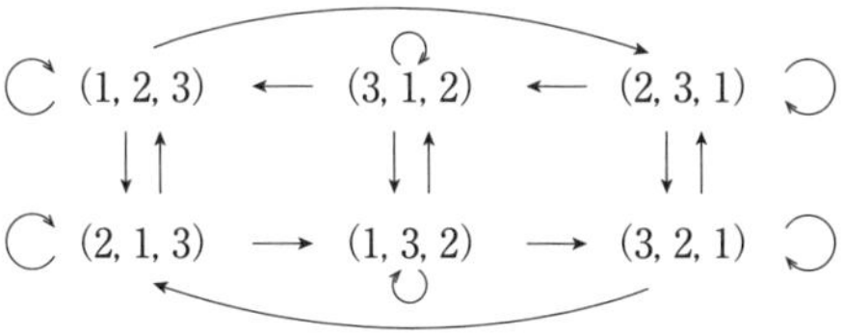

(1, 2, 3) ← (3, 1, 2) ← (2, 3, 1)
(2, 1, 3) → (1, 3, 2) → (3, 2, 1)

$\left(\text{矢印の変化の確率はすべて}\dfrac{1}{3}\right)$

【解答】

1，2，3の3枚のカードを横一列に並べる並べ方は

$$3!=6\ (\text{通り})$$

ある．題意の操作によるカードの並びの変化を図にすると，

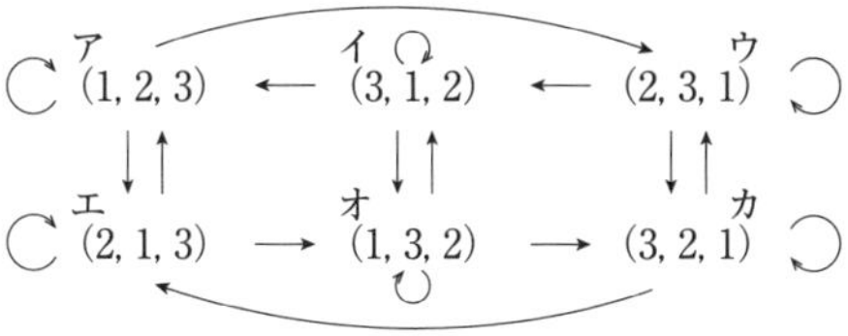

ア (1, 2, 3) ← イ (3, 1, 2) ← ウ (2, 3, 1)
エ (2, 1, 3) → オ (1, 3, 2) → カ (3, 2, 1)

$\left(\begin{array}{l}\text{初期状態はア,}\\ \text{矢印の変化の確率はすべて}\ \dfrac{1}{3}\end{array}\right)$

(1)　5回目に初めてカード3が真中にくる（状態ウ，オ）のは，

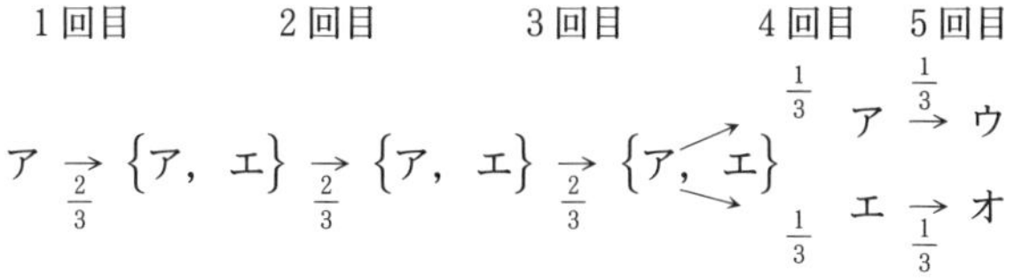

1回目　2回目　3回目　4回目　5回目

$$\text{ア}\ \underset{\frac{2}{3}}{\to}\ \{\text{ア},\ \text{エ}\}\ \underset{\frac{2}{3}}{\to}\ \{\text{ア},\ \text{エ}\}\ \underset{\frac{2}{3}}{\to}\ \{\text{ア},\ \text{エ}\}\ \begin{cases}\overset{\frac{1}{3}}{\to}\ \text{ア}\ \overset{\frac{1}{3}}{\to}\ \text{ウ}\\ \underset{\frac{1}{3}}{\to}\ \text{エ}\ \underset{\frac{1}{3}}{\to}\ \text{オ}\end{cases}$$

と変化する場合だから，求める確率は，

$$\boldsymbol{P(A)}=\left(\frac{2}{3}\right)^3\times\left\{\left(\frac{1}{3}\right)^2+\left(\frac{1}{3}\right)^2\right\}$$

$$=\boldsymbol{\frac{16}{243}}.$$

(2)　A かつ B が起こるのは，(1)より

1回目　2回目　3回目　4回目　5回目

$$\text{ア}\ \underset{\frac{2}{3}}{\to}\ \{\text{ア},\ \text{エ}\}\ \underset{\frac{2}{3}}{\to}\ \{\text{ア},\ \text{エ}\}\ \underset{\frac{2}{3}}{\to}\ \{\text{ア},\ \text{エ}\}\ \underset{\frac{1}{3}}{\to}\ \text{エ}\ \underset{\frac{1}{3}}{\to}\ \text{オ}$$

と変化する場合で，この確率は，

$$P(A\cap B)=\left(\frac{2}{3}\right)^3\left(\frac{1}{3}\right)^2=\frac{8}{243}.$$

よって，求める条件付き確率は，

$$\boldsymbol{P_A(B)}=\frac{P(A\cap B)}{P(A)}=\frac{\left(\frac{8}{243}\right)}{\left(\frac{16}{243}\right)}$$

$$=\boldsymbol{\frac{1}{2}}.$$

40.

解法メモ

高々6回の移動ですが，…，$2^6=64$ パターンもありますから，何か工夫して見易く（間違い難(にく)く）して下さい．

例えば，**【解答】**のような，縦軸にPの位置，横軸に移動回数を採って調べるという手法はどうでしょうか．

(2)　そうした上で，下のベン図のイメージで，

$$\frac{乙}{乙+丙}$$

の割合を考えればよいのです．

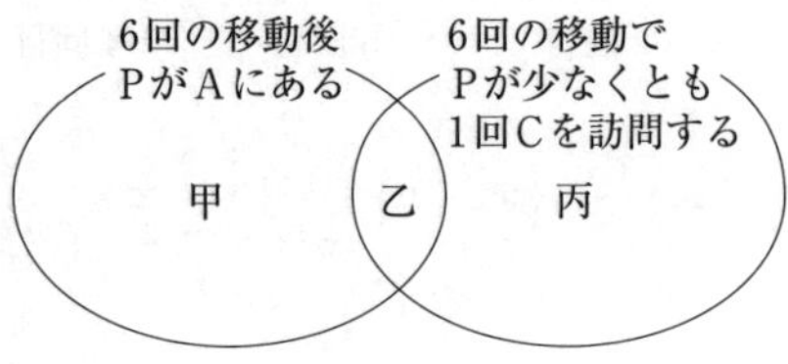

【解答】

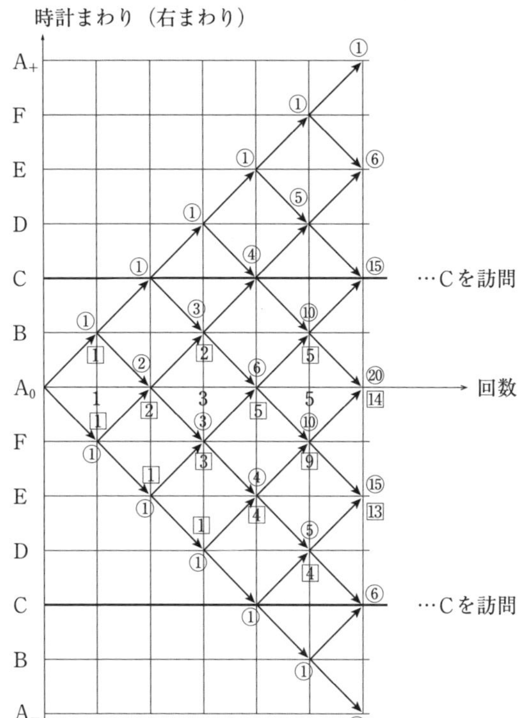

（⟶ の確率は，すべて $\frac{1}{2}$，
○内の数字は，その状態になる場合の数，
□内の数字は，Cを訪問せずにその状態になる場合の数.）

⑴　上図より，最後にPがAにある経路のパターンの数は，$1+20+1=22$（通り）だから，求める確率は，

$$22\times\left(\frac{1}{2}\right)^6=\mathbf{\frac{11}{32}}.$$

⑵　Pが一度もCを訪問しないで6回の移動を終える経路のパターンの数は，$14+13=27$（通り）だから，少なくとも一度はCを訪問して6回の移動を終える経路のパターンの数は，$2^6-27=37$（通り）である.

また，Pが一度もCを訪問せずに最後にAにある経路のパターンの数は，14通りだから，少なくとも一度はCを訪問して最後にAにある経路のパターンの数は，$22-14=8$（通り）である.

よって，求める条件付き確率は，

$$\frac{8}{37}.$$

41.

解法メモ

100 円玉と 500 円玉が等しく n 枚ずつあるなら，

（表が出た 100 円玉の枚数）＞（表が出た 500 円玉の枚数）

となる確率 p と

（表が出た 100 円玉の枚数）＜（表が出た 500 円玉の枚数）

となる確率 q は等しいハズです．

あとは，残りの 500 円玉 1 枚の表・裏を考え併せます．

【解答】

$(n+1)$ 枚ある 500 円玉のうち特定の 1 枚を A とする

A を除く n 枚の 500 円玉と n 枚の 100 円玉について次の 3 つの事象を考える．

甲：（表が出た 500 円玉の枚数）＞（表が出た 100 円玉の枚数），

乙：（表が出た 500 円玉の枚数）＝（表が出た 100 円玉の枚数），

丙：（表が出た 500 円玉の枚数）＜（表が出た 100 円玉の枚数）．

また，甲，乙，丙の起こる確率をそれぞれ $P(\text{甲})$，$P(\text{乙})$，$P(\text{丙})$ とすると，

$$P(\text{甲})+P(\text{乙})+P(\text{丙})=1 \qquad \cdots①$$

で，条件の対称性から，

$$P(\text{甲})=P(\text{丙}) \qquad \cdots②$$

である．

$n+1$ 枚の 500 円玉と n 枚の 100 円玉を投げたとき，

（表が出た 500 円玉の枚数）＞（表が出た 100 円玉の枚数）

となるのは，

$$\begin{cases}\text{甲が起こる}\\ (A\ \text{の裏表は任意}),\end{cases} \quad \text{あるいは，} \quad \begin{cases}\text{乙が起こり}\\ A\ \text{が表となる}\end{cases}$$

場合で，これらは互いに排反だから，求める確率は，

$$\begin{aligned}&P(\text{甲})\times 1+P(\text{乙})\times\frac{1}{2}\\ &=P(\text{甲})+\frac{1}{2}\{1-P(\text{甲})-P(\text{丙})\} \quad (\because\ ①)\\ &=\frac{1}{2}. \quad (\because\ ②)\end{aligned}$$

§5 ｜ 整数

42.

解法メモ

$$2x^2+(4-7a)x+a(3a-2)=2\left(x-\frac{a}{2}\right)\left\{x-(3a-2)\right\}$$

と因数分解できることには気付きましたか.

また，$\alpha<\beta$ のとき，$\alpha<x<\beta$ をみたす整数 x がちょうど3つであるためには，

$$2<\beta-\alpha\leqq 4$$

が必要です.

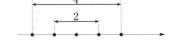

【解答】

$$2x^2+(4-7a)x+a(3a-2)<0 \qquad \cdots(*)$$

から，

$$(2x-a)\left\{x-(3a-2)\right\}<0.$$

(i)　$3a-2<\dfrac{a}{2}$，すなわち，$(0<)a<\dfrac{4}{5}$ のとき，

$$(*)\ \cdots\ 3a-2<x<\frac{a}{2},$$

(ii)　$3a-2=\dfrac{a}{2}$，すなわち，$a=\dfrac{4}{5}$ のとき，

(＊)　…　解なし，

(iii)　$\dfrac{a}{2}<3a-2$，すなわち，$\dfrac{4}{5}<a$ のとき，

$$(*)\ \cdots\ \frac{a}{2}<x<3a-2.$$

また，$\alpha<\beta$ のとき，$\alpha<x<\beta$ をみたす整数 x がちょうど3つあるためには，

$$2<\beta-\alpha\leqq 4 \qquad \cdots(☆)$$

が必要である.

(i)　$\underbrace{0<a<\dfrac{4}{5}}_{①}$ のとき，(☆)から，$2<\dfrac{a}{2}-(3a-2)\leqq 4.$

$$\therefore\quad -\frac{4}{5}\leqq a<0.$$

これは①に反する.

(iii) $\underline{\dfrac{4}{5}<a}_{②}$ のとき，(☆)から，$2<(3a-2)-\dfrac{a}{2}\leqq 4$.

$$\therefore\quad \frac{8}{5}<a\leqq\frac{12}{5}.\ （これは②をみたしている.）$$

このとき，$\dfrac{4}{5}<\dfrac{a}{2}\leqq\dfrac{6}{5}$ ゆえ，求める条件は，

(ア) $\dfrac{4}{5}<\dfrac{a}{2}<1$，すなわち，$\underline{\dfrac{8}{5}<a<2}_{③}$ のとき，

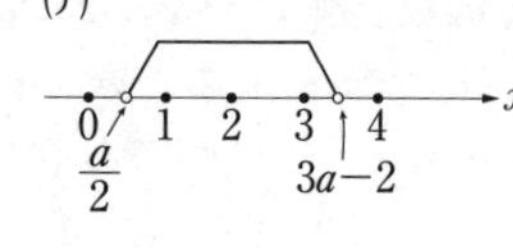

$3<3a-2\leqq 4$.

$\therefore\quad \dfrac{5}{3}<a\leqq 2$.

これと③から，

$$\frac{5}{3}<a<2.$$

(イ) $1\leqq\dfrac{a}{2}\leqq\dfrac{6}{5}$，すなわち，$\underline{2\leqq a\leqq\dfrac{12}{5}}_{④}$ のとき，

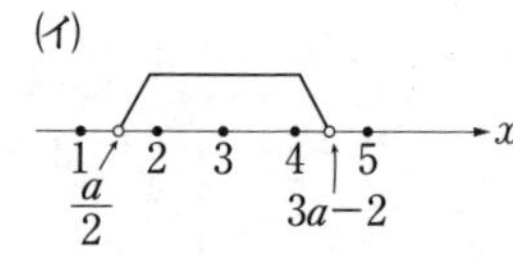

$4<3a-2\leqq 5$.

$\therefore\quad 2<a\leqq\dfrac{7}{3}$.（これは④をみたしている.）

以上，(i)，(ii)，(iii)より，求める a の値の範囲は，

$$\boldsymbol{\frac{5}{3}<a<2,\quad 2<a\leqq\frac{7}{3}.}$$

[参考]（その 1）

(iii)のとき，(*)の 3 つの整数解を，

m，$m+1$，$m+2$

とすると，

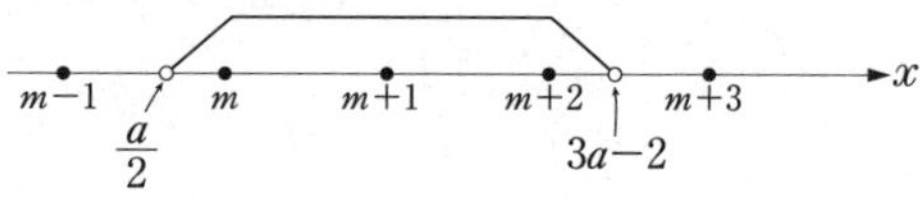

$$\begin{cases} m-1\leqq\dfrac{a}{2}<m, \\ m+2<3a-2\leqq m+3. \end{cases}\quad \therefore\ \begin{cases} 2m-2\leqq a<2m, \\ \dfrac{m+4}{3}<a\leqq\dfrac{m+5}{3}. \end{cases}$$

よって，$\begin{cases} 2m-2\leqq\dfrac{m+5}{3}, \\ \dfrac{m+4}{3}<2m, \end{cases}$ すなわち，$\dfrac{4}{5}<m\leqq\dfrac{11}{5}$ が必要.

$$\therefore\quad m=1,\ 2.$$

$$m=1 \text{ のとき，} \begin{cases} 0 \leqq a < 2, \\ \dfrac{5}{3} < a \leqq 2. \end{cases} \quad \therefore \quad \frac{5}{3} < a < 2.$$

$$m=2 \text{ のとき，} \begin{cases} 2 \leqq a < 4, \\ 2 < a \leqq \dfrac{7}{3}. \end{cases} \quad \therefore \quad 2 < a \leqq \frac{7}{3}.$$

[参考]（その 2）

解答作成が楽になるとは言いませんが，この問題を“視覚化”してみると，…

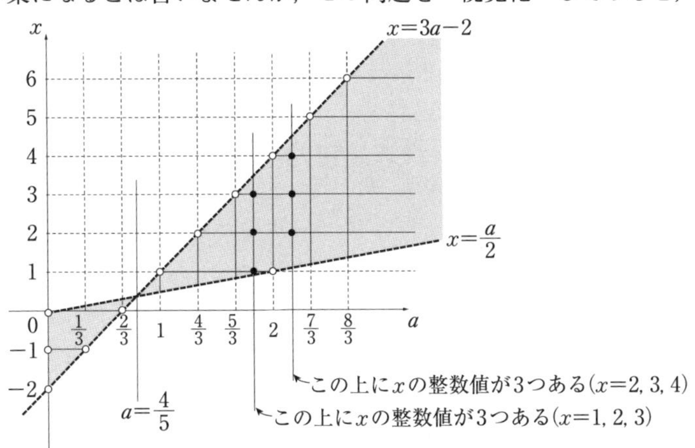

43.

解法メモ

三角形 ABC の 3 つの内角の大きさと 3 辺の長さについて，

$$\angle A > \angle B > \angle C \iff BC > CA > AB$$

の関係がありますから，本問の三角形の最大角 120° の対辺の長さは z です．

したがって，余弦定理を用いれば，

$$\begin{aligned} z^2 &= x^2+y^2-2xy\cos 120^\circ \\ &= x^2+y^2+xy \end{aligned} \qquad \cdots ㋐$$

の関係があります．

(1), (2), (3) のいずれも，$x+y-z$ の値が与えられていて，㋐と併せて 2 本で，未知数 x，y，z が 3 つ．

方程式が 1 本足りないのを x，y，z の整数条件で補います．

【解答】

与条件から,

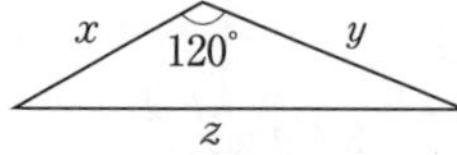

x, y, z は正の整数で $x<y<z$. …①

よって, 120° の対辺の長さは z で, 余弦定理から,

$$z^2=x^2+y^2-2xy\cos 120^\circ$$
$$=x^2+y^2+xy. \quad \cdots②$$

ここで,

$$x+y-z=k \quad (k \text{ は正の整数})$$

のとき,

$$z=x+y-k. \quad \cdots③$$

これと①から, $x<y<x+y-k$.

$$\therefore \quad x<y,\ 0<x-k.$$
$$\therefore \quad k<x<y. \quad \cdots④$$

また, ③を②へ代入して, $(x+y-k)^2=x^2+y^2+xy$.

$$\therefore \quad xy-2kx-2ky+k^2=0.$$
$$\therefore \quad (x-2k)(y-2k)=3k^2. \quad \cdots⑤$$

ここで, $x-2k<0$ とすると $y-2k<0$ で, ④と併せて,

$$k<x<y<2k.$$
$$\therefore \quad -k<x-2k<0,\ -k<y-2k<0.$$
$$\therefore \quad 0<(x-2k)(y-2k)<k^2.$$

これは⑤に不適.

よって, $x-2k>0$, したがって,

$$0<x-2k<y-2k. \quad \cdots⑥$$

(1) $x+y-z=2$, すなわち, $k=2$ のとき, ⑤, ⑥から,

$$(x-4)(y-4)=12, \quad 0<x-4<y-4,$$

かつ, $x-4$, $y-4$ は共に整数だから,

$$(x-4,\ y-4)=(1,\ 12),\ (2,\ 6),\ (3,\ 4).$$
$$\therefore \quad (x,\ y)=(5,\ 16),\ (6,\ 10),\ (7,\ 8).$$

これと ③ … $z=x+y-2$ から, 求める x, y, z の組は,

$$\boldsymbol{(x,\ y,\ z)=(5,\ 16,\ 19),\ (6,\ 10,\ 14),\ (7,\ 8,\ 13).}$$

(2) $x+y-z=3$, すなわち, $k=3$ のとき, ⑤, ⑥から,

$$(x-6)(y-6)=27, \quad 0<x-6<y-6,$$

かつ, $x-6$, $y-6$ は共に整数だから,

$$(x-6,\ y-6)=(1,\ 27),\ (3,\ 9).$$

$$\therefore \quad (x,\ y)=(7,\ 33),\ (9,\ 15).$$

これと ③ … $z=x+y-3$ から，求める x，y，z の組は，

$$\boldsymbol{(x,\ y,\ z)=(7,\ 33,\ 37),\ (9,\ 15,\ 21).}$$

(3) $x+y-z=2^a\cdot 3^b$，すなわち，$k=2^a\cdot 3^b$ のとき，⑤，⑥から，

$$\left.\begin{array}{l} (x-2^{a+1}\cdot 3^b)(y-2^{a+1}\cdot 3^b)=2^{2a}\cdot 3^{2b+1}, \\ 0<x-2^{a+1}\cdot 3^b<y-2^{a+1}\cdot 3^b, \\ \text{かつ，} x-2^{a+1}\cdot 3^b,\ y-2^{a+1}\cdot 3^b \text{ は共に整数である．} \end{array}\right\} \quad \cdots(*)$$

ここで，$2^{2a}\cdot 3^{2b+1}=(2^a\cdot 3^b)^2\cdot 3$ は平方数ではないので，(*)をみたす正の整数 $x-2^{a+1}\cdot 3^b$，$y-2^{a+1}\cdot 3^b$ の組の個数は，$2^{2a}\cdot 3^{2b+1}$ の正の約数の個数の半分に等しく，

$$\frac{(2a+1)(2b+1+1)}{2}=\boldsymbol{(2a+1)(b+1)}\ \textbf{(個)}.$$

[参考]（その 1）

(i) X，Y が整数で，$XY=K$，$X>0$，$Y>0$ をみたすとき，X，Y の組の個数は，K の正の約数の個数に等しい．

（例） $K=6$ なら，K の正の約数は，1，2，3，6 の 4 個で，

$(X,\ Y)=(1,\ 6)$，$(2,\ 3)$，$(3,\ 2)$，$(6,\ 1)$ の 4 組．

$K=36$ なら，K の正の約数は，1，2，3，4，6，9，12，18，36 の 9 個で，

$(X,\ Y)=(1,\ 36)$，$(2,\ 18)$，$(3,\ 12)$，$(4,\ 9)$，$(6,\ 6)$，
$(9,\ 4)$，$(12,\ 3)$，$(18,\ 2)$，$(36,\ 1)$ の 9 組．

(ii) X，Y が整数で，$XY=K$，$0<X<Y$ をみたすとき，X，Y の組の個数は

(ア) K が平方数でなければ，K の正の約数の個数の半分に等しい．

（例） $K=6$ なら，

$$(X,\ Y)=(1,\ 6),\ (2,\ 3) \text{ の } \frac{4}{2}=2\ \text{(組)}.$$

(イ) K が平方数なら，「(K の正の約数の個数)-1」の半分に等しい．

（例） $K=36$ なら

$(X,\ Y)=(1,\ 36)$，$(2,\ 18)$，$(3,\ 12)$，$(4,\ 9)$ の

$$\frac{9-1}{2}=4\ \text{(組)}.$$

[参考]（その 2）

整数 $K=p^a\cdot q^b\cdot r^c\cdot\cdots$ $\left(\begin{array}{l} p,\ q,\ r,\ \cdots \text{ は異なる素数,} \\ a,\ b,\ c,\ \cdots \text{ は正の整数} \end{array}\right)$

の正の約数は，

$$p^l \cdot q^m \cdot r^n \cdots \qquad \begin{pmatrix} l,\ m,\ n,\ \cdots \text{ は整数で,} \\ 0 \leqq l \leqq a,\ 0 \leqq m \leqq b,\ 0 \leqq n \leqq c,\ \cdots \end{pmatrix}$$

の形で表され，その個数は，

$$(a+1)(b+1)(c+1)\cdots \quad \text{個}$$

です．

44.

解法メモ

(1)　$65x+31y=1$ の整数解の1組はユークリッドの互除法を使って次の様に求めます．

$$65=31\times 2+3, \qquad \cdots ㋐$$

$$31=3\times 10+1. \qquad \cdots ㋑$$

㋑から，$1=31-\underset{\sim}{3}\times 10$

$$=31-\underset{\sim\sim\sim\sim\sim}{(65-31\times 2)}\times 10 \quad (\because\ ㋐)$$

$$=65\times(-10)+31\times 21.$$

これは，$65x+31y=1$ の整数解の1組として，$(x,\ y)=(-10,\ 21)$ があることを示しています．答案には，この過程は見せなくともよいと思います．(陰で計算しておく．)

【解答】

(1)　$$65x+31y=1 \quad (x,\ y \text{ は整数}) \qquad \cdots ①$$

の解の一組として，$(x,\ y)=(-10,\ 21)$ がある．すなわち，

$$65\cdot(-10)+31\cdot 21=1. \qquad \cdots ②$$

①−② から，

$$65(x+10)+31(y-21)=0.$$

$$\therefore\ 65(x+10)=-31(y-21).$$

ここで，65 と 31 が互いに素であることと①から，

$$\begin{cases} x+10=31k, \\ y-21=-65k \end{cases} \quad (k \text{ は整数})$$

と表すことができる．

よって，求める①の解の組は，

$$\boldsymbol{(x,\ y)=(31k-10,\ -65k+21)} \quad (\boldsymbol{k} \text{ は整数}).$$

(2)　$$65x+31y=2016 \quad (x,\ y \text{ は正の整数}) \qquad \cdots ③$$

②×2016 から，

$$65\cdot(-10)\cdot 2016+31\cdot 21\cdot 2016=2016.$$

$$\therefore\quad 65\cdot(-20160)+31\cdot 42336=2016. \qquad \cdots ④$$

③－④ から，

$$65(x+20160)+31(y-42336)=0.$$

$$\therefore\quad 65(x+20160)=-31(y-42336).$$

ここで，65 と 31 が互いに素であることと③から，

$$\begin{cases} x+20160=31k, \\ y-42336=-65k \end{cases} \quad (k\text{ は整数})$$

と表すことができ，さらに，$x>0$，$y>0$ の条件から，

$$31k-20160>0,\quad -65k+42336>0.$$

$$\therefore\quad \frac{20160}{31}<k<\frac{42336}{65}.$$

$$\therefore\quad 650+\frac{10}{31}<k<651+\frac{21}{65}.$$

これをみたす整数 k は 651 のみ.

よって，求める③の解の組は，

$$\boldsymbol{(x,\ y)}=(31\cdot 651-20160,\ -65\cdot 651+42336)$$

$$\boldsymbol{=(21,\ 21)}.$$

(3)

$$65x+31y=m \quad \begin{pmatrix} x,\ y\text{ は正の整数で,} \\ m\text{ は 2016 以上の整数} \end{pmatrix}. \qquad \cdots ⑤$$

(1)，(2)と同様の考察により，⑤をみたす $(x,\ y)$ の組は，

$$(x,\ y)=(31k-10m,\ -65k+21m) \quad (k\text{ は整数})$$

と表せて，さらに $x>0$，$y>0$ の条件から，

$$31k-10m>0,\quad -65k+21m>0.$$

$$\therefore\quad \frac{10}{31}m<k<\frac{21}{65}m. \qquad \cdots ⑥$$

ここで，$m \geqq 2016$ なら，

$$\frac{21}{65}m-\frac{10}{31}m=\frac{21\cdot 31-10\cdot 65}{65\cdot 31}m$$

$$=\frac{m}{2015}$$

$$\geqq\frac{2016}{2015}>1. \quad (\because\ ⑤)$$

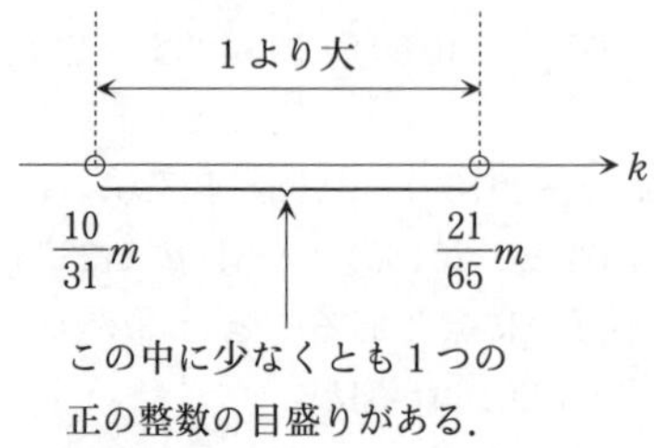

よって，⑥をみたす整数 k が少なくとも1つ存在する．すなわち，2016以上の整数 m は，正の整数 x，y を用いて，$m=65x+31y$ と表せる．

45.

解法メモ

(1) 小さい方から6個の素数の積のさらに10乗の大きさを，桁数だけでよいので見積りなさいという問題です．キッチリ計算するのは面倒ですが，$2\times3\times5\times7\times11\times13=30030$ くらいなら1分以内．ここで，10乗するのが楽な数で挟んでやります．例えば，$3\times10000<30030<\sqrt{10}\times10000$ とか．

(2) 前半の「30!を一の位から左へ見ていって0がいくつ並ぶか」とは，30!が整数範囲で $10(=2\times5)$ で何回割り切れるかという問題で，後半は30!を10で割れるだけ割った後の一の位の数字を聞いています．整数どうしの積の一の位は，一の位にだけ注目して掛けていけばよいです．

【解答】

(1)
$$\begin{aligned}(2\times3\times5\times7\times11\times13)^{10}&=30030^{10}\\&=3.003^{10}\times10^{40}.\end{aligned}$$

ここで，

$$\begin{cases}(3\times10^4)^{10}&=3^{10}\times10^{40}\\&=59049\times10^{40}\\&=5.9049\times10^{44},\\(\sqrt{10}\times10^4)^{10}=10^{45},\\3<3.003<\sqrt{10}\end{cases}$$

だから，

$$\underbrace{5.9049\times10^{44}}_{45\text{桁の整数}}<(\text{与式})<\underbrace{10^{45}}_{46\text{桁で最も小さな整数}}$$

よって，求める桁数は，

45 桁.

(2)　実数 x に対して，x を超えない最大の整数を $[x]$ と表すことにする.

1 から 30 までの自然数のうち，

2 の倍数は，

$$2,\ 4,\ 6,\ \cdots,\ 30 \text{ の } \left[\frac{30}{2}\right]=15\ (\text{個}),$$

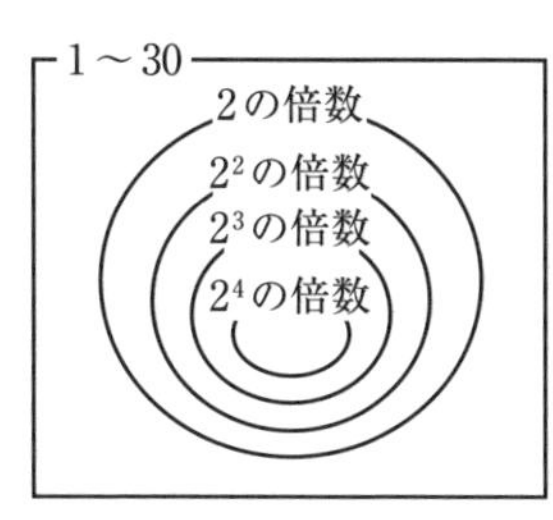

2^2 の倍数は，

$$4,\ 8,\ 12,\ \cdots,\ 28 \text{ の } \left[\frac{30}{2^2}\right]=7\ (\text{個}),$$

2^3 の倍数は，

$$8,\ 16,\ 24 \qquad \text{ の } \left[\frac{30}{2^3}\right]=3\ (\text{個}),$$

2^4 の倍数は，

$$16 \qquad \text{ の } \left[\frac{30}{2^4}\right]=1\ (\text{個}),$$

2^m $(m \geqq 5)$ の倍数は，存在しない.

よって，30! を素因数分解したときの 2 の指数は，

$$1\times\left\{\left[\frac{30}{2}\right]-\left[\frac{30}{2^2}\right]\right\}+2\times\left\{\left[\frac{30}{2^2}\right]-\left[\frac{30}{2^3}\right]\right\}+3\times\left\{\left[\frac{30}{2^3}\right]-\left[\frac{30}{2^4}\right]\right\}+4\times\left[\frac{30}{2^4}\right]$$

$$=\left[\frac{30}{2}\right]+\left[\frac{30}{2^2}\right]+\left[\frac{30}{2^3}\right]+\left[\frac{30}{2^4}\right]$$

$$=15+7+3+1=26.$$

また，

1 から 30 までの自然数のうち，

5 の倍数は，

$$5,\ 10,\ 15,\ \cdots,\ 30 \text{ の } \left[\frac{30}{5}\right]=6 (\text{個}),$$

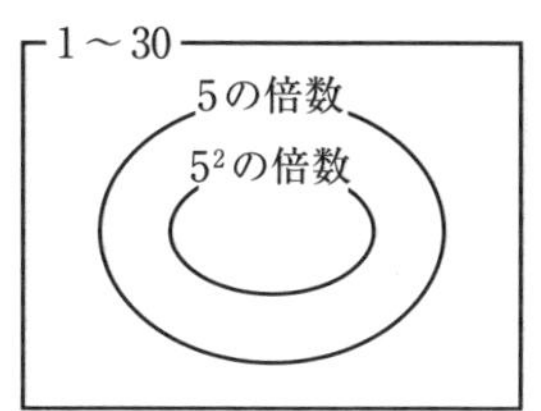

5^2 の倍数は，

$$25 \qquad \text{ の } \left[\frac{30}{5^2}\right]=1 (\text{個}),$$

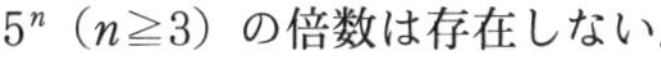

5^n $(n \geqq 3)$ の倍数は存在しない.

よって，30! を素因数分解したときの 5 の指数は，

$$1\times\left\{\left[\frac{30}{5}\right]-\left[\frac{30}{5^2}\right]\right\}+2\times\left[\frac{30}{5^2}\right]=\left[\frac{30}{5}\right]+\left[\frac{30}{5^2}\right]$$

$$=6+1=7$$

であるから，

$$30! = 2^{26} \times 5^{7} \times (5\text{ 以外の奇数の素因数の積})$$
$$= 10^{7} \times \underline{2^{19} \times (5\text{ 以外の奇数の素因数の積})}. \qquad \cdots ①$$

したがって，30! を一の位から順に左に見ていくとき，最初に 0 でない数字が現れるまでに，連続して **7 個**の 0 が並ぶ．

また，最初に現れる 0 でない数字は，①の〜〜〜の部分の一の位の数字に等しい．

上と同様にして，30! を素因数分解したときの 5 以外の奇数の素因数の指数を調べると，

「3」の指数について，

$$\left[\frac{30}{3}\right] + \left[\frac{30}{3^2}\right] + \left[\frac{30}{3^3}\right] = 10 + 3 + 1 = 14,$$

「7」の指数について，

$$\left[\frac{30}{7}\right] = 4,$$

「11」，「13」の指数について，

$$\left[\frac{30}{11}\right] = \left[\frac{30}{13}\right] = 2,$$

「17」，「19」，「23」，「29」の指数について，

$$\left[\frac{30}{17}\right] = \left[\frac{30}{19}\right] = \left[\frac{30}{23}\right] = \left[\frac{30}{29}\right] = 1$$

であるから，

$$30! = 10^{7} \times \underline{2^{19} \times 3^{14} \times 7^{4} \times 11^{2} \times 13^{2} \times 17 \times 19 \times 23 \times 29}.$$

ここで，2^{19}，3^{14}，7^{4}，11^{2}，13^{2} の一の位は，それぞれ 8，9，1，1，9 であるから，〜の部分の一の位は，8 である．

したがって，最初に現れる 0 でない数字は，**8** である．

[補足]

$n = 1, 2, 3, \cdots$ として，

2^n の一の位は順に 2，4，8，6 の繰り返し，
3^n の一の位は順に 3，9，7，1 の繰り返し，
7^n の一の位は順に 7，9，3，1 の繰り返し

である．

[参考] ガウスの記号

$[x]$ … x を超えない最大の整数（x 以下の最大整数）．

$[x]$　　x　　$[x]+1$

$$[x] \leqq x < [x]+1,\ \text{すなわち，}\ x-1 < [x] \leqq x.$$

$y=[x]$ のグラフは,

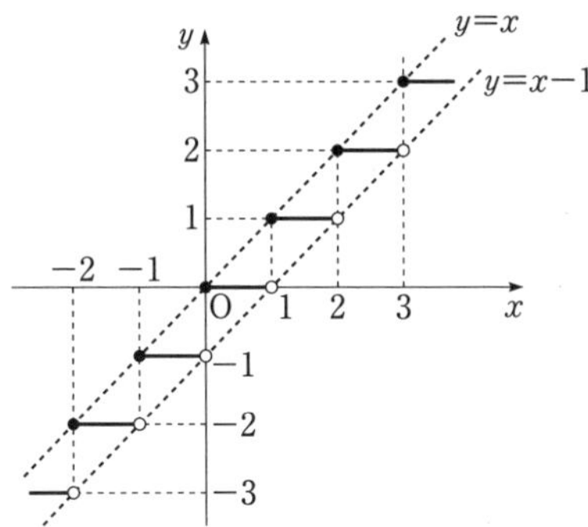

46.

解法メモ

n 進法の表記とは,

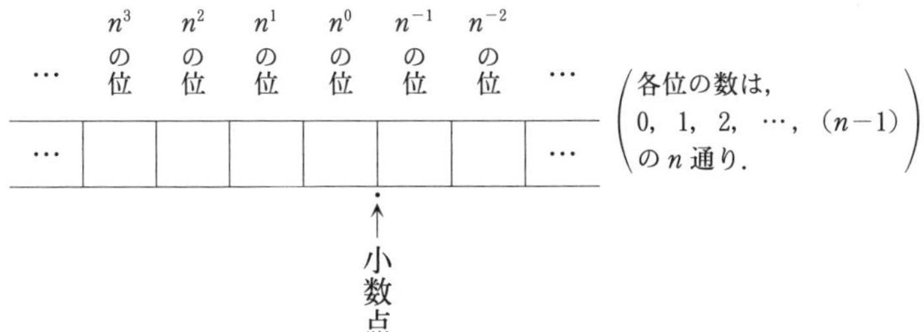

（各位の数は, 0, 1, 2, …, $(n-1)$ の n 通り.）

【解答】

(1)
$$(n+1)(3n^{-1}+2)(n^2-n+1)$$
$$=2n^3+3n^2+2+3n^{-1}$$
$$=2n^3+3n^2+0\cdot n^1+2n^0+3n^{-1}.$$

これを n 進法の小数で表すと,

$2302.3_{(n)}$

			1	1		
×)				2	.	3
				3		3
			2	2		
			2	5	.	3
×)		1	−1	1		
			2	5		3
		−2	−5	−3		
	2	5	3			
	2	3	0	2	.	3

(2) 3 進数 $21201_{(3)}$ を 10 進法で表すと,

$$21201_{(3)}=2\cdot3^4+1\cdot3^3+2\cdot3^2+0\cdot3^1+1\cdot3^0$$
$$=208.$$

また,

$$320_{(n)}=3\cdot n^2+2\cdot n^1+0\cdot n^0$$
$$=3n^2+2n$$

だから, $3n^2+2n=208.$

$\therefore\quad 3n^2+2n-208=0.$

$\therefore\quad (3n+26)(n-8)=0.$

ここで，n は 4 以上の整数だから，

$$\boldsymbol{n=8}.$$

$$\left(\begin{aligned} n&=\frac{-1\pm\sqrt{1+3\cdot208}}{3}\\ &=\frac{-1\pm25}{3}\\ &=8,\ -\frac{26}{3}. \end{aligned}\right)$$

(3) 与条件から，

$$3N=abc_{(7)}$$
$$=a\cdot7^2+b\cdot7^1+c\cdot7^0$$
$$=49a+7b+c, \qquad \cdots①$$
$$4N=acb_{(8)}$$
$$=a\cdot8^2+c\cdot8^1+b\cdot8^0$$
$$=64a+8c+b, \qquad \cdots②$$

a，b，c は整数で，$1\leqq a\leqq6$，$0\leqq b\leqq6$，$0\leqq c\leqq6$. $\qquad\cdots③$

②から，

$$b=4(N-16a-2c).$$

これと③，および，N が正の整数であることから，b は 4 の倍数で，

$$b=0,\ 4.$$

(i) $b=0$ のとき，

① $\cdots$ $3N=49a+c$,

② $\cdots$ $4N=64a+8c$，すなわち，$N=16a+2c$. $\qquad\cdots④$

$\therefore\quad (3N=)49a+c=3(16a+2c).$

$\therefore\quad a=5c.$

これと③から，$a=5$，$c=1$.

$\therefore\quad N=82.\quad (\because\ ④)$

(ii) $b=4$ のとき，

① $\cdots$ $3N=49a+28+c$,

② $\cdots$ $4N=64a+8c+4$，すなわち，$N=16a+2c+1$. $\qquad\cdots⑤$

$\therefore\quad (3N=)49a+28+c=3(16a+2c+1).$

$\therefore\quad a=5(c-5).$

これと③から，$a=5$，$c=6$.

$\therefore\quad N=93.\quad (\because\ ⑤)$

以上，(i)，(ii)より，求める a，b，c，N は，

$$(\boldsymbol{a},\ \boldsymbol{b},\ \boldsymbol{c},\ \boldsymbol{N})=(\mathbf{5},\ \mathbf{0},\ \mathbf{1},\ \mathbf{82}),\ (\mathbf{5},\ \mathbf{4},\ \mathbf{6},\ \mathbf{93}).$$

[参考]

〈10 進法で表された小数を 2 進法の小数に変換する〉

例として，$0.84375_{(10)}$ でやってみましょう.

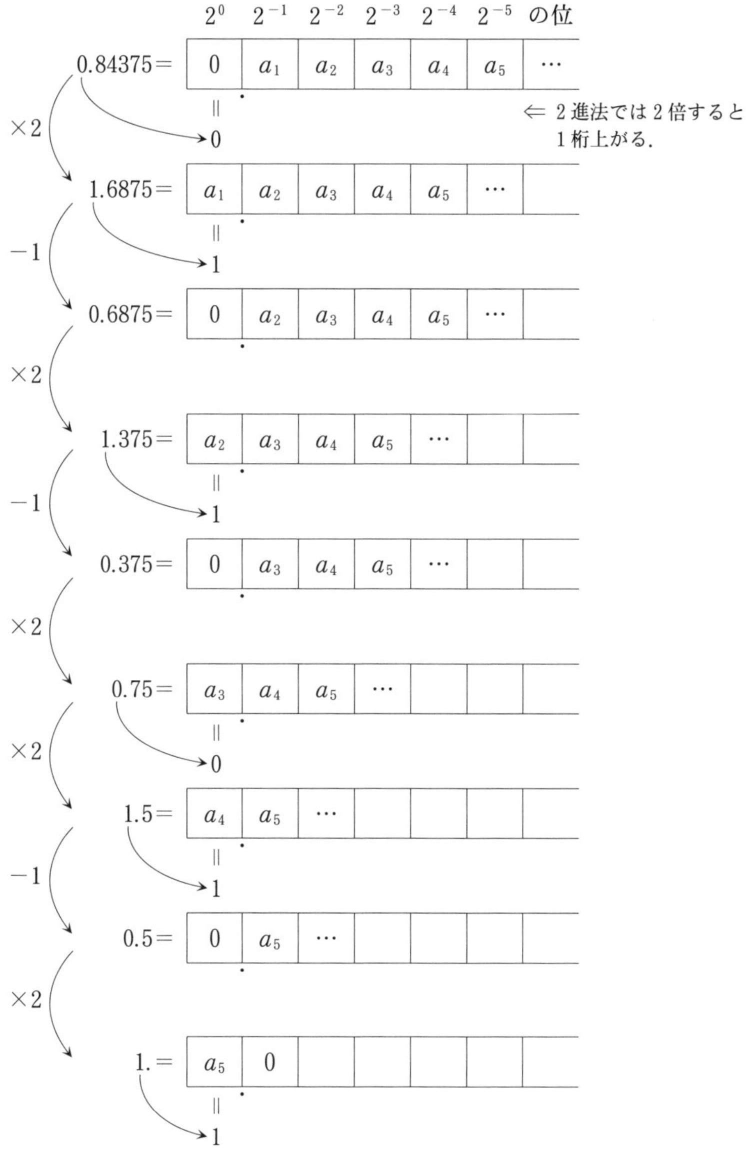

以上より,

$$0.84375_{(10)}=0.a_1a_2a_3a_4a_5{}_{(2)}$$
$$=0.11011_{(2)}.$$

2倍して1を超えたら1を引き，超えなければ更に2倍するという操作をしていって，小数点の左側 2^0 の係数を取り出して並べていきます．小数点以下が 0 になったらそこで終了．

47.

解法メモ

(1)「6 で割った余りが 1 であることを示せ」といっているので，p を 6 で割った余りで分類して，p，$p+4$ が共に素数となる条件から，余りを絞ります．

(2) 気が付くかどうかいささか疑問ですが，積 $(p+1)(p+2)(p+3)$ の形と問題文 1 行目の「p は，…，$p+4$ も…」に何か“つながり”を感じませんか？ 続けて並べれば，$p(p+1)(p+2)(p+3)(p+4)$ で，連続 5 整数の積ですからこれは $5!(=120)$ の倍数です．ここで，p，$p+4$ は単に整数だけではなく，3 より大きな素数ですから，…

あとで，上の事実に気が付かなかった場合の，(1)を利用する解法も示しておきます．

【解答】

(1) p は 3 よりも大きな素数だから，正の整数 k を用いて，

$$6k-1,\ 6k,\ 6k+1,\ 6k+2,\ 6k+3,\ 6k+4$$

のいずれかの形に書ける．

ここで，$6k$，$6k+2$，$6k+4$ は 6 以上の 2 の倍数で，$6k$，$6k+3$ は 6 以上の 3 の倍数だからいずれも素数ではない．

また，$p=6k-1$ とすると，$p+4=6k+3$ が 9 以上の 3 の倍数となって，これは素数ではない．

以上より，$p=6k+1$（k は正の整数）と書けることになり，したがって，

p を 6 で割った余りは 1 である．

(2)（その 1）

p，$p+1$，$p+2$，$p+3$，$p+4$ は連続する 5 つの整数であるから，その積 $p(p+1)(p+2)(p+3)(p+4)$ は $5!(=120)$ の倍数である．

ここで，(1)で示したことと与条件から，

p は 7 以上の素数，

$p+4$ は 11 以上の素数

であるから，

p と $5!(=5\cdot4\cdot3\cdot2\cdot1)$ は互いに素，

$p+4$ と $5!$ も互いに素

である．（言い換えると，素数 p，$p+4$ は 120 の約数ではない．）

よって，

$$(p+1)(p+2)(p+3) \text{ は 120 の倍数である．}$$

（その 2）

(1)で示したことから，$p=6k+1$（k は正の整数）とおけて，このとき，

$$\begin{aligned}&(p+1)(p+2)(p+3)\\&=(6k+2)(6k+3)(6k+4)\\&=12(2k+1)(3k+1)(3k+2)\\&=12f(k) \text{ とおく．}\end{aligned}$$

ここで，$(3k+1)(3k+2)$ は連続する 2 つの整数の積であるから2 の倍数で，したがって，$f(k)$ は 2 の倍数である．　…①

また，正の整数 l を用いて，k は

$$5l-4,\ 5l-3,\ 5l-2,\ 5l-1,\ 5l$$

のいずれかの形に書けるが，

$k=5l-1$ のとき，$p=6(5l-1)+1=5(6l-1)$ は 25 以上の 5 の倍数となり素数ではなく，$k=5l$ のとき，$p+4=6\cdot5l+1+4=5(6l+1)$ は 35 以上の 5 の倍数となり素数ではない．　…②

さらに，

$f(5l-4)=(10l-7)(15l-11)(15l-10)=5(10l-7)(15l-11)(3l-2)$，

$f(5l-3)=(10l-5)(15l-8)(15l-7)=5(2l-1)(15l-8)(15l-7)$，

$f(5l-2)=(10l-3)(15l-5)(15l-4)=5(10l-3)(3l-1)(15l-4)$

はいずれも 5 の倍数である．　…③

以上，①，②，③より，$f(k)$ は $2\cdot5(=10)$ の倍数となり，したがって，

$$(p+1)(p+2)(p+3)=12f(k) \text{ は 120 の倍数である．}$$

[参考]

〈連続する l 個の自然数の積は，$l!$ の倍数である〉

今，自然数 k から始まる連続する l 個の自然数の積

$$k(k+1)(k+2)\cdots(k+l-1) \quad \cdots(☆)$$

を考える．

(☆)は，異なる $(k+l-1)$ 個の中から l 個選んで一列に並べる順列の数 ${}_{k+l-1}\mathrm{P}_l$ に等しい．

また，異なる $(k+l-1)$ 個の中から l 個選ぶ組合せの数 ${}_{k+l-1}\mathrm{C}_l$ と ${}_{k+l-1}\mathrm{P}_l$ には，

$${}_{k+l-1}\mathrm{P}_l=l!\cdot{}_{k+l-1}\mathrm{C}_l$$

の関係があるから，

$$k(k+1)(k+2)\cdots(k+l-1)=l!\cdot{}_{k+l-1}\mathrm{C}_l.$$

ここで，${}_{k+l-1}\mathrm{C}_l$ は自然数だから，(☆)は $l!$ の倍数である．

48.

解法メモ

(1), (2) いずれも或る整数が 3 で割り切れるか否かについて考えるのだから，正の整数 n を 3 で割った余りによって

$$3m,\ 3m+1,\ 3m+2\ (m\text{ は整数})$$

の 3 つに分類してみます．

ただし，(2) では，底 n については上のように分類しますが，指数 n は触りません．

また，(2) では，二項定理

$$\begin{aligned}(a+b)^n&=\sum_{r=0}^{n}{}_n\mathrm{C}_r a^{n-r}b^r\\&={}_n\mathrm{C}_0a^n+{}_n\mathrm{C}_1a^{n-1}b+{}_n\mathrm{C}_2a^{n-2}b^2+\cdots+{}_n\mathrm{C}_nb^n\end{aligned}$$

を利用します．

【解答】

(1) (i) $n=3m$ (m は正の整数) のとき，

$$\begin{aligned}n^3+1&=(3m)^3+1\\&=3\cdot9m^3+1\end{aligned}$$

より，これは 3 で割り切れない (余り 1)．

(ii) $n=3m+1$ (m は 0 以上の整数) のとき，

$$\begin{aligned}n^3+1&=(3m+1)^3+1\\&=3(9m^3+9m^2+3m)+2\end{aligned}$$

より，これは 3 で割り切れない (余り 2)．

(iii) $n=3m+2$ (m は 0 以上の整数) のとき，

$$\begin{aligned}n^3+1&=(3m+2)^3+1\\&=3(9m^3+18m^2+12m+3)\end{aligned}$$

より，これは 3 で割り切れる．

以上，(i), (ii), (iii) より，求める n は 3 で割ると 2 余る数，すなわち，

$n=3m+2$ (m は 0 以上の整数) と表せる整数．

(2) (i) $n=3m$ (m は正の整数) のとき，

$$\begin{aligned}n^n+1&=(3m)^n+1\\&=3\cdot3^{n-1}m^n+1\end{aligned}$$

より，これは 3 で割り切れない (余り 1)．

(ii) $n=3m+1$ (m は 0 以上の整数) のとき，

$$n^n+1=(3m+1)^n+1$$
$$=\sum_{k=0}^{n}{}_n\mathrm{C}_k(3m)^k\cdot 1^{n-k}+1$$
$$=\sum_{k=1}^{n}{}_n\mathrm{C}_k(3m)^k+1+1$$
$$=3\sum_{k=1}^{n}{}_n\mathrm{C}_k\cdot 3^{k-1}\cdot m^k+2.$$

ここで，$k=1,\ 2,\ 3,\ \cdots,\ n$ に対して，${}_n\mathrm{C}_k\cdot 3^{k-1}\cdot m^k$ は整数だから，
n^n+1 は 3 で割り切れない（余り 2）.

(iii)　$n=3m+2$（m は 0 以上の整数）のとき，

$$n^n+1=(3m+2)^n+1$$
$$=\sum_{k=0}^{n}{}_n\mathrm{C}_k(3m)^k\cdot 2^{n-k}+1$$
$$=\sum_{k=1}^{n}{}_n\mathrm{C}_k(3m)^k\cdot 2^{n-k}+2^n+1.$$

ここで，

$$2^n+1=(3-1)^n+1$$
$$=\sum_{k=0}^{n}{}_n\mathrm{C}_k\cdot 3^k(-1)^{n-k}+1$$
$$=\sum_{k=1}^{n}{}_n\mathrm{C}_k\cdot 3^k(-1)^{n-k}+(-1)^n+1$$

だから，

$$n^n+1=3\sum_{k=1}^{n}{}_n\mathrm{C}_k\cdot 3^{k-1}\cdot m^k\cdot 2^{n-k}+3\sum_{k=1}^{n}{}_n\mathrm{C}_k\cdot 3^{k-1}(-1)^{n-k}+(-1)^n+1.$$

ここで，$k=1,\ 2,\ 3,\ \cdots,\ n$ に対して，

$${}_n\mathrm{C}_k\cdot 3^{k-1}\cdot m^k\cdot 2^{n-k},\quad {}_n\mathrm{C}_k\cdot 3^{k-1}(-1)^{n-k}$$

は共に整数だから，

「n^n+1 が 3 で割り切れる」$\Longleftrightarrow$「$(-1)^n+1$ が 3 で割り切れる」
$\Longleftrightarrow$「$n=3m+2$ が奇数」
$\Longleftrightarrow$「$n=3m+2$，かつ，m が奇数」.

よって，

$$n=3(2l-1)+2$$
$$=6l-1\quad（l \text{ は正の整数}）$$

のときに限り，n^n+1 は 3 で割り切れる.

以上，(i)，(ii)，(iii) より，求める n は 6 で割ると 5 余る数，すなわち，

$$\boldsymbol{n=6l-1}\quad（\boldsymbol{l} \text{ は正の整数}）$$

と表せる整数.

[参考]

$n=3m-1,\ 3m,\ 3m+1$ の 3 つに分類してもよい.

49.

解法メモ

(1), (2), (3) すべて「背理法」で示します.

(2) α が有理数だとすると,

$$\alpha=\frac{n}{m}\ (m,\ n \text{ は互いに素な整数で，} m\geqq 1)$$

とおけますが，ここで

「m，n は互いに素な整数」

とは,

「m，n に 1 以外の正の公約数がない」

ということです.

【解答】

方程式 $x^3-3x-1=0$ の解が α だから,

$$\alpha^3-3\alpha-1=0. \qquad \cdots①$$

(1) ①より,

$$\alpha(\alpha^2-3)=1. \qquad \cdots②$$

α が整数だとすると，α^2-3 も整数だから，②より,

$$\alpha=\pm 1.$$

ところが，これはいずれも①の解ではない（ことは明らか).

よって，不合理.

したがって，α は整数ではない.

(2) α が有理数だとすると,

$$\alpha=\frac{n}{m}\quad \underbrace{(m,\ n \text{ は互いに素な整数で，} m\geqq 1)}_{③}$$

とおけて，①より，$\left(\dfrac{n}{m}\right)^3-3\left(\dfrac{n}{m}\right)-1=0.$

$$\therefore\quad n^3-3m^2n-m^3=0.$$

$$\therefore\quad n^3=(3n+m)m^2.$$

右辺は m の倍数だから，左辺も m の倍数．これと③より,

$$m=1.$$

したがって，α は整数となるが，これは(1)で示したことから，不適.

以上より，α は有理数ではない.

(3) α が

$$\alpha=p+q\sqrt{3}\ (p,\ q \text{ は有理数})$$

の形に書けたとすると，①より,

$$(p+q\sqrt{3})^3-3(p+q\sqrt{3})-1=0.$$

整理して,

$$\underset{\substack{\uparrow\\ \text{有理数}}}{\underbrace{(p^3+9pq^2-3p-1)}}+\underset{\substack{\uparrow\\ \text{有理数}}}{\underbrace{3q(p^2+q^2-1)}}\underset{\substack{\uparrow\\ \text{無理数}}}{\underbrace{\sqrt{3}}}=0.$$

$$\therefore \begin{cases} p^3+9pq^2-3p-1=0, & \cdots④ \\ q(p^2+q^2-1)=0. & \cdots⑤ \end{cases}$$

$q=0$ とすると,⑤は成り立つ.このとき④は

$$p^3-3p-1=0.$$

これは,与方程式が有理数解 p を持つことを示し,(2)より,不適.

$$\therefore \quad q\neq 0.$$

よって,⑤より,$p^2+q^2-1=0$.

$$\therefore \quad q^2=1-p^2.$$

これと④から,$p^3+9p(1-p^2)-3p-1=0$.

$$\therefore \quad -8p^3+6p-1=0.$$

$$\therefore \quad (-2p)^3-3(-2p)-1=0.$$

これは,与方程式が有理数解 $-2p$ を持つことを示し,(2)より,不適.

以上より,α は,$p+q\sqrt{3}$ (p,q は有理数) の形で表せない.

[参考] 〈(1)だけなら,…〉

x	$\cdots$	-1	$\cdots$	1	$\cdots$
$f'(x)$	$+$	0	$-$	0	$+$
$f(x)$	↗	1	↘	-3	↗

$f(x)=x^3-3x-1$ とおくと,

$$\begin{cases} f'(x)=3x^2-3=3(x+1)(x-1), \\ f(-2)=-3<0, \\ f(0)=-1<0, \\ f(2)=1>0. \end{cases}$$

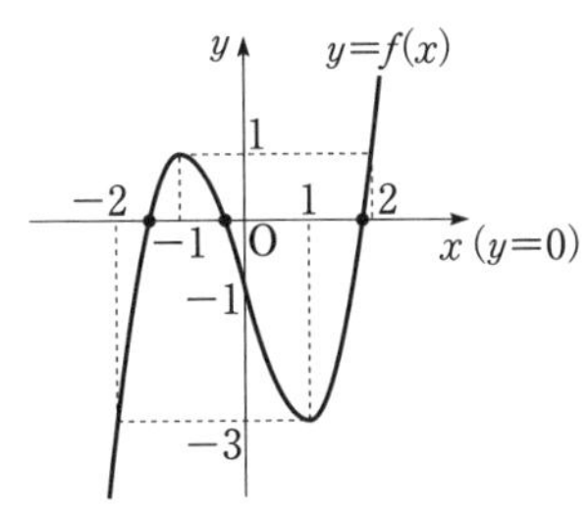

左図より,明らかに方程式 $f(x)=0$ の解はいずれも整数ではない.

50.

解法メモ

(1) 「$\log_2 3=\dfrac{m}{n}$ と表せるとすると … 不合理」を示します.

(2) 2つの実数 α, β ($\alpha>\beta$) の小数部分が等しいとき, $\alpha-\beta$ は自然数となります.

$\alpha=$ □ . ■ ← 等しい小数部分
−) $\beta=$ ○ . ■
$\alpha-\beta=$ □ − ○ ← 自然数

で, 「$p\log_2 3-q\log_2 3=k$ (自然数) と表せるとすると … 不合理」を示します.

【解答】

(1) $\log_2 3=\dfrac{m}{n}$ をみたす自然数 m, n が存在すると仮定すると,

$$2^{\frac{m}{n}}=3.$$

両辺を n 乗して,

$$2^m=3^n.$$

ここで, m, n は自然数だから, この左辺は偶数, 右辺は奇数となるので不合理.

よって, $\log_2 3=\dfrac{m}{n}$ をみたす自然数 m, n は存在しない.

(2) 異なる自然数 p, q に対して, $p\log_2 3$ と $q\log_2 3$ の小数部分が等しいと仮定する.

$p>q$ のとき, $p\log_2 3-q\log_2 3$ は整数で, $\log_2 3>0$ だから,

$$p\log_2 3-q\log_2 3=k$$

をみたす自然数 k が存在する.

$$\therefore\quad \log_2 3=\frac{k}{p-q}\quad (k,\ p-q \text{ は自然数}).$$

これは(1)で示したことに反する.

$p<q$ のときも上と同様に不合理となることを示せる.

よって, p, q が異なる自然数のとき, $p\log_2 3$ と $q\log_2 3$ の小数部分は等しくない.

[参考]

(1)は背理法を用いずとも, 次のように示すことができます.

2と3は異なる素数だから, 任意の自然数 m, n に対して, $2^m\neq 3^n$.

$$\therefore\quad 2^{\frac{m}{n}}\neq 3.$$

$$\therefore\quad \log_2 3 \neq \frac{m}{n}.$$

よって，いかなる自然数 m，n に対しても $\log_2 3 \neq \dfrac{m}{n}$ であるから，

$\log_2 3 = \dfrac{m}{n}$ をみたす自然数は存在しない．

51.

解法メモ

(1)　$\alpha = \dfrac{2}{7}\pi$ ですから，$7\alpha = 2\pi$，$4\alpha = 2\pi - 3\alpha$ です．

(2)　cos の 4 倍角の公式を覚えていないので 2 倍角の公式から作り，これと 3 倍角の公式を(1)の等式に代入すると，自然と $f(x)$ の形に近いものが出てきます．

(3)　「$\cos\alpha$ は無理数である」の結論を否定して，

「$\cos\alpha$ は有理数である」とすると不合理なことが起こる

を示します．(背理法)

【解答】

(1)　$\alpha = \dfrac{2}{7}\pi$ から，$7\alpha = 2\pi$，したがって，$4\alpha = 2\pi - 3\alpha$.

$$\therefore\quad \cos 4\alpha = \cos(2\pi - 3\alpha) = \cos 3\alpha. \qquad \cdots①$$

(2)
$$\begin{cases} \cos 4\alpha = \cos 2\cdot 2\alpha = 2\cos^2 2\alpha - 1 = 2(2\cos^2\alpha - 1)^2 - 1, \\ \cos 3\alpha = 4\cos^3\alpha - 3\cos\alpha \end{cases}$$

を①へ代入して，

$$2(2\cos^2\alpha - 1)^2 - 1 = 4\cos^3\alpha - 3\cos\alpha.$$

ここで，$c = \cos\alpha$ とおくと，

$$2(2c^2 - 1)^2 - 1 = 4c^3 - 3c.$$

$$\therefore\quad 8c^4 - 4c^3 - 8c^2 + 3c + 1 = 0.$$

$$\therefore\quad (c-1)(8c^3 + 4c^2 - 4c - 1) = 0.$$

$$\left(\begin{array}{c|ccccc} 1 & 8 & -4 & -8 & 3 & 1 \\ & & 8 & 4 & -4 & -1 \\ \hline & 8 & 4 & -4 & -1 & 0 \end{array}\right)$$

ここで，$c = \cos\dfrac{2}{7}\pi < 1$ から，$c - 1 \neq 0$.

$$\therefore\quad 8c^3 + 4c^2 - 4c - 1 = 0.$$

$$\therefore\quad f(c) = 0,\ \text{すなわち，}\ f(\cos\alpha) = 0.$$

(3)　$\cos\alpha$ が有理数であるとすると不合理であることを示す．(背理法)

今，$0<\alpha=\dfrac{2}{7}\pi<\dfrac{2}{6}\pi=\dfrac{\pi}{3}$ だから，

$$1>\cos\alpha>\cos\frac{\pi}{3}=\frac{1}{2}. \qquad \cdots②$$

$\cos\alpha$ が有理数なら，

$$\cos\alpha=\frac{q}{p} \quad \underbrace{(p,\ q \text{ は互いに素な正の整数})}_{③}$$

とおけて，(2)で示したことから，$f\left(\dfrac{q}{p}\right)=0$，すなわち，

$$8\left(\frac{q}{p}\right)^3+4\left(\frac{q}{p}\right)^2-4\left(\frac{q}{p}\right)-1=0.$$

$$\therefore\quad 8q^3+4pq^2-4p^2q-p^3=0. \qquad \cdots④$$

$$\therefore\quad 8q^3=p(-4q^2+4pq+p^2).$$

これと③から，p は 8 の正の約数ゆえ，$p=1,\ 2,\ 4,\ 8$.

また，④から，

$$p^3=q(8q^2+4pq-4p^2).$$

これと③から，$q=1$.

$$\therefore\quad \frac{q}{p}=\frac{1}{1},\ \frac{1}{2},\ \frac{1}{4},\ \frac{1}{8}.$$

ところがこれらはいずれも②をみたさない．

以上より，$\cos\alpha$ は有理数ではなく無理数である．

[参考]

x の方程式

$$ax^3+bx^2+cx+d=0 \ \cdots\ (*) \qquad \underbrace{(a,\ b,\ c,\ d \text{ は整数で，} ad\neq 0)}_{㋐}$$

が有理数解を持つとき，その有理数解は，

$$\frac{(d\text{ の約数})}{(a\text{ の約数})}$$

の形をしている．

以下，これを証明しておく．（3 次方程式に限らず，整数係数の n 次方程式なら，下と同様にして示せる．）

今，有理数解を

$$\frac{q}{p} \quad \underbrace{(p \text{ と } q \text{ は互いに素な整数で } p>0)}_{㋑}$$

とおいて，(*)に代入すると，

$$a\left(\frac{q}{p}\right)^3+b\left(\frac{q}{p}\right)^2+c\left(\frac{q}{p}\right)+d=0.$$

$$\therefore \quad aq^3+bpq^2+cp^2q+dp^3=0. \qquad \cdots ㋒$$

$$\therefore \quad aq^3=p(-bq^2-cpq-dp^2).$$

これと㋐，㋑から，a は p の倍数，すなわち，p は a の正の約数.

また，㋒から

$$dp^3=q(-aq^2-bpq-cp^2).$$

これと㋐，㋑から，d は q の倍数，すなわち，q は d の約数.

以上より，有理数解 $\dfrac{q}{p}$ は，

$$\frac{q}{p}=\frac{(d\text{ の約数})}{(a\text{ の約数})}$$

の形をしている.

注 「この形をしている有理数がすべて上の方程式の解である」とは言っていない.「有理数解がもしあるのならば，この形をしているものの中にある」という主張である.

本問では，$8x^3+4x^2-4x-1=0$ がもし有理数解を持っているならばそれは，

$\dfrac{(-1\text{ の約数})}{(8\text{ の約数})}$ の形をしている $\pm\dfrac{1}{1}$，$\pm\dfrac{1}{2}$，$\pm\dfrac{1}{4}$，$\pm\dfrac{1}{8}$

の中にある，ということである．で，

$$f(\pm 1),\ f\left(\pm\frac{1}{2}\right),\ f\left(\pm\frac{1}{4}\right),\ f\left(\pm\frac{1}{8}\right) \text{ の 8 通り}$$

をすべて計算してみていずれも 0 にならないことが確認されれば，

$f(x)=0$ はどんな有理数も解に持たない

ことが示されたことになるのである.

52.

解法メモ

$\tan 2\beta=\dfrac{2\tan\beta}{1-\tan^2\beta}$ ゆえ，

$$\tan(\alpha+2\beta)=\frac{\tan\alpha+\tan 2\beta}{1-\tan\alpha\tan 2\beta}$$

$$=\frac{\tan\alpha+\dfrac{2\tan\beta}{1-\tan^2\beta}}{1-\tan\alpha\cdot\dfrac{2\tan\beta}{1-\tan^2\beta}}.$$

未知数 α，β，p，q の 4 つに対して，与えられた方程式が 3 本で，1 本足りない様ですがそこは「p，q が自然数」という厳しいしばりを使って足りない分を補って下さい．

ただ注意して欲しいことが 1 つ．$\tan\alpha$，$\tan\beta$，$\tan(\alpha+2\beta)$ の存在は保証されていますが，$\tan 2\beta$ が定義されるかどうかは不明なので確認します．

【解答】

α，β の一般角の範囲

$$\begin{cases} p,\ q \text{ は自然数}, & \cdots① \\ \tan\alpha=\dfrac{1}{p},\ \tan\beta=\dfrac{1}{q}, & \cdots② \\ \tan(\alpha+2\beta)=2. & \cdots③ \end{cases}$$

①，②から，

$$0<\tan\alpha\leqq 1,\ 0<\tan\beta\leqq 1. \quad \cdots④$$

よって，k，l を任意の整数として，

$$k\pi<\alpha\leqq\frac{\pi}{4}+k\pi, \quad l\pi<\beta\leqq\frac{\pi}{4}+l\pi$$

である．

ここで，$\beta=\dfrac{\pi}{4}+l\pi$ とすると，$\tan\beta=1$，これと②から，$q=1$．

このとき，③から，

$$\begin{aligned} 2&=\tan(\alpha+2\beta) \\ &=\tan\left(\alpha+\frac{\pi}{2}+2l\pi\right) \\ &=\tan\left(\alpha+\frac{\pi}{2}\right) \\ &=\frac{-1}{\tan\alpha}. \end{aligned}$$

$$\left(\because\ \tan\left(\alpha+\frac{\pi}{2}\right)=\frac{\sin\left(\alpha+\frac{\pi}{2}\right)}{\cos\left(\alpha+\frac{\pi}{2}\right)}=\frac{\cos\alpha}{-\sin\alpha}=-\frac{1}{\tan\alpha}.\right)$$

よって，$\tan\alpha=-\dfrac{1}{2}$ となるがこれは④に不適．

したがって，$\beta\neq\dfrac{\pi}{4}+l\pi$，$q\neq 1$ だから，

$$2l\pi < 2\beta < \frac{\pi}{2} + 2l\pi.$$

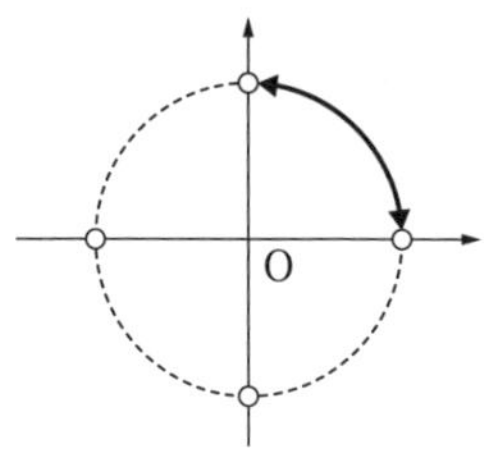

よって，$\tan 2\beta$ は定義されて，

$$\tan 2\beta = \frac{2\tan\beta}{1-\tan^2\beta}$$

$$= \frac{2\cdot\frac{1}{q}}{1-\left(\frac{1}{q}\right)^2} \quad (\because \ ②)$$

$$= \frac{2q}{q^2-1}. \qquad \cdots⑤$$

これと③から，

$$2 = \tan(\alpha + 2\beta)$$

$$= \frac{\tan\alpha + \tan 2\beta}{1-\tan\alpha\tan 2\beta}$$

$$= \frac{\frac{1}{p} + \frac{2q}{q^2-1}}{1-\frac{1}{p}\cdot\frac{2q}{q^2-1}} \quad (\because \ ②,\ ⑤)$$

$$= \frac{q^2-1+2pq}{p(q^2-1)-2q}.$$

$$\therefore \quad 2\{p(q^2-1)-2q\} = q^2-1+2pq.$$

$$\therefore \quad 2p(q^2-q-1) = q^2+4q-1.$$

ここで，

$$q^2-q-1 = \left(q-\frac{1}{2}\right)^2 - \frac{5}{4}$$

$$\underbrace{\geqq 1}_{⑥} \ (\because \ ①,\ q \neq 1 \text{ から } \underbrace{q \geqq 2}_{⑦})$$

だから，①を考え併せると，

$$2 \leqq 2p = \frac{q^2+4q-1}{q^2-q-1}. \qquad \cdots⑧$$

これと⑥から，

$$q^2+4q-1 \geqq 2(q^2-q-1).$$

$$\therefore \quad q^2-6q-1 \leqq 0.$$

$$3-\sqrt{10} \leqq q \leqq 3+\sqrt{10}.$$

これと，①，⑦から，$q=2,\ 3,\ 4,\ 5,\ 6$.

このとき，⑧より，$p=\frac{11}{2}$，2，$\frac{31}{22}$，$\frac{22}{19}$，$\frac{59}{58}$ であるが，このうち，①をみたすのは，2のみだから，求める p，q の組は，

$$(\boldsymbol{p},\ \boldsymbol{q})=(\mathbf{2},\ \mathbf{3}).$$

§6 | いろいろな式

53.

解法メモ

(1)　$f(x)=x^n$ とおくと，

$$f(x)=(x-k)(x-k-1)Q(x)+ax+b$$

（$Q(x)$ は x の整式．a，b は x によらない定数）

と表せて，$f(k)$，$f(k+1)$ を計算すると，…

(2)　「～が存在しないこと」の証明が直接的には難しそうなら，「～が存在するとすると不合理」を示そうとしてみてはいかが．

［参考］

「$p \Rightarrow q$（p ならば q である）」を示すには，

- ・直接法「$p \Rightarrow p' \Rightarrow p'' \Rightarrow \cdots \Rightarrow q$」を示す，
- ・間接法
  - ・**背理法**「p かつ $\overline{q}$ とすると不合理（p でありかつ q でないとすると矛盾が発生）」を示す，
  - ・**対偶法**「$\overline{q} \Rightarrow \overline{p}$（$q$ でないならば p でない）」を示す

などの方法があります．

【解答】

(1)

$$x^n=(x-k)(x-k-1)Q(x)+ax+b$$

（$Q(x)$ は x の整式．a，b は x によらない定数）

とおける．

ここで，$x=k$，$k+1$ を代入して，

$$\begin{cases} k^n=ak+b, \\ (k+1)^n=a(k+1)+b. \end{cases} \quad \cdots①$$

a，b について解いて，

$$\begin{cases} a=(k+1)^n-k^n, \\ b=(k+1)k^n-k(k+1)^n. \end{cases} \quad \cdots②$$

ここで，n，k は自然数だから，a，b は共に整数である．

(2)　a と b を共に割り切る素数 p が存在すると仮定すると，

$$\begin{cases} a=pA, \\ b=pB \end{cases} \quad (A，B \text{ は整数})$$

と表せて，①から，

$$k^n=pAk+pB$$

$$=p(Ak+B).$$

よって，k^n が素数 p の倍数だから，k は p の倍数となる．

したがって，$k+1$ は p の倍数とはならないから，　…(*)

②から，a は p の倍数ではなく，仮定に反する．

以上より，a と b を共に割り切る素数は存在しない．

[(*)の参考]

「隣接する 2 つの整数 m，$m+1$ は互いに素である」

（証明）m，$m+1$ を共に割り切る素数 p が存在すると仮定すると，

$$\begin{cases} m=pA, \\ m+1=pB \end{cases} \quad (A,\ B \text{ は整数})$$

と表せる．

辺々引いて，

$$1=p(B-A).$$

ここで，p は素数，$B-A$ は整数ゆえ，これは不合理．

よって，隣接する 2 つの整数 m，$m+1$ は互いに素である．

54.

解法メモ

(2) 有理数係数の多項式 $P(x)$ を有理数係数の多項式 x^3-2 で割れば，商も余りも有理数係数の多項式になります．

一旦，$P(x)=(x^3-2)Q(x)+ax^2+bx+c$

$$\left(\begin{array}{l} Q(x) \text{ は有理数係数の多項式,} \\ a,\ b,\ c \text{ は } x \text{ によらない有理数の定数} \end{array}\right)$$

とおいておいて，その後 $a=b=c=0$ を示せば，$P(x)$ は x^3-2 で割り切れることを示したことになります．

【解答】

(1) $\sqrt[3]{2}$ が有理数であるとする．$\sqrt[3]{2}>0$ だから，

$$\sqrt[3]{2}=\frac{n}{m} \quad \underbrace{(m,\ n \text{ は互いに素な自然数})}_{①}$$

と表せる．このとき，$2=\left(\dfrac{n}{m}\right)^3$.

$$\therefore \quad 2m^3=n^3.$$

この左辺は 2 の倍数だから，右辺も 2 の倍数．

よって，

$$n=2N\ (N\text{ は自然数})$$

と表せる．このとき，$2m^3=(2N)^3$.

$$\therefore\quad m^3=4N^3.$$

この右辺は 2 の倍数だから，左辺も 2 の倍数.

よって，m も 2 の倍数.

したがって，m，n が共に 2 の倍数となって①に矛盾する.

よって，$\sqrt[3]{2}$ は有理数ではなく無理数である.

(2) $P(x)$ は有理数を係数とする x の多項式だから，

$$P(x)=(x^3-2)Q(x)+ax^2+bx+c$$

$$\begin{pmatrix} Q(x)\text{ は有理数を係数とする }x\text{ の多項式,} \\ a,\ b,\ c\text{ は }x\text{ によらない有理数の定数} \end{pmatrix} \qquad \cdots②$$

と表せる.

$\alpha=\sqrt[3]{2}$ とすると，

$$P(\alpha)=(\alpha^3-2)Q(\alpha)+a\alpha^2+b\alpha+c.$$

ここで，$\alpha^3=2$，$P(\alpha)=0$ から，

$$a\alpha^2+b\alpha+c=0. \qquad \cdots③$$

③$\times\alpha$ から，

$$a\alpha^3+b\alpha^2+c\alpha=0.$$

$$\therefore\quad \underbrace{b\alpha^2+c\alpha+2a=0}_{④}.\ (\because\quad \alpha^3=2.)$$

③$\times b-$④$\times a$ から，

$$(b^2-ac)\alpha+bc-2a^2=0.$$

ここで，$b^2-ac\neq0$ とすると，

$$\alpha=\frac{2a^2-bc}{b^2-ac}.$$

②より，この右辺は有理数となって，(1)で示した「$\alpha=\sqrt[3]{2}$ は無理数である」に反する.

よって，$b^2-ac=0$.

$$\therefore\quad 2a^2-bc=0.$$

$$\therefore\quad b^3=abc=2a^3. \qquad \cdots⑤$$

ここで，$a\neq0$ とすると，

$$\left(\frac{b}{a}\right)^3=2,\ \text{すなわち},\ \frac{b}{a}=\sqrt[3]{2}.$$

②より，この左辺は有理数となって，これも不合理.

よって，$a=0$.

$$\therefore\quad b=0.\ (\because\quad ⑤)$$

$$\therefore\quad c=0.\quad (\because\quad ③)$$

以上より，

$$P(x)=(x^3-2)Q(x),$$

すなわち，$P(x)$ は x^3-2 で割り切れる．

55.

解法メモ

(2)は(1)の一般形ですから（(2)の n を 3 とした場合が(1)），(2)が先にできれば，その後，(1)は自明としてもよろしい．

剰余の定理 … x の整式（多項式）$f(x)$ について，

$$(f(x) \text{ を } (x-\alpha) \text{ で割った余り})=f(\alpha).$$

因数定理 … x の整式（多項式）$f(x)$ について，

$$f(x) \text{ が } (x-\alpha) \text{ で割り切れる} \iff f(\alpha)=0.$$

【解答】

(1)
$$P(x)=(x-1)(x-2)(x-3)Q(x)+ax^2+bx+c$$
（$Q(x)$ は x の整式で，a，b，c は定数）

とおけて，与条件および剰余の定理により，

$$\begin{cases} P(1)=a+b+c=1, \\ P(2)=4a+2b+c=2, \\ P(3)=9a+3b+c=3. \end{cases}$$

これらを解いて，

$$a=0,\ b=1,\ c=0.$$

よって，求める余りは，$\boldsymbol{x}$．

(2)
$$P(x)=(x-1)(x-2)(x-3)\cdots(x-n)S(x)+R(x)$$
（$S(x)$，$R(x)$ は x の整式で，$R(x)$ は高々（$n-1$）次）　…①

とおけて，与条件および剰余の定理により，

$$P(k)=R(k)=k\quad (k=1,\ 2,\ 3,\ \cdots,\ n).$$

$$\therefore\quad R(k)-k=0\quad (k=1,\ 2,\ 3,\ \cdots,\ n).$$

これと因数定理により，

$$R(x)-x=(x-1)(x-2)(x-3)\cdots(x-n)T(x)$$
（$T(x)$ は x の整式）

と書けるが，①より，$R(x)$ の次数は高々（$n-1$）次であるから，

$$T(x)\equiv 0 \text{（恒等的に 0）}.$$

$$\therefore\quad R(x)-x=0.\qquad \therefore\quad R(x)=x.$$

よって，求める余りは，$\boldsymbol{x}$.

56.

解法メモ

(1) 「何か要領のよいやり方があるハズだ」と考えているより，素朴に $f(f(x))-x$（4 次式）を $f(x)-x$（2 次式）で割ってしまった方が速いかも知れません.

(2) (1)より，

$$f(f(x))-x=\{f(x)-x\}Q(x)\quad(Q(x)\text{ は }x\text{ の 2 次式})$$

となるらしい.

これに，$p\fallingdotseq q$，$f(p)=q$，$f(q)=p$ を絡めて…

【解答】

(1) （その 1）〈素朴に〉

$f(x)=ax(1-x)=-ax^2+ax$ より，

$$\begin{aligned}f(f(x))-x&=-a\{f(x)\}^2+af(x)-x\\&=-a(-ax^2+ax)^2+a(-ax^2+ax)-x\\&=-a^3x^4+2a^3x^3-(a^3+a^2)x^2+(a^2-1)x.\end{aligned}$$

これを，$f(x)-x=-ax^2+(a-1)x$ で割って，

$$\begin{array}{rrr|rrrrr}
 & & & & & a^2 & -a^2-a & a+1\\ \hline
-a & a-1 & 0\,) & -a^3 & 2a^3 & -a^3-a^2 & a^2-1 & 0\\
 & & & -a^3 & a^3-a^2 & 0 & & \\ \hline
 & & & & a^3+a^2 & -a^3-a^2 & a^2-1 & \\
 & & & & a^3+a^2 & -a^3+a & 0 & \\ \hline
 & & & & & -a^2-a & a^2-1 & 0\\
 & & & & & -a^2-a & a^2-1 & 0\\ \hline
 & & & & & & & 0
\end{array}$$

$$f(f(x))-x=\{f(x)-x\}\{a^2x^2-(a^2+a)x+a+1\}.\qquad\cdots①$$

よって，$f(f(x))-x$ は $f(x)-x$ で割り切れる.

（その 2）〈少し要領よく〉

$f(x)=ax(1-x)=-ax^2+ax$ より，

$$\begin{aligned}f(f(x))-x&=-a\{f(x)\}^2+af(x)-x\\&=-a\{f(x)-x\}\{f(x)+x\}-ax^2+a\{f(x)-x\}+ax-x\\&=-a\{f(x)-x\}\{f(x)+x\}+a\{f(x)-x\}+f(x)-x\end{aligned}$$

$$=\{f(x)-x\}\{-af(x)-ax+a+1\}.$$

よって，$f(f(x))-x$ は，$f(x)-x$ で割り切れる．

(2) ①で，$x=p$，q とおくと

$$\begin{cases} f(f(p))-p=\{f(p)-p\}\{a^2p^2-(a^2+a)p+a+1\}, \\ f(f(q))-q=\{f(q)-q\}\{a^2q^2-(a^2+a)q+a+1\}. \end{cases}$$

よって，

$$f(p)=q,\ f(q)=p,\ p\neq q$$

（すなわち，$f(f(p))=f(q)=p$，$f(p)-p=q-p\neq 0$，
$f(f(q))=f(p)=q$，$f(q)-q=p-q\neq 0$）

をみたす実数 p，q が存在する条件は，

$$\begin{cases} a^2p^2-(a^2+a)p+a+1=0, \\ a^2q^2-(a^2+a)q+a+1=0 \end{cases} \quad (p\neq q)$$

をみたす実数 p，q が存在すること，すなわち，x の 2 次方程式

$$a^2x^2-(a^2+a)x+a+1=0 \quad \cdots②$$

が異なる 2 つの実数解 p，q を持つことであるから，(②の判別式) >0.

$$\therefore\quad (a^2+a)^2-4a^2(a+1)>0.$$

$$\therefore\quad a^4-2a^3-3a^2>0. \qquad \therefore\quad a^2(a+1)(a-3)>0.$$

$a\neq 0$ ゆえ，

$a<-1$，または，$3<a$.

[参考]

〈(1)（その 2）について〉

一般に，n 次の多項式 $f(x)$ について，「$f(f(x))-x$ は $f(x)-x$ で割り切れる」ことが示せます．

$f(x)=a_nx^n+a_{n-1}x^{n-1}+\cdots+a_2x^2+a_1x+a_0$ $(a_n\neq 0)$ とする．

ここで，$y=f(x)$ とおくと，

$$\begin{aligned} &f(f(x))-x \\ &=f(y)-x \\ &=a_ny^n+a_{n-1}y^{n-1}+\cdots+a_2y^2+a_1y+a_0-x \\ &=a_n(y^n-x^n)+a_{n-1}(y^{n-1}-x^{n-1})+\cdots+a_2(y^2-x^2)+a_1(y-x) \\ &\quad+\underbrace{a_nx^n+a_{n-1}x^{n-1}+\cdots+a_2x^2+a_1x+a_0}_{f(x)=y}-x \\ &=a_n(y^n-x^n)+a_{n-1}(y^{n-1}-x^{n-1})+\cdots+a_2(y^2-x^2)+a_1(y-x)+y-x. \quad \cdots(☆) \end{aligned}$$

ここで，y^k-x^k $(k=1,\ 2,\ 3,\ \cdots,\ n)$ は，

$$y^k-x^k=(y-x)(y^{k-1}+y^{k-2}x+\cdots+yx^{k-2}+x^{k-1})$$

と因数分解できるから，(☆)は $(y-x)$ で割り切れる.

したがって，

$$f(f(x))-x \text{ は } f(x)-x \text{ で割り切れる}$$

のです.

57.

解法メモ

x の整式 $f(x)$ の決定の問題です.

$f(x)$ の次数を n 次 $(n \geqq 1)$ とすると，すなわち，

$$f(x)=\sum_{k=0}^{n} a_k x^k \quad (a_n \neq 0)$$

と書けるとすると，

$$f(x^2)=\sum_{k=0}^{n} a_k (x^2)^k \text{ は } 2n \text{ 次式で，}$$

$$f(x+1)=\sum_{k=0}^{n} a_k (x+1)^k \text{ は } n \text{ 次式です.}$$

ただし，$f(x)$ が 0 次式または 0 のとき，すなわち，

$$f(x)=c \quad (c \text{ は定数})$$

のときは，$\begin{cases} f(x^2)=c, \\ f(x+1)=c \end{cases}$ はいずれも 0 次式または 0 です.

【解答】

$$f(x^2)=x^3f(x+1)-2x^4+2x^2. \qquad \cdots①$$

(1) ①で $x=0,\ -1,\ 1$ として，

$$\begin{cases} f(0)=0, \\ f(1)=-f(0), \\ f(1)=f(2). \end{cases}$$

$$\therefore \quad \boldsymbol{f(0)=f(1)=f(2)=0.} \qquad \cdots②$$

(2) $f(x)=c$（c は定数）とすると，①より，

$$c=cx^3-2x^4+2x^2.$$

これは x についての恒等式ではない.

さらに②と因数定理から，$f(x)$ は $x(x-1)(x-2)$ で割り切れる.

よって，$f(x)$ の次数を n とすると，$n \geqq 3$ で，

$$\begin{cases} f(x^2) \text{ の次数は，} 2n \text{ 次，} \\ x^3 f(x+1) \text{ の次数は，} n+3 \text{ 次} \end{cases}$$

となる．

ここで，$n \geqq 3$ ゆえ，$n+3 \geqq 6 > 4$ だから，①の両辺の次数を比較して，

$$2n = n+3.$$

$$\therefore \quad \boldsymbol{n = 3}.$$

(3) (2)の結果と，②より，因数定理を用いて，

$$f(x) = ax(x-1)(x-2) \quad (a \neq 0)$$

と書ける．これを①へ代入して，

$$ax^2(x^2-1)(x^2-2) = x^3 \cdot a(x+1)x(x-1) - 2x^4 + 2x^2.$$

$$\therefore \quad ax^6 - 3ax^4 + 2ax^2 = ax^6 - (a+2)x^4 + 2x^2.$$

これが x についての恒等式だから，両辺の係数を比較して，

$$\begin{cases} -3a = -(a+2), \\ 2a = 2. \end{cases} \qquad \therefore \quad a = 1.$$

よって，求める $f(x)$ は，

$$\boldsymbol{f(x)} = x(x-1)(x-2).$$
$$= \boldsymbol{x^3 - 3x^2 + 2x}.$$

58.

解法メモ

整式 $P(x)$ とありますから，その次数を（$n \geqq 1$）とすると，

$$P(x) = a_n x^n + a_{n-1} x^{n-1} + \cdots + a_2 x^2 + a_1 x + a_0 \quad (a_n \neq 0)$$

とおけます．このとき，

$$P(x+1) = a_n(x+1)^n + a_{n-1}(x+1)^{n-1} + \cdots + a_2(x+1)^2 + a_1(x+1) + a_0$$

と書けて，x^n の係数は $P(x)$ と同じく a_n ですから，$P(x+1) - P(x)$ の次数は（$n-1$）以下になります．これが $2x$ に一致（恒等的に一致）するということは，$n=2$ ということです．

【解答】

$$\begin{cases} P(0) = 1, & \cdots ① \\ P(x+1) - P(x) = 2x. & \cdots ② \end{cases}$$

（その 1）

$P(x)$ が定数だとすると，①から，$P(x) = 1$（恒等的に等しい）．これと，②から，$1-1 = 2x$．これは恒等的に等しくはならないから不適．

したがって，$P(x)$ の次数を n とすると，$n \geqq 1$ で，

$$P(x) = a_n x^n + a_{n-1} x^{n-1} + \cdots + a_2 x^2 + a_1 x + a_0 \quad (a_n \neq 0)$$

とおける．このとき，

$$P(x+1)=a_n(x+1)^n+a_{n-1}(x+1)^{n-1}+\cdots+a_2(x+1)^2+a_1(x+1)+a_0$$

と書けて，二項定理により，$k=1,\ 2,\ 3,\ \cdots,\ n$ のとき，

$$(x+1)^k=x^k+{}_k\mathrm{C}_1x^{k-1}+{}_k\mathrm{C}_2x^{k-2}+\cdots+{}_k\mathrm{C}_{k-2}x^2+{}_k\mathrm{C}_{k-1}x+1$$

ゆえ，

$$(x+1)^k-x^k=\underbrace{{}_k\mathrm{C}_1x^{k-1}+{}_k\mathrm{C}_2x^{k-2}+\cdots+{}_k\mathrm{C}_{k-2}x^2+{}_k\mathrm{C}_{k-1}x+1}_{(k-1)\text{ 次式}}$$

となる．

よって，$P(x+1)-P(x)$ の x^n の係数は 0，x^{n-1} の係数は na_n となるのでその次数は $(n-1)$ である．これが $2x$（1 次式）に一致することから，$n-1=1$，すなわち，$n=2$ だから，

$$P(x)=a_2x^2+a_1x+a_0 \quad (a_2\neq 0) \qquad \cdots③$$

とおける．このとき，

$$P(x+1)=a_2(x+1)^2+a_1(x+1)+a_0,$$

$$\therefore \quad P(x+1)-P(x)=2a_2x+a_2+a_1.$$

これと②から，

$$2a_2x+a_2+a_1=2x \quad (\text{恒等式}).$$

$$\begin{cases} 2a_2=2, \\ a_2+a_1=0. \end{cases}$$

$$\therefore \quad a_2=1,\ a_1=-1.$$

また，①，③から，

$$a_0=1.$$

以上より，求める整式 $P(x)$ は，

$$\boldsymbol{P(x)=x^2-x+1.}$$

（その 2）

m を自然数とする．②で，$x=0,\ 1,\ 2,\ \cdots,\ m-2,\ m-1$ として，

$$\begin{aligned} P(1)-P(0)&=2\cdot 0, \\ P(2)-P(1)&=2\cdot 1, \\ P(3)-P(2)&=2\cdot 2, \\ &\ \vdots \\ P(m-1)-P(m-2)&=2\cdot(m-2), \\ P(m)-P(m-1)&=2\cdot(m-1). \end{aligned}$$

これらを辺々加えると，

$$P(m)-P(0)=2\{0+1+2+\cdots+(m-2)+(m-1)\}.$$

これと①から，

$$P(m)-1=2\cdot\frac{1}{2}(m-1)m.$$

$$\therefore\quad P(m)=m^2-m+1.$$

これは，無数の x の値 1，2，… に対して，

$$P(x)=x^2-x+1$$

が成り立つことを示している．

$$\therefore\quad \boldsymbol{P(x)=x^2-x+1.}$$

[確認]

$P(x)=x^2-x+1$ のとき，確かに，

$$\begin{cases} P(0)=1, \\ P(x+1)-P(x)=\{(x+1)^2-(x+1)+1\}-(x^2-x+1) \\ \qquad\qquad\qquad\;=2x \end{cases}$$

となって，①，②をみたしている．

[参考]

2 つの n 次以下の整式 $f(x)$，$g(x)$ が，異なる $(n+1)$ 個の x に対して，$f(x)=g(x)$ となるなら，$f(x)$ と $g(x)$ は恒等的に等しい，すなわち，一致する．

(証明) n 次以下の 2 つの整式 $f(x)$，$g(x)$ が，異なる $(n+1)$ 個の

$$x=x_1,\ x_2,\ x_3,\ \cdots,\ x_n,\ x_{n+1}$$

に対して，$f(x)=g(x)$ であるとすると，$Q(x)=f(x)-g(x)$ について，

$$Q(x_1)=0,\ Q(x_2)=0,\ \cdots,\ Q(x_n)=0.$$

ここで，$Q(x)$ は高々 n 次の整式であるから，因数定理により，

$$Q(x)=A(x-x_1)(x-x_2)\cdots(x-x_n)$$

と分解できる．

また，$Q(x_{n+1})=0$ でもあるから，

$$Q(x_{n+1})=A(x_{n+1}-x_1)(x_{n+1}-x_2)\cdots(x_{n+1}-x_n)=0.$$

ここで，x_1，x_2，…，x_n，x_{n+1} はすべて異なるから，$A=0$.

$$\therefore\quad Q(x)=0\ (\text{恒等式}).$$

$$\therefore\quad f(x)=g(x)\ (\text{恒等式}).$$

注 $(x-1)(x-2)=x^2-3x+2$ の様な恒等式においても，$(x-1)(x-2)=0$ の様な方程式においても“同じイコール記号 ＝”を使うので，紛らわしいから要注意．

59.

解法メモ

$$\underbrace{1}\cdot x^4+\overbrace{p}x^3+qx^2+\overbrace{p}x+\underbrace{1}=0$$

係数が一致（x^3 と x の係数 p）
係数が一致（x^4 と定数項の係数 1）

の様に降べきの順に並べたとき，それぞれの項の係数が左右対称になっている n 次方程式を**相反**（そうはん）**方程式**といいます．この場合，本問の(1)の誘導にある様に $y=x+\dfrac{1}{x}$ とおくと，y の 2 次方程式に帰着します．

【解答】

$$f(x)=x^4+2\alpha x^3+(\alpha^2-\beta^2+2)x^2+2\alpha x+1.$$

(1)　$x\neq 0$ のとき，$y=x+\dfrac{1}{x}$ とおけて，

$$\begin{aligned}\boldsymbol{\frac{1}{x^2}f(x)}&=x^2+2\alpha x+(\alpha^2-\beta^2+2)+\frac{2\alpha}{x}+\frac{1}{x^2}\\&=\left(x^2+\frac{1}{x^2}\right)+2\alpha\left(x+\frac{1}{x}\right)+\alpha^2-\beta^2+2\\&=\left(x+\frac{1}{x}\right)^2-2\cdot x\cdot\frac{1}{x}+2\alpha\left(x+\frac{1}{x}\right)+\alpha^2-\beta^2+2\\&=\left(x+\frac{1}{x}\right)^2+2\alpha\left(x+\frac{1}{x}\right)+\alpha^2-\beta^2\\&\boldsymbol{=y^2+2\alpha y+\alpha^2-\beta^2.}\end{aligned}$$

(2)　$(\alpha,\ \beta)=\left(\dfrac{1}{2},\ \dfrac{3}{2}\right)$ のとき，

$$f(x)=x^4+x^3+x+1. \qquad \cdots①$$

（その 1）

$f(0)=1\neq 0$ ゆえ，

$$f(x)=0 \iff \frac{1}{x^2}f(x)=0.$$

ここで，$y=x+\dfrac{1}{x}$ とおくと，(1)で示したことから，

$$y^2+y-2=0.$$

$$\therefore\quad (y+2)(y-1)=0.$$

$$\therefore\quad y=-2,\ 1.$$

(i)　$y=-2$ のとき，$x+\dfrac{1}{x}=-2$.

$$\therefore\quad x^2+2x+1=0.$$
$$\therefore\quad (x+1)^2=0.$$
$$\therefore\quad x=-1.$$

(ii)　$y=1$ のとき，$x+\dfrac{1}{x}=1$.

$$\therefore\quad x^2-x+1=0.$$
$$\therefore\quad x=\frac{1\pm\sqrt{3}\,i}{2}.$$

以上，(i)，(ii)より，求める $f(x)=0$ の解は，

$$\boldsymbol{x=-1,\ \frac{1\pm\sqrt{3}\,i}{2}}.$$

（その 2）

①から，

$$\begin{aligned} f(x)=0 &\iff (x^3+1)(x+1)=0 \\ &\iff (x+1)^2(x^2-x+1)=0 \\ &\iff \boldsymbol{x=-1,\ \frac{1\pm\sqrt{3}\,i}{2}}. \end{aligned}$$

(3)　(1)より，

$$y^2+2\alpha y+\alpha^2-\beta^2=0.$$
$$\therefore\quad y^2+2\alpha y+(\alpha+\beta)(\alpha-\beta)=0.$$
$$\therefore\quad (y+\alpha+\beta)(y+\alpha-\beta)=0.$$
$$\therefore\quad y=-\alpha-\beta,\ -\alpha+\beta.$$
$$\therefore\quad x+\frac{1}{x}=\begin{cases} -\alpha-\beta, & \cdots② \\ -\alpha+\beta. & \cdots③ \end{cases}$$

ここで，$\beta\neq 0$ とすると②と③は異なり，したがって $f(x)=0$ は少なくとも 2 つの解を持つことになり与条件に反する．

$$\therefore\quad \beta=0.$$

このとき，②と③は一致し，$x+\dfrac{1}{x}=-\alpha$，すなわち，

$$x^2+\alpha x+1=0 \qquad \cdots④$$

がちょうど 1 つの解を持てばよく，したがって，（④の判別式）$=0$.

$$\therefore\quad \alpha^2-4=0.$$
$$\therefore\quad \alpha=\pm 2.$$

以上より，求める $(\alpha,\ \beta)$ の組は，

$$\boldsymbol{(\alpha,\ \beta)=(2,\ 0),\ (-2,\ 0)}.$$

[参考]　〈相反方程式〉

4次に限らず，偶数次の相反方程式は，$y=x+\dfrac{1}{x}$ の置き換えを行えば，その次数が半分の（より易しい）方程式に帰着します．

奇数次の相反方程式の場合，

$$x^5+ax^4+bx^3+bx^2+ax+1=0$$

の様に，必ず $x=-1$ を解に持ち，左辺は，

$$(x+1)\{x^4+(a-1)x^3+(-a+b+1)x^2+(a-1)x+1\}=0$$

と因数分解できて，残りの4次方程式の部分は，元の方程式より1つ次数の低い偶数次の相反方程式になります．

60.

解法メモ

「任意の奇数 n」から「数学的帰納法」をイメージしてしまうと大変だと思います．

ここでは，(A)から，より易しい（使い易い）a，b，c の間の関係を引き出してみてください．

【解答】

$a+b+c \fallingdotseq 0$，$abc \fallingdotseq 0$ の下で，

$$\text{(A)} \quad \frac{1}{a}+\frac{1}{b}+\frac{1}{c}=\frac{1}{a+b+c}$$

$$\iff \frac{ab+bc+ca}{abc}=\frac{1}{a+b+c}$$

$$\iff (a+b+c)(ab+bc+ca)=abc$$

$$\iff (b+c)a^2+(b+c)^2a+bc(b+c)=0$$

$$\iff (b+c)\left\{a^2+(b+c)a+bc\right\}=0$$

$$\iff (b+c)(a+b)(c+a)=0$$

$$\iff b+c=0 \text{ または } a+b=0 \text{ または } c+a=0.$$

$b+c=0$ のとき，$c=-b$ ゆえ，

$$\frac{1}{a^n}+\frac{1}{b^n}+\frac{1}{c^n}=\frac{1}{a^n}+\frac{1}{b^n}+\frac{1}{(-b)^n}$$

$$=\frac{1}{a^n}+\frac{1}{b^n}-\frac{1}{b^n} \quad (\because \ n \text{ は奇数})$$

$$=\frac{1}{a^n}$$

$$=\frac{1}{(a+b+c)^n}.\quad (\because\quad b+c=0)$$

$a+b=0$ のときも，$c+a=0$ のときも，上と同様にして，(B)が示される．

以上より，n が奇数のとき，(A)$\Longrightarrow$(B)が示された．

61.

解法メモ

3 つの数の大小がいっぺんに判ったりしません．

まず，$0<a<b$ をみたす楽に計算できそうな数，例えば $a=1$，$b=4$ を代入して，3 つの数の大小を見てみましょう．

$a=1$，$b=4$ のとき，

$$\frac{a+2b}{3}=3,\quad \sqrt{ab}=2,\quad \sqrt[3]{\frac{b(a^2+ab+b^2)}{3}}=\sqrt[3]{28}.$$

ここで，$3=\sqrt[3]{27}$，$2=\sqrt[3]{8}$ ゆえ（もし，$a=1$，$b=4$ なら），

$$\sqrt{ab}<\frac{a+2b}{3}<\sqrt[3]{\frac{b(a^2+ab+b^2)}{3}}.$$

【解答】

$$\left(\frac{a+2b}{3}\right)^2-(\sqrt{ab})^2$$

$$=\frac{a^2+4ab+4b^2}{9}-ab=\frac{a^2-5ab+4b^2}{9}$$

$$=\frac{1}{9}(a-b)(a-4b)$$

$$>0\quad (\because\quad 0<a<b \text{ より，} a<b<4b).$$

$$\therefore\quad \left(\frac{a+2b}{3}\right)^2>(\sqrt{ab})^2.$$

$0<a<b$ より，$\frac{a+2b}{3}$，$\sqrt{ab}$ はいずれも正の数だから，

$$\frac{a+2b}{3}>\sqrt{ab}. \qquad \cdots①$$

次に，

$$\left\{\sqrt[3]{\frac{b(a^2+ab+b^2)}{3}}\right\}^3-\left(\frac{a+2b}{3}\right)^3$$

$$=\frac{b(a^2+ab+b^2)}{3}-\frac{(a+2b)^3}{27}=\frac{b^3-3b^2a+3ba^2-a^3}{27}$$

$$=\frac{1}{27}(b-a)^3$$

$$>0\quad(\because\quad 0<a<b).$$

$$\therefore\quad \left\{\sqrt[3]{\frac{b(a^2+ab+b^2)}{3}}\right\}^3>\left(\frac{a+2b}{3}\right)^3.$$

$$\therefore\quad \sqrt[3]{\frac{b(a^2+ab+b^2)}{3}}>\frac{a+2b}{3}. \qquad \cdots②$$

①, ②より,

$$\sqrt[3]{\frac{b(a^2+ab+b^2)}{3}}>\frac{a+2b}{3}>\sqrt{ab}.$$

[参考]

①については,

$$\frac{a+2b}{3}-\frac{a+b}{2}=\frac{b-a}{6}>0\quad(\because\quad a<b).$$

$$\therefore\quad \frac{a+2b}{3}>\underbrace{\frac{a+b}{2}\geqq\sqrt{ab}}_{(相加平均)\geqq(相乗平均)}\quad(\because\quad a>0,\ b>0)$$

としてもよい.

62.

解法メモ

$X\geqq Y$ を示すには,

$$X-Y=\ \cdots\ =▨\geqq 0$$

を示したり, $Y>0$ が明らかなら,

$$\frac{X}{Y}=\ \cdots\ =▨\geqq 1$$

を示したりする方法が第一選択でしょうが, … これは（その 2）で.

【解答】

(その 1)

$$m=\frac{a}{b},\ \ M=\frac{c}{d}$$

とおくと, 与条件

$$(m=)\frac{a}{b}\leqq\frac{c}{d}(=M),\ \ b>0,\ \ d>0$$

から,

$$\begin{cases} mb=a\leqq Mb, & \cdots① \\ md\leqq c=Md. & \cdots② \end{cases}$$

①×2+② から，

$$m(2b+d)\leqq 2a+c\leqq M(2b+d).$$

ここで，$2b+d>0$ ゆえ，

$$m\leqq\frac{2a+c}{2b+d}\leqq M.$$

$$\therefore\quad \frac{a}{b}\leqq\frac{2a+c}{2b+d}\leqq\frac{c}{d}.$$

（その 2）

$\dfrac{a}{b}\leqq\dfrac{c}{d}$，$b>0$，$d>0$ から，$ad\leqq bc$. …㋐

よって，

$$\frac{2a+c}{2b+d}-\frac{a}{b}=\frac{(2a+c)b-a(2b+d)}{(2b+d)b}$$

$$=\frac{bc-ad}{(2b+d)b}$$

$$\geqq 0\quad (\because\ ㋐,\ b>0,\ d>0).$$

$$\therefore\quad \frac{a}{b}\leqq\frac{2a+c}{2b+d}. \qquad \cdots㋑$$

また，

$$\frac{c}{d}-\frac{2a+c}{2b+d}=\frac{c(2b+d)-(2a+c)d}{d(2b+d)}$$

$$=\frac{2(bc-ad)}{d(2b+d)}$$

$$\geqq 0\quad (\because\ ㋐,\ b>0,\ d>0).$$

$$\therefore\quad \frac{2a+c}{2b+d}\leqq\frac{c}{d}. \qquad \cdots㋒$$

以上，㋑，㋒より，

$$\frac{a}{b}\leqq\frac{2a+c}{2b+d}\leqq\frac{c}{d}.$$

[参考]（その 1）

濃度 $\dfrac{a}{b}$ の食塩水と濃度 $\dfrac{c}{d}$ の食塩水をどんな割合で混ぜても，できる食塩水の濃度は $\dfrac{a}{b}$ と $\dfrac{c}{d}$ の間に入るハズということですネ.

例えば，2：1 の割合で混ぜると，全体で $2b+d$，食塩が $2a+c$ でその濃度は，$\dfrac{2a+c}{2b+d}$ となる．

[参考]（その 2）

2 通りの解答から明らかなように，$a>0$，$c>0$ の条件は実は不要です．

63.

解法メモ

(1)は，$\left(\sqrt{a+b}\right)^2$ と $\left(\sqrt{a}+\sqrt{b}\right)^2$ の大小を調べるだけです．

(2)は，$k>0$ が必要なのは明白で，このとき，

$$\begin{aligned}\sqrt{a}+\sqrt{b} \leqq k\sqrt{a+b} &\iff \left(\sqrt{a}+\sqrt{b}\right)^2 \leqq k^2\left(\sqrt{a+b}\right)^2\\ &\iff a+2\sqrt{ab}+b \leqq k^2(a+b)\\ &\iff (k^2-1)a-2\sqrt{ab}+(k^2-1)b \geqq 0.\end{aligned}$$

ここで，「両辺を b（>0）で割って，$\sqrt{\dfrac{a}{b}}=t$ とおく」という技が掛かります‼

$$(k^2-1)t^2-2t+k^2-1\geqq 0.$$

ホラ，1 つの文字の 2 次不等式の問題になりました．

なお，(1)で示したことから $\sqrt{a}+\sqrt{b}>\sqrt{a+b}$ なので，$\sqrt{a}+\sqrt{b}\leqq k\sqrt{a+b}$ となるには $k>1$ であることが必要ですが，下の【解答】では(1)の設問の無い(2)だけの出題の場合のことも考えて論述しました．

【解答】

(1)　$a>0$，$b>0$ より，

$$\begin{aligned}\left(\sqrt{a}+\sqrt{b}\right)^2-\left(\sqrt{a+b}\right)^2&=\left(a+2\sqrt{ab}+b\right)-(a+b)\\ &=2\sqrt{ab}>0.\end{aligned}$$

$$\therefore\quad \left(\sqrt{a}+\sqrt{b}\right)^2>\left(\sqrt{a+b}\right)^2. \qquad \therefore\quad \sqrt{a}+\sqrt{b}>\sqrt{a+b}.$$

(2)　（その 1）

明らかに $k>0$ が必要で，このとき，$a>0$，$b>0$ より，

$$\begin{aligned}\sqrt{a}+\sqrt{b}\leqq k\sqrt{a+b} &\iff \left(\sqrt{a}+\sqrt{b}\right)^2\leqq k^2\left(\sqrt{a+b}\right)^2\\ &\iff a+2\sqrt{ab}+b\leqq k^2(a+b)\\ &\iff (k^2-1)a-2\sqrt{ab}+(k^2-1)b\geqq 0\\ &\iff (k^2-1)\cdot\frac{a}{b}-2\sqrt{\frac{a}{b}}+k^2-1\geqq 0. \qquad \cdots(*)\end{aligned}$$

ここで，$t=\sqrt{\dfrac{a}{b}}$ とおくと，$a>0$，$b>0$ より $t>0$ で，

$$(*) \iff (k^2-1)t^2-2t+k^2-1\geqq 0.$$

いま，$f(t)=(k^2-1)t^2-2t+k^2-1$ とおくとき，任意の正の数 t に対して，$f(t)\geqq 0$ となるための $k(>0)$ の条件を調べればよい．

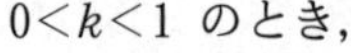
$0<k<1$ のとき，

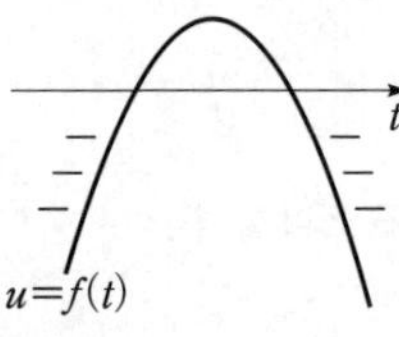

$k=1$ のとき，

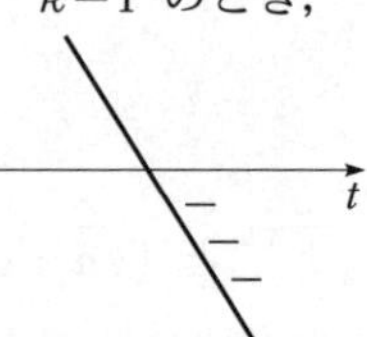

となって不適．

$k>1$ のとき，$u=f(t)$ の軸の位置について，

$$t=\frac{1}{k^2-1}>0.$$

したがって，k の条件は，

$$(f(t)=0 \text{ の判別式})\leqq 0$$

である．

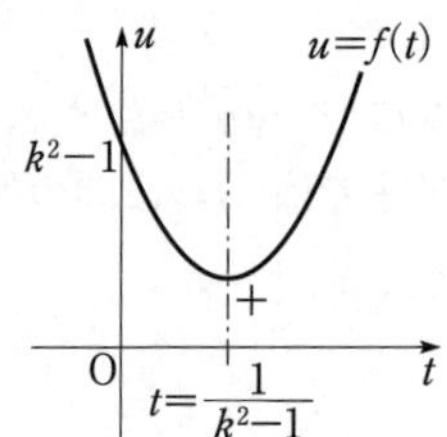

$$\therefore \quad 1-(k^2-1)^2\leqq 0.$$

$$\therefore \quad k^2(2-k^2)\leqq 0.$$

ここで，$k>1$ ゆえ，

$$k\geqq\sqrt{2}.$$

よって，求める k の最小値は，

$$\boldsymbol{\sqrt{2}}.$$

（その 2）

$$\sqrt{a}+\sqrt{b}\leqq k\sqrt{a+b} \iff \frac{\sqrt{a}}{\sqrt{a+b}}+\frac{\sqrt{b}}{\sqrt{a+b}}\leqq k. \qquad \cdots①$$

ここで，

$$\left(\frac{\sqrt{a}}{\sqrt{a+b}}\right)^2+\left(\frac{\sqrt{b}}{\sqrt{a+b}}\right)^2=1,\quad \frac{\sqrt{a}}{\sqrt{a+b}}>0,\quad \frac{\sqrt{b}}{\sqrt{a+b}}>0$$

ゆえ，

$$\frac{\sqrt{a}}{\sqrt{a+b}}=\sin\theta,\quad \frac{\sqrt{b}}{\sqrt{a+b}}=\cos\theta \quad \left(0<\theta<\frac{\pi}{2}\right) \qquad \cdots②$$

とおけるから，

$$① \iff \sin\theta+\cos\theta\leqq k$$

$$\iff \sqrt{2}\left(\frac{1}{\sqrt{2}}\sin\theta+\frac{1}{\sqrt{2}}\cos\theta\right)\leqq k$$

$$\iff \sqrt{2}\sin\left(\theta+\frac{\pi}{4}\right)\leqq k.$$

さらに，②から，$\dfrac{\pi}{4}<\theta+\dfrac{\pi}{4}<\dfrac{3}{4}\pi$ ゆえ，左辺の値域は，

$$\sqrt{2}\cdot\frac{1}{\sqrt{2}}<\sqrt{2}\sin\left(\theta+\frac{\pi}{4}\right)\leqq\sqrt{2}\cdot 1$$

だから，求める k の最小値は，$\sqrt{2}$.

（その 3）〈(相加平均)≧(相乗平均) が使えて…〉

明らかに $k>0$ が必要で，$a>0$，$b>0$ より，

$$\sqrt{a}+\sqrt{b}\leqq k\sqrt{a+b} \iff a+b+2\sqrt{ab}\leqq k^2(a+b)$$

$$\iff 1+\frac{\sqrt{ab}}{\left(\dfrac{a+b}{2}\right)}\leqq k^2. \quad \cdots ㋐$$

ここで，相加平均，相乗平均の大小関係から，

$\dfrac{a+b}{2}\geqq\sqrt{ab}$，すなわち，$\dfrac{\sqrt{ab}}{\left(\dfrac{a+b}{2}\right)}\leqq 1$ （等号成立は $a=b$ のとき）

ゆえ，

$$1+\frac{\sqrt{ab}}{\left(\dfrac{a+b}{2}\right)}\leqq 2$$ （等号成立は $a=b$ のとき）.

よって，求める k の最小値は $\sqrt{2}$.

（その 4）〈必要条件で絞って，あとで十分性の check の方針で…〉

$a=b=1$ のとき成り立つことが必要だから，

$$\sqrt{1}+\sqrt{1}\leqq k\sqrt{1+1}.$$

$$\therefore\quad k\geqq\sqrt{2}.$$ （必要条件）

$k=\sqrt{2}$ のとき，

$$\left(k\sqrt{a+b}\right)^2-\left(\sqrt{a}+\sqrt{b}\right)^2$$

$$=\left(\sqrt{2}\sqrt{a+b}\right)^2-\left(\sqrt{a}+\sqrt{b}\right)^2$$

$$=2(a+b)-\left(a+2\sqrt{ab}+b\right)$$

$$=a-2\sqrt{ab}+b=\left(\sqrt{a}-\sqrt{b}\right)^2$$

$$\geqq 0$$ （等号成立は $a=b$ のとき）

より，

$$\left(\sqrt{2}\sqrt{a+b}\right)^2 \geqq \left(\sqrt{a}+\sqrt{b}\right)^2.$$

したがって，

$$\sqrt{a}+\sqrt{b} \leqq \sqrt{2}\sqrt{a+b}$$

は任意の正の数 a，b に対して成り立つ．（十分性の確認ができた．）

よって，求める k の最小値は $\sqrt{2}$.

64.

解法メモ

本問の a がもし 1 だと，…

$$\begin{aligned} x^2+y^2+z^2-xy-yz-zx &= \frac{1}{2}(2x^2+2y^2+2z^2-2xy-2yz-2zx) \\ &= \frac{1}{2}\left\{(x-y)^2+(y-z)^2+(z-x)^2\right\} \\ &\geqq 0 \quad (\text{等号成立は，} x=y=z \text{ のとき}) \end{aligned}$$

というよく知られた不等式になります．

よって，$a \geqq 1$ なら，文句無く与えられた不等式は正しい．

では，$a<1$ なら，どうでしょうか．

また，地道に順に平方完成していく（その 2）も紹介しておきます．

【解答】

（その 1）

$$ax^2+y^2+az^2-xy-yz-zx \geqq 0 \qquad \cdots(*)$$

が任意の実数 x，y，z に対して常に成り立つためには，

$$x=y=z=1$$

で成り立つことが必要で，

$$a+1+a-1-1-1 \geqq 0,$$

すなわち，$a \geqq 1$（必要）.

逆にこのとき，

$$\begin{aligned} &ax^2+y^2+az^2-xy-yz-zx \\ &= x^2+y^2+z^2-xy-yz-zx+(a-1)(x^2+z^2) \\ &= \frac{1}{2}\left\{(x-y)^2+(y-z)^2+(z-x)^2\right\}+(a-1)(x^2+z^2) \\ &\geqq 0 \quad (\because \ x,\ y,\ z \text{ は実数で，} a \geqq 1) \end{aligned}$$

となって十分.

以上より，求める a の値の範囲は，

$$\boldsymbol{a \geqq 1.}$$

（その 2）

$$ax^2+y^2+az^2-xy-yz-zx \geqq 0$$
$$\iff y^2-(x+z)y+ax^2+az^2-xz \geqq 0$$
$$\iff \left(y-\frac{x+z}{2}\right)^2+\left(a-\frac{1}{4}\right)(x^2+z^2)-\frac{3}{2}xz \geqq 0. \qquad \cdots①$$

ここで，任意の実数 x，z に対して，$\left(y-\dfrac{x+z}{2}\right)^2$ は 0 以上のすべての実数値をとって変われるから，任意の実数 x，y，z に対して，①が成り立つ条件は，

$$\left(a-\frac{1}{4}\right)(x^2+z^2)-\frac{3}{2}xz \geqq 0 \qquad \cdots②$$

が任意の実数 x，z に対して成り立つことである．

今，$a \leqq \dfrac{1}{4}$ のとき，$x>0$，$z>0$ をみたす x，z に対して②が成り立たないから，$a>\dfrac{1}{4}$ が必要である．

このとき，

$$② \iff \left(a-\frac{1}{4}\right)\left\{x-\frac{3z}{4a-1}\right\}^2+\frac{2(2a+1)(a-1)}{4a-1}z^2 \geqq 0. \qquad \cdots③$$

ここで，任意の実数 z に対して，$\left(a-\dfrac{1}{4}\right)\left\{x-\dfrac{3z}{4a-1}\right\}^2$ は，0 以上のすべての実数値をとって変われるから，任意の実数 x に対して③が成り立つ条件は，

$$\frac{2(2a+1)(a-1)}{4a-1}z^2 \geqq 0$$

が任意の実数 z に対して成り立つこと，すなわち，

$$\frac{2(2a+1)(a-1)}{4a-1} \geqq 0$$

が成り立つことである．

これと $a>\dfrac{1}{4}$ から，$a \geqq 1$．

以上より，求める a の値の範囲は，

$$\boldsymbol{a \geqq 1.}$$

65.

解法メモ

なかなか simple で楽しくて，しかも，有力な考え方（原理）です．

(1)　一辺の長さ1の正三角形の内部に，どのように2点をとっても，この2点間距離が1以下であり，1となるのは，2点を2頂点に採るときに限るのは，自明として良いでしょうか….

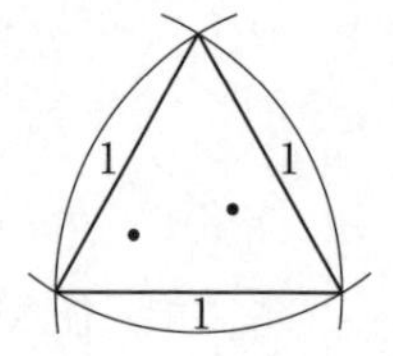

頂点を中心とする半径1の円の内部または周内にこの正三角形は納まりますものね．

(2)

3で割り切れる 整数のグループ	3で割ると1余る 整数のグループ	3で割ると2余る 整数のグループ

の3つのグループに4つの相異なる整数 m_1，m_2，m_3，m_4 を入れようとすると….

【解答】

(1)　正三角形を右図のように，各辺の中点を結んで，一辺の長さ1の小正三角形4個に分割する．

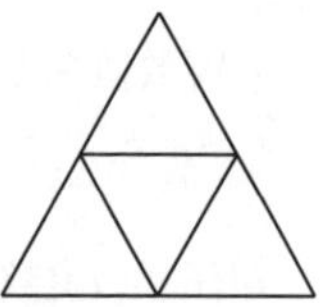

このとき，「鳩の巣原理」により，5点のうち少なくとも2点はある1つの小正三角形の周または内部に入り，しかも，その小三角形の頂点ではない．このような2点は明らかに，距離が1より小である．

(2)　任意の整数は，3で割った余りによって，次の3つのグループ

$$\{3k\},\ \{3k+1\},\ \{3k+2\}\quad (k\text{ は整数})$$

に分類できる．

したがって，「鳩の巣原理」により，相異なる4つの整数 m_1，m_2，m_3，m_4 の少なくとも2つは同一グループに属し，その差は，

$$(3k+r)-(3k'+r)=3(k-k')\quad (k,\ k'\text{ は整数．} r=0,\ 1,\ 2)$$

から3の倍数である．

§7 図形と方程式，不等式

66.

解法メモ

「似た式は足したり引いたりしてみるものだ」という“言い伝え”があったような気がします．で，

①＋②から，$y+x=x^2+y^2+2k$. …㋐

$\therefore\quad x+y=(x+y)^2-2xy+2k$. …㋑

①－②から，$y-x=x^2-y^2$.

$\therefore\quad (x-y)(x+y+1)=0$. …㋒

㋒が特にキレイで，$\underset{㋒_1}{\underline{x=y}}$ or $\underset{㋒_2}{\underline{x+y=-1}}$ として㋑と連立すれば…（その1）.

あるいは，㋐から，$\left(x-\frac{1}{2}\right)^2+\left(y-\frac{1}{2}\right)^2=\frac{1}{2}-2k$ …㋓を導くと，xy 平面上の（$㋒_1$ or $㋒_2$）と㋓の共有点の個数を調べる気になるやも知れません（その2).

オマケに「y を消去する」解法も示しておきます（その3).

【解答】

$$\begin{cases} y=x^2+k, & \cdots ① \\ x=y^2+k. & \cdots ② \end{cases}$$

（その1）

①－②から，$y-x=(x+y)(x-y)$.

$\therefore\quad (x-y)(x+y+1)=0$. …③

①＋②から，

$$y+x=x^2+y^2+2k$$
$$=(x+y)^2-2xy+2k. \quad \cdots ④$$

ここで，

①かつ② $\Longleftrightarrow$ ③かつ④.

(i)　$x=y$ のとき，③は正しい．

このとき，④から，$2x=2x^2+2k$.

$\therefore\quad x^2-x+k=0$. …⑤

ここで，（⑤の判別式）$=1-4k$ ゆえ，「$x=y$, ①, ②」をみたす実数解の組 $(x,\ y)$は，

$$\begin{cases} k<\dfrac{1}{4} \text{ のとき，} (x,\ y)=\left(\dfrac{1\pm\sqrt{1-4k}}{2},\ \dfrac{1\pm\sqrt{1-4k}}{2}\right) \text{（複号同順）の 2 組,} \\ k=\dfrac{1}{4} \text{ のとき，} (x,\ y)=\left(\dfrac{1}{2},\ \dfrac{1}{2}\right) \text{ の 1 組,} \\ k>\dfrac{1}{4} \text{ のとき，⑤は実数解を持たないから，0 組.} \end{cases}$$

(ii) $x \neq y$ のとき，③から，

$$x+y=-1. \qquad \cdots⑥$$

これを④へ代入して，$-1=(-1)^2-2xy+2k$.

$$\therefore\quad xy=1+k. \qquad \cdots⑦$$

⑥，⑦から，x，y は t の 2 次方程式

$$t^2+t+1+k=0 \qquad \cdots⑧$$

の 2 解で，（⑧の判別式）$=1-4(1+k)=-3-4k$ ゆえ，「$x \neq y$，①，②」をみたす実数解の組 $(x,\ y)$ は，

$$\begin{cases} k<-\dfrac{3}{4} \text{ のとき，} \\ \qquad (x,\ y)=\left(\dfrac{-1\pm\sqrt{-3-4k}}{2},\ \dfrac{-1\mp\sqrt{-3-4k}}{2}\right) \text{（複号同順）の 2 組,} \\ k=-\dfrac{3}{4} \text{ のとき，⑧は重解を持つので 0 組,} \\ k>-\dfrac{3}{4} \text{ のとき，⑧は実数解を持たないので 0 組.} \end{cases}$$

以上，(i)，(ii)より，求める連立方程式①，②の実数解の組の個数は，

$$\begin{cases} \boldsymbol{k<-\dfrac{3}{4}} \text{ のとき，4 組,} \\ \boldsymbol{-\dfrac{3}{4}\leqq k<\dfrac{1}{4}} \text{ のとき，2 組,} \\ \boldsymbol{k=\dfrac{1}{4}} \text{ のとき，1 組,} \\ \boldsymbol{\dfrac{1}{4}<k} \text{ のとき，0 組.} \end{cases}$$

[参考]

xy 平面上の 2 つの放物線の位置関係ととらえてみると，次のように見えます．

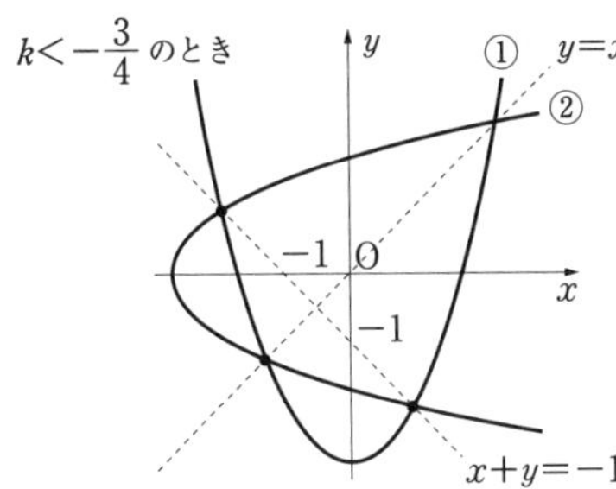

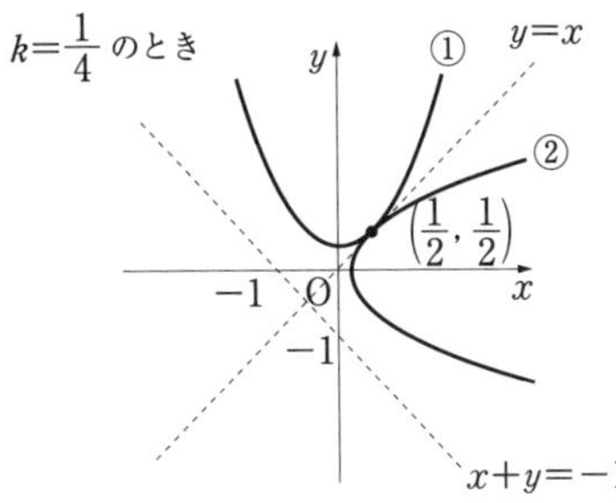

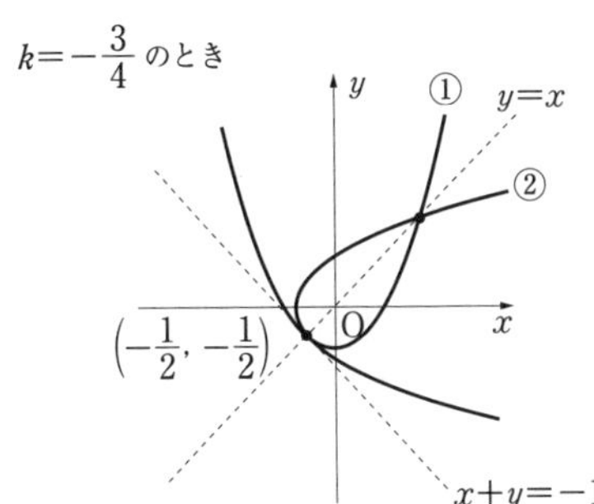

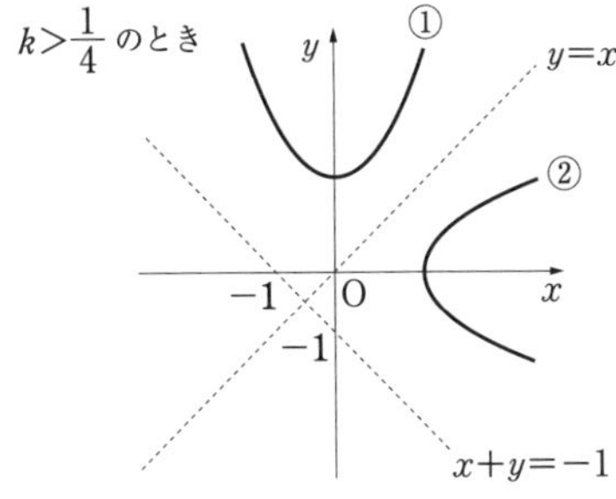

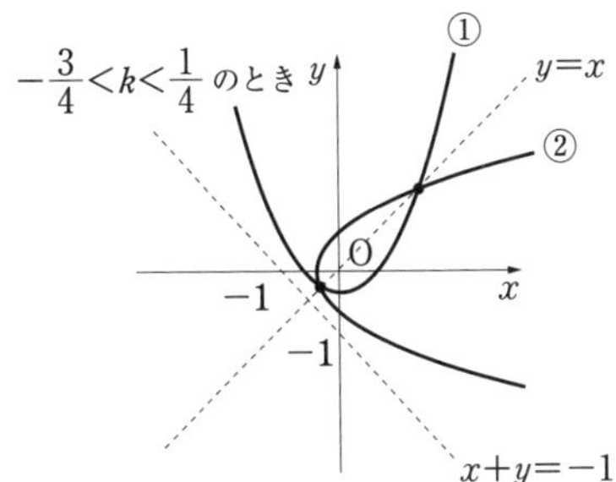

（その 2）

①−②から，$y-x=(x+y)(x-y)$.

$$\therefore \quad (x-y)(x+y+1)=0.$$

$$\therefore \quad y=x \quad \text{or} \quad x+y+1=0. \qquad \cdots ㋐$$

①＋②から，$y+x=x^2+y^2+2k$.

$$\therefore \quad \left(x-\frac{1}{2}\right)^2+\left(y-\frac{1}{2}\right)^2=\frac{1}{2}-2k. \qquad \cdots ㋑$$

ここで，①かつ② $\Longleftrightarrow$ ㋐かつ㋑.

よって，求める実数解の組 $(x,\ y)$ の個数は，xy 平面上の図形㋐，㋑の共有点の個数に等しい．

(i) $\frac{1}{2}-2k<0$，すなわち，$k>\frac{1}{4}$ のとき，図形㋑は空集合なので，0 個．

(ii) $\frac{1}{2}-2k=0$，すなわち，$k=\frac{1}{4}$ のとき，図形㋑は 1 点 $\left(\frac{1}{2},\ \frac{1}{2}\right)$ で，これは図形㋐のうちの直線 $y=x$ 上にあるので，1 個．

(iii) $\frac{1}{2}-2k>0$，すなわち，$k<\frac{1}{4}$ のとき，図形㋑は点 $\left(\frac{1}{2},\ \frac{1}{2}\right)$ を中心とする半径 $\sqrt{\frac{1}{2}-2k}$ の円を表す．

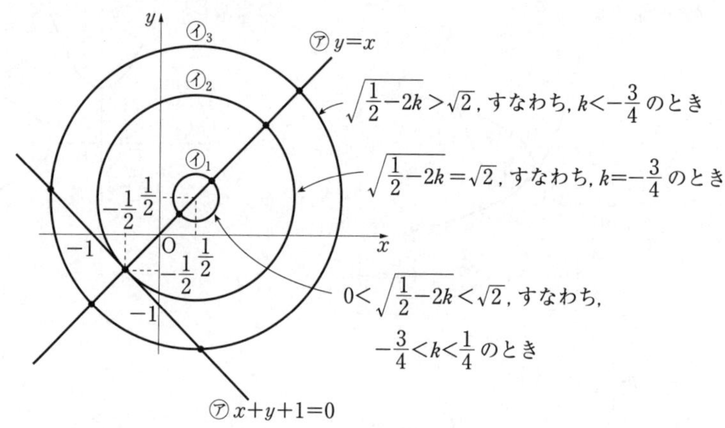

上図より，

$$\begin{cases} k<-\frac{3}{4} \text{ のとき，} & 4 \text{ 組，} \\ -\frac{3}{4}\leqq k<\frac{1}{4} \text{ のとき，} & 2 \text{ 組．} \end{cases}$$

…（以下，略）

（その3）

①，②から，y を消去して，

$$x=(x^2+k)^2+k.$$

$$\therefore\quad k^2+(2x^2+1)k+(x^2-x)(x^2+x+1)=0.$$

$$\therefore\quad \{k-(-x^2+x)\}\{k-(-x^2-x-1)\}=0.$$

$$\therefore\quad k=-x^2+x \quad \text{or} \quad k=-x^2-x-1.$$

一組の $(x,\ k)$ に対して，①により y は唯一つに定まるから，求める実数解

の組 $(x,\ y)$ の個数は，xu 平面上の　$u=-x^2+x$　or　$u=-x^2-x-1$ のグラフと $u=k$ のグラフの共有点の数に一致する．

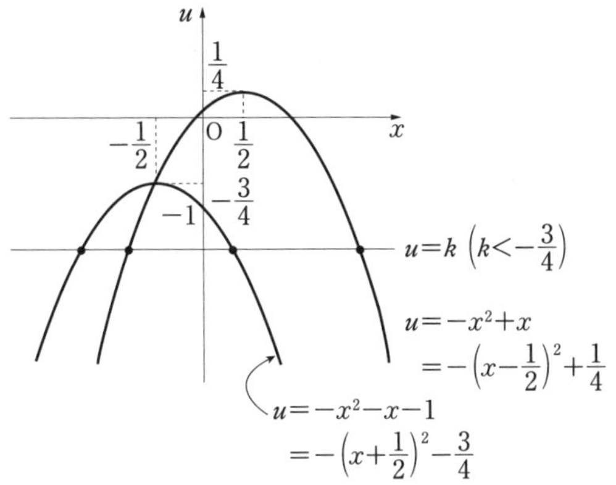

…（以下，略）

67.

解法メモ

⑴が示されれば l の傾きを（例えば m とでも）設定できて，「距離の和が 1」の条件を“式化”することができるでしょう．

【解答】

⑴　$l \parallel$（y 軸）とすると，l：$x=k$（k は定数）と表せて，

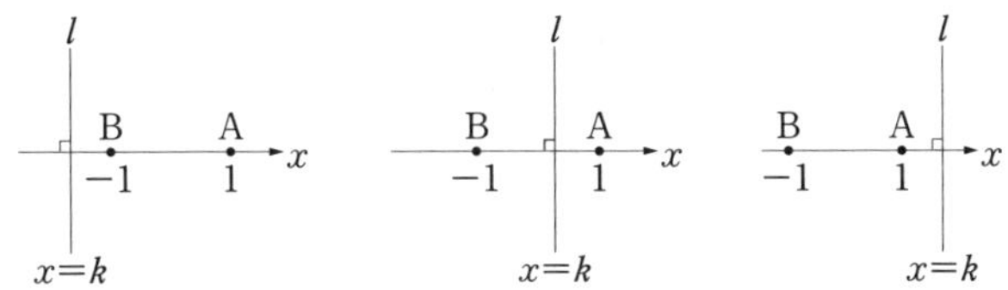

いずれにせよ，

$$(\text{A と } l \text{ の距離})+(\text{B と } l \text{ の距離})\geqq 2$$

となって，与条件に反する．

よって，$l \nparallel$（y 軸）である．

⑵　（その 1）

l が線分 AB と交わるとき，その交点の座標を

$$(a,\ 0)\ \underbrace{(-1\leqq a\leqq 1)}_{①}$$

とおき，l の傾きを m とすると，

$$l : y=m(x-a),\ \text{すなわち},\ mx-y-ma=0.$$

距離の条件から,

$$\frac{|m\cdot 1-0-ma|}{\sqrt{m^2+(-1)^2}}+\frac{|m(-1)-0-ma|}{\sqrt{m^2+(-1)^2}}=1.$$

$$\therefore\quad |m(1-a)|+|m(1+a)|=\sqrt{m^2+1}.$$

これと①から,

$$|m|(1-a)+|m|(1+a)=\sqrt{m^2+1}.$$

$$\therefore\quad 2|m|=\sqrt{m^2+1}.$$

$$\therefore\quad 4m^2=m^2+1.$$

$$\therefore\quad m^2=\frac{1}{3}.$$

$$\therefore\quad m=\pm\boldsymbol{\frac{1}{\sqrt{3}}}.$$

(その2)

l と線分 AB の交点を C, l と線分 AB のなす角を θ ($0^\circ<\theta<90^\circ$) とする. また, A, B から l に下ろした垂線の足をそれぞれ H, K とする.

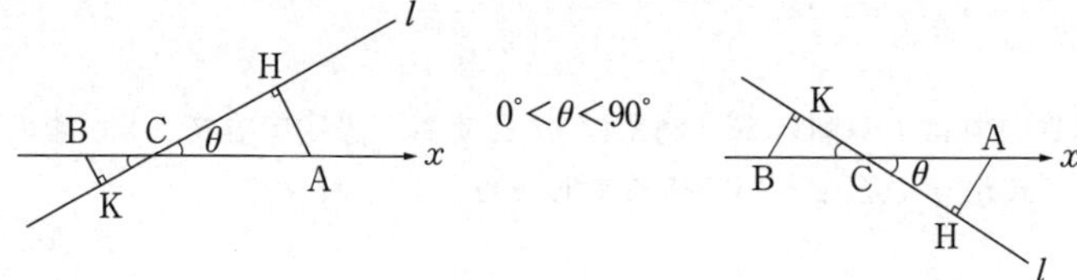

距離の条件から,

$$\begin{aligned}1&=\mathrm{AH}+\mathrm{BK}\\&=\mathrm{AC}\sin\theta+\mathrm{BC}\sin\theta\\&=(\mathrm{AC}+\mathrm{BC})\sin\theta\\&=2\sin\theta.\end{aligned}$$

$$\therefore\quad \sin\theta=\frac{1}{2}.\qquad \therefore\quad \theta=30^\circ.$$

よって, l の傾きは,

$$\pm\tan 30^\circ=\pm\boldsymbol{\frac{1}{\sqrt{3}}}.$$

(3) (その1)

(1)で示したことから,

$$l : y=ax+b,\ \text{すなわち},\ ax-y+b=0$$

と表せる.

距離の条件から,

$$\frac{|a\cdot 1-0+b|}{\sqrt{a^2+(-1)^2}}+\frac{|a(-1)-0+b|}{\sqrt{a^2+(-1)^2}}=1.$$

$$\frac{|a+b|+|-a+b|}{\sqrt{a^2+1}}=1. \qquad \cdots②$$

ここで, l が線分 AB と交わらないから, 2点 A(1, 0), B(−1, 0) は直線 $l:y=ax+b$ に関して同じ側にあるので,

「$0<a\cdot 1+b$, かつ, $0<a\cdot(-1)+b$」,

または,

「$0>a\cdot 1+b$, かつ, $0>a\cdot(-1)+b$」.

(i) $a+b>0$, $-a+b>0$ のとき, ②から,

$$\frac{(a+b)+(-a+b)}{\sqrt{a^2+1}}=1.$$

$$\therefore \quad \frac{b}{\sqrt{a^2+1}}=\frac{1}{2}. \quad (このとき, b>0)$$

(ii) $a+b<0$, $-a+b<0$ のとき, ②から,

$$\frac{-(a+b)-(-a+b)}{\sqrt{a^2+1}}=1.$$

$$\therefore \quad \frac{b}{\sqrt{a^2+1}}=-\frac{1}{2}. \quad (このとき, b<0)$$

(i), (ii) いずれにせよ l と原点との距離は,

$$\frac{|a\cdot 0-0+b|}{\sqrt{a^2+(-1)^2}}=\frac{|b|}{\sqrt{a^2+1}}$$

$$=\boldsymbol{\frac{1}{2}}.$$

(その 2)

(1)で示したことと, l が線分 AB と交わらないことから, A, B, O から l に下ろした垂線の足をそれぞれ H, K, L とすると, 四角形 AHKB は台形である.

線分 AK と線分 OL の交点を M とすると,

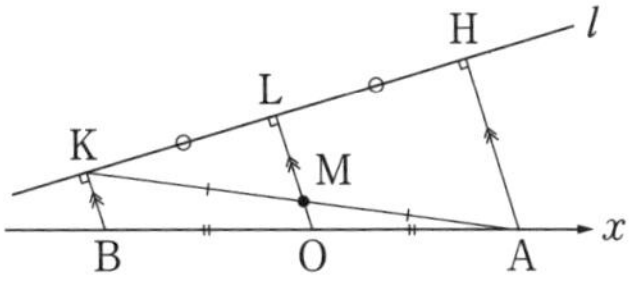

$$\begin{aligned}\mathrm{OL}&=\mathrm{OM}+\mathrm{ML}\\&=\frac{1}{2}\mathrm{BK}+\frac{1}{2}\mathrm{AH}\\&=\frac{1}{2}(\mathrm{AH}+\mathrm{BK})\\&=\boldsymbol{\frac{1}{2}} \quad (\because\ 距離の条件).\end{aligned}$$

[参考]

(2),(3)でほとんど無意識レベルで「点と直線の距離公式」を使いましたが，その証明をせよという出題もありました．

> xy 平面において，点 $(x_0,\ y_0)$ と直線 $ax+by+c=0$ の距離は，
> $$\frac{|ax_0+by_0+c|}{\sqrt{a^2+b^2}}$$
> である．これを証明せよ．（大阪大）

任意の実数 a，b，p，q に対して，

$$(a^2+b^2)(p^2+q^2)=(ap+bq)^2+(aq-bp)^2$$
$$\geqq(ap+bq)^2\ \left(\text{等号成立は，}\begin{pmatrix}a\\b\end{pmatrix}/\!/\begin{pmatrix}p\\q\end{pmatrix}\text{のとき}\right).$$

ここで，$a^2+b^2\neq0$ なら，

$$\sqrt{p^2+q^2}\geqq\sqrt{\frac{(ap+bq)^2}{a^2+b^2}}$$
$$=\frac{|ap+bq|}{\sqrt{a^2+b^2}}.\qquad\cdots(*)$$

$p=x-x_0$，$q=y-y_0$ とすれば，

$$\mathrm{AP}=\sqrt{(x-x_0)^2+(y-y_0)^2}$$
$$\geqq\frac{|a(x-x_0)+b(y-y_0)|}{\sqrt{a^2+b^2}}$$
$$=\frac{|ax_0+by_0-(ax+by)|}{\sqrt{a^2+b^2}}$$
$$=\frac{|ax_0+by_0+c|}{\sqrt{a^2+b^2}}\quad\left(\because\ \mathrm{P}(x,\ y)\text{は } l:ax+by+c=0 \text{ 上の点だから，} -(ax+by)=c.\right)$$

これが AP の最小値で，したがって A と l の距離 d に等しい．

また，点 $(x_0,\ y_0,\ z_0)$ と平面 $ax+by+cz+d=0$ の距離 $\dfrac{|ax_0+by_0+cz_0+d|}{\sqrt{a^2+b^2+c^2}}$

についても上と同様に，

$$(a^2+b^2+c^2)(p^2+q^2+r^2)$$
$$=(ap+bq+cr)^2+(aq-bp)^2+(br-cq)^2+(cp-ar)^2$$
$$\geqq(ap+bq+cr)^2\ \left(\text{等号成立は，}\begin{pmatrix}a\\b\\c\end{pmatrix}/\!/\begin{pmatrix}p\\q\\r\end{pmatrix}\text{のとき}\right)$$

から始めて示せる．

68.

解法メモ

直線 l をどの様に表すかで見掛けの違ういくつかの解答がありそうです.

傾き m を使って, $l:y=m(x-a)+b$ と表す …(その 1),

x 切片, y 切片を使って, $l:\dfrac{x}{p}+\dfrac{y}{q}=1$ と表す …(その 2),

法線ベクトルを使って, $l:\begin{pmatrix}u\\v\end{pmatrix}\cdot\begin{pmatrix}x-a\\y-b\end{pmatrix}=0$ と表す …(その 3).

【解答】

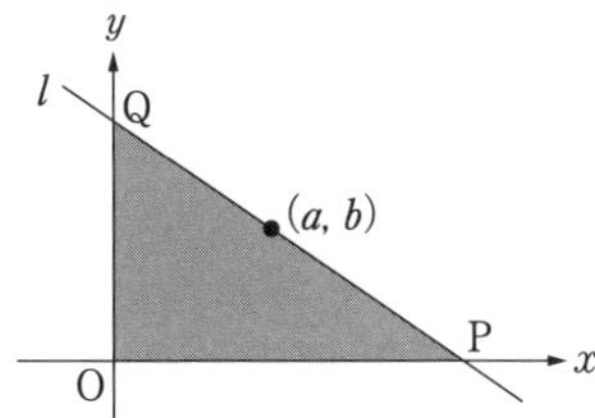

(その 1) 〈l の傾きから〉

第 1 象限内の点 $(a,\ b)$ を通る直線 l が x 軸の正の部分, y 軸の正の部分と交わることから, l の傾きは負で, 今これを $-m\,(m>0)$ とおくと,

$$l:y=-m(x-a)+b$$

と書ける. よって, l と x 軸, y 軸の交点をそれぞれ P, Q とすると,

$$\mathrm{P}\left(a+\frac{b}{m},\ 0\right),\ \mathrm{Q}(0,\ am+b)$$

だから, 題意の三角形 OPQ の面積は,

$$\frac{1}{2}\left(a+\frac{b}{m}\right)(am+b)$$

$$=\frac{1}{2}\left(a^2m+\frac{b^2}{m}\right)+ab$$

$$\geqq\sqrt{a^2m\cdot\frac{b^2}{m}}+ab\quad\left(\begin{array}{l}\because\ \text{相加平均, 相乗平均の大小関係による.}\\ \text{等号成立は, } a^2m=\dfrac{b^2}{m}\text{, すなわち, } m=\dfrac{b}{a}\text{ のとき.}\end{array}\right)$$

$$=2ab.$$

よって, 求める l の方程式は $\left(m=\dfrac{b}{a}\text{ のときで}\right)$,

$$l:y=-\frac{b}{a}(x-a)+b\text{, すなわち, } \boldsymbol{y=-\frac{b}{a}x+2b.}$$

(その 2) 〈l の x 切片, y 切片から〉

l と x 軸，y 軸の交点をそれぞれ

$$\mathrm{P}(p,\ 0),\ \mathrm{Q}(0,\ q)\quad (p>0,\ q>0)$$

とおくと，

$$l:\frac{x}{p}+\frac{y}{q}=1$$

と書けて，これが第１象限内の点 $(a,\ b)$ を通ることから，

$$\frac{a}{p}+\frac{b}{q}=1. \qquad \cdots①$$

①から，

$$(1=)\frac{a}{p}+\frac{b}{q}\geqq 2\sqrt{\frac{a}{p}\cdot\frac{b}{q}}$$

（∵　相加平均，相乗平均の大小関係による．
等号成立は，$\dfrac{a}{p}=\dfrac{b}{q}=\dfrac{1}{2}$，すなわち，$(p,\ q)=(2a,\ 2b)$ のとき．）

$$\therefore\quad \sqrt{pq}\geqq 2\sqrt{ab}.$$

$$\therefore\quad \triangle\mathrm{OPQ}=\frac{1}{2}pq\geqq 2ab.$$

よって，求める l の方程式は（$(p,\ q)=(2a,\ 2b)$ のときで），

$$\boldsymbol{l:\frac{x}{2a}+\frac{y}{2b}=1.}$$

（その３）〈l の法線ベクトルから〉

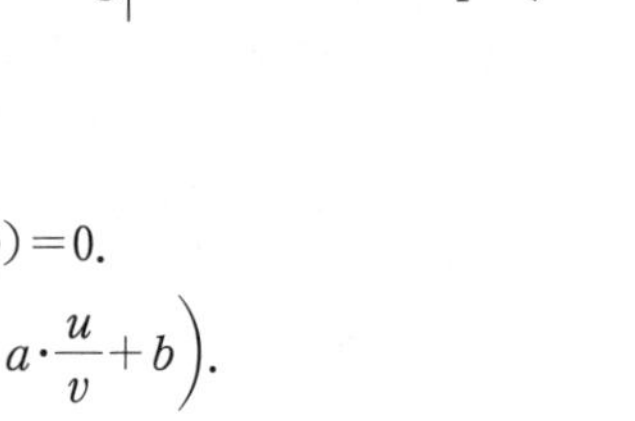

与条件から，l の法線ベクトルは，

$$\begin{pmatrix}u\\v\end{pmatrix}\quad (u>0,\ v>0)$$

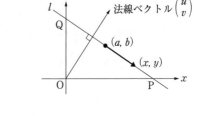

とおけて，$\begin{pmatrix}u\\v\end{pmatrix}\perp\begin{pmatrix}x-a\\y-b\end{pmatrix}$ より，

$$l:\begin{pmatrix}u\\v\end{pmatrix}\cdot\begin{pmatrix}x-a\\y-b\end{pmatrix}=0\quad (u>0,\ v>0)$$

と書ける．

$$\therefore\quad l:u(x-a)+v(y-b)=0.$$

$$\therefore\quad \mathrm{P}\left(a+b\cdot\frac{v}{u},\ 0\right),\quad \mathrm{Q}\left(0,\ a\cdot\frac{u}{v}+b\right).$$

$$\therefore\quad \triangle\mathrm{OPQ}=\frac{1}{2}\left(a+b\cdot\frac{v}{u}\right)\left(a\cdot\frac{u}{v}+b\right)$$

$$=\frac{1}{2}\left(a^2\cdot\frac{u}{v}+b^2\cdot\frac{v}{u}\right)+ab$$

$$\geqq \sqrt{a^2\cdot\frac{u}{v}\cdot b^2\cdot\frac{v}{u}}+ab$$

$$\left(\begin{array}{l}\because\ \text{相加平均，相乗平均の大小関係による．}\\ \text{等号成立は，}a^2\cdot\dfrac{u}{v}=b^2\cdot\dfrac{v}{u}\text{，すなわち，}\dfrac{u}{v}=\dfrac{b}{a}\\ \text{したがって，}\begin{pmatrix}u\\v\end{pmatrix}\,/\!/\,\begin{pmatrix}b\\a\end{pmatrix}\text{のとき．}\end{array}\right)$$

$$=2ab.$$

よって，求める l の方程式は（$u:v=b:a$ のときで），

$$\boldsymbol{l:b(x-a)+a(y-b)=0.}$$

69.

解法メモ

例によって，正しく読み，正しく書くことから，始めます．

次に C や l の方程式を表現するために，いくつかのパラメータを設定しなければいけないことに気が付きます．

例えば，C の頂点の座標や，C と l の接点の x 座標，あるいは l の傾き等々．

で，このパラメータ達が相互に関係しながら変化していくときの，C と l の接点の x 座標の最大，最小の状況を聞いているのです．

【解答】

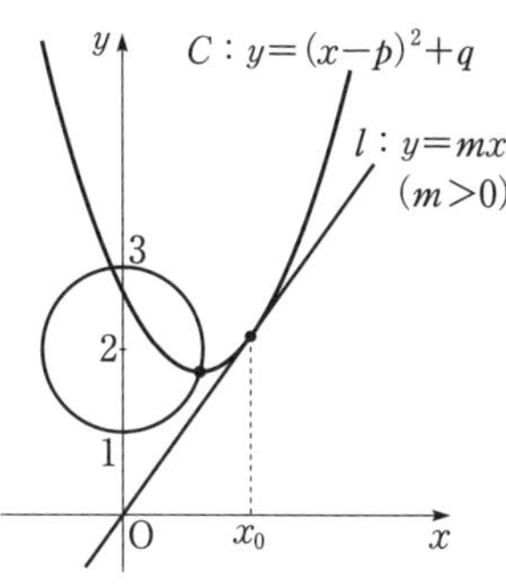

C の頂点を（p，q）とすると，これが円 $x^2+(y-2)^2=1$ 上にあることから，

$$p^2+(q-2)^2=1 \qquad \cdots①$$

が成り立ち，

$$C:y=(x-p)^2+q. \qquad \cdots②$$

また，原点を通る直線 l の傾きを m（$m>0$）とすると，

$$l:y=mx \qquad \cdots③$$

と書けて，C と l が接する条件は，②，③から y を消去してできる x の2次方程式 $(x-p)^2+q=mx$，すなわち，

$$x^2-(2p+m)x+p^2+q=0 \qquad \cdots④$$

が重解を持つことで，（④の判別式）$=0$ より，

$$(2p+m)^2-4(p^2+q)=0. \qquad \cdots⑤$$

このとき，C と l の接点の x 座標を x_0（$x_0>0$）とすると，x_0 は④の重解で，

$$x_0=\frac{2p+m}{2}.$$

$$\begin{aligned}\therefore\quad {x_0}^2&=\frac{1}{4}(2p+m)^2\\&=p^2+q\quad(\because\ ⑤)\\&=1-(q-2)^2+q\quad(\because\ ①)\\&=-q^2+5q-3\\&=-\left(q-\frac{5}{2}\right)^2+\frac{13}{4}.\end{aligned}$$

ここで，上図より，明らかに $1\leqq q\leqq 3$ であるから，

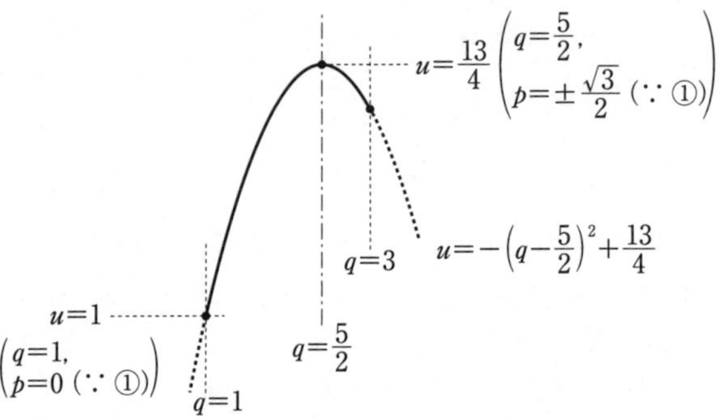

上図より，

$$1\leqq {x_0}^2\leqq\frac{13}{4}.$$

$x_0>0$ ゆえ，

$$1\leqq x_0\leqq\frac{\sqrt{13}}{2}.$$

以上より，C と l の接点の x 座標は，C の頂点が，

$$\begin{cases}\left(\pm\dfrac{\sqrt{3}}{2},\ \dfrac{5}{2}\right)\text{ のとき，最大値 }\dfrac{\sqrt{13}}{2}\text{ をとり，}\\(0,\ 1)\text{ のとき，最小値 }1\text{ をとる．}\end{cases}$$

[参考]

②より，$y'=2(x-p)$ だから，C の $x=x_0$ における接線 l の方程式を

$$y=2(x_0-p)(x-x_0)+(x_0-p)^2+q$$

として，これが原点を通る条件から，

$$0=2(x_0-p)(0-x_0)+(x_0-p)^2+q,$$

すなわち，

$${x_0}^2=p^2+q$$

としてもよい.

70.

解法メモ

$x-y<0$, かつ, $x+y<2$ の表す領域は簡単で, 右上図の網目部分（境界含まず）になります.

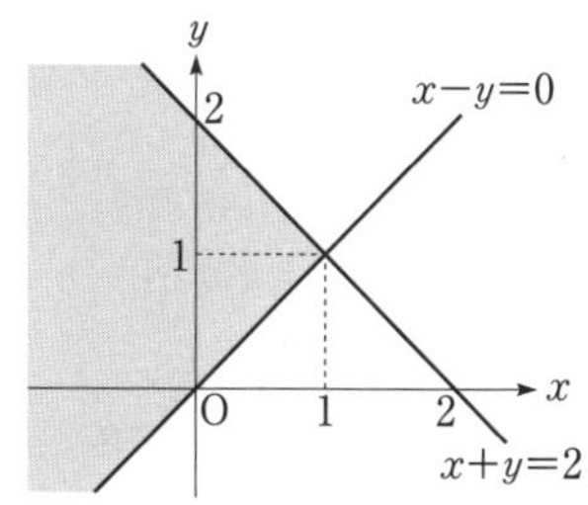

これ, かつ, $ax+by<1$ が三角形の内部を表せばよいのです.

ところで, 座標平面は, 右下図のように, 直線 $ax+by=1$ $(a^2+b^2\neq 0)$ によって, 2つの半平面に分けられます.

一方は $ax+by>1$ の表す領域, 他方は $ax+by<1$ の表す領域です.

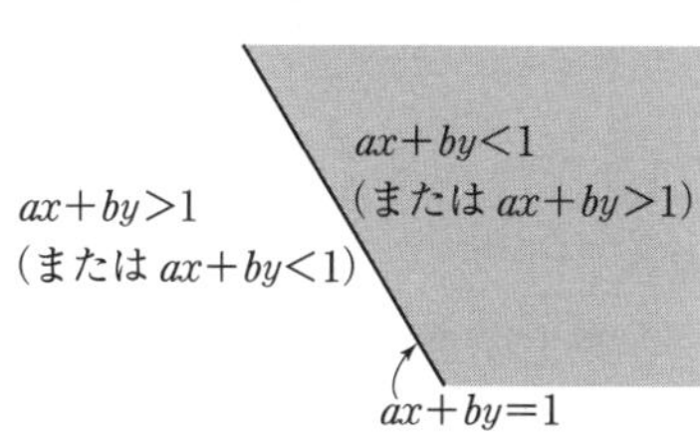

したがって, 本問の場合は, 点 $(1,\ 1)$ が $ax+by<1$ の領域に入っていなければなりません（必要条件）.

【解答】

$x-y<0$, かつ, $x+y<2$, かつ, $ax+by<1$ の表す領域が三角形の内部になる条件は,

$$\begin{cases} \text{(i)}\quad 直線\ \underset{①}{\underline{ax+by=1}}\ が,\ 直線\ \underset{②}{\underline{x-y=0}}\ や直線\ \underset{③}{\underline{x+y=2}}\ と\ x<1 \\ \qquad の範囲で交わり, \\ \text{(ii)}\quad 点\ (1,\ 1)\ が\ ax+by<1\ の表す領域内にある \end{cases}$$

ことである.

(ii)より,

$$a+b<1. \qquad \cdots ④$$

(i)について, ①, ②から y を消去して, $(a+b)x=1$.

よって, $a+b\neq 0$ で, $x=\dfrac{1}{a+b}<1$.

$$\therefore\ a+b<(a+b)^2. \qquad \therefore\ (a+b)(a+b-1)>0.$$

これと, ④より,

$$a+b<0. \qquad \cdots ⑤$$

①, ③から y を消去して, $(a-b)x=1-2b$.

$a=b$ とすると，$a=b=\dfrac{1}{2}$ となって，④に反する．

$$\therefore\quad a \neq b.$$

$$\therefore\quad x=\frac{1-2b}{a-b}<1.$$

$$\therefore\quad (a-b)(1-2b)<(a-b)^2.$$

$$\therefore\quad (a-b)(a+b-1)>0.$$

これと，④より，

$$a-b<0. \qquad \cdots⑥$$

以上より，求める a，b の条件は，⑤かつ⑥，すなわち，

$$\boldsymbol{a<b<-a}$$

で，これをみたす点 $(a,\ b)$ の集合は，右図の網目部分（ただし，境界は含まない）．

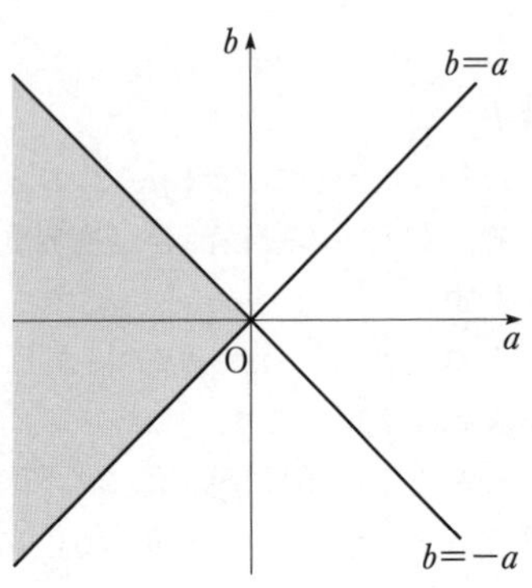

71.

解法メモ

y 軸上の点 $(0,\ a)$ を中心とする半径 R の円 $x^2+(y-a)^2=R^2$ と放物線 $y=x^2$ が共有点を持つ条件は，連立して x^2 を消去してできる y の 2 次方程式 $\underset{(*)}{\underline{y+(y-a)^2=R^2}}$ が実数解を持つ条件を調べればよい．

また，C_2 の中心の y 座標は，C_1 の中心の y 座標に C_1，C_2 の半径を加えたものになります．

【解答】

(1) 点 $(0,\ a)$ を中心とする半径 R の円の方程式は，

$$x^2+(y-a)^2=R^2. \qquad \cdots①$$

①と放物線 $C：y=x^2$ の式から，x^2 を消去すると，

$$y+(y-a)^2=R^2,$$

すなわち，

$$y^2-(2a-1)y+a^2-R^2=0. \qquad \cdots②$$

円①と放物線 C が共有点を持つ条件は，y の 2 次方程式②が $y \geqq 0$ の範囲に解を持つことである．

これは yz 平面上の放物線 $z=y^2-(2a-1)y+a^2-R^2$ が横軸（y 軸）と $y \geqq 0$ の部分に共有点を持つことで，与条件 $a>\dfrac{1}{2}$ から，この放物線の軸

の位置について, $\dfrac{2a-1}{2}>0$ を考え併せると,

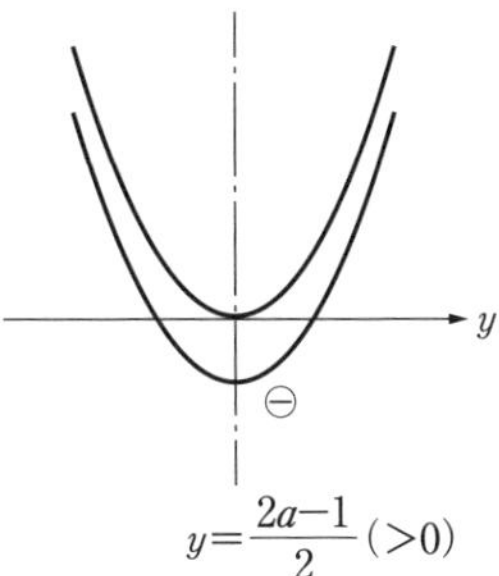

$$(②の判別式)\geqq 0.$$

$$\therefore\quad (2a-1)^2-4(a^2-R^2)\geqq 0.$$

$$\therefore\quad R^2\geqq a-\frac{1}{4}(>0).$$

これをみたす R の最小値は,

$$\sqrt{a-\frac{1}{4}}$$

であるから, 求める C_1, および, r は,

$$C_1: x^2+(y-a)^2=a-\frac{1}{4},$$

$$\boldsymbol{r=\sqrt{a-\frac{1}{4}}}.$$

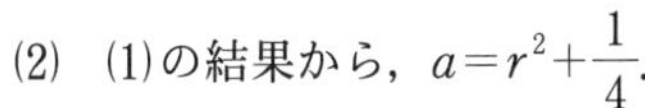

(2) (1)の結果から, $a=r^2+\dfrac{1}{4}$. …③

C_2 の中心を$(0,\ b)$ 半径を r' とすると, (1)と同様にして,

$$b=(r')^2+\frac{1}{4}. \quad \cdots ④$$

また, 右図より明らかに,

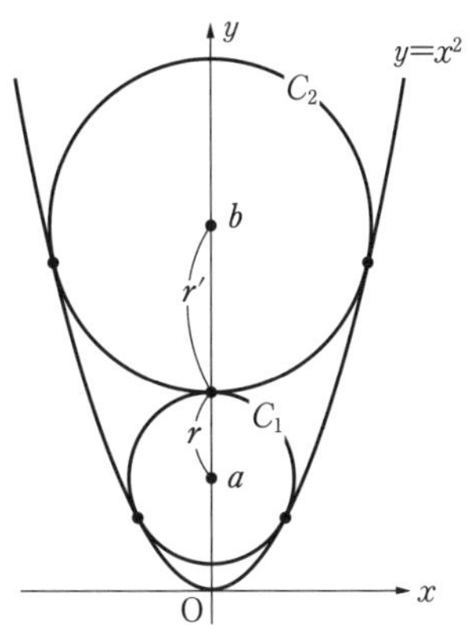

$$b-a=r'+r. \quad \cdots ⑤$$

③, ④を⑤に代入して,

$$(r')^2-r^2=r'+r.$$

$$\therefore\quad (r'+r)(r'-r)=r'+r.$$

ここで, $r'+r>0$ だから,

$$r'-r=1.$$

$$\therefore\quad r'=r+1.$$

よって, C_2 の半径は $r+1$ に等しい.

72.

解法メモ

(3)　B_a とC が共有点を持つなら，P，Q の 2 点間距離の最小値は 0 です．

B_a と C が共有点を持たないときは次の様に考えます．一旦，B_a 上の点 P を固定して（今，この P は円 C の外部にあります），P を中心とする円を（最初は小さく）徐々に半径を大きくしながら描いていって，C に外接するところで止めます．

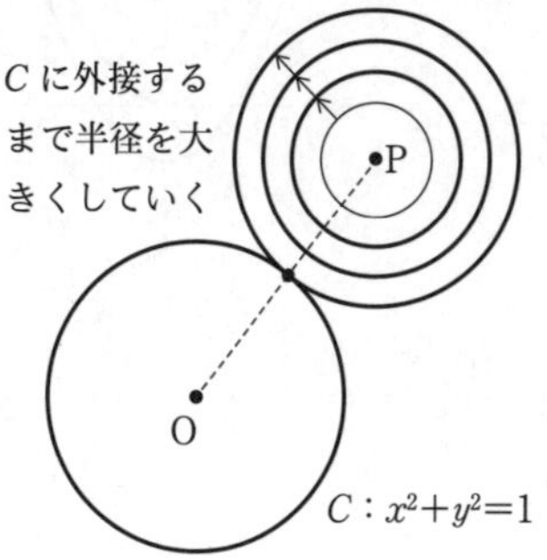

この接点が P から見て C 上の点で一番近い点です．また，この接点は線分 OP と C の交点です．P が B_a 上のどこにあってもこの理屈に変わりはありません．

【解答】

(1)　P が B_a 上にあるとき，実数のパラメータ p を用いて，

$$\mathrm{P}\left(p,\ -\frac{1}{a}p^2+2\right)$$

とおけるから，

$$\begin{aligned}
\mathrm{OP}^2&=p^2+\left(-\frac{1}{a}p^2+2\right)^2\\
&=\frac{1}{a^2}p^4+\left(1-\frac{4}{a}\right)p^2+4\\
&=\frac{1}{a^2}\left(p^2+\frac{a^2-4a}{2}\right)^2-\frac{1}{a^2}\left(\frac{a^2-4a}{2}\right)^2+4\\
&=\frac{1}{a^2}\left(p^2+\frac{a^2-4a}{2}\right)^2-\frac{1}{4}a^2+2a.
\end{aligned}$$

ここで，$u=\mathrm{OP}^2$，$t=p^2$ とおくと，

$$u=\frac{1}{a^2}\left(t+\frac{a^2-4a}{2}\right)^2-\frac{1}{4}a^2+2a,\quad t\geqq 0.$$

(i)　$-\dfrac{a^2-4a}{2}\geqq 0$，すなわち，$a(a-4)\leqq 0$，したがって，$0\leqq a\leqq 4$ のとき，

与条件 $a>0$ も考え併せて，$0<a\leqq 4$ のとき，

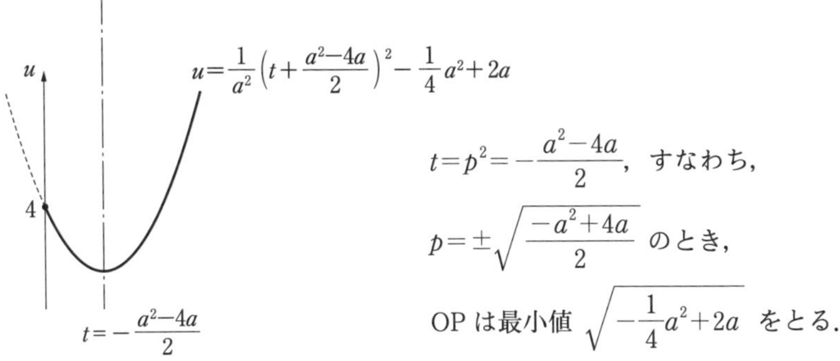

$t=p^2=-\dfrac{a^2-4a}{2}$, すなわち,

$p=\pm\sqrt{\dfrac{-a^2+4a}{2}}$ のとき,

OP は最小値 $\sqrt{-\dfrac{1}{4}a^2+2a}$ をとる.

(ii) $-\dfrac{a^2-4a}{2}<0$, すなわち, $a(a-4)>0$, したがって, $a<0$, $4<a$ のとき, 与条件 $a>0$ も考え併せて, $a>4$ のとき,

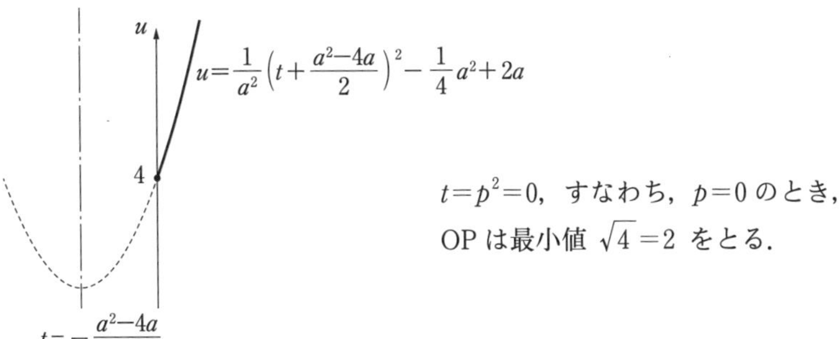

$t=p^2=0$, すなわち, $p=0$ のとき,
OP は最小値 $\sqrt{4}=2$ をとる.

以上, (i), (ii) より, 求める距離の最小値は,

$$\begin{cases} \boldsymbol{0<a\leqq 4} \text{ のとき, } \boldsymbol{\sqrt{-\frac{1}{4}a^2+2a}}, \\ \boldsymbol{4<a} \text{ のとき, } \boldsymbol{2}. \end{cases}$$

(2) B_a と C が共有点を持つとき,

(OP の最小値) $\leqq$ (C の半径)

であるから, (1) の結果を考え併せて,

$0<a\leqq 4$ のときで,

$$\sqrt{-\frac{1}{4}a^2+2a}\leqq 1.$$

$\therefore\ \ -\dfrac{1}{4}a^2+2a\leqq 1.\quad \therefore\ \ a^2-8a+4\geqq 0.$

$\therefore\ \ a\leqq 4-2\sqrt{3},\ 4+2\sqrt{3}\leqq a.$

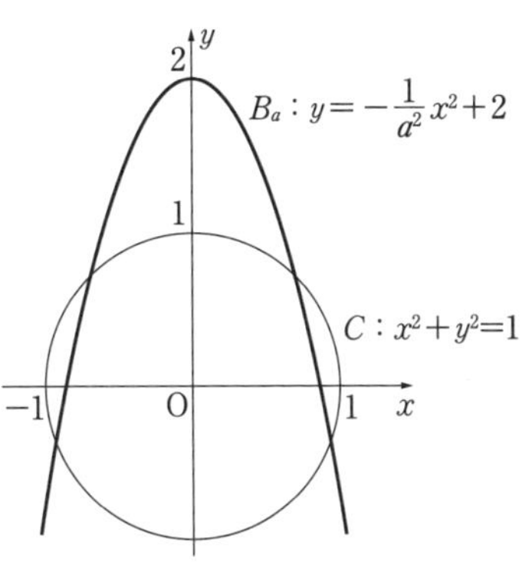

これと, $0<a\leqq 4$ から, 求める a の値

の範囲は,

$$\boldsymbol{0<a\leqq 4-2\sqrt{3}}.$$

(3) (2)の結果から,

$0<a\leqq 4-2\sqrt{3}$ のとき,

B_a と C は共有点を持つから，この共有点に P，Q を採れば，P と Q の距離は最小値 0 をとる.

$4-2\sqrt{3}<a$ のとき,

B_a 上の固定された P に対して，C 上を Q を動かすとき，P と Q の距離が最小となるのは，線分 OP 上に Q があるときである.

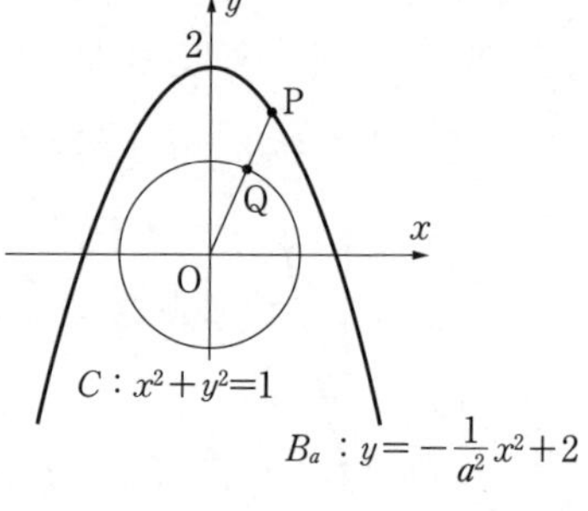

このとき,

$$\begin{aligned}PQ&=OP-OQ\\&=OP-1.\end{aligned}$$

これを最小にするには，OP を最小にすればよく，(1)，(2)の結果より,

$$\begin{cases}4-2\sqrt{3}<a\leqq 4 \text{ のとき,}\\ \sqrt{-\dfrac{1}{4}a^2+2a}-1,\\ 4<a \text{ のとき,} \ 2-1=1.\end{cases}$$

以上より，求める P と Q の距離の最小値は,

$$\begin{cases}\boldsymbol{0<a\leqq 4-2\sqrt{3}} & \textbf{のとき,} \ \boldsymbol{0},\\ \boldsymbol{4-2\sqrt{3}<a\leqq 4} & \textbf{のとき,} \ \boldsymbol{\sqrt{-\dfrac{1}{4}a^2+2a}-1},\\ \boldsymbol{4<a} & \textbf{のとき,} \ \boldsymbol{1}.\end{cases}$$

73.

解法メモ

独立に動く変数が x，y の 2 つあって，しかも 2 次の項 xy までありますから，目がまわります.

変数が複数あるときは，一方を（例えば y を）条件をみたす範囲内で固定しておいて，他方のみを動かして変化をみます.

$y=k$（k は $-1\leqq k\leqq 1$ をみたす定数）とすると,

$$(\text{与式})=\underbrace{-a(k+1)x-bk+1}_{x\text{ の高々 1 次の式}}$$

で，$-(k+1)\leqq 0$ だから，もし $a\geqq 0$ なら，このグラフは右上図のようになります．

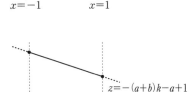

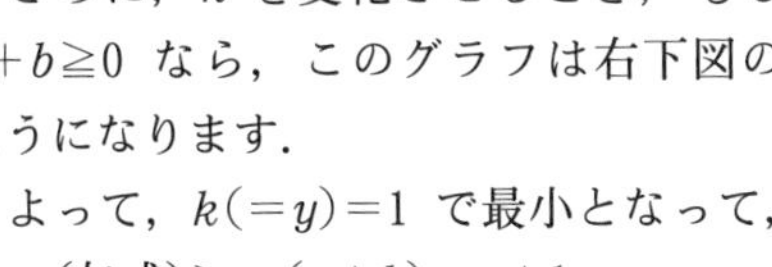

よって，$x=1$ で最小となって，

$$(\text{与式})\geqq -a(k+1)-bk+1$$
$$=-(a+b)k-a+1.$$

さらに，k を変化させるとき，もし $a+b\geqq 0$ なら，このグラフは右下図のようになります．

よって，$k(=y)=1$ で最小となって，

$$(\text{与式})\geqq -(a+b)-a+1$$
$$=-2a-b+1.$$

与条件から，これが正の値になればよいのです．

「2変数関数」が表向きのテーマですが，内容は，「場合分けを展開していく力をみる」ですね．

【解答】

$$-1\leqq x\leqq 1,\quad -1\leqq y\leqq 1. \qquad \cdots①$$
$$z=1-ax-by-axy$$

とおく．

$y=k$（①より，k は $-1\leqq k\leqq 1$ $\cdots②$）と固定すると，

$$z=1-ax-bk-akx=-a(k+1)x-bk+1$$

で，②より，$-(k+1)\leqq 0$ だから，

(i) $a\geqq 0$ のとき，z は x に関して減少関数または定数関数となる．したがって，①より $x=1$ のとき，z は最小となる．

$$\therefore\ z\geqq -a(k+1)-bk+1$$
$$=-(a+b)k-a+1. \qquad \cdots③$$

ここで，k を②の範囲で動かす．

(ア) $a+b\geqq 0$ のとき，③の右辺は k に関して減少関数または定数関数となる．したがって，②より，$k=1$ のとき，これは最小となる．

$$\therefore\ z\geqq -(a+b)-a+1$$
$$=-2a-b+1.$$

これが正となる条件は，

$$-2a-b+1>0,\ \text{すなわち,}\ b<-2a+1.$$

(イ) $a+b<0$ のとき，③の右辺は k に関して増加関数となる．したがって，②より，$k=-1$ のとき，これは最小となる．

$$\therefore\ z\geqq (a+b)-a+1$$

$$=b+1.$$

これが正となる条件は,

$$b+1>0,\ すなわち,\ b>-1.$$

(ii) $a<0$ のとき, z は x に関して増加関数または定数関数となる. したがって, ①より, $x=-1$ のとき, z は最小となる.

$$\therefore\ z \geqq a(k+1)-bk+1$$
$$=(a-b)k+a+1. \qquad \cdots ④$$

ここで, k を②の範囲で動かす.

(ウ) $a-b \geqq 0$ のとき, ④の右辺は k に関して増加関数または定数関数となる. したがって, ②より, $k=-1$ のとき, これは最小となる.

$$\therefore\ z \geqq -(a-b)+a+1$$
$$=b+1.$$

これが正となる条件は,

$$b+1>0,\ すなわち,\ b>-1.$$

(エ) $a-b<0$ のとき, ④の右辺は k に関して減少関数となる. したがって, ②より, $k=1$ のとき, これは最小となる.

$$\therefore\ z \geqq (a-b)+a+1$$
$$=2a-b+1.$$

これが正となる条件は,

$$2a-b+1>0,\ すなわち,\ b<2a+1.$$

以上まとめて, 求める a, b の条件は,

$$\begin{cases} (ア)\ a \geqq 0,\ a+b \geqq 0,\ b<-2a+1, \\ (イ)\ a \geqq 0,\ a+b<0,\ b>-1, \\ (ウ)\ a<0,\ a-b \geqq 0,\ b>-1, \\ (エ)\ a<0,\ a-b<0,\ b<2a+1 \end{cases}$$

で, これをみたす点 $(a,\ b)$ の範囲は, 右図の斜線部分 (ただし, 周上の点は含まない).

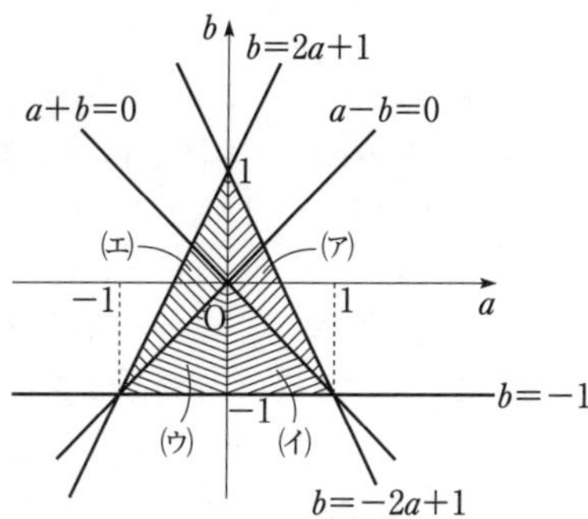

74.

解法メモ

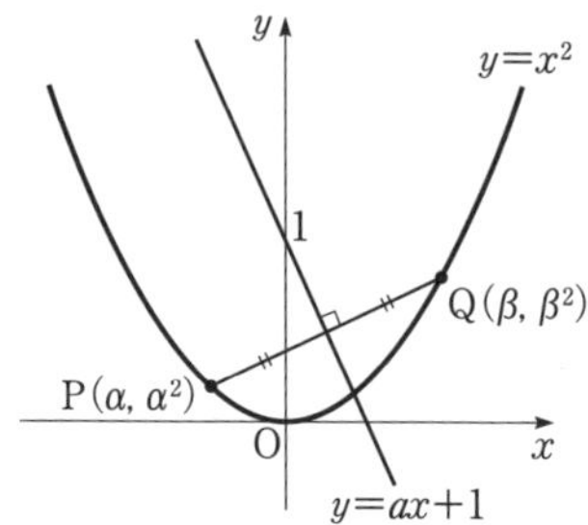

放物線 $y=x^2$ 上に，直線 $y=ax+1$ に関して対称な位置にある異なる2点P，Qが存在するような「絵」を描いてみるところから始まります.

この絵が描けるためには，$\mathrm{P}(\alpha,\ \alpha^2)$，$\mathrm{Q}(\beta,\ \beta^2)$ を結ぶ線分の垂直二等分線が直線 $y=ax+1$ になっているということで，…

【解答】

上図のように，放物線 $y=x^2$ 上の異なる2点P，Qの座標を，それぞれ $\mathrm{P}(\alpha,\ \alpha^2)$，$\mathrm{Q}(\beta,\ \beta^2)$ $(\alpha \neq \beta)$ とすると，与条件から，

$$\begin{cases} \text{線分PQの中点}\left(\dfrac{\alpha+\beta}{2},\ \dfrac{\alpha^2+\beta^2}{2}\right)\text{が直線 } y=ax+1 \text{ 上にあり,} & \cdots① \\ \text{線分PQが直線 } y=ax+1 \text{ と直交する.} & \cdots② \end{cases}$$

①より，$\dfrac{\alpha^2+\beta^2}{2}=a\cdot\dfrac{\alpha+\beta}{2}+1.$

$$\therefore\quad (\alpha+\beta)^2-2\alpha\beta=a(\alpha+\beta)+2. \qquad \cdots①'$$

②より，$\dfrac{\beta^2-\alpha^2}{\beta-\alpha}\cdot a=-1.$

$$\therefore\quad (\alpha+\beta)a=-1.$$

$$\therefore\quad \alpha+\beta=\frac{-1}{a}. \qquad \cdots②'$$

これを①′へ代入して，$\left(\dfrac{-1}{a}\right)^2-2\alpha\beta=a\cdot\dfrac{-1}{a}+2.$

$$\therefore\quad \alpha\beta=\frac{1}{2a^2}-\frac{1}{2}. \qquad \cdots③$$

よって，与条件をみたすP，Qが存在する条件は，②′，③をみたす異なる2つの実数 α，β が存在することで，これは，t の2次方程式

$$t^2+\frac{1}{a}t+\frac{1}{2a^2}-\frac{1}{2}=0 \qquad \cdots④$$

が異なる2つの実数解を持つことである.

$$\therefore\quad (④\text{の判別式})>0.$$

$$\therefore\quad \left(\frac{1}{a}\right)^2-4\cdot1\cdot\left(\frac{1}{2a^2}-\frac{1}{2}\right)>0. \qquad \therefore\quad a^2>\frac{1}{2}.$$

$$\therefore \quad a<-\frac{1}{\sqrt{2}},\ \frac{1}{\sqrt{2}}<a.$$

75.

解法メモ

$\overrightarrow{OQ}=t\,\overrightarrow{OP}$ とおくと，

$$\begin{pmatrix} X \\ Y \end{pmatrix}=t\begin{pmatrix} x \\ y \end{pmatrix}$$

より，

$$\begin{cases} X=tx, & \cdots ㋐ \\ Y=ty & \cdots ㋑ \end{cases}$$

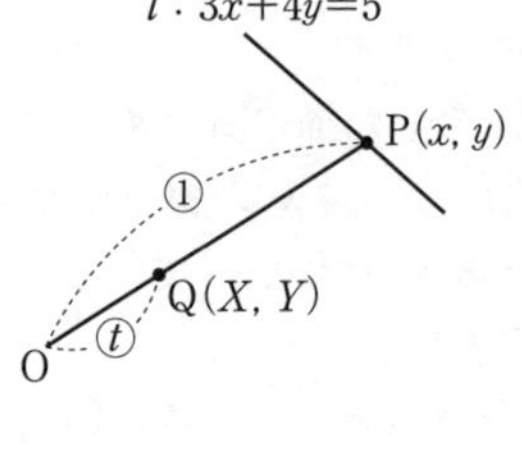

と書けますし，$P(x,\ y)$ は l 上にあるから，

$$3x+4y=5. \qquad \cdots ㋒$$

また，$OP \cdot OQ=1$ から，

$$\sqrt{x^2+y^2}\sqrt{X^2+Y^2}=1. \qquad \cdots ㋓$$

以上，登場人物 x，y，X，Y，t（5 つ）に対して，方程式が㋐，㋑，㋒，㋓の 4 本分立ちました．

未知数またはパラメータを 1 つ消去するのに方程式を 1 本消費しますから，x，y，t を消去するのに方程式は 3 本消費され，結局，残る 1 本は最早（もはや）X，Y のみの式となって，これが(2)で求められている $Q(X,\ Y)$ の軌跡の式なのです．

【解答】

(1) O と l との距離 OH は，

$$\frac{|3\cdot 0+4\cdot 0-5|}{\sqrt{3^2+4^2}}=1$$

だから，$OP \geqq 1$．したがって，

$$OQ=\frac{1}{OP} \leqq 1. \qquad (\because \quad OP \cdot OQ=1)$$

よって，P の l 上での位置によらず，Q は線分 OP 上にとれて，

$$\overrightarrow{OQ}=t\,\overrightarrow{OP} \quad (0<t \leqq 1)$$

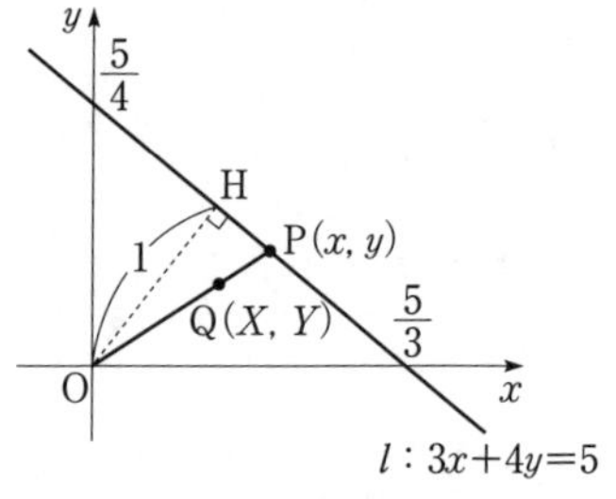

すなわち，

$$\begin{pmatrix} X \\ Y \end{pmatrix}=t\begin{pmatrix} x \\ y \end{pmatrix}. \quad \text{よって，} \begin{cases} X=tx, \\ Y=ty. \end{cases} \quad \text{したがって，} \begin{cases} x=\dfrac{X}{t}, & \cdots ① \\ y=\dfrac{Y}{t}, & \cdots ② \end{cases}$$

と書ける．また，$OP \cdot OQ=1$ より，

$$\sqrt{x^2+y^2}\sqrt{X^2+Y^2}=1.$$

これに①, ②を代入して，$\dfrac{X^2+Y^2}{t}=1.$ （$\because\ t>0.$）

$$\therefore\quad t=X^2+Y^2.$$

これと①, ②から，

$$\boldsymbol{x=\frac{X}{X^2+Y^2},\qquad y=\frac{Y}{X^2+Y^2}}. \qquad \cdots③$$

(2) P$(x,\ y)$ は $l：3x+4y=5$ 上にあるから，③より，

$$\frac{3X}{X^2+Y^2}+\frac{4Y}{X^2+Y^2}=5. \qquad \cdots④$$

$$\therefore\quad 3X+4Y=5(X^2+Y^2),\quad \underset{\sim\sim\sim}{X^2+Y^2\neq 0.}$$

$$\therefore\quad \left(X-\frac{3}{10}\right)^2+\left(Y-\frac{2}{5}\right)^2=\left(\frac{1}{2}\right)^2,\quad \underset{\sim\sim\sim}{X^2+Y^2\neq 0.}$$

よって，求める Q$(X,\ Y)$ の軌跡は，

$\left(\dfrac{3}{10},\ \dfrac{2}{5}\right)$ を中心とする半径 $\dfrac{1}{2}$ の円

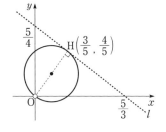

（ただし，原点（0, 0）を除く）.

[補足]

④の分母を払うとき，

$$\frac{b}{a}=c \ \underset{\leftarrow\times}{\overset{\bigcirc\rightarrow}{}}\ b=ac$$

に注意！　正しくは，

$$\frac{b}{a}=c \iff b=ac,\ \underset{\sim\sim}{a\neq 0.}$$

76.

解法メモ

円 C 上の点 T における C の接線 l 上の任意の点 P に対して，

$$\mathrm{AT}\perp\mathrm{PT}\ \text{or}\ \mathrm{T}=\mathrm{P}.$$

$$\therefore\quad \overrightarrow{\mathrm{AT}}\cdot\overrightarrow{\mathrm{PT}}=0.$$

$$\therefore\quad \overrightarrow{\mathrm{AT}}\cdot(\overrightarrow{\mathrm{AT}}-\overrightarrow{\mathrm{AP}})=0.$$

$$\therefore\quad \overrightarrow{\mathrm{AT}}\cdot\overrightarrow{\mathrm{AP}}=|\overrightarrow{\mathrm{AT}}|^2.$$

$$\therefore\quad \begin{pmatrix}x_0-a\\y_0-b\end{pmatrix}\cdot\begin{pmatrix}x-a\\y-b\end{pmatrix}=r^2.$$

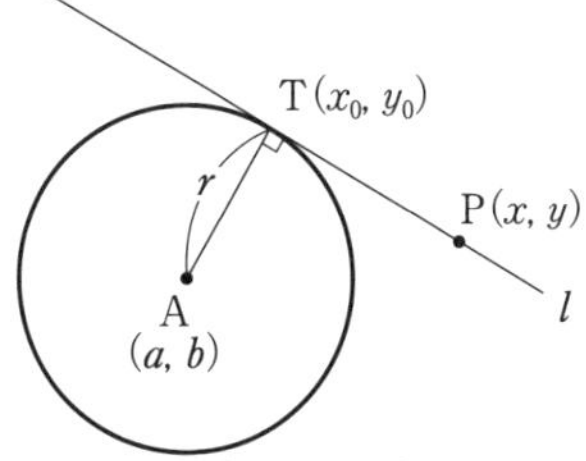

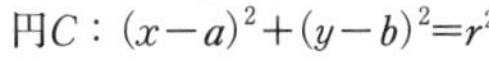
円C：$(x-a)^2+(y-b)^2=r^2$

$$\therefore\quad (x_0-a)(x-a)+(y_0-b)(y-b)=r^2.$$ ←これが l の方程式

特に，A＝O(0，0) のときは，

$$x_0x+y_0y=r^2 \quad (\text{ただし，} x_0{}^2+y_0{}^2=r^2).$$

【解答】

(1) T$(\alpha,\ \beta)$ とおくと，

$$\alpha^2+\beta^2=r^2 \qquad \cdots①$$

で，T における円 C の接線

$$l : \alpha x+\beta y=r^2$$

が P$(r,\ t)$ を通ることから，

$$r\alpha+t\beta=r^2. \qquad \cdots②$$

②，および，$t\neq 0$ から，

$$\beta=\frac{r^2-r\alpha}{t}. \qquad \cdots③$$

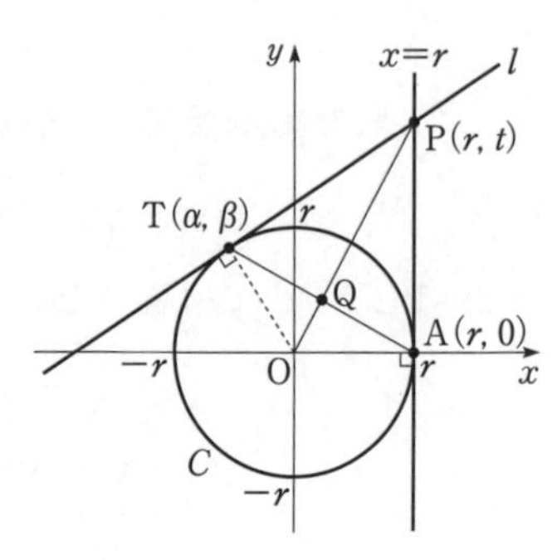

これを①へ代入して整理すると，

$$(r^2+t^2)\alpha^2-2r^3\alpha+r^2(r^2-t^2)=0.$$

$$\therefore \quad \{(r^2+t^2)\alpha-r(r^2-t^2)\}(\alpha-r)=0.$$

与条件より，l と直線 PA は異なるから，$\alpha\neq r$.

$$\therefore \quad \alpha=\frac{r(r^2-t^2)}{r^2+t^2} \ (\neq r).$$

$$\left(\because \quad \frac{r(r^2-t^2)}{r^2+t^2}=r \text{ とすると，条件 } r>0,\ t\neq 0 \text{ に反する.}\right)$$

これと③より，

$$\beta=\frac{1}{t}(r^2-r\alpha)=\frac{r}{t}\left\{r-\frac{r(r^2-t^2)}{r^2+t^2}\right\}=\frac{2r^2t}{r^2+t^2}.$$

よって，求める接点 T の座標は，

$$\mathbf{T}\left(\frac{\boldsymbol{r(r^2-t^2)}}{\boldsymbol{r^2+t^2}},\ \frac{\boldsymbol{2r^2t}}{\boldsymbol{r^2+t^2}}\right).$$

(2) △POT≡△POA より，△PQT≡△PQA.

$$\therefore \quad \angle\text{PQT}=\angle\text{PQA}=90^\circ.$$

$$\therefore \quad \triangle\text{POT}\backsim\triangle\text{TOQ}. \qquad \therefore \quad \frac{\text{OT}}{\text{OP}}=\frac{\text{OQ}}{\text{OT}}.$$

$$\therefore \quad \text{OP}\cdot\text{OQ}=\text{OT}^2=r^2. \qquad \cdots④$$

ここで，Q$(X,\ Y)$ とおくと，O，Q，P がこの順に同一直線上にあるから，

$\overrightarrow{\text{OQ}}=k\overrightarrow{\text{OP}}$，すなわち，$\begin{pmatrix}X\\Y\end{pmatrix}=k\begin{pmatrix}r\\t\end{pmatrix}$ $(0<k<1)$ とおける.

これと④から，$\sqrt{r^2+t^2}\sqrt{k^2(r^2+t^2)}=r^2$.

$$\therefore \quad k(r^2+t^2)=r^2. \qquad (\because \quad k>0.)$$

$$\therefore \quad k=\frac{r^2}{r^2+t^2}. \qquad \therefore \quad \begin{pmatrix} X \\ Y \end{pmatrix}=\frac{r^2}{r^2+t^2}\begin{pmatrix} r \\ t \end{pmatrix}.$$

$$\therefore \quad \begin{cases} tX=rY, & \cdots⑤ \\ (r^2+t^2)X=r^3. & \cdots⑥ \end{cases}$$

与条件 $t>0$，および，⑥から，$X>0$.

これと⑤から，$Y>0$ で，$t=\dfrac{rY}{X}$.

これを⑥へ代入して，$\left(r^2+\dfrac{r^2Y^2}{X^2}\right)X=r^3$.

$$\therefore \quad X^2+Y^2=rX.$$

$$\therefore \quad \left(X-\frac{r}{2}\right)^2+Y^2=\left(\frac{r}{2}\right)^2.$$

以上より，求める Q の軌跡は，

$\left(\dfrac{r}{2},\ 0\right)$ を中心とする半径 $\dfrac{r}{2}$ の円

のうち，第 1 象限内の部分.

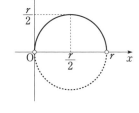

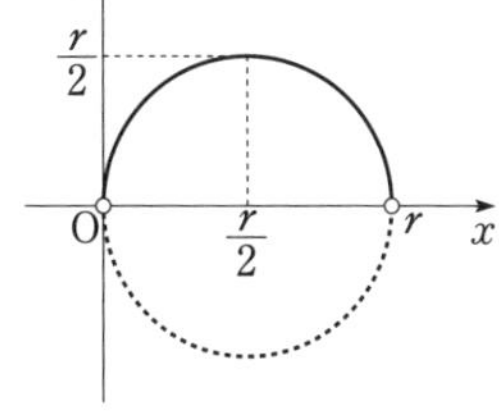

[参考]

常に，$\angle \mathrm{OQA}=90^\circ$ となるから，Q は，線分 OA を直径とする円の周上にある.（右図）

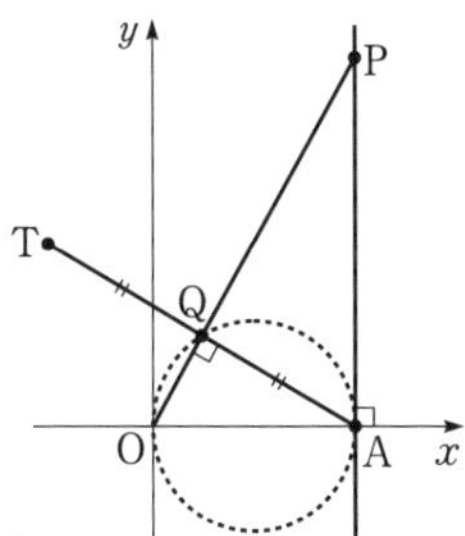

77.

解法メモ

2 本の方程式を連立すれば，交点 P の座標を m を用いて次のように表すことはできますが，…

$$\mathrm{P}(X,\ Y)=\left(\frac{m+2}{1+m^2},\ \frac{m^2+2m}{1+m^2}\right). \qquad \cdots㋐$$

こうしてしまうと，これから m を消去して X と Y の直接の関係式にすることが面倒なことになります．やってやれないことはないけれど….（[参考]（その 1）を参照.）

㋐の形にまで持っていく前にうまく m を消去します.

【解答】

P$(X,\ Y)$ とおくと，

$$\begin{cases} mX-Y=0, & \cdots ① \\ X+mY-m-2=0. & \cdots ② \end{cases}$$

(i) $X=0$ のとき，①から $Y=0$.

このとき，②から，$m=-2$（存在する）.

(ii) $X \neq 0$ のとき，①から，$m=\dfrac{Y}{X}$.

これと②から，$X+\dfrac{Y^2}{X}-\dfrac{Y}{X}-2=0$.

$$\therefore\ X^2+Y^2-Y-2X=0.$$

$$\therefore\ (X-1)^2+\left(Y-\frac{1}{2}\right)^2=\left(\frac{\sqrt{5}}{2}\right)^2.$$

以上より，求めるPの軌跡は，

円 $(x-1)^2+\left(y-\frac{1}{2}\right)^2=\left(\frac{\sqrt{5}}{2}\right)^2$.

ただし，点 (0, 1) を除く.

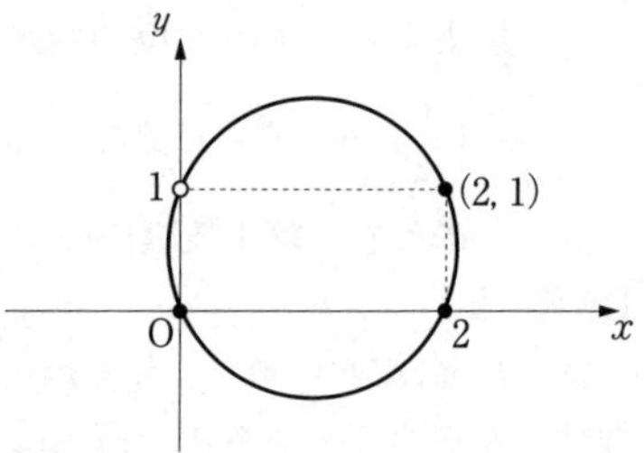

[参考]（その1）

①, ②を解いて，

$$X=\frac{m+2}{1+m^2},\quad Y=\frac{m^2+2m}{1+m^2}.$$

（その1−1）

ここで，$m=\tan\theta$ $\underbrace{\left(-\frac{\pi}{2}<\theta<\frac{\pi}{2}\right)}_{㋑}$ とおくと，

$$X=\frac{\tan\theta+2}{1+\tan^2\theta}=(\tan\theta+2)\cos^2\theta=2\cos^2\theta+\sin\theta\cos\theta$$

$$=\cos 2\theta+1+\frac{1}{2}\sin 2\theta$$

$$=\frac{\sqrt{5}}{2}\left(\frac{2}{\sqrt{5}}\cos 2\theta+\frac{1}{\sqrt{5}}\sin 2\theta\right)+1$$

$$=\frac{\sqrt{5}}{2}\cos(2\theta-\alpha)+1,$$

（ただし，$\cos\alpha=\dfrac{2}{\sqrt{5}}$，$\sin\alpha=\dfrac{1}{\sqrt{5}}$.）

$$Y=1+\frac{2m-1}{1+m^2}=1+\frac{2\tan\theta-1}{1+\tan^2\theta}=1+(2\tan\theta-1)\cos^2\theta$$
$$=2\sin\theta\cos\theta+\sin^2\theta$$
$$=\sin 2\theta+\frac{1}{2}(1-\cos 2\theta)$$
$$=\frac{\sqrt{5}}{2}\left(\frac{2}{\sqrt{5}}\sin 2\theta-\frac{1}{\sqrt{5}}\cos 2\theta\right)+\frac{1}{2}$$
$$=\frac{\sqrt{5}}{2}\sin(2\theta-\alpha)+\frac{1}{2}.$$

$$\therefore\quad \overrightarrow{\mathrm{OP}}=\begin{pmatrix}X\\Y\end{pmatrix}=\begin{pmatrix}1\\\frac{1}{2}\end{pmatrix}+\frac{\sqrt{5}}{2}\begin{pmatrix}\cos(2\theta-\alpha)\\\sin(2\theta-\alpha)\end{pmatrix}.$$

$$(-\pi-\alpha<2\theta-\alpha<\pi-\alpha\quad(\because\ ㋑))$$

よって，求める $\mathrm{P}(X,\ Y)$ の軌跡は，点 $\left(1,\ \frac{1}{2}\right)$ を中心とする半径 $\frac{\sqrt{5}}{2}$ の円.
（ただし，中心から見て，x 軸の正の向きから $\pm\pi-\alpha$ だけまわった方向の点を除く.）

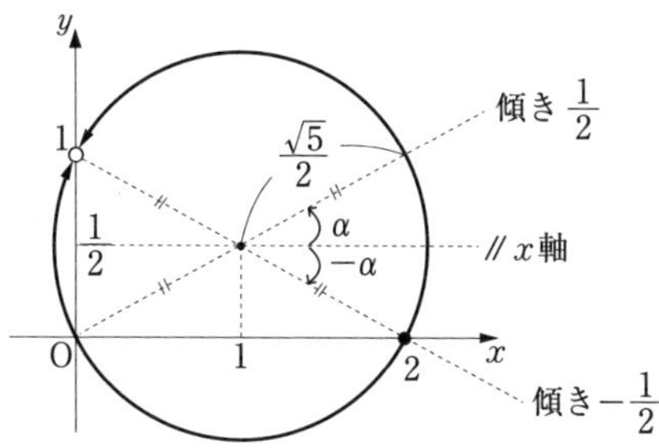

（その 1−2）

〈それぞれ定点を通過する 2 直線が直交することから，軌跡は $\left(1,\ \frac{1}{2}\right)$ を中心とする円だろうから…〉

$$(X-1)^2+\left(Y-\frac{1}{2}\right)^2=\left(\frac{m+2}{1+m^2}-1\right)^2+\left(\frac{m^2+2m}{1+m^2}-\frac{1}{2}\right)^2$$
$$=\left(\frac{-m^2+m+1}{m^2+1}\right)^2+\left\{\frac{m^2+4m-1}{2(m^2+1)}\right\}^2$$
$$=\frac{5(m^2+1)^2}{4(m^2+1)^2}$$

$$=\frac{5}{4}.$$ （以下，略）

[参考]（その 2）

直線 $l_1 : mx-y=0$ は,

O(0, 0) を通り，方向ベクトル $\overrightarrow{l_1}=\begin{pmatrix}1\\m\end{pmatrix}$ の直線.

（したがって，O を通る直線のうち，y 軸（直線 $x=0$）のみ表せない.）

直線 $l_2 : x+my-m-2=0$, すなわち，$(x-2)+m(y-1)=0$ は,

A(2, 1) を通り，方向ベクトル $\overrightarrow{l_2}=\begin{pmatrix}m\\-1\end{pmatrix}$ の直線.

（したがって，A を通る直線のうち，直線 $y=1$ のみ表せない.）

さらに，$\overrightarrow{l_1}\cdot\overrightarrow{l_2}=0$ ゆえ，$l_1 \perp l_2$ である.

以上より，l_1, l_2 の交点 P の軌跡は，線分 OA を直径とする円である.（ただし，2 直線 $x=0$, $y=1$ の交点 (0, 1) を除く.）

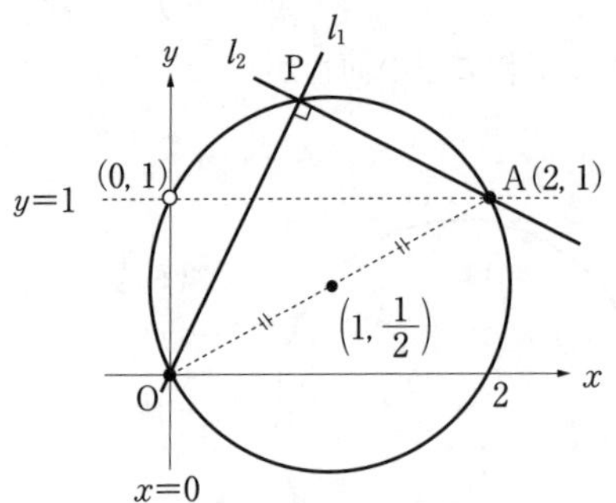

78.

解法メモ

x^2+y^2 は対称式ですが，$x-y-xy$ の方は x と y を入れ替えると $y-x-yx$ となって（一部符号が異なってしまうので）対称式ではありません．そこで，$x \to X$, $-y \to Y$ の置き換えをすると，$X^2+Y^2 \leqq 3$, $X+Y+XY$ となって対称式の取り扱いとなります．$u=X+Y$, $v=XY$ とさらに置換すれば,

「$u^2-2v \leqq 3$ の下での $u+v$ の取り得る値の範囲を調べよ」

という問題に.

【解答】

$X=x$, $Y=-y$ とおくと，与条件から，X, Y は実数で,

$$x^2+y^2 \leqq 3 \iff X^2+Y^2 \leqq 3. \qquad \cdots①$$

また，

$$x-y-xy=X+Y+XY \quad (=k \text{ とおく}). \qquad \cdots②$$

さらに，$\underset{③}{\underline{u=X+Y,\ v=XY}}$ とおくと，①，②から，

$$u^2-2v\leqq 3,\ u+v=k. \qquad \cdots④$$

ここで，X，Y は，③から，t の２次方程式

$$t^2-ut+v=0 \qquad \cdots⑤$$

の実数解となるので，(⑤の判別式)$\geqq 0$.

$$\therefore \quad u^2-4v\geqq 0. \qquad \cdots⑥$$

以上，④，⑥から，実数 u，v が

$$v\geqq \frac{1}{2}u^2-\frac{3}{2},\ v\leqq \frac{1}{4}u^2$$

をみたしながら変化するときの $u+v(=k)$ の取り得る値（のうちの最大値）を調べればよい．

uv 座標平面上で考えて，

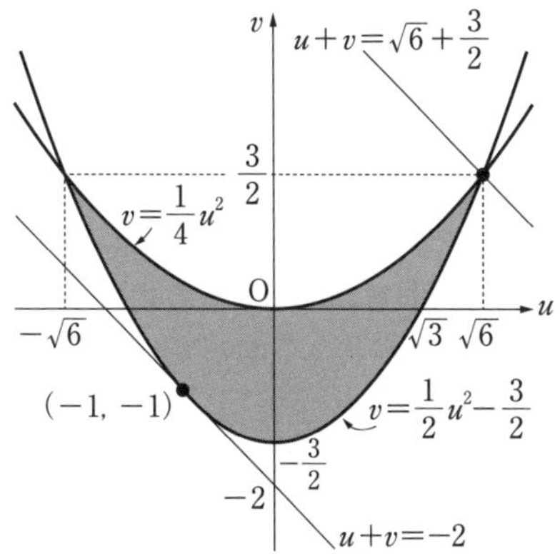

k の取り得る値の範囲は，$-2\leqq k\leqq \sqrt{6}+\dfrac{3}{2}$.

よって，求める最大値は，

$$\boldsymbol{\sqrt{6}+\frac{3}{2}}.$$

［参考］

$\underset{㋐}{\underline{s=x-y,\ t=xy}}$ とおくと，与条件から s，t は実数で，

$$x^2+y^2\leqq 3 \iff \underset{㋑}{\underline{s^2+2t\leqq 3}}.$$

また，$x-y-xy=\underset{⑦}{\underline{s-t(=k}}$ とおく）.

㋐より，$y=x-s$，$t=x(x-s)$.

$$\therefore\quad x^2-sx-t=0. \qquad \cdots㋓$$

ここで，x は実数だから，(㋓の判別式)$\geqq 0$ ゆえ，

$$s^2+4t\geqq 0. \qquad \cdots㋔$$

st 平面上で㋑，㋔を共にみたす点 $(s,\ t)$ の存在領域と直線㋒が共有点を持つための k の条件は，

$$-2\leqq k\leqq\sqrt{6}+\frac{3}{2}.$$

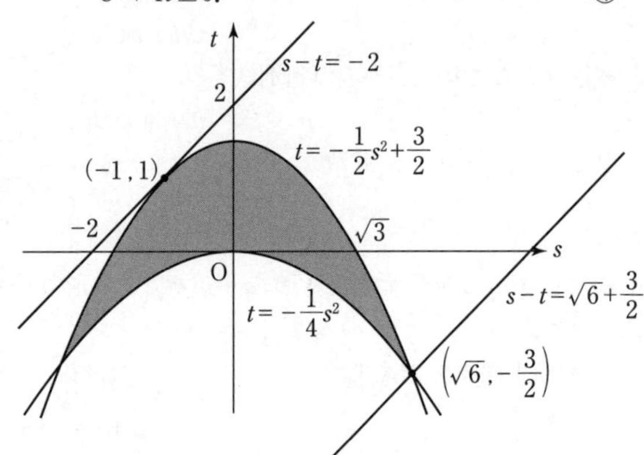

79.

解法メモ

$$l_t：y=(2t-1)x-2t^2+2t \qquad \cdots(*)$$

ですから，t が $0\leqq t\leqq 1$ の範囲を動くと，それに伴って l_t は，xy 平面上を自動車のフロントガラスのワイパーのように動いていきます.（ちょっと違うかも）

さて，その領域のとらえ方ですが…

（その 1）

「直線 l_t が或る点 $(X,\ Y)$ を通る」

$\iff$「$Y=(2t-1)X-2t^2+2t$，すなわち，

$\underset{㋐}{\underline{2t^2-2(X+1)t+X+Y=0}}$ をみたす t $\underset{㋑}{\underline{(0\leqq t\leqq 1)}}$ が存在する」

と考えて，t の 2 次方程式㋐が㋑の範囲の実数解を持つための X，Y の条件を求める.（その条件が，l_t が通る点であるための条件そのもの.）

（その 2）

$$(*)\iff y=-2\left(t-\frac{x+1}{2}\right)^2+\frac{x^2+1}{2}$$

とみて，直線 l_t 達と直線 $x=k$ の交点の y 座標

$$y=-2\left(t-\frac{k+1}{2}\right)^2+\frac{k^2+1}{2}$$

の取り得る値の範囲を調べる.

これは普通,k によって決まる範囲となっていて,

$$(k \text{ の関数}) \leqq y \leqq (k \text{ の関数}).$$

この式の k を x に変えたものが,l_t が通る範囲です.

【解答】

(1) 2 点 $(t,\ t)$,$(t-1,\ 1-t)$ を通る直線 l_t の方程式は,

$$y=\frac{t-(1-t)}{t-(t-1)}(x-t)+t,$$

すなわち,

$$\boldsymbol{y=(2t-1)x-2t^2+2t.} \qquad \cdots①$$

(2) (その 1)

$$① \iff t^2-(x+1)t+\frac{x+y}{2}=0.$$

この左辺を $f(t)$ とおくと,

$$f(t)=\left(t-\frac{x+1}{2}\right)^2-\frac{x^2-2y+1}{4}.$$

ここで,

「直線 l_t $(0 \leqq t \leqq 1)$ の少なくとも 1 本が或る点 $(x,\ y)$ を通る」

$\iff$ 「$f(t)=0$ $(0 \leqq t \leqq 1)$ をみたす t が存在する」

である.この条件は,

(i) $\dfrac{x+1}{2}<0$,すなわち,$x<-1$ のとき,

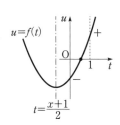

$$f(0) \leqq 0, \text{ かつ, } f(1) \geqq 0.$$

$$\therefore \quad \frac{x+y}{2} \leqq 0, \text{ かつ, } \frac{y-x}{2} \geqq 0.$$

$$\therefore \quad x \leqq y \leqq -x.$$

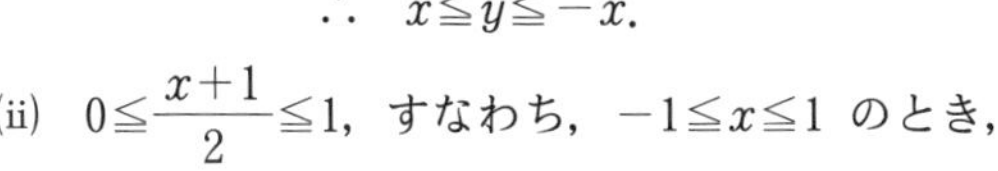

(ii) $0 \leqq \dfrac{x+1}{2} \leqq 1$,すなわち,$-1 \leqq x \leqq 1$ のとき,

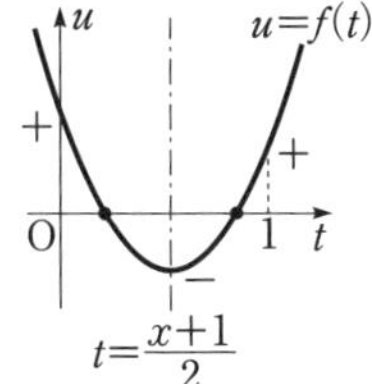

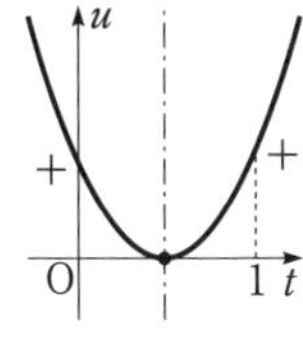

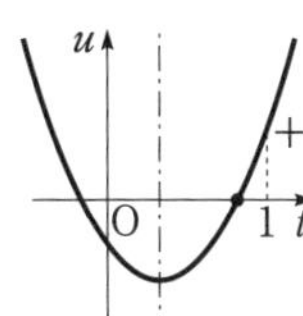

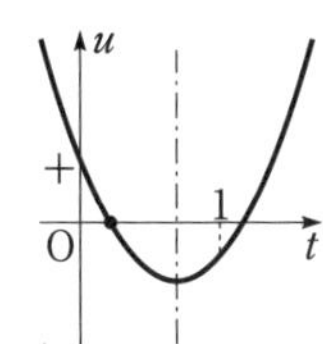

$$f\left(\frac{x+1}{2}\right) \leqq 0, \text{ かつ, } \left\{f(0) \geqq 0, \text{ または, } f(1) \geqq 0\right\}.$$

$$\therefore \quad -\frac{x^2-2y+1}{4} \leqq 0, \text{ かつ, } \left\{\frac{x+y}{2} \geqq 0, \text{ または, } \frac{y-x}{2} \geqq 0\right\}.$$

$$\therefore \quad y \leqq \frac{1}{2}(x^2+1), \text{ かつ, } \left\{y \geqq -x, \text{ または, } y \geqq x\right\}.$$

(iii) $1 < \dfrac{x+1}{2}$, すなわち, $1 < x$ のとき,

$$f(0) \geqq 0, \text{ かつ, } f(1) \leqq 0.$$

$$\therefore \quad \frac{x+y}{2} \geqq 0, \text{ かつ, } \frac{y-x}{2} \leqq 0.$$

$$\therefore \quad -x \leqq y \leqq x.$$

以上, (i), (ii), (iii) より,

$$\begin{cases} x < -1 \text{ のとき, } x \leqq y \leqq -x, \\ -1 \leqq x \leqq 1 \text{ のとき, } y \leqq \dfrac{1}{2}(x^2+1), \text{ かつ, } \left\{y \geqq -x, \text{ または, } y \geqq x\right\}, \\ 1 < x \quad \text{ のとき, } -x \leqq y \leqq x. \end{cases}$$

よって, 求める l_t の通り得る範囲は, 次図の網目部分 (境界を含む).

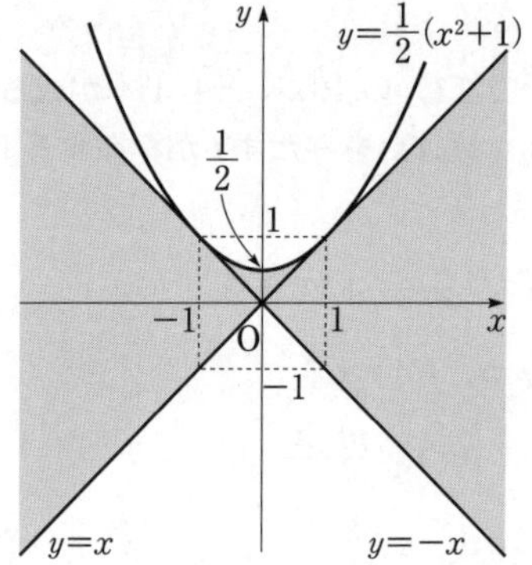

(その 2)

$$① \iff y = -2t^2 + 2(x+1)t - x$$
$$= -2\left(t - \frac{x+1}{2}\right)^2 + \frac{x^2+1}{2}.$$

よって, l_t $(0 \leqq t \leqq 1)$ の通り得る範囲と直線 $x=k$ の共有点の y 座標は,

$$y = -2\left(t - \frac{k+1}{2}\right)^2 + \frac{k^2+1}{2} \quad (0 \leqq t \leqq 1)$$

と書けて, この右辺を $g(t)$ とおくと,

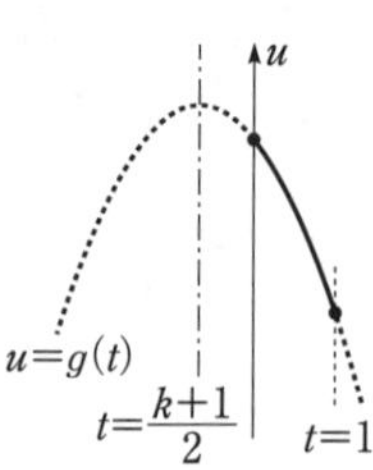

(i) $\dfrac{k+1}{2}<0$, すなわち, $k<-1$ のとき,

$$g(1) \leqq g(t) \leqq g(0).$$
$$\therefore \quad k \leqq y \leqq -k.$$

(ii) $0 \leqq \dfrac{k+1}{2} \leqq 1$, すなわち, $-1 \leqq k \leqq 1$ のとき,

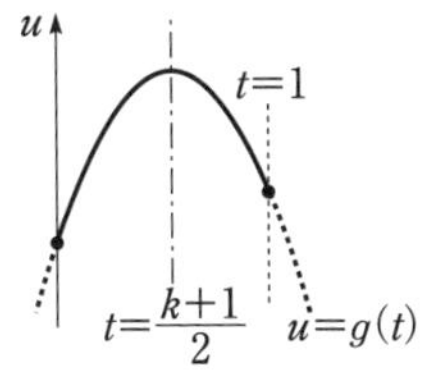

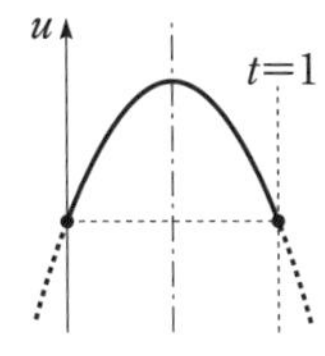

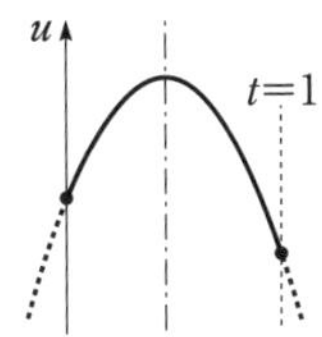

$$\left\{g(0) \text{ と } g(1) \text{ のうちの大きくない方}\right\} \leqq g(t) \leqq g\left(\frac{k+1}{2}\right).$$

$$\therefore \quad \left\{-k \text{ と } k \text{ のうちの大きくない方}\right\} \leqq y \leqq \frac{k^2+1}{2}.$$

(iii) $1<\dfrac{k+1}{2}$, すなわち, $1<k$ のとき,

$$g(0) \leqq g(t) \leqq g(1).$$
$$\therefore \quad -k \leqq y \leqq k.$$

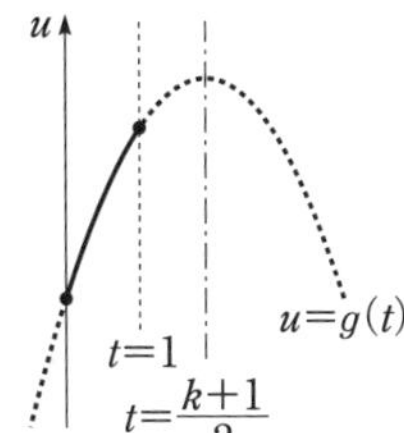

以上, (i), (ii), (iii) より (k を x に読み換えて),

$$\begin{cases} x<-1 \text{ のとき, } x \leqq y \leqq -x, \\ -1 \leqq x \leqq 1 \text{ のとき, } \left\{-x \text{ と } x \text{ のうちの大きくない方}\right\} \leqq y \leqq \dfrac{1}{2}(x^2+1), \\ 1<x \text{ のとき, } -x \leqq y \leqq x. \end{cases}$$

(以下, 図は (その 1) を参照.)

80.

解法メモ

t が $t>0$ の範囲を動くとき C が通過してできる領域内に点 $(X,\ Y)$ が存在する条件は, $X^2+Y^2-4-t(2X+2Y-a)=0$, すなわち,

$$(2X+2Y-a)t=X^2+Y^2-4 \quad \cdots(*)$$

をみたす正の数 t が存在することです.

$(*)$ は t についての高々 1 次の方程式ですが, 注意して下さい.

t の方程式 $mt=n$ の解は，

$$\begin{cases} m \neq 0 \text{ のとき，} t=\dfrac{n}{m} \text{（唯一つに決まる），} \\ m=0 \text{ のとき，} \begin{cases} n=0 \text{ なら，} & t \text{ は任意（無数にある．不定），} \\ n \neq 0 \text{ なら，} & \text{解ナシ（不能）} \end{cases} \end{cases}$$

です．

【解答】

(1)
$$C: x^2+y^2-4-t(2x+2y-a)=0.$$
$$\therefore \quad (x-t)^2+(y-t)^2=2t^2-at+4.$$

これが円を表す条件は，$2t^2-at+4>0$，すなわち，

$$2\left(t-\frac{a}{4}\right)^2+4-\frac{a^2}{8}>0.$$

これがすべての実数 t に対して成り立つ条件は，$4-\dfrac{a^2}{8}>0$.

$$\therefore \quad a^2<32.$$
$$\therefore \quad \boldsymbol{-4\sqrt{2}<a<4\sqrt{2}}.$$

(2) $a=4$ のとき，(1)で示したことから，図形 C は円で，

$$C: x^2+y^2-4=2t(x+y-2).$$

t が $t>0$ の範囲を動くとき，C が点 $(X,\ Y)$ を通る条件は，

$$X^2+Y^2-4=2t(X+Y-2)$$

をみたす正の t が存在することである．この条件は，

(i) $X+Y-2=0$ なら，$X^2+Y^2-4=0$.

$$\therefore \quad (X,\ Y)=(2,\ 0),\ (0,\ 2).$$

（このとき，t は任意の正の数.）

(ii) $X+Y-2 \neq 0$ なら，

$$t=\frac{X^2+Y^2-4}{2(X+Y-2)}>0.$$
$$\therefore \quad (X+Y-2)(X^2+Y^2-4)>0.$$
$$\therefore \quad \begin{cases} X+Y-2>0, \\ X^2+Y^2-4>0, \end{cases} \quad \text{または，} \begin{cases} X+Y-2<0. \\ X^2+Y^2-4<0. \end{cases}$$
$$\therefore \quad \begin{cases} X+Y>2, \\ X^2+Y^2>2^2, \end{cases} \quad \text{または，} \begin{cases} X+Y<2. \\ X^2+Y^2<2^2. \end{cases}$$

以上，(i), (ii) より，求める C の通過領域は，

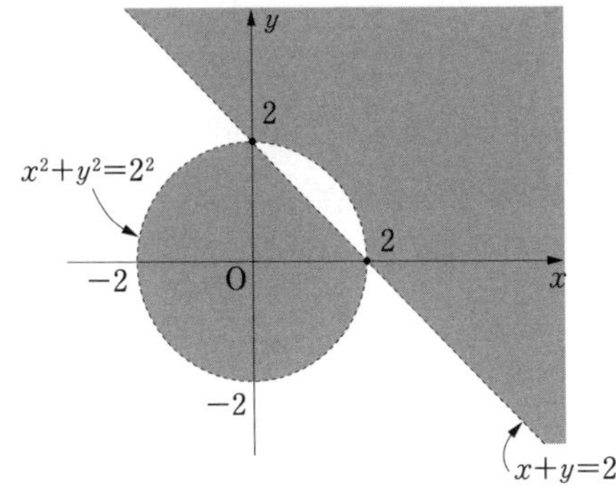

（境界線上の点については
2 点(0，2)，(2，0)のみ含む．）

(3)　$a=6$ のとき，C が円を表す条件は，

$$2t^2-6t+4>0.$$

$$\therefore\quad 2(t-1)(t-2)>0.$$

$$\therefore\quad t<1,\ 2<t.$$

これと $t>0$ の条件から，

$$0<t<1,\ \text{または},\ 2<t. \qquad \cdots①$$

また，図形 C の方程式は，

$$x^2+y^2-4=2t(x+y-3).$$

t が①の範囲を動くとき，C が点 $(X,\ Y)$ を通る条件は，

$$X^2+Y^2-4=2t(X+Y-3)$$

をみたす①の範囲の t が存在することである．

この条件は，

(i)　$\underbrace{X+Y-3=0}_{②}$ なら，$\underbrace{X^2+Y^2-4=0}_{③}$.

②から，$Y=3-X$.

これを③へ代入して，$X^2+(3-X)^2-4=0$.

$$\therefore\quad 2X^2-6X+5=0. \qquad \cdots④$$

ここで，④の判別式について，

$$(-6)^2-4\cdot2\cdot5=-4<0$$

ゆえ，④は実数解を持たず不適．

(ii)　$X+Y-3\neq0$ なら，

$$t=\frac{X^2+Y^2-4}{2(X+Y-3)}.$$

これと①から，

$$\underbrace{0<\frac{X^2+Y^2-4}{2(X+Y-3)}<1}_{⑤}\text{，または，}\underbrace{2<\frac{X^2+Y^2-4}{2(X+Y-3)}}_{⑥}.$$

(ア) $X+Y-3>0$ のとき，⑤から，

$$0<X^2+Y^2-4<2(X+Y-3).$$

$$\therefore\quad X^2+Y^2>2^2,\ (X-1)^2+(Y-1)^2<0.$$

これは不適．

⑥から，

$$4(X+Y-3)<X^2+Y^2-4.$$

$$\therefore\quad (X-2)^2+(Y-2)^2>0.$$

$$\therefore\quad (X,\ Y)\neq(2,\ 2).$$

(イ) $X+Y-3<0$ のとき，⑤から，

$$0>X^2+Y^2-4>2(X+Y-3).$$

$$\therefore\quad X^2+Y^2<2^2,\ (X-1)^2+(Y-1)^2>0.$$

$$\therefore\quad X^2+Y^2<2^2,\ (X,\ Y)\neq(1,\ 1).$$

⑥から，

$$4(X+Y-3)>X^2+Y^2-4.$$

$$\therefore\quad (X-2)^2+(Y-2)^2<0.$$

これは不適．

以上，(i)，(ii)より，求める C の通過領域は，

$$X+Y-3>0,\ (X,\ Y)\neq(2,\ 2),$$

または，

$$X+Y-3<0,\ X^2+Y^2<2^2,\ (X,\ Y)\neq(1,\ 1).$$

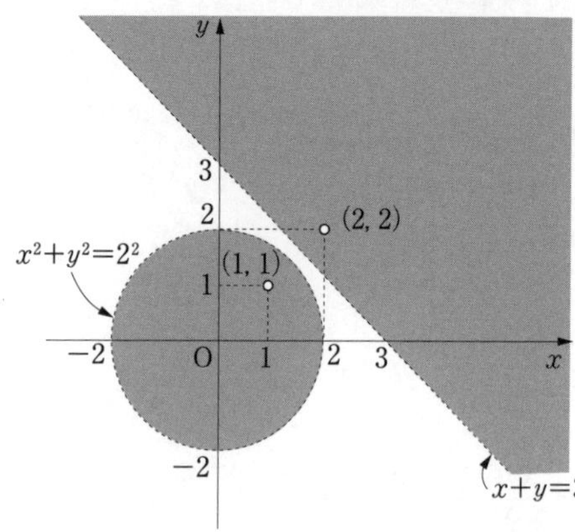

（境界線上の点，および，2点(1，1)，(2，2)は含まない．）

81.

解法メモ

これは「通過領域」ではなくて「非通過領域」の問題．

放物線 $P: y=ax^2$ 上の動点 $\mathrm{A}(t,\ at^2)$ を中心とし，x 軸に接する円 C の方程式は，

$$(x-t)^2+(y-at^2)^2=(at^2)^2$$

と書ける．点 $(x,\ y)$ が，

「C の内部にない」，すなわち，

「C の外部または周上にある」条件は，x，y が

$$(x-t)^2+(y-at^2)^2 \geqq (at^2)^2$$

をみたすことである．

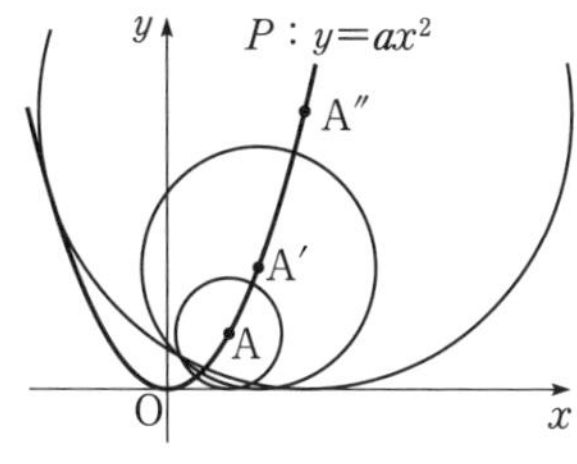

【解答】

A は P 上にあるから，$\mathrm{A}(t,\ at^2)$ とおけて，A を中心とする円 C が x 軸に接することから，その半径は at^2 である．

このとき，点 $(x,\ y)$ が円 C の内部に含まれないための条件は，x，y が

$$(x-t)^2+(y-at^2)^2 \geqq (at^2)^2,$$

すなわち，

$$(1-2ay)t^2-2xt+x^2+y^2 \geqq 0 \qquad \cdots ①$$

をみたすことである．

よって，点 $(x,\ y)$ がどの円 C の内部にも含まれないための条件は，

「任意の実数 t に対して①が成り立つ」　…②

ことである．

(i)　$1-2ay<0$ のとき，

十分大きな（あるいは十分小さな）t に対して，

$$(1-2ay)t^2-2xt+x^2+y^2<0$$

となるので②に反する．

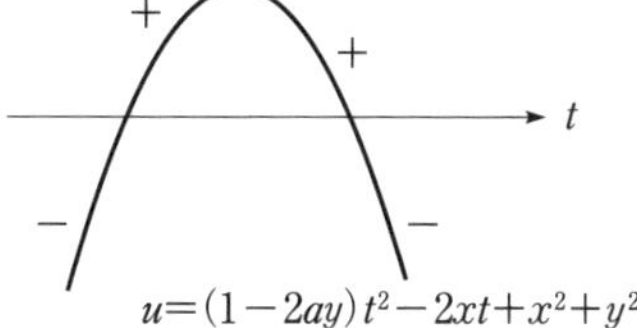

(ii)　$1-2ay=0$ のとき，

$$①\cdots \quad -2xt+x^2+\left(\frac{1}{2a}\right)^2 \geqq 0$$

だから，②の条件は，

$$x=0 \quad \left(y=\frac{1}{2a}\right).$$

(iii) $1-2ay>0$ のとき,

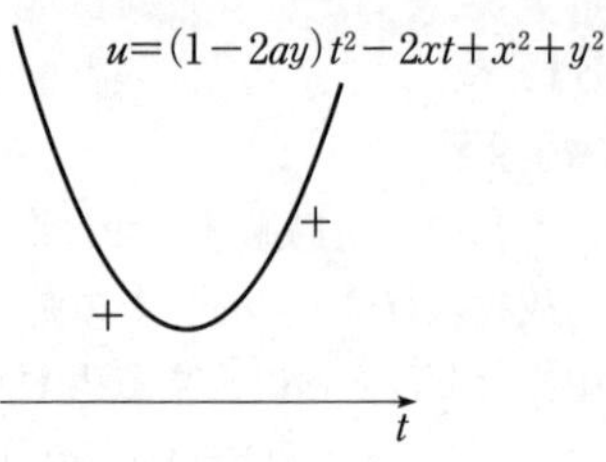

②の条件は, t の 2 次方程式

$$(1-2ay)t^2-2xt+x^2+y^2=0$$

の判別式が 0 以下となることだから,

$$x^2-(1-2ay)(x^2+y^2)\leqq 0.$$

$$\therefore\quad 2ay\left(x^2+y^2-\frac{1}{2a}y\right)\leqq 0.$$

$a>0$, $y>0$ を考え併せれば,

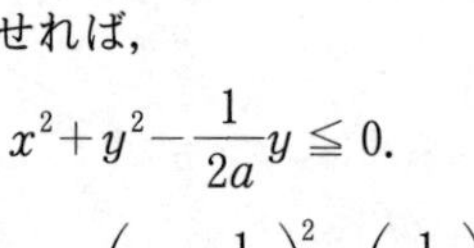

$$x^2+y^2-\frac{1}{2a}y\leqq 0.$$

$$\therefore\quad x^2+\left(y-\frac{1}{4a}\right)^2\leqq\left(\frac{1}{4a}\right)^2.$$

以上より, 求める点の集まりは,

$$\left(0,\ \frac{1}{2a}\right),\ \text{または},\ \left\{x^2+\left(y-\frac{1}{4a}\right)^2\leqq\left(\frac{1}{4a}\right)^2,\ \text{かつ},\ 0<y<\frac{1}{2a}\right\}.$$

これを図示すると, 次図の網目部分 (境界は原点のみ除く).

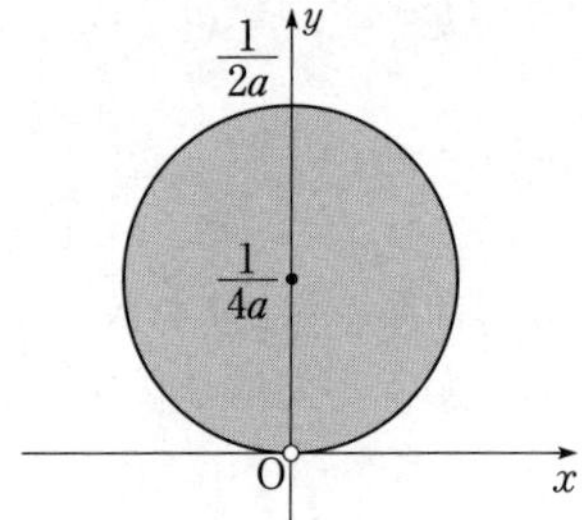

[参考]

(ii) $1-2ay=0$ のとき,

(ア) $x>0$ とすると,

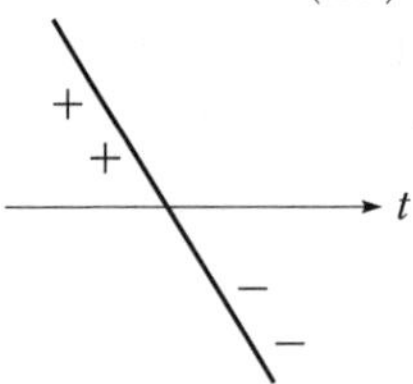

(イ) $x<0$ とすると,

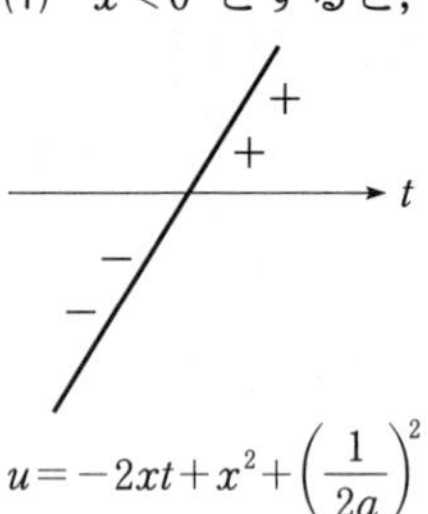

となって, ②に不適となります.

82.

解法メモ

$\angle \mathrm{APC}=\angle \mathrm{BPC}$ の情報をいかに $\mathrm{P}(x,\ y)$ の情報に読み換えるか，という問題です.

例えば，…

$\angle \mathrm{APC}=\angle \mathrm{BPC}$ から，

$$\cos\angle \mathrm{APC}=\cos\angle \mathrm{BPC}.$$

$\overrightarrow{\mathrm{PA}}$ と $\overrightarrow{\mathrm{PC}}$ のなす角の余弦と $\overrightarrow{\mathrm{PB}}$ と $\overrightarrow{\mathrm{PC}}$ のなす角の余弦が等しい.

$$\frac{\overrightarrow{\mathrm{PA}}\cdot\overrightarrow{\mathrm{PC}}}{|\overrightarrow{\mathrm{PA}}||\overrightarrow{\mathrm{PC}}|}=\frac{\overrightarrow{\mathrm{PB}}\cdot\overrightarrow{\mathrm{PC}}}{|\overrightarrow{\mathrm{PB}}||\overrightarrow{\mathrm{PC}}|}.$$

として x, y の条件式にしていきます.

途中の計算がかなり繁雑ですが，ガマンと集中で乗り切って下さい.

【解答】

$\mathrm{P}(x,\ y)$ とおくと，与条件から，

$$(x,\ y)\neq(1,\ 0),\ (-1,\ 0),\ (0,\ -1) \quad \cdots①$$

で，$\overrightarrow{\mathrm{PA}}=\begin{pmatrix}1-x\\-y\end{pmatrix}$, $\overrightarrow{\mathrm{PB}}=\begin{pmatrix}-1-x\\-y\end{pmatrix}$, $\overrightarrow{\mathrm{PC}}=\begin{pmatrix}-x\\-1-y\end{pmatrix}$ はいずれも $\vec{0}$ ではなく，

$\angle \mathrm{APC}=\angle \mathrm{BPC}$ から，

$$\cos\angle \mathrm{APC}=\cos\angle \mathrm{BPC}.$$

$$\therefore\quad \frac{\overrightarrow{\mathrm{PA}}\cdot\overrightarrow{\mathrm{PC}}}{|\overrightarrow{\mathrm{PA}}||\overrightarrow{\mathrm{PC}}|}=\frac{\overrightarrow{\mathrm{PB}}\cdot\overrightarrow{\mathrm{PC}}}{|\overrightarrow{\mathrm{PB}}||\overrightarrow{\mathrm{PC}}|}. \quad \cdots(☆)$$

これは①の下で，

$$\begin{cases}|\overrightarrow{\mathrm{PB}}|^2(\overrightarrow{\mathrm{PA}}\cdot\overrightarrow{\mathrm{PC}})^2=|\overrightarrow{\mathrm{PA}}|^2(\overrightarrow{\mathrm{PB}}\cdot\overrightarrow{\mathrm{PC}})^2, & \cdots②\\ (\overrightarrow{\mathrm{PA}}\cdot\overrightarrow{\mathrm{PC}})(\overrightarrow{\mathrm{PB}}\cdot\overrightarrow{\mathrm{PC}})\geqq 0 & \cdots③\end{cases}$$

と同値である.

ここで，

$$\begin{cases}|\overrightarrow{\mathrm{PA}}|^2=(x-1)^2+y^2,\quad |\overrightarrow{\mathrm{PB}}|^2=(x+1)^2+y^2,\\ \overrightarrow{\mathrm{PA}}\cdot\overrightarrow{\mathrm{PC}}=\begin{pmatrix}1-x\\-y\end{pmatrix}\cdot\begin{pmatrix}-x\\-1-y\end{pmatrix}=(x-1)x+y(y+1),\\ \overrightarrow{\mathrm{PB}}\cdot\overrightarrow{\mathrm{PC}}=\begin{pmatrix}-1-x\\-y\end{pmatrix}\cdot\begin{pmatrix}-x\\-1-y\end{pmatrix}=(x+1)x+y(y+1)\end{cases}$$

ゆえ，②から，

$$\left\{(x+1)^2+y^2\right\}\left\{(x-1)x+y(y+1)\right\}^2=\left\{(x-1)^2+y^2\right\}\left\{(x+1)x+y(y+1)\right\}^2.$$

これを整理して， …(*)

$$xy(x^2+y^2-1)=0.$$

$$\therefore \quad x=0 \quad \text{or} \quad y=0 \quad \text{or} \quad x^2+y^2=1. \qquad \cdots②'$$

また，③から，

$$\{(x-1)x+y(y+1)\}\{(x+1)x+y(y+1)\} \geqq 0.$$

$$\therefore \quad \left\{\left(x-\frac{1}{2}\right)^2+\left(y+\frac{1}{2}\right)^2-\frac{1}{2}\right\}\left\{\left(x+\frac{1}{2}\right)^2+\left(y+\frac{1}{2}\right)^2-\frac{1}{2}\right\} \geqq 0.$$

$$\left.\begin{array}{l} \left(x-\frac{1}{2}\right)^2+\left(y+\frac{1}{2}\right)^2 \geqq \frac{1}{2}, \text{ かつ, } \left(x+\frac{1}{2}\right)^2+\left(y+\frac{1}{2}\right)^2 \geqq \frac{1}{2}, \\ \text{または,} \\ \left(x-\frac{1}{2}\right)^2+\left(y+\frac{1}{2}\right)^2 \leqq \frac{1}{2}, \text{ かつ, } \left(x+\frac{1}{2}\right)^2+\left(y+\frac{1}{2}\right)^2 \leqq \frac{1}{2}. \end{array}\right\} \cdots③'$$

以上，①, ②′, ③′ より，求める P の軌跡は，次図の太線部分.

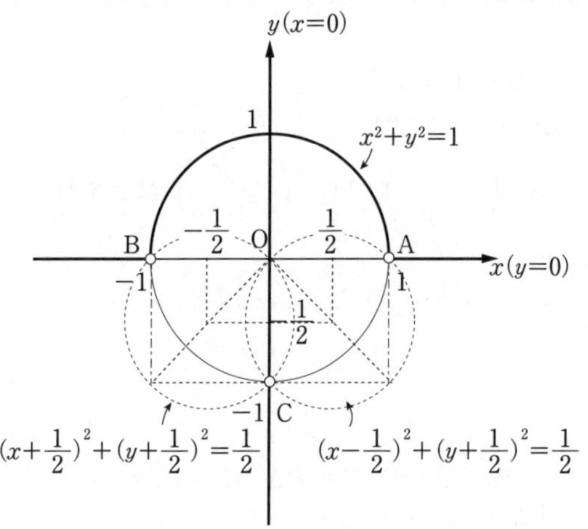

[参考 1]　〈③が必要な訳は…〉

一般に，与えられた等式の両辺を 2 乗する計算は同値変形ではありません.

例えば，$x=-3$ の両辺を 2 乗すると，$x^2=9$. これを解くと，$x=\pm 3$ となって，不適な解 $x=3$ が余計に出てきます.

これを防ぐには，

$$x=-3 \iff x^2=9,\ \underset{\sim\sim\sim}{x<0} \iff x=\pm 3,\ \underset{\sim\sim\sim}{x<0}$$

とすれば，$x=-3$ だけが生き残ります.

本問では，(☆)から，$\overrightarrow{\mathrm{PA}}\cdot\overrightarrow{\mathrm{PC}}$ と $\overrightarrow{\mathrm{PB}}\cdot\overrightarrow{\mathrm{PC}}$ が同符号（または一方が 0）であることを③で表しているのです.（言い換えると，(☆)から(*)の途中で両辺の 2 乗をしているので同値性を保つために③が必要になるのです.）

[参考 2] 〈(*)の整理の部分は, …〉

$$\left\{(x+1)^2+y^2\right\}\left\{(x-1)x+y(y+1)\right\}^2=\left\{(x-1)^2+y^2\right\}\left\{(x+1)x+y(y+1)\right\}^2.$$

ここで, $t=x^2+y^2$ とおくと,

$$(t+2x+1)(t-x+y)^2=(t-2x+1)(t+x+y)^2.$$

$$\therefore\quad (t+2x+1)\left\{t^2-2(x-y)t+t-2xy\right\}$$

$$=(t-2x+1)\left\{t^2+2(x+y)t+t+2xy\right\}.$$

$$\therefore\quad t^3+(2y+2)t^2+(-4x^2+2xy+2y+1)t-2xy(2x+1)$$

$$=t^3+(2y+2)t^2+(-4x^2-2xy+2y+1)t-2xy(2x-1).$$

$$\therefore\quad 4xy(t-1)=0.$$

$$\therefore\quad xy(x^2+y^2-1)=0.$$

[参考 3] 〈③′ の表す領域は…〉

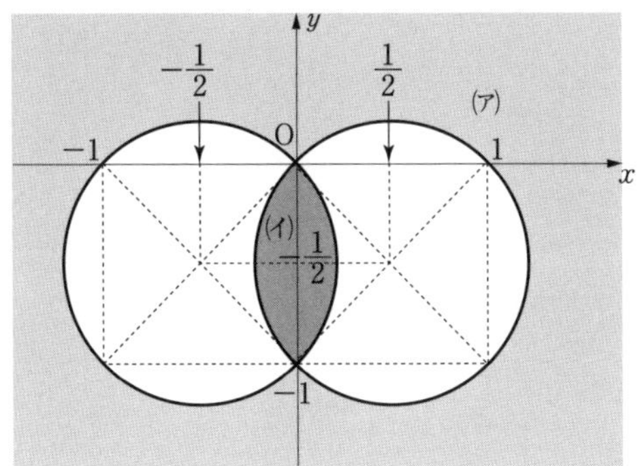

(ア) … $\left(x-\frac{1}{2}\right)^2+\left(y+\frac{1}{2}\right)^2\geqq\frac{1}{2}$, かつ, $\left(x+\frac{1}{2}\right)^2+\left(y+\frac{1}{2}\right)^2\geqq\frac{1}{2}$

… 2 円の外部または周,

(イ) … $\left(x-\frac{1}{2}\right)^2+\left(y+\frac{1}{2}\right)^2\leqq\frac{1}{2}$, かつ, $\left(x+\frac{1}{2}\right)^2+\left(y+\frac{1}{2}\right)^2\leqq\frac{1}{2}$

… 2 円の内部または周.

[参考 4] 〈解答の図ができてしまってから言うのもナンですが …〉

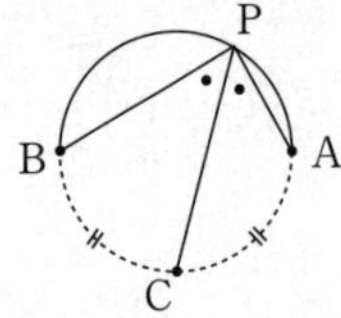

等しい弧に対する円周角は等しいから,
∠APC＝∠BPC.

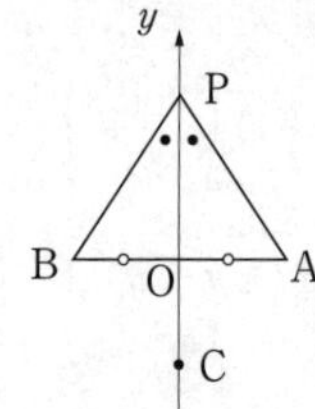

線分 AB の垂直二等分線上に P があれば,
∠APC＝∠BPC.

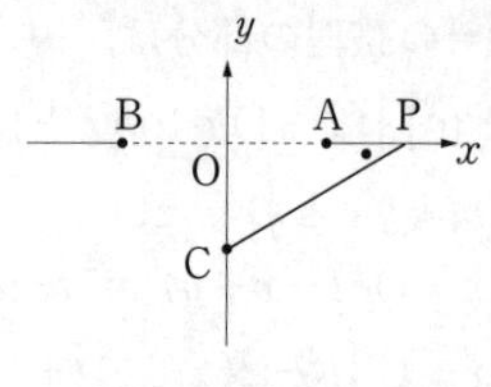

直線 AB 上の線分 AB を除くところに P があれば,
∠APC＝∠BPC.

§8　指数関数，対数関数

83.

解法メモ

指数関数 $y=a^x$ のグラフについて，

$0<a<1$ のとき，

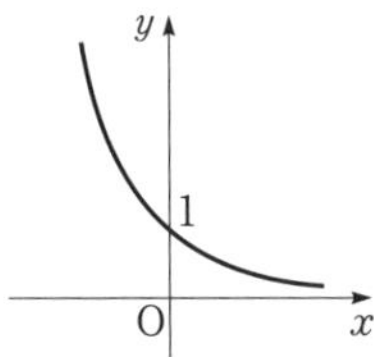

減少関数, すなわち,

$\alpha<\beta \iff a^\alpha>a^\beta$.

$1<a$ のとき，

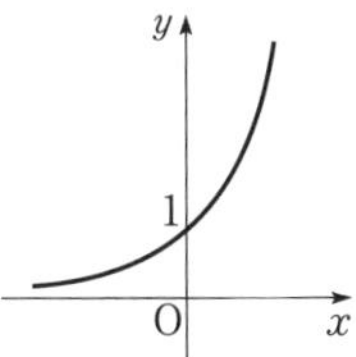

増加関数, すなわち,

$\alpha<\beta \iff a^\alpha<a^\beta$.

また，対数関数 $y=\log_a x$ のグラフについて，

$0<a<1$ のとき，

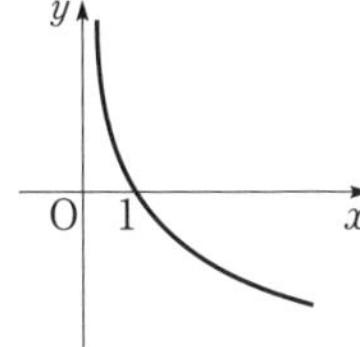

減少関数, すなわち,

$\alpha<\beta \iff \log_a\alpha>\log_a\beta$.

$1<a$ のとき，

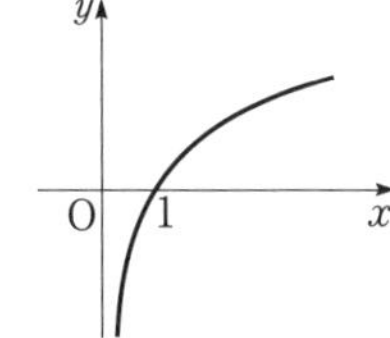

増加関数, すなわち,

$\alpha<\beta \iff \log_a\alpha<\log_a\beta$.

【解答】

$a>0$，$a\neq 1$ の下で（以下，対数は常用対数で，複号同順），

$$\begin{aligned}a^b \gtreqqless b^a &\iff \log a^b \gtreqqless \log b^a\\ &\iff b\log a \gtreqqless a\log b\\ &\iff a^a\log a \gtreqqless a\log a^a \quad (\because\ b=a^a)\\ &\iff a^a\log a \gtreqqless a\cdot a\log a. \qquad \cdots(*)\end{aligned}$$

(i)　$0<a<1$ のとき，$\log a<0$ ゆえ，

$$\begin{aligned}(*) &\iff a^a \lesseqqgtr a^2\\ &\iff \log a^a \lesseqqgtr \log a^2\\ &\iff a\log a \lesseqqgtr 2\log a\\ &\iff a \gtreqqless 2.\end{aligned}$$

ここで，$0<a<1$ ゆえ，$a<2$.（一番下の不等号が成立.）

$$\therefore\quad a^b<b^a.$$

(ii) $1<a$ のとき，$\log a>0$ ゆえ，

$$(*)\iff a^a \gtreqless a^2 \iff a\log a \gtreqless 2\log a \iff a \gtreqless 2.$$

よって，

$$\begin{cases} 1<a<2 & \text{のとき，}\quad a^b<b^a. \\ a=2 & \text{のとき，}\quad a^b=b^a. \\ 2<a & \text{のとき，}\quad a^b>b^a. \end{cases}$$

以上，(i)，(ii)より，

$$\begin{cases} \mathbf{0<a<1,\ 1<a<2} & \textbf{のとき，}\quad \mathbf{a^b<b^a}, \\ \mathbf{a=2} & \textbf{のとき，}\quad \mathbf{a^b=b^a}, \\ \mathbf{2<a} & \textbf{のとき，}\quad \mathbf{a^b>b^a}. \end{cases}$$

84.

解法メモ

$t=2^x+2^{-x}$ とおくと，$t^2=(2^x+2^{-x})^2=4^x+4^{-x}+2$ から，$4^x+4^{-x}=t^2-2$ と書けて，(2)の x の指数方程式が t の 2 次方程式に変わります．ただし，未知数や変数の置き換えは要注意．t の解が 1 つ見付かったからといって，x の解 1 つに対応するとは限りません．複数あるかも知れないし無いかも知れない．

【解答】

(1) $X=2^x$ とおくと，$X>0$ で，$\underset{①}{\underline{2^x+2^{-x}=t}}$ から，

$$X+\frac{1}{X}=t.$$

$$\therefore\quad X^2-tX+1=0. \qquad \cdots②$$

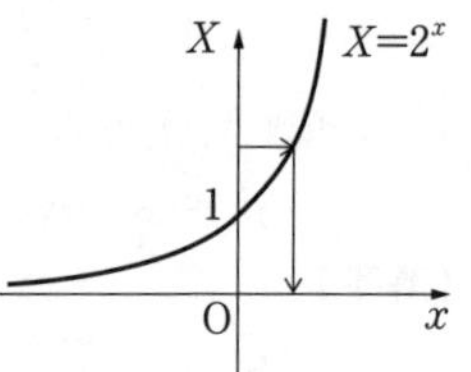

x が実数全体を変化するとき，X は正の数全体を変化し，正の数 X が 1 つ決まると，実数 x が 1 つ決まるから，求める x の方程式①の実数解の個数は，X の方程式②の正の数の解の個数に一致する．（以下，uX 平面上の，定点 (0, 1) を通る放物線 $u=X^2-tX+1$ と，X 軸（直線 $u=0$）の正の部分の共有点を考える.）

②から，

$$\left(X-\frac{t}{2}\right)^2+1-\frac{t^2}{4}=0.$$

(i) ②が異なる 2 つの正の解を持つとき，

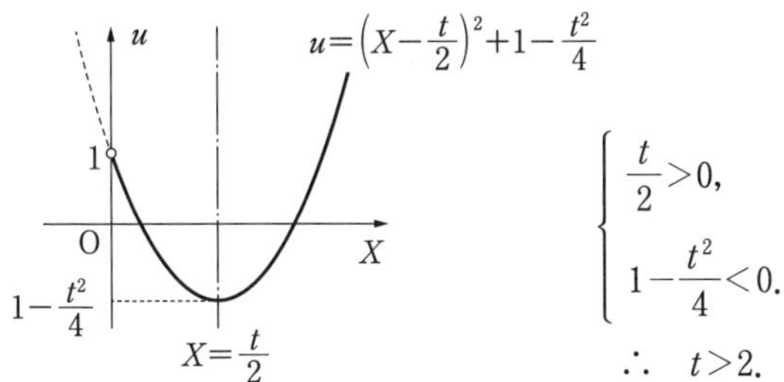

$$\begin{cases} \dfrac{t}{2}>0, \\ 1-\dfrac{t^2}{4}<0. \end{cases}$$

$\therefore \quad t>2.$

(ii) ②が正の重解を持つとき,

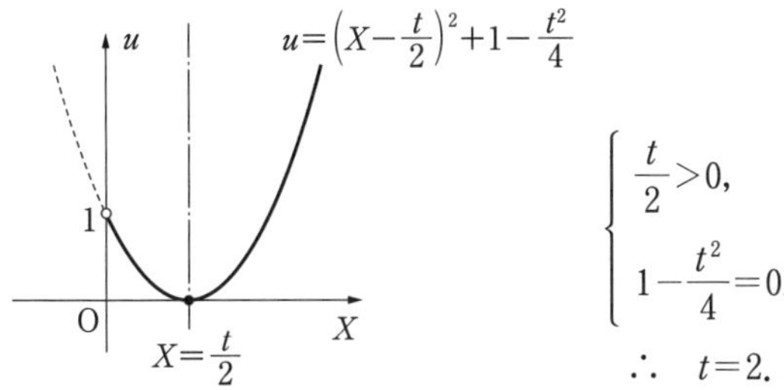

$$\begin{cases} \dfrac{t}{2}>0, \\ 1-\dfrac{t^2}{4}=0. \end{cases}$$

$\therefore \quad t=2.$

(iii) ②が正の解を持たないとき, (i), (ii)を除く場合だから,

$$t<2.$$

以上, (i), (ii), (iii)より, 求める①の実数解の個数は,

$$\begin{cases} \boldsymbol{t>2} \quad \textbf{のとき,} \quad \textbf{2 個,} \\ \boldsymbol{t=2} \quad \textbf{のとき,} \quad \textbf{1 個,} \\ \boldsymbol{t<2} \quad \textbf{のとき,} \quad \textbf{0 個.} \end{cases}$$

(2) ①から, $t^2=(2^x+2^{-x})^2=4^x+4^{-x}+2$ ゆえ,

$$4^x+4^{-x}=t^2-2.$$

よって, 与方程式 $4^x+4^{-x}+a(2^x+2^{-x})+b=0 \quad \cdots③$ は,

$$t^2-2+at+b=0. \text{ すなわち,}$$

$$t^2+at+b-2=0 \qquad \cdots④$$

と表せる.

③がちょうど3個の実数解を持つ条件は, (1)で示したことから t の2次方程式④が2と2より大きな解を持つことである. この条件は,

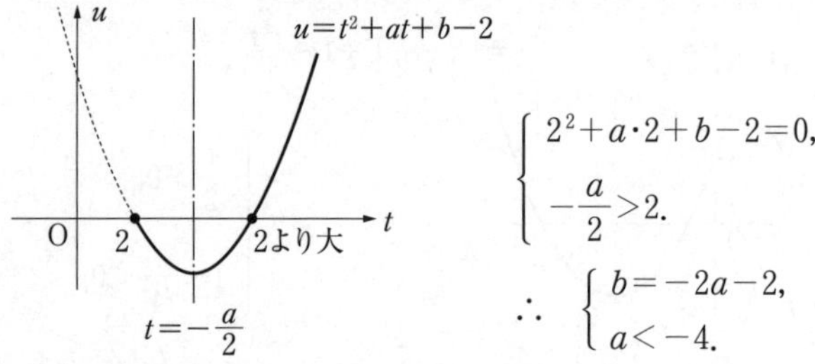

$$\begin{cases} 2^2+a\cdot 2+b-2=0, \\ -\dfrac{a}{2}>2. \end{cases}$$

$$\therefore \quad \begin{cases} b=-2a-2, \\ a<-4. \end{cases}$$

以上より，求める点（a，b）の存在する範囲は，

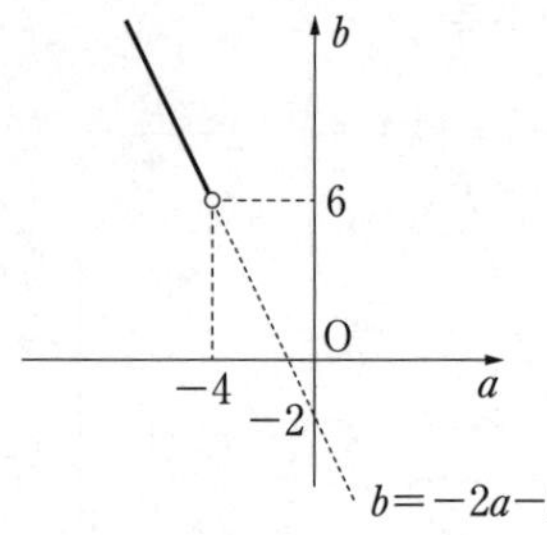

［参考］

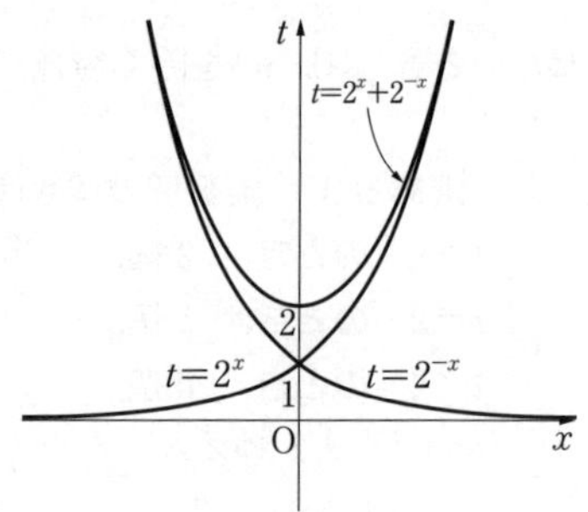

85.

解法メモ

対数関数の顔を見たら，　まず，　真数および底の条件

$$(\text{真数})>0,$$

$$0<(\text{底})<1 \text{ または } 1<(\text{底})$$

を確認しておいてください．後で，なんて思っているとつい忘れたりしますし，変形してしまうと真数条件や底の条件が変わってしまうことがあります．

例えば，

「$2\log_2 x$」なら真数条件は　$x>0$,

「$\log_2 x^2$」なら真数条件は　$x^2>0$, すなわち, $x<0$ または $0<x$.

要するに,

「$x>0$ のときに限って, $2\log_2 x=\log_2 x^2$」

なのです.

【解答】

$$\log_2(2-x)+\log_2(x-2a)=1+\log_2 x. \quad \cdots①$$

真数条件から,

$$2-x>0,\ x-2a>0,\ x>0.$$

$$\therefore\quad 0<x<2,\ \text{かつ},\ 2a<x. \quad \cdots②$$

ここで,

(i)　$a\leqq 0$ のとき,　② $\Longleftrightarrow$ $0<x<2$,

(ii)　$0<a<1$ のとき, ② $\Longleftrightarrow$ $2a<x<2$,

(iii)　$1\leqq a$ のとき,　②をみたす x は存在しない.

②をみたす x の範囲において,

$$\begin{aligned}① &\Longleftrightarrow \log_2(2-x)(x-2a)=\log_2 2x\\ &\Longleftrightarrow (2-x)(x-2a)=2x\\ &\Longleftrightarrow x^2-2ax+4a=0\\ &\Longleftrightarrow (x-a)^2-a^2+4a=0.\end{aligned}$$

ここで, $f(x)=(x-a)^2-a^2+4a$ とおく.

(i)　$a\leqq 0$ のとき, $f(x)=0$ が $0<x<2$ の範囲に解を持つための条件は,

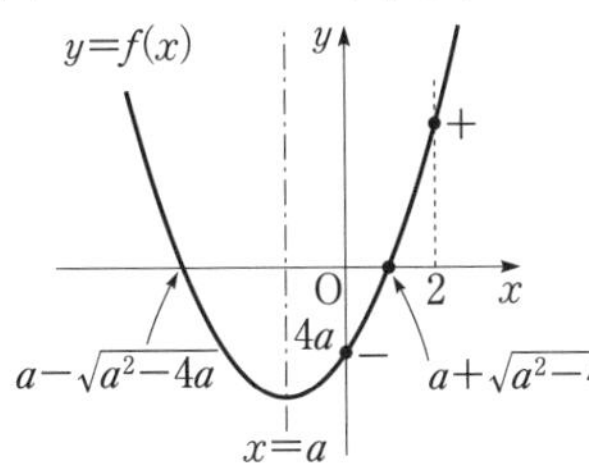

$f(0)<0$, かつ, $f(2)>0$, すなわち,

$4a<0$,　かつ,　$4>0$.

よって, $a<0$ (これは $a\leqq 0$ をみたす).

このとき, $f(x)=0$, すなわち, ①の実数解は,

$$x=a+\sqrt{a^2-4a}.$$

(ii)　$0<a<1$ のとき, $f(x)=0$ が $2a<x<2$ の範囲に解を持つための条件は,

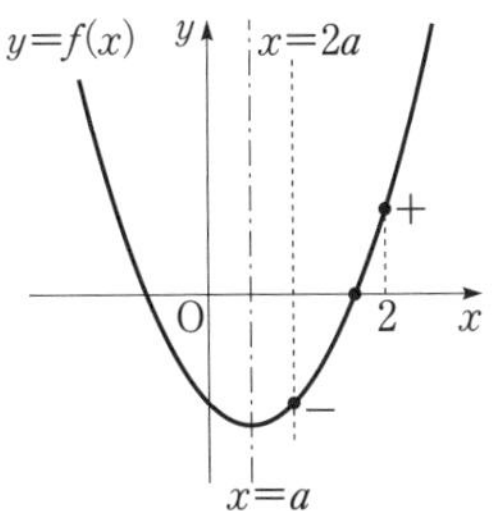

$f(2a)<0$, かつ, $f(2)>0$, すなわち,

$4a<0$, かつ, $4>0$.

よって, $a<0$.

これは $0<a<1$ をみたさないので, 不適.

(すなわち, 左図のようにはならない.)

以上，(i)，(ii)より，与方程式が実数解を持つための a の値の範囲は，

$$\boldsymbol{a<0}$$

で，そのときの実数解は，

$$\boldsymbol{x=a+\sqrt{a^2-4a}}.$$

86.

解法メモ

無論，真数条件から入りますが，次に，

$$\log_a x,\ \log_a y$$

のカタマリが目に映るでしょ．そこで，

$$X=\log_a x,\quad Y=\log_a y$$

とでも置き換えると見易くなります．

さらに，積 xy の最大，最小を聞いていますが，

$$\log_a(xy)=\log_a x+\log_a y$$
$$=X+Y$$

に注目せよ，ということですね．

【解答】

$$(\log_a x)^2+(\log_a y)^2=\log_a x^2+(\log_a x)(\log_a y)+\log_a y^2. \quad \cdots①$$

真数条件，および，底の条件より

$$\begin{cases} x>0,\quad y>0, \\ 0<a<1 \text{ または } 1<a. \end{cases} \quad \cdots②$$

②の下で，

$$① \iff (\log_a x)^2+(\log_a y)^2=2\log_a x+(\log_a x)(\log_a y)+2\log_a y.$$

ここで，

$$X=\log_a x,\quad Y=\log_a y$$

とおくと，

$$① \iff X^2+Y^2=2X+XY+2Y$$
$$\iff (X+Y)^2-2(X+Y)-3XY=0.$$

さらに，

$$k=X+Y$$

とおくと，

$$① \iff k^2-2k-3X(k-X)=0$$
$$\iff 3X^2-3kX+k^2-2k=0. \quad \cdots①'$$

X の実数条件から，(①′の判別式)$\geqq 0$.

$$\therefore\quad (-3k)^2-4\cdot 3(k^2-2k)\geqq 0.$$

$$\therefore\quad 3k(k-8)\leqq 0.$$

$$\therefore\quad 0\leqq k\leqq 8.$$（このとき，Y も実数となる）

$$\therefore\quad 0\leqq X+Y\leqq 8.$$

$$\therefore\quad 0\leqq \log_a x+\log_a y\leqq 8.$$

$$\therefore\quad \log_a 1\leqq \log_a(xy)\leqq \log_a a^8. \quad \cdots ③$$

したがって，

$0<a<1$ のとき，

$$③ \iff 1\geqq xy\geqq a^8$$

より，

xy の最大値は 1，最小値は a^8.

$1<a$ のとき，

$$③ \iff 1\leqq xy\leqq a^8$$

より，

xy の最大値は a^8，最小値は 1.

87.

解法メモ

真数条件を調べるのはアタリマエ.

さらに，言わずもがなですが，$a>0$，$a\neq 1$，$M>0$ のとき，

$$a^x=M \iff x=\log_a M,$$

したがって，

$$M=a^{\log_a M}.$$

【解答】

$$\begin{cases} x^4y^2=1024, & \cdots ① \\ (\log_8 x)^2-\log_2 y=2. & \cdots ② \end{cases}$$

真数条件から，

$$x>0,\quad y>0. \quad \cdots ③$$

③の下で，

$$\begin{aligned} ① &\iff \log_2(x^4y^2)=\log_2 1024 \\ &\iff 4\log_2 x+2\log_2 y=\log_2 2^{10} \\ &\iff 4\log_8 x^3+2\log_2 y=10 \\ &\iff 12\log_8 x+2\log_2 y=10 \\ &\iff 6\log_8 x+\log_2 y=5, & \cdots ①' \\ ② &\iff \log_2 y=(\log_8 x)^2-2. & \cdots ②' \end{aligned}$$

②′を①′へ代入して，整理すると，

$$(\log_8 x)^2+6\log_8 x-7=0.$$

$$\therefore\quad (\log_8 x+7)(\log_8 x-1)=0.$$

$$\therefore\quad \log_8 x=-7,\ 1.$$

(i) $\log_8 x=-7$ のとき，

$$\begin{cases} x=8^{-7}=2^{-21}, \\ \log_2 y=(-7)^2-2=47. \quad (\because\ ②') \end{cases}$$

$$\therefore\quad y=2^{47}.$$

(ii) $\log_8 x=1$ のとき，

$$\begin{cases} x=8^1=8, \\ \log_2 y=1^2-2=-1. \quad (\because\ ②') \end{cases}$$

$$\therefore\quad y=2^{-1}=\frac{1}{2}.$$

以上，(i)，(ii)より，

$$\boldsymbol{(x,\ y)=\left(\frac{1}{2^{21}},\ 2^{47}\right),\ \left(8,\ \frac{1}{2}\right).}$$

88.

解法メモ

指数不等式，対数不等式でも，方程式と要領は同様で，

$$\begin{cases} \text{真数条件}, \\ \text{底の条件}, \\ 0<(\text{底})<1,\ 1<(\text{底})\ \text{の場合分け} \end{cases}$$

に留意.

【解答】

$$\begin{cases} a^{2x-4}-1<a^{x+1}-a^{x-5}, & \cdots① \\ \log_a(x-2)^2\geqq\log_a(x-2)+\log_a 5. & \cdots② \end{cases}$$

①の両辺に $a^5(>0)$ を掛けて，

$$a^{2x+1}-a^5<a^{x+6}-a^x.$$

$$\therefore\quad a(a^x)^2-(a^6-1)a^x-a^5<0.$$

$$\therefore\quad (a\cdot a^x+1)(a^x-a^5)<0.$$

ここで，$a>0$ より，$a\cdot a^x+1>0$ だから，

$$a^x<a^5. \qquad \cdots①'$$

次に，②の真数条件から，

$$(x-2)^2>0,\ x-2>0.$$

$$\therefore \quad x>2. \qquad \cdots ③$$

③の下で,

$$② \iff 2\log_a(x-2) \geqq \log_a(x-2)+\log_a 5$$
$$\iff \log_a(x-2) \geqq \log_a 5. \qquad \cdots ②'$$

(i) $0<a<1$ のとき, ①′, ②′より,

$$\begin{cases} x>5, \\ x-2 \leqq 5. \end{cases}$$

これらと, ③より,

$$5<x \leqq 7.$$

(ii) $1<a$ のとき, ①′, ②′より,

$$\begin{cases} x<5, \\ x-2 \geqq 5. \end{cases}$$

これらをみたす x は存在しない.

以上, (i), (ii)より, 求める x の値の範囲は,

$$\begin{cases} \boldsymbol{0<a<1} \text{ **のとき**, } \boldsymbol{5<x \leqq 7}, \\ \boldsymbol{1<a} \text{ **のとき**, **存在しない**.} \end{cases}$$

89.

解法メモ

実際に計算してしまえば, $7^6=117649$ ですから, (1)は6桁ですけどね.

一般に, 正の整数 M が m 桁なら,

$$\underbrace{100 \cdots\cdots 00}_{m\text{ 桁}} \leqq M < \underbrace{1000 \cdots\cdots 00}_{(m+1)\text{ 桁}}$$
$$\iff 10^{m-1} \leqq M < 10^m$$
$$\iff m-1 \leqq \log_{10} M < m$$
$$\iff \log_{10} M < m \leqq \log_{10} M+1.$$

【解答】

(1) $N=7^6$ とおくと,

$$\log_{10} N = \log_{10} 7^6 = 6\log_{10} 7 = 6 \times 0.8451\cdots = 5.07\cdots.$$
$$\therefore \quad N=10^{5.07\cdots}. \qquad \cdots ①$$
$$\therefore \quad 10^5 \leqq N < 10^6.$$

よって, 7^6 は**6桁**の自然数である.

(2) $M=7^{7^7}$ とおき, M の桁数を m とすると,

$$10^{m-1} \leqq M < 10^m$$

$$\iff m-1 \leqq \log_{10} M < m$$
$$\iff \log_{10} M < m \leqq \log_{10} M + 1. \quad \cdots②$$

(1)と同様にして,

$$\log_{10} 7^7 = 7\log_{10} 7 = 7 \times 0.8451\cdots = 5.91\cdots,$$
$$7^7 = 10^{5.91\cdots}$$

だから,

$$\begin{aligned}\log_{10} M = \log_{10} 7^{7^7} &= 7^7 \log_{10} 7 \\ &= 10^{5.91\cdots} \times 0.8451\cdots \\ &< 0.8452 \times 10^6 = 845200 \\ &< 10^6 - 1. \quad \cdots③\end{aligned}$$

また,

$$\begin{aligned}\log_{10} M &= 7^6 \times 7 \log_{10} 7 \\ &= 10^{5.07\cdots} \times 7 \times 0.8451\cdots \quad (\because \ ①) \\ &= 5.91\cdots \times 10^{5.07\cdots} \\ &> 10^5. \quad \cdots④\end{aligned}$$

②, ③, ④ より,

$$10^5 < m < 10^6,$$

すなわち,

$$10^5 < (7^{7^7} \text{ の桁数}) < 10^{5+1}$$

であるから，求める自然数 n は，**5.**

[別解]

〈この問題に限って言うなら（いつでもそうだとは言いません．念のため），7^6，7^7 くらいは掛算してしまった方が早いですね．〉

(1)　$7^6 = 117649$ は，**6 桁**の自然数である．

(2)　$7^7 = 823543$ だから，$M = 7^{7^7}$ とおくと，

$$\log_{10} M = \log_{10} 7^{7^7} = 7^7 \log_{10} 7 = 823543 \times 0.8451\cdots.$$
$$\therefore \quad 695976.18 \leqq \log_{10} M < 696058.54.$$
$$\therefore \quad 10^5 \leqq \log_{10} M < 7 \times 10^5.$$
$$\therefore \quad \underbrace{10^{10^5}}_{(10^5+1)\text{ 桁の自然数}} \leqq M < \underbrace{10^{7\times 10^5}}_{(7\times 10^5+1)\text{ 桁の自然数}}.$$

よって,

$$10^5 < (M \text{ の桁数}) < 10^6.$$

したがって，求める自然数 n は，**5.**

90.

解法メモ

M が n 桁の正の整数で，その最高位の数が a，次の位の数が b であるとき，

10^{n-1}	10^{n-2}	10^{n-3}	$\cdots$	10^2	10^1	10^0 の位
a	b		$\cdots$			

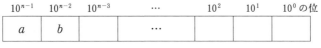

$$(10a+b)\times 10^{n-2} \leqq M < (10a+b+1)\times 10^{n-2}$$

です.

また，$b=a^x$　$(a>0,\ a\neq 1)$ のとき，$x=\log_a b$ ですから，$b=a^{\log_a b}$ です.
(例えば，$2=10^{\log_{10}2}=10^{0.3010\cdots}$.)

【解答】

与えられた値から,

$$\left.\begin{array}{l} 0.3010<\log_{10}2<0.3011, \\ 0.4771<\log_{10}3<0.4772, \\ 0.8451<\log_{10}7<0.8452, \\ 1.0414<\log_{10}11<1.0415. \end{array}\right\} \quad \cdots①$$

(1)　$M=7^{70}$ とおくと，$\log_{10}M=\log_{10}7^{70}=70\log_{10}7$ だから，①より，

$$70\times 0.8451<\log_{10}M<70\times 0.8452.$$

$$\therefore\quad 59.157<\log_{10}M<59.164.$$

ここで，底の 10 は 1 より大だから，

$$10^{0.157}\times 10^{59}<M<10^{0.164}\times 10^{59}. \quad \cdots②$$

ここで，①より，$(1=)10^{\log_{10}1}<10^{0.157}<10^{0.164}<10^{\log_{10}2}(=2)$ だから，

$$1\times 10^{59}<M<2\times 10^{59}.$$

よって，$M=7^{70}$ は 60 桁の正の整数で，最高位の数は 1 である.

(2)　①から，

$$0.3010+0.8451<\log_{10}2+\log_{10}7<0.3011+0.8452.$$

$$\therefore\quad 1.1461<\log_{10}14<1.1463. \quad \cdots③$$

また，$\log_{10}5=\log_{10}\dfrac{10}{2}=\log_{10}10-\log_{10}2=1-\log_{10}2$ と①から，

$$0.4771+(1-0.3011)<\log_{10}3+\log_{10}5<0.4772+(1-0.3010).$$

$$\therefore\quad 1.1760<\log_{10}15<1.1762. \quad \cdots④$$

②より，

$$10^{1.157}\times 10^{58}<M<10^{1.164}\times 10^{58}.$$

これと③，④から，

$$10^{\log_{10}14}\times 10^{58}<M<10^{\log_{10}15}\times 10^{58}.$$

$$\therefore \quad 14\times10^{58}<M<15\times10^{58}.$$

よって，$M=\mathbf{7^{70}}$ **の最高位の次の位の数は 4 である.**

91.

解法メモ

(1) まさか 2^{60} を計算する訳もありませんし，その逆数なんかもっと大変です. $\log_{10}2$ の概数が与えられていることから， 常用対数を考えてみる気になる.

(2) 「どんな範囲に入る数か」とはまたいい加減な質問ですが（「0〜1 に入る」といってもウソではない），(3)に使える程度には，厳しく答えておかねばなりません.

$$\frac{1}{5^{200}}=\underbrace{0.00\ \cdots\cdots\ 00}_{0\text{ が }140\text{ 個並ぶ}}\overset{\text{小数第 }139\text{ 位}}{\overset{\downarrow}{}}\underset{\underset{\text{小数第 }140\text{ 位}}{\uparrow}}{1}\ \cdots\cdots$$

ですから，

$$\underbrace{0.00\ \cdots\cdots\ 001}_{0\text{ が }140\text{ 個並ぶ}} < \frac{1}{5^{200}} < \underbrace{0.00\ \cdots\cdots\ 002}_{0\text{ が }140\text{ 個並ぶ}}.$$

【解答】

(1) $x=\dfrac{1}{2^{60}}$ とおくと，

$$\log_{10}x=\log_{10}\frac{1}{2^{60}}$$
$$=-60\log_{10}2.$$

これと，$0.30<\log_{10}2<0.32$ から，

$$(-60)\times0.30>\log_{10}x>(-60)\times0.32.$$
$$\therefore \quad -19.2<\log_{10}x<-18.$$
$$\therefore \quad 10^{-19.2}<x<10^{-18}=0.00\cdots0\underset{\underset{\text{小数第 }18\text{ 位}}{\uparrow}}{1}.$$

よって，$(x=)\dfrac{1}{2^{60}}$ を小数で表したとき，**小数第 18 位**までは 0 だといえる.

(2) 与条件から，

$$1\times10^{-140}<\frac{1}{5^{200}}<2\times10^{-140}.$$

$$\therefore\quad 10^{140}>5^{200}>\frac{1}{2}\times 10^{140}=5\times 10^{139}.$$

常用対数を考えて,

$$140>200\log_{10}5>\log_{10}5+139.$$

$$\therefore\quad \boldsymbol{\frac{139}{199}<\log_{10}5<\frac{7}{10}}. \qquad \cdots①$$

（小数で書くと, $0.6984\cdots<\log_{10}5<0.7$）

(3)　$M=5^{80}$ とおくと,

$$\log_{10}M=\log_{10}5^{80}=80\log_{10}5.$$

これと①より,

$$80\times\frac{139}{199}<\log_{10}M<80\times\frac{7}{10}.$$

$$\therefore\quad 55.87\cdots<\log_{10}M<56.$$

$$\therefore\quad 10^{55.87\cdots}<M<10^{56}.$$

よって, $M=5^{80}$ は, **56 桁**の整数である.

[参考]

$\log_{10}2=\log_{10}\frac{10}{5}=1-\log_{10}5$ と, (2)の結果から,

$$0.3<\log_{10}2<0.3016.$$

よって, $\log_{10}\frac{1}{2^{60}}=-60\log_{20}2$ の値について,

$$-18>\log_{10}\frac{1}{2^{60}}>-18.096.$$

$$\therefore\quad 10^{-19}<\frac{1}{2^{60}}<10^{-18}.$$

よって, $\frac{1}{2^{60}}$ を小数で表したとき, 小数第 18 位までは 0 で, 小数第 19 位に初めて 0 でない数が現れる.

§9 三角関数

92.

解法メモ

図をキッチリ描けば，見えてくるものがあります．

外接円の半径 R が登場してますから，

$$\text{正弦定理：}2R=\frac{\mathrm{BC}}{\sin A}=\frac{\mathrm{CA}}{\sin B}=\frac{\mathrm{AB}}{\sin C}$$

を，内接円の半径 r が登場してますから，

$$\text{面積公式：}\triangle\mathrm{ABC}=\frac{1}{2}r(\mathrm{AB}+\mathrm{BC}+\mathrm{CA})$$

を使うかも知れませんね．

【解答】

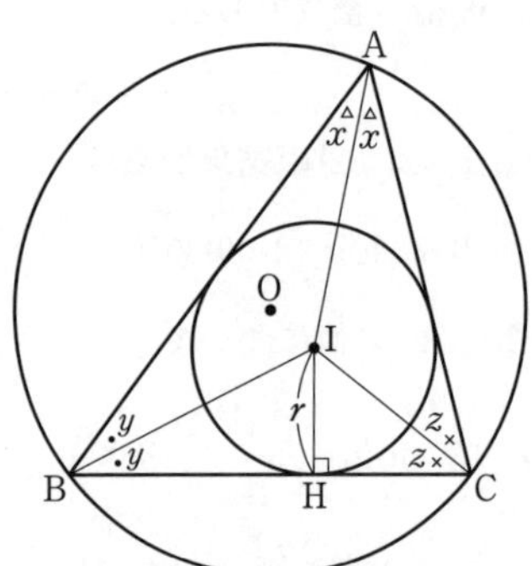

三角形 ABC の内心を I とし，I から辺 BC に下ろした垂線の足を H とする．

(1)
$$\tan y=\frac{r}{\mathrm{BH}},\ \tan z=\frac{r}{\mathrm{CH}}.$$

$$\therefore\ \ \mathrm{BH}=\frac{r}{\tan y},\ \mathrm{CH}=\frac{r}{\tan z}.$$

$$\therefore\ \ \mathbf{BC}=\mathrm{BH}+\mathrm{CH}=\frac{r}{\tan y}+\frac{r}{\tan z}.$$

$$=r\left(\frac{1}{\tan y}+\frac{1}{\tan z}\right)$$

$$=\boldsymbol{r}\left(\frac{\boldsymbol{\cos y}}{\boldsymbol{\sin y}}+\frac{\boldsymbol{\cos z}}{\boldsymbol{\sin z}}\right).\qquad\cdots①$$

(2) 正弦定理により，$2R=\dfrac{\mathrm{BC}}{\sin A}$.

$$\therefore\quad \mathrm{BC}=2R\sin A=2R\sin 2x. \qquad \cdots②$$

①＝② より，$r\left(\dfrac{\cos y}{\sin y}+\dfrac{\cos z}{\sin z}\right)=2R\sin 2x.$

両辺に，$\sin y\sin z$ を掛けて，

$$r(\sin z\cos y+\cos z\sin y)=2R\cdot 2\sin x\cos x\cdot\sin y\sin z.$$

$$\therefore\quad r\sin(y+z)=4R\sin x\sin y\sin z\cdot\cos x. \qquad \cdots③$$

ここで，$\angle\mathrm{A}+\angle\mathrm{B}+\angle\mathrm{C}=180^\circ$ より，$x+y+z=90^\circ$ ゆえ，

$$\begin{aligned}\sin(y+z)&=\sin(90^\circ-x)\\&=\cos x\\&>0 \quad (\because\ 0^\circ<\angle\mathrm{A}=2x<180^\circ \text{ より，} 0^\circ<x<90^\circ)\end{aligned}$$

だから，③より，

$$r=4R\sin x\sin y\sin z.$$

93.

解法メモ

(1) 「和積の公式を（覚えているだけではダメで），証明して見せろ」という問題です．

(2) $A+B+C+D=360^\circ$ を忘れずに．

【解答】

(1)
$$\boldsymbol{\sin A+\sin B=2\sin\frac{A+B}{2}\cos\frac{A-B}{2}.}$$

（証明） 加法定理により，

$$\begin{cases}\sin(\alpha+\beta)=\sin\alpha\cos\beta+\cos\alpha\sin\beta, & \cdots①\\ \sin(\alpha-\beta)=\sin\alpha\cos\beta-\cos\alpha\sin\beta. & \cdots②\end{cases}$$

①＋②より，

$$\sin(\alpha+\beta)+\sin(\alpha-\beta)=2\sin\alpha\cos\beta.$$

ここで，$A=\alpha+\beta$，$B=\alpha-\beta$ とおくと，

$$\alpha=\frac{A+B}{2},\quad \beta=\frac{A-B}{2}$$

だから，

$$\sin A+\sin B=2\sin\frac{A+B}{2}\cos\frac{A-B}{2}.$$

(2)
$$\sin A+\sin B=\sin C+\sin D,$$

および，(1)で示したことから，

$$2\sin\frac{A+B}{2}\cos\frac{A-B}{2}=2\sin\frac{C+D}{2}\cos\frac{C-D}{2}. \qquad \cdots ③$$

ここで，A，B，C，D は四角形 ABCD の 4 つの内角だから，

$$\begin{cases} A+B+C+D=360^\circ, \\ A>0^\circ,\ B>0^\circ,\ C>0^\circ,\ D>0^\circ. \end{cases} \qquad \cdots ④$$

$$\therefore\quad 0^\circ<\frac{C+D}{2}=180^\circ-\frac{A+B}{2}<180^\circ.$$

$$\therefore\quad \sin\frac{C+D}{2}=\sin\left(180^\circ-\frac{A+B}{2}\right)=\sin\frac{A+B}{2}>0.$$

これと，③より，

$$\cos\frac{A-B}{2}=\cos\frac{C-D}{2}.$$

$$\therefore\quad \cos\frac{A-B}{2}-\cos\frac{C-D}{2}=0.$$

$$\therefore\quad -2\sin\frac{\frac{A-B}{2}+\frac{C-D}{2}}{2}\sin\frac{\frac{A-B}{2}-\frac{C-D}{2}}{2}=0.$$

$$\therefore\quad \sin\frac{A-B+C-D}{4}\sin\frac{A-B-C+D}{4}=0.$$

ここで，④より，

$$-90^\circ<\frac{A-B+C-D}{4}<90^\circ,\quad -90^\circ<\frac{A-B-C+D}{4}<90^\circ$$

だから，

$$\frac{A-B+C-D}{4}=0^\circ,\ \text{または，}\ \frac{A-B-C+D}{4}=0^\circ.$$

$$\therefore\quad A+C=B+D=180^\circ,\ \text{または，}\ A+D=B+C=180^\circ.$$

(ア) $A+C=B+D=180^\circ$ のとき，
（対角の和が 180° だから）

四角形 ABCD は，円に内接する四角形.

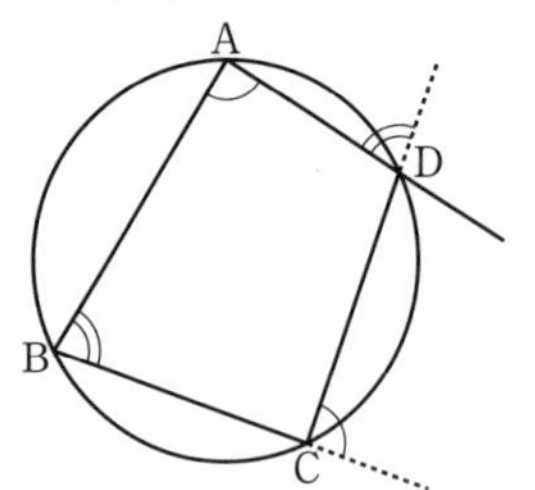

(イ) $A+D=B+C=180^\circ$ のとき，
（同側内角の和が 180° だから）

四角形 ABCD は，AB // CD の台形.

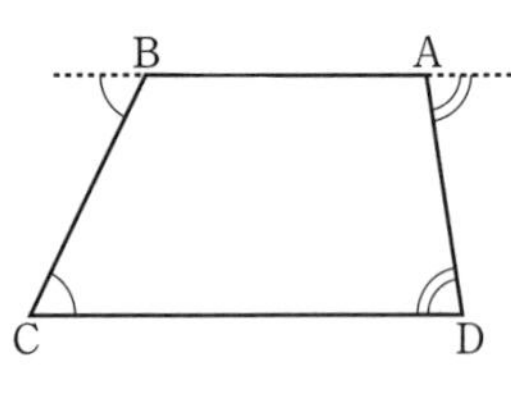

[参考]

(2)で,

$$\cos\frac{A-B}{2}=\cos\frac{C-D}{2}$$

$$\iff \frac{A-B}{2}=\begin{cases}\dfrac{C-D}{2}+360^\circ\times l,\\ \text{または},\\ -\dfrac{C-D}{2}+360^\circ\times m\end{cases}\quad (l,\ m\text{ は整数})$$

$$\iff \begin{cases}A-B-C+D=720^\circ\times l,\\ \text{または},\\ A-B+C-D=720^\circ\times m.\end{cases}\quad (l,\ m\text{ は整数})$$

これと④より, $l=m=0$ で, したがって,

$$A+D=B+C=180^\circ,\ \text{または},\ A+C=B+D=180^\circ$$

としてもよいでしょう.

94.

解法メモ

鋭角三角形とありますから,

$$\begin{cases}A+B+C=180^\circ,\\ 0^\circ<A<90^\circ,\ 0^\circ<B<90^\circ,\ 0^\circ<C<90^\circ.\end{cases}$$

【解答】

(1) 三角形 ABC は鋭角三角形だから,

$$\begin{cases}A+B+C=180^\circ,\\ 0^\circ<A<90^\circ,\ 0^\circ<B<90^\circ,\ 0^\circ<C<90^\circ.\end{cases}\quad \cdots①$$

$$\begin{aligned}\therefore\quad \tan C&=\tan\{180^\circ-(A+B)\}\\ &=-\tan(A+B)\\ &=-\frac{\tan A+\tan B}{1-\tan A\tan B}.\end{aligned}$$

(①より, $\tan C$, $\tan(A+B)$, $\tan A$, $\tan B$ は存在し, $\tan A\tan B\neq 1$.)

分母を払って,

$$(1-\tan A\tan B)\tan C=-\tan A-\tan B.$$

$$\therefore\quad \tan A+\tan B+\tan C=\tan A\tan B\tan C.$$

(2) 三角形 ABC の外接円の半径を R とすると，正弦定理により，

$$2R=\frac{\mathrm{BC}}{\sin A}=\frac{\mathrm{CA}}{\sin B}=\frac{\mathrm{AB}}{\sin C}.$$

$$\therefore\quad \mathrm{BC}=2R\sin A,\ \mathrm{CA}=2R\sin B,\ \mathrm{AB}=2R\sin C.$$

よって，

$$\left(\frac{\mathrm{BC}}{\cos A}+\frac{\mathrm{CA}}{\cos B}+\frac{\mathrm{AB}}{\cos C}\right)-\frac{\mathrm{BC}}{\cos A}\tan B\tan C$$

$$=\frac{2R\sin A}{\cos A}+\frac{2R\sin B}{\cos B}+\frac{2R\sin C}{\cos C}-\frac{2R\sin A}{\cos A}\tan B\tan C$$

$$=2R(\tan A+\tan B+\tan C-\tan A\tan B\tan C)$$

$$=0.\quad (\because\ (1))$$

$$\therefore\quad \frac{\mathrm{BC}}{\cos A}+\frac{\mathrm{CA}}{\cos B}+\frac{\mathrm{AB}}{\cos C}=\frac{\mathrm{BC}}{\cos A}\tan B\tan C.$$

95.

解法メモ

三角形 ABC があって，外接円の半径が判っているので正弦定理を，辺の長さの 2 乗 AB^2，BC^2，CA^2 が登場しているので余弦定理を思い浮かべたりしますか？

【解答】

(1) （その 1）

正弦定理より，

$$2\cdot 1=\frac{\mathrm{BC}}{\sin A}=\frac{\mathrm{CA}}{\sin B}=\frac{\mathrm{AB}}{\sin C}.$$

$$\therefore\quad \begin{cases}\mathrm{AB}=2\sin C,\\ \mathrm{BC}=2\sin A,\\ \mathrm{CA}=2\sin B.\end{cases}$$

$$\therefore\quad \mathrm{AB}^2+\mathrm{BC}^2+\mathrm{CA}^2$$

$$=4(\sin^2 C+\sin^2 A+\sin^2 B)$$

$$=4(1-\cos^2 C)+4\left\{\frac{1}{2}(1-\cos 2A)+\frac{1}{2}(1-\cos 2B)\right\}$$

（∵ 倍角，半角の公式）

$$=8-4\cos^2 C-2(\cos 2A+\cos 2B)$$

$$=8-4\cos^2 C-2\cdot 2\cos(A+B)\cdot\cos(A-B)\quad (\because\ 和積の公式)$$

$$=8-4\cos^2 C-2\cdot 2\cos(180^\circ-C)\cdot\cos(A-B)\quad (\because\ A+B+C=180^\circ)$$

$$=8-4\cos^2 C+4\cos C\cos(A-B)\quad \cdots①$$

$=8-4\left\{\cos C-\cos(A-B)\right\}\cos C$

$=8-4\cdot(-2)\sin\dfrac{C+(A-B)}{2}\sin\dfrac{C-(A-B)}{2}\cdot\cos C$（∵　差積の公式）

$=8+8\sin(90^\circ-B)\sin(90^\circ-A)\cos C$　（∵　$A+B+C=180^\circ$）

$=8+8\cos A\cos B\cos C.$

よって，

$$\mathrm{AB}^2+\mathrm{BC}^2+\mathrm{CA}^2>8 \iff \cos A\cos B\cos C>0. \qquad \cdots②$$

ここで，A，B，C は三角形の内角だから，鈍角はあったとしても 1 つである．

$$\therefore\quad ② \iff \cos A>0,\ \cos B>0,\ \cos C>0$$

$\iff$ 三角形 ABC は鋭角三角形．

（その 2）

余弦定理より，

$$\cos A=\frac{\mathrm{CA}^2+\mathrm{AB}^2-\mathrm{BC}^2}{2\mathrm{CA}\cdot\mathrm{AB}}$$

$$>\frac{8-\mathrm{BC}^2-\mathrm{BC}^2}{2\mathrm{CA}\cdot\mathrm{AB}}$$ （∵　$\mathrm{AB}^2+\mathrm{BC}^2+\mathrm{CA}^2>8$ から $\mathrm{CA}^2+\mathrm{AB}^2>8-\mathrm{BC}^2$．）

$$=\frac{4-\mathrm{BC}^2}{\mathrm{CA}\cdot\mathrm{AB}}.$$

ここで，三角形 ABC は半径 1（直径 2）の円に内接しているから，

$$\mathrm{BC}\leqq 2,\ \text{すなわち},\ 4-\mathrm{BC}^2\geqq 0.$$

$$\therefore\quad \cos A>0.$$

したがって，$0^\circ<A<90^\circ$．

同様にして，$0^\circ<B<90^\circ$，$0^\circ<C<90^\circ$ も示せる．

よって，三角形 ABC は鋭角三角形である．

(2)　①から，

$\mathrm{AB}^2+\mathrm{BC}^2+\mathrm{CA}^2$

$=-4\left\{\cos C-\dfrac{1}{2}\cos(A-B)\right\}^2+\cos^2(A-B)+8$

$\leqq\cos^2(A-B)+8$　（等号成立は，$\cos C=\dfrac{1}{2}\cos(A-B)$　…③ のとき．）

$\leqq 9.$　（等号成立は，$\cos(A-B)=\pm 1$　…④ のとき．）

また，$\mathrm{AB}^2+\mathrm{BC}^2+\mathrm{CA}^2=9$ となるのは，「③かつ④」のときで，A，B が三角形の内角であるから，

$$-180^\circ < A - B < 180^\circ$$

であることも考え併せて，

$$A = B,\ \text{かつ},\ \cos C = \frac{1}{2},$$

すなわち，

$A=B=C$（$=60^\circ$，したがって，**三角形 ABC が正三角形**）

のときである．

[参考]

(2)を「ベクトル」で解くこともできます．

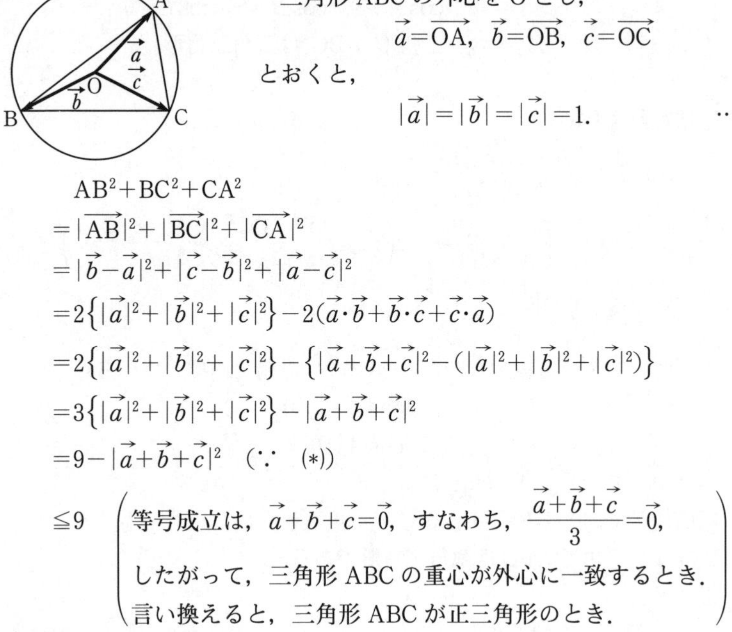

三角形 ABC の外心を O とし，

$$\vec{a} = \overrightarrow{\mathrm{OA}},\ \vec{b} = \overrightarrow{\mathrm{OB}},\ \vec{c} = \overrightarrow{\mathrm{OC}}$$

とおくと，

$$|\vec{a}| = |\vec{b}| = |\vec{c}| = 1. \qquad \cdots(*)$$

$$\begin{aligned}
&\mathrm{AB}^2 + \mathrm{BC}^2 + \mathrm{CA}^2 \\
&= |\overrightarrow{\mathrm{AB}}|^2 + |\overrightarrow{\mathrm{BC}}|^2 + |\overrightarrow{\mathrm{CA}}|^2 \\
&= |\vec{b} - \vec{a}|^2 + |\vec{c} - \vec{b}|^2 + |\vec{a} - \vec{c}|^2 \\
&= 2\left\{|\vec{a}|^2 + |\vec{b}|^2 + |\vec{c}|^2\right\} - 2(\vec{a}\cdot\vec{b} + \vec{b}\cdot\vec{c} + \vec{c}\cdot\vec{a}) \\
&= 2\left\{|\vec{a}|^2 + |\vec{b}|^2 + |\vec{c}|^2\right\} - \left\{|\vec{a} + \vec{b} + \vec{c}|^2 - (|\vec{a}|^2 + |\vec{b}|^2 + |\vec{c}|^2)\right\} \\
&= 3\left\{|\vec{a}|^2 + |\vec{b}|^2 + |\vec{c}|^2\right\} - |\vec{a} + \vec{b} + \vec{c}|^2 \\
&= 9 - |\vec{a} + \vec{b} + \vec{c}|^2 \quad (\because\ (*)) \\
&\leqq 9
\end{aligned}$$

（等号成立は，$\vec{a} + \vec{b} + \vec{c} = \vec{0}$，すなわち，$\dfrac{\vec{a} + \vec{b} + \vec{c}}{3} = \vec{0}$，
したがって，三角形 ABC の重心が外心に一致するとき．
言い換えると，三角形 ABC が正三角形のとき．）

[参考の参考]

三角形について，

「正三角形 $\Longleftrightarrow$ 重心，内心，外心，垂心が一致」

です．重心，内心，外心，垂心の少なくとも 2 つが一致すれば，実は，これらすべては一致し，それは正三角形に限ります．

96.

解法メモ

2 直線のなす角のとらえ方は 13. でも示した様に色々あります．三角形 PQR に余弦定理を用いる方法や，ベクトル $\overrightarrow{PQ}$，$\overrightarrow{PR}$ のなす角ととらえる方法，$\sin\theta$ を考えるやり方，2 直線の傾き（したがって，tan）から，$\tan(\beta-\alpha)$，加法定理へと進む流れなどなど．本問では傾きが前面に出ていますので，…

【解答】

(1) $P(p,\ p^2)$，$Q(p+1,\ (p+1)^2)$，$R(p+2,\ (p+2)^2)$ だから，直線 PQ の傾き m_1，直線 PR の傾き m_2 はそれぞれ，

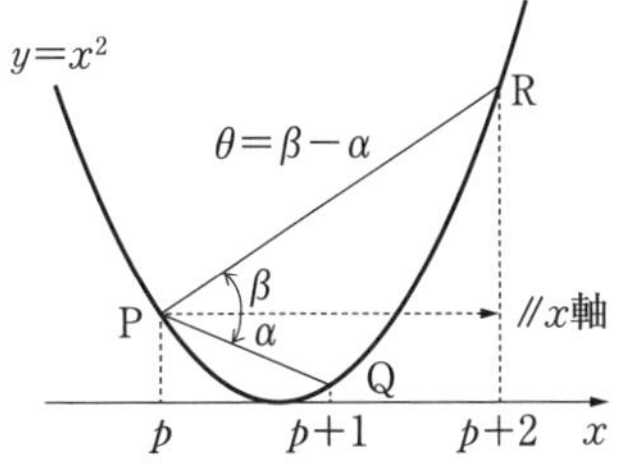

$$\begin{cases} \boldsymbol{m_1}=\dfrac{(p+1)^2-p^2}{(p+1)-p}=\boldsymbol{2p+1}. \\ \boldsymbol{m_2}=\dfrac{(p+2)^2-p^2}{(p+2)-p}=\boldsymbol{2p+2}. \end{cases}$$

(2) (1)の結果から，

$$\begin{aligned} m_1m_2&=(2p+1)(2p+2)\\ &=4p^2+6p+2\\ &=4\left(p+\frac{3}{4}\right)^2-\frac{1}{4}. \end{aligned}$$

よって，求める m_1m_2 の最小値は，

$$-\frac{\mathbf{1}}{\mathbf{4}}\quad\left(p=-\frac{3}{4}\text{ のとき}\right).$$

(3) $\begin{cases} \text{直線 PQ と } x \text{ 軸正の向きとのなす角を } \alpha\left(-\dfrac{\pi}{2}<\alpha<\dfrac{\pi}{2}\right), \\ \text{直線 PR と } x \text{ 軸正の向きとのなす角を } \beta\left(-\dfrac{\pi}{2}<\beta<\dfrac{\pi}{2}\right) \end{cases}$

とおく．また，この放物線は下に凸で弧 PR 上に Q があるから，$\beta>\alpha$．

さらに，$m_1=\tan\alpha$，$m_2=\tan\beta$ であり，

$$\theta=\beta-\alpha\quad(0<\theta=\beta-\alpha<\pi)\qquad\cdots①$$

である．

ここで，$\theta=\dfrac{\pi}{2}$ とすると，$\beta-\alpha=\dfrac{\pi}{2}$，すなわち，$\beta=\alpha+\dfrac{\pi}{2}$．

このとき，

$$m_2=\tan\beta=\tan\left(\alpha+\frac{\pi}{2}\right)=\frac{-1}{\tan\alpha}=\frac{-1}{m_1}$$

から,

$$m_1m_2=-1\left(<-\frac{1}{4}\right).$$

(2)で示したことからこれは不適．よって，$\tan\theta$ を考えることができて，

$$\begin{aligned}\tan\theta&=\tan(\beta-\alpha)\\&=\frac{\tan\beta-\tan\alpha}{1+\tan\beta\tan\alpha}\\&=\frac{m_2-m_1}{1+m_2m_1}\\&=\frac{(2p+2)-(2p+1)}{1+m_1m_2}\quad(\because\ (1))\\&=\frac{1}{1+m_1m_2}\end{aligned}$$

これと(2)の結果から，$0<\tan\theta\leqq\frac{4}{3}$（等号成立は，$m_1m_2=-\frac{1}{4}$ のとき).

これと①から，$0<\theta=\beta-\alpha<\frac{\pi}{2}$ だから，θ が最大となるのは $\tan\theta$ が最大値 $\frac{4}{3}$ をとるときで，このとき，$m_1m_2=-\frac{1}{4}$.

よって，求める p の値は，

$$-\frac{\mathbf{3}}{\mathbf{4}}.$$

[参考]〈 $\sin\theta$ を考えるやり方 … (1), (2)の誘導は無視して 〉

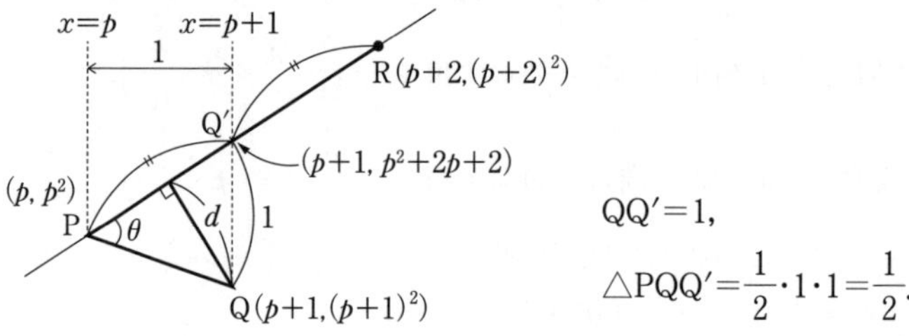

$QQ'=1$,

$\triangle PQQ'=\frac{1}{2}\cdot1\cdot1=\frac{1}{2}.$

また，$\triangle PQQ'=\frac{1}{2}\cdot PQ'\cdot d.$

$$\therefore\quad d=\frac{1}{PQ'}=\frac{1}{\sqrt{1^2+(2p+2)^2}}.$$

さらに，$PQ=\sqrt{1^2+(2p+1)^2}$.

$$\therefore\quad \sin\theta=\frac{d}{\mathrm{PQ}}=\frac{1}{\sqrt{1+(2p+1)^2}\sqrt{1+(2p+2)^2}}$$

$$=\frac{1}{\sqrt{16p^4+48p^3+60p^2+36p+10}}.$$

ここで，

$$f(p)=16p^4+48p^3+60p^2+36p+10$$

とおくと，

$$\begin{aligned}f'(p)&=64p^3+144p^2+120p+36\\&=4(4p+3)(4p^2+6p+3)\\&=4(4p+3)\underbrace{\left\{4\left(p+\frac{3}{4}\right)^2+\frac{3}{4}\right\}}_{>0\ (\because\ p\text{ は実数.})}\end{aligned}$$

ゆえ，

p	$\cdots$	$-\frac{3}{4}$	$\cdots$
$f'(p)$	$-$	0	$+$
$f(p)$	↘	最小	↗

$$f(p)\geqq f\left(-\frac{3}{4}\right)=\frac{25}{16}.$$

$$\therefore\quad \sin\theta\leqq\frac{4}{5}\quad（等号成立は，p=-\frac{3}{4}\ のとき）.$$

97.

解法メモ

関数 $f(x)$ の変化の具合を見る際，

$$\begin{cases}\text{三角関数として 2 次式である，}\\\text{三角関数が } \sin x,\ \cos x \text{ と 2 種類ある}\end{cases}$$

が二重苦として伸(の)し掛かってきます.

この「コリ」を解(ほぐ)したいなあという気持ちになって欲しい.

(i)　三角関数の「次数を下げる」道具　…　**倍角, 半角の公式**

$$\begin{cases} \underset{2次}{\sin x\cos x} = \underset{1次}{\dfrac{1}{2}\sin 2x}, \\ \sin^2 x = \dfrac{1}{2}(1-\cos 2x), \\ \cos^2 x = \dfrac{1}{2}(1+\cos 2x). \end{cases}$$

(ii) 三角関数の「種類を減らす」道具 … **合成公式**

$A^2+B^2 \neq 0$ のとき，

$A\sin\theta+B\cos\theta$

$$=\sqrt{A^2+B^2}\left\{\frac{A}{\sqrt{A^2+B^2}}\sin\theta+\frac{B}{\sqrt{A^2+B^2}}\cos\theta\right\}$$

$$=\sqrt{A^2+B^2}(\sin\theta\cos\alpha+\cos\theta\sin\alpha)\ \left(ただし，\cos\alpha=\frac{A}{\sqrt{A^2+B^2}},\ \sin\alpha=\frac{B}{\sqrt{A^2+B^2}}.\right)$$

$$=\sqrt{A^2+B^2}\sin(\theta+\alpha).$$

$\sin\theta$，$\cos\theta$ と 2 種類あった（見掛けの）変数が合成の結果 $\sin(\theta+\alpha)$ の 1 種類になった!!

関連しながら変化するものが 2 種類もあると目がチカチカ，頭がクラクラするけれど，1 種類ならなんとかできそう，ということです．

【解答】

$$\begin{aligned} f(x) &= a\sin^2 x+b\cos^2 x+c\sin x\cos x \\ &= \frac{a}{2}(1-\cos 2x)+\frac{b}{2}(1+\cos 2x)+\frac{c}{2}\sin 2x \\ &= \frac{c}{2}\sin 2x+\frac{b-a}{2}\cos 2x+\frac{a+b}{2}. \end{aligned}$$

ここで，$c=0$，$b-a=0$ とすると，$f(x)$ は定数関数となって与条件に反する．

よって，$(c,\ b-a)\neq(0,\ 0)$．

したがって，合成できて，

$$f(x)=\sqrt{\left(\frac{c}{2}\right)^2+\left(\frac{b-a}{2}\right)^2}\sin(2x+\theta)+\frac{a+b}{2}.$$

$$\left(\begin{aligned} &\text{ただし，}\cos\theta=\frac{\left(\frac{c}{2}\right)}{\sqrt{\left(\frac{c}{2}\right)^2+\left(\frac{b-a}{2}\right)^2}}=\frac{c}{\sqrt{c^2+(b-a)^2}},\\ &\qquad\sin\theta=\frac{\left(\frac{b-a}{2}\right)}{\sqrt{\left(\frac{c}{2}\right)^2+\left(\frac{b-a}{2}\right)^2}}=\frac{b-a}{\sqrt{c^2+(b-a)^2}}. \end{aligned}\right)$$

x に特に制限がないので，$\sin(2x+\theta)$ は，

$$-1\leqq\sin(2x+\theta)\leqq1$$

をみたすすべての実数値を採って変われるから，$f(x)$ の

$$\begin{cases} \text{最大値は，}\sqrt{\left(\frac{c}{2}\right)^2+\left(\frac{b-a}{2}\right)^2}+\frac{a+b}{2},\\ \text{最小値は，}-\sqrt{\left(\frac{c}{2}\right)^2+\left(\frac{b-a}{2}\right)^2}+\frac{a+b}{2}. \end{cases}$$

$f(x)$ の最大値が 2，最小値が -1 である条件から，

$$\begin{cases} \sqrt{\left(\frac{c}{2}\right)^2+\left(\frac{b-a}{2}\right)^2}+\frac{a+b}{2}=2, & \cdots① \\ -\sqrt{\left(\frac{c}{2}\right)^2+\left(\frac{b-a}{2}\right)^2}+\frac{a+b}{2}=-1, & \cdots② \end{cases}$$

①＋②，①－②より，

$$\begin{cases} a+b=1, & \cdots③ \\ \sqrt{c^2+(b-a)^2}=3. & \cdots④ \end{cases}$$

④より，

$$c^2+(b-a)^2=9.$$

これと③より，

$$c^2+(1-2a)^2=9. \qquad \cdots⑤$$

c は実数だから，$c^2=9-(1-2a)^2\geqq0$.

$$\therefore\ \ 4a^2-4a-8\leqq0.\quad\therefore\ \ 4(a+1)(a-2)\leqq0.$$

$$\therefore\ \ -1\leqq a\leqq2.$$

a は整数だから，

$$a=-1,\ 0,\ 1,\ 2.$$

これと，③，⑤より，

$$(\boldsymbol{a},\ \boldsymbol{b},\ \boldsymbol{c})=(\mathbf{-1},\ \mathbf{2},\ \mathbf{0}),\ (\mathbf{0},\ \mathbf{1},\ \pm\mathbf{2}\sqrt{\mathbf{2}}),\ (\mathbf{1},\ \mathbf{0},\ \pm\mathbf{2}\sqrt{\mathbf{2}}),\ (\mathbf{2},\ \mathbf{-1},\ \mathbf{0}).$$

98.

解法メモ

登場人物は,

$$\sin\theta+\cos\theta,\ \sin\theta\cos\theta,\ \sin^3\theta+\cos^3\theta$$

ですから，当然「対称式の取り扱い」ということになって,

$$\sin^2\theta+\cos^2\theta=1$$

もお忘れなく.

【解答】

(1)
$$\begin{aligned} t&=\sin\theta+\cos\theta\\ &=\sqrt{2}\left(\frac{1}{\sqrt{2}}\sin\theta+\frac{1}{\sqrt{2}}\cos\theta\right)\\ &=\sqrt{2}\left(\sin\theta\cos\frac{\pi}{4}+\cos\theta\sin\frac{\pi}{4}\right)\\ &=\sqrt{2}\sin\left(\theta+\frac{\pi}{4}\right). \end{aligned}$$

ここで，$0\leqq\theta\leqq\frac{\pi}{2}$ より,

$$\frac{\pi}{4}\leqq\theta+\frac{\pi}{4}\leqq\frac{3}{4}\pi.$$

$$\therefore\quad \frac{1}{\sqrt{2}}\leqq\sin\left(\theta+\frac{\pi}{4}\right)\leqq1.$$

$$\therefore\quad \mathbf{1\leqq t\leqq\sqrt{2}}.$$

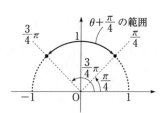

(2)
$$t^2=(\sin\theta+\cos\theta)^2=1+2\sin\theta\cos\theta$$

より,

$$\boldsymbol{\sin\theta\cos\theta=\frac{1}{2}(t^2-1)}.$$

(3)
$$\begin{aligned} \sin^3\theta+\cos^3\theta&=(\sin\theta+\cos\theta)^3-3\sin\theta\cos\theta(\sin\theta+\cos\theta)\\ &=t^3-3\cdot\frac{1}{2}(t^2-1)t\\ &=-\frac{1}{2}t^3+\frac{3}{2}t\ \ (=f(t)\text{ とおく}). \end{aligned}$$

(1)より，$1\leqq t\leqq\sqrt{2}$ で,

$$f'(t)=-\frac{3}{2}t^2+\frac{3}{2}=-\frac{3}{2}(t+1)(t-1).$$

t	1	$\cdots$	$\sqrt{2}$
$f'(t)$		$-$	
$f(t)$	1	↘	$\dfrac{\sqrt{2}}{2}$

よって，$\sin^3\theta+\cos^3\theta$（$=f(t)$）の

$$\begin{cases}\textbf{最大値は，}\ \mathbf{1},\\ \textbf{最小値は，}\ \dfrac{\sqrt{\mathbf{2}}}{\mathbf{2}}.\end{cases}$$

99.

解法メモ

5倍角の公式は覚えていなくてもかまいません．2倍角，3倍角の公式と加法定理を使って現地調達して下さい．

$$\cos\alpha=\cos\beta \iff \alpha=\begin{cases}\beta+2m\pi\\ -\beta+2m\pi\end{cases}\quad (m\text{ は整数}),$$

$$\sin\alpha=\sin\beta \iff \alpha=\begin{cases}\beta+2m\pi\\ \pi-\beta+2m\pi\end{cases}\quad (m\text{ は整数}).$$

【解答】

(1)　$A=\sin x$ とおく．

$$\begin{aligned}\mathbf{\sin 5x}&=\sin(3x+2x)\\&=\sin 3x\cos 2x+\cos 3x\sin 2x\\&=(3\sin x-4\sin^3 x)(1-2\sin^2 x)+(4\cos^3 x-3\cos x)\cdot 2\sin x\cos x\\&=3\sin x-6\sin^3 x-4\sin^3 x+8\sin^5 x+8\sin x\cos^4 x-6\sin x\cos^2 x\\&=3A-10A^3+8A^5+8A(1-A^2)^2-6A(1-A^2)\\&\mathbf{=16A^5-20A^3+5A.}\end{aligned}\qquad\cdots①$$

(2)　$x=\dfrac{\pi}{5}$ とすると，$A=\sin\dfrac{\pi}{5}$，$5x=\pi$ ゆえ，①から，

$$0=16A^5-20A^3+5A.$$

$$\therefore\quad A(16A^4-20A^2+5)=0.$$

$$\therefore\quad A=0,\ A^2=\frac{10\pm\sqrt{20}}{16}=\frac{5\pm\sqrt{5}}{8}.$$

ここで，$0<\dfrac{\pi}{5}<\dfrac{\pi}{4}$ から，$0<A=\sin\dfrac{\pi}{5}<\sin\dfrac{\pi}{4}=\dfrac{1}{\sqrt{2}}$ ゆえ，

$$0<A^2<\frac{1}{2}\left(=\frac{4}{8}\right).$$

$$\therefore\quad A^2=\frac{5-\sqrt{5}}{8}.$$

$$\therefore\quad \boldsymbol{\sin^2\frac{\pi}{5}=\frac{5-\sqrt{5}}{8}}.$$

(3) 2 曲線 $y=\cos 3x$, $y=\cos 7x$ の $x\geqq 0$ における共有点の x 座標について,

$$\cos 3x=\cos 7x.$$

よって, m を整数として,

$$3x=\pm 7x+2m\pi.$$

$$\therefore\quad -4x=2m\pi,\ \text{または},\ 10x=2m\pi.$$

$$\therefore\quad x=\frac{-m}{2}\pi,\ \text{または},\ \frac{m}{5}\pi.$$

$x\geqq 0$ の範囲で, 小さい方から順に,

$$x=\underset{x_1}{\underset{\parallel}{0}},\ \frac{\pi}{5},\ \frac{2}{5}\pi,\ \frac{\pi}{2},\ \underset{x_5}{\underset{\parallel}{\frac{3}{5}\pi}},\ \underset{x_6}{\underset{\parallel}{\frac{4}{5}\pi}},\ \pi,\ \cdots$$

よって, $x_5=\dfrac{3}{5}\pi$, $x_6=\dfrac{4}{5}\pi$.

$\dfrac{3}{5}\pi\leqq x\leqq\dfrac{4}{5}\pi$ のとき, $\dfrac{9}{5}\pi\leqq 3x\leqq\dfrac{12}{5}\pi$.

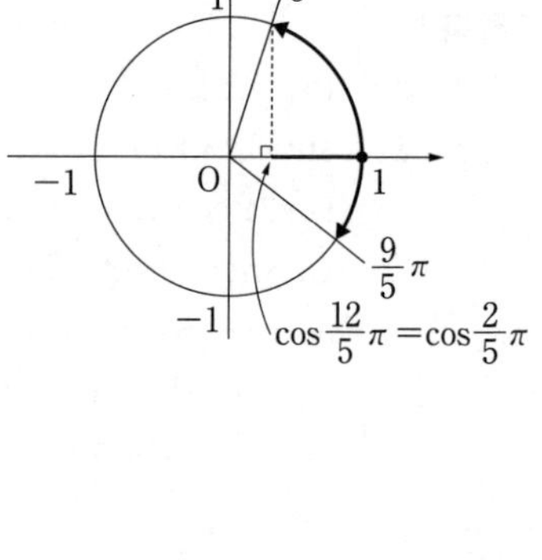

ここで,

$$\begin{aligned}\cos\frac{12}{5}\pi&=\cos\frac{2}{5}\pi=\cos\left(2\cdot\frac{\pi}{5}\right)\\&=1-2\sin^2\frac{\pi}{5}\\&=1-2\cdot\frac{5-\sqrt{5}}{8}\quad(\because\ (2))\\&=\frac{\sqrt{5}-1}{4}\end{aligned}$$

だから, 求める $y=\cos 3x\ \left(\dfrac{3}{5}\pi\leqq x\leqq\dfrac{4}{5}\pi\right)$ の値域は,

$$\boldsymbol{\frac{\sqrt{5}-1}{4}\leqq y\leqq 1}.$$

[参考] (2) 〈 (1)の誘導を無視して 〉

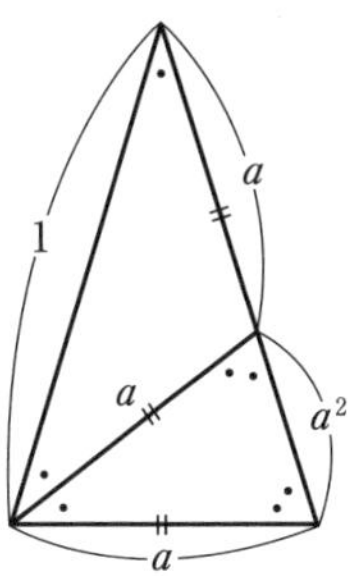

等辺の長さが 1，底辺の長さが a，3 つの内角の大きさが $\frac{\pi}{5}$，$\frac{2}{5}\pi$，$\frac{2}{5}\pi$ の右図の様な二等辺三角形を考えて，

$$a^2+a=1.$$

$$\therefore \quad a=\frac{\sqrt{5}-1}{2}.$$

これと，$\cos\frac{2}{5}\pi=\frac{\left(\frac{a}{2}\right)}{1}$ より，

$$1-2\sin^2\frac{\pi}{5}=\frac{\sqrt{5}-1}{4}.$$

$$\therefore \quad \sin^2\frac{2}{5}\pi=\frac{5-\sqrt{5}}{8}.$$

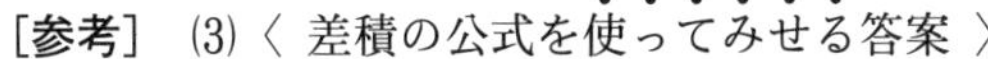

[参考] (3)〈 差積の公式を使ってみせる答案 〉

$$\cos 3x=\cos 7x$$

$$\iff \cos 7x-\cos 3x=0$$

$$\iff -2\sin\frac{7x+3x}{2}\cdot\sin\frac{7x-3x}{2}=0$$

$$\iff \sin 5x\cdot\sin 2x=0.$$

$\iff 5x=m\pi$，または，$2x=m\pi$ （m は整数）

$\iff x=\frac{m}{5}\pi$，$\frac{m}{2}\pi$ （m は整数）.

100.

解法メモ

「目眩（くら）まし」に惑わされないように．$f(x)$ なんぞを用いなければ，

「$0\leqq\alpha\leqq\beta\leqq\pi$ のとき，$\frac{\sin\alpha+\sin\beta}{2}\leqq\sin\frac{\alpha+\beta}{2}$ を示せ.」

と言っているだけ.

$\sin\alpha+\sin\beta$ と $\sin\frac{\alpha+\beta}{2}$ を結びつける式といえば，

和積の公式：$\sin\alpha+\sin\beta=2\sin\frac{\alpha+\beta}{2}\cos\frac{\alpha-\beta}{2}$.

【解答】

$0\leqq\alpha\leqq\beta\leqq\pi$ 　より，

$$0 \leqq \frac{\alpha+\beta}{2} \leqq \pi. \qquad \cdots ①$$

したがって,

$$\begin{aligned}
&f\left(\frac{\alpha+\beta}{2}\right)-\frac{f(\alpha)+f(\beta)}{2}\\
&=\sin\frac{\alpha+\beta}{2}-\frac{\sin\alpha+\sin\beta}{2}\\
&=\sin\frac{\alpha+\beta}{2}-\sin\frac{\alpha+\beta}{2}\cos\frac{\alpha-\beta}{2} \quad (\because \text{ 和積の公式})\\
&=\left(1-\cos\frac{\alpha-\beta}{2}\right)\sin\frac{\alpha+\beta}{2}\\
&\geqq 0. \quad \left(\because \text{ ①より, } \sin\frac{\alpha+\beta}{2}\geqq 0\right)
\end{aligned}$$

(等号成立は, $\cos\frac{\alpha-\beta}{2}=1$ または $\sin\frac{\alpha+\beta}{2}=0$ のとき,
すなわち, $\alpha=\beta$ のとき.)

よって,

$$\frac{f(\alpha)+f(\beta)}{2} \leqq f\left(\frac{\alpha+\beta}{2}\right).$$

[参考]

右のグラフを見ると, アタリマエの不等式っていう気がします.

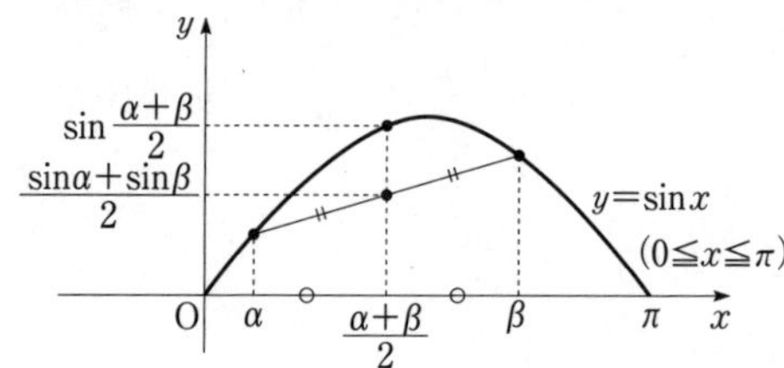

§10 | 微分，積分

101.

解法メモ

(1)　$f(x)=ax^3+bx^2+cx+d$ $(a>0)$ について，

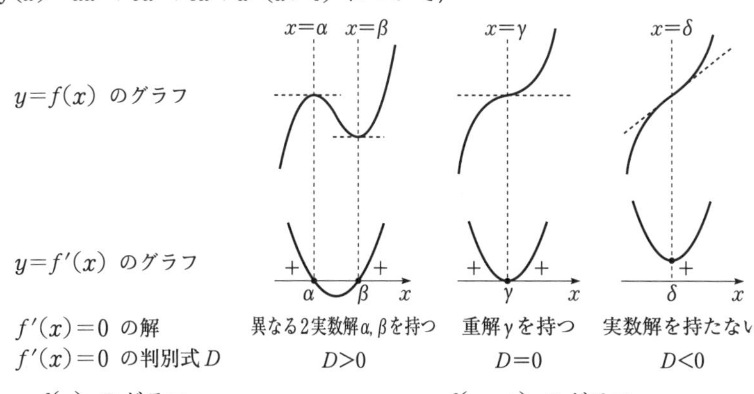

(2)　$y=f(x)$ のグラフ $\xrightarrow[\substack{\{x\text{ 軸方向に }p\\ \ \ y\text{ 軸方向に }q\\ \text{平行移動}}]{}$ $y-q=f(x-p)$ のグラフ

【解答】

(1)　$f(x)=x^3+3ax^2+bx+c$ より，

$$f'(x)=3x^2+6ax+b.$$

$f(x)$ が極値を持つ条件は，$f'(x)$ が符号変化をすること，すなわち，$f'(x)=0$ が異なる 2 つの実数解を持つことで，$f'(x)=0$ の判別式を D とすると，$D>0$.

$$\therefore\quad (3a)^2-3b>0.$$

$$\therefore\quad \boldsymbol{b<3a^2}.$$

(2)　$b<3a^2$ のとき，$f(x)$ は極値を持ち，$x=\alpha$ で極大，$x=\beta$ で極小となるなら，$f'(x)=0$ は異なる 2 実解 α，β $(\alpha<\beta)$ を持ち，

$$\alpha=\frac{-3a-\sqrt{9a^2-3b}}{3},\quad \beta=\frac{-3a+\sqrt{9a^2-3b}}{3},$$

$$\alpha+\beta=-2a,\quad \alpha\beta=\frac{b}{3} \qquad \cdots①$$

で,

x	$\cdots$	α	$\cdots$	β	$\cdots$
$f'(x)$	$+$	0	$-$	0	$+$
$f(x)$	↗	極大	↘	極小	↗

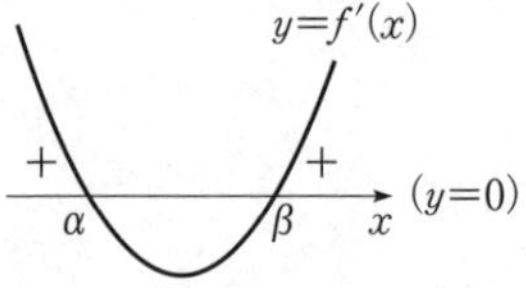

より, $f(x)$ は極大点 A$(\alpha,\ f(\alpha))$, 極小点 B$(\beta,\ f(\beta))$ を持つ.

よって, 直線 AB の傾きを m とすると,

$$\begin{aligned}\boldsymbol{m}&=\frac{f(\beta)-f(\alpha)}{\beta-\alpha}\\&=\frac{\beta^3-\alpha^3+3a(\beta^2-\alpha^2)+b(\beta-\alpha)}{\beta-\alpha}\\&=\beta^2+\beta\alpha+\alpha^2+3a(\beta+\alpha)+b\\&=(\alpha+\beta)^2-\alpha\beta+3a(\alpha+\beta)+b\\&=(-2a)^2-\frac{b}{3}+3a\cdot(-2a)+b\quad(\because\ ①)\\&=\boldsymbol{\frac{2}{3}b-2a^2}.\end{aligned}$$

次に, $y=f(x)$ のグラフを x 軸方向に p, y 軸方向に q だけ平行移動してできるグラフの方程式は,

$$y-q=f(x-p) \qquad \cdots②$$

と書ける.

$$\begin{aligned}② &\iff y=f(x-p)+q\\&\iff y=(x-p)^3+3a(x-p)^2+b(x-p)+c+q\\&\iff y=x^3-3(p-a)x^2+(3p^2-6ap+b)x-p^3+3ap^2-bp+c+q.\end{aligned}$$

これが $y=x^3+\dfrac{3}{2}mx$, すなわち, $y=x^3+(b-3a^2)x$ に一致する条件は,

$$\begin{cases}-3(p-a)=0,\\3p^2-6ap+b=b-3a^2,\\-p^3+3ap^2-bp+c+q=0,\end{cases}$$

したがって,

$$\begin{cases}p=a,\\q=-2a^3+ab-c\end{cases}$$

である.

よって, $y=f(x)$ のグラフは, x 軸方向に a, y 軸方向に $-2a^3+ab-c$ だけの平行移動によって, $y=x^3+\dfrac{3}{2}mx$ のグラフに移る.

102.

解法メモ

$f(x)$ を x で微分して増減表を書いてしまえば,

(極大値)−(極小値)

は a の関数として書けてしまいます.

ただし, a の符号が（前もって）与えられていませんから, 増減表に場合分けが生ずることに注意.

【解答】

$$f(x)=(3x^2-4)\left(x-a+\frac{1}{a}\right)$$
$$=3x^3-3\left(a-\frac{1}{a}\right)x^2-4x+4\left(a-\frac{1}{a}\right),$$
$$f'(x)=9x^2-6\left(a-\frac{1}{a}\right)x-4$$
$$=(3x-2a)\left(3x+\frac{2}{a}\right).$$

(i)　$a>0$ のとき,

x	$\cdots$	$-\frac{2}{3a}$	$\cdots$	$\frac{2a}{3}$	$\cdots$
$f'(x)$	$+$	0	$-$	0	$+$
$f(x)$	↗		↘		↗

(ii)　$a<0$ のとき,

x	$\cdots$	$\frac{2a}{3}$	$\cdots$	$-\frac{2}{3a}$	$\cdots$
$f'(x)$	$+$	0	$-$	0	$+$
$f(x)$	↗		↘		↗

いずれにせよ, 極大値と極小値を持ち, その差は,

$$\left|f\left(\frac{2a}{3}\right)-f\left(-\frac{2}{3a}\right)\right|$$
$$=\left|\left\{3\left(\frac{2a}{3}\right)^2-4\right\}\left(\frac{2a}{3}-a+\frac{1}{a}\right)-\left\{3\left(-\frac{2}{3a}\right)^2-4\right\}\left(-\frac{2}{3a}-a+\frac{1}{a}\right)\right|$$
$$=\frac{4}{9}\left|a^3+3a+\frac{3}{a}+\frac{1}{a^3}\right|$$
$$=\frac{4}{9}\left|a+\frac{1}{a}\right|^3$$
$$=\frac{4}{9}\left\{|a|+\frac{1}{|a|}\right\}^3\quad\left(\because\ \ a \text{ と } \frac{1}{a} \text{ は同符号}\right)$$

$$\geqq \frac{4}{9}\left\{2\sqrt{|a|\cdot\frac{1}{|a|}}\right\}^3 \quad \left(\begin{array}{l}\because \text{（相加平均）≧（相乗平均）．等号成立は，} \\ |a|=\frac{1}{|a|}\text{，すなわち，} a=\pm 1 \text{ のとき．}\end{array}\right)$$

$$=\frac{32}{9}.$$

よって，求める a の値は，

$$\pm\mathbf{1}.$$

［参考］　極大値と極小値の差を計算するところは，定積分を用いて次の様にもできます．

$\alpha=\dfrac{2a}{3}$，$\beta=-\dfrac{2}{3a}$ とおくと，

$$\begin{aligned}\left|f\left(\frac{2a}{3}\right)-f\left(-\frac{2}{3a}\right)\right| &= \left|f(\alpha)-f(\beta)\right| \\ &= \left|\Big[f(x)\Big]_\beta^\alpha\right| \\ &= \left|\int_\beta^\alpha f'(x)\,dx\right| \\ &= \left|9\int_\beta^\alpha (x-\alpha)(x-\beta)\,dx\right| \\ &= \left|9\cdot\left(-\frac{1}{6}\right)(\alpha-\beta)^3\right| \\ &= \left|\frac{3}{2}\left\{\frac{2a}{3}-\left(-\frac{2}{3a}\right)\right\}^3\right| \\ &= \frac{4}{9}\left|\left(a+\frac{1}{a}\right)^3\right| \\ &= \frac{4}{9}\left|a+\frac{1}{a}\right|^3.\end{aligned}$$

103.

解法メモ

“∠QOP の二等分線” の条件の使い方として，

（その 1）

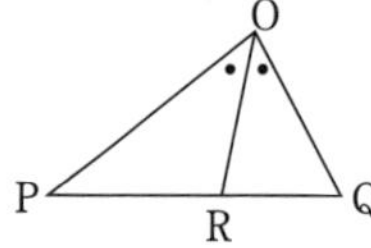

PR：RQ＝OP：OQ.

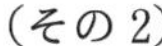

(その2)

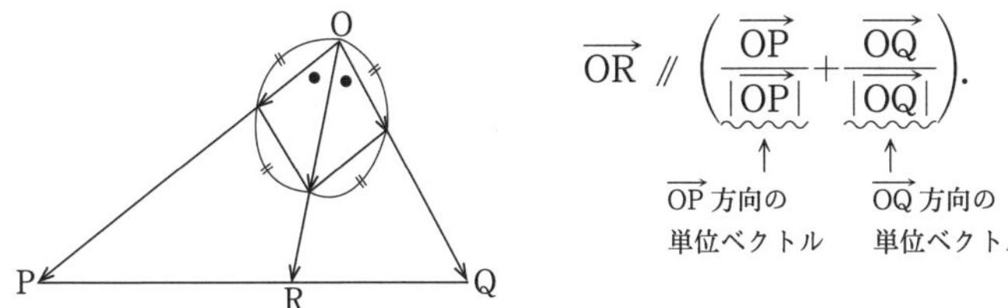

$$\overrightarrow{\mathrm{OR}} \parallel \left(\frac{\overrightarrow{\mathrm{OP}}}{|\overrightarrow{\mathrm{OP}}|}+\frac{\overrightarrow{\mathrm{OQ}}}{|\overrightarrow{\mathrm{OQ}}|}\right).$$

(その3)

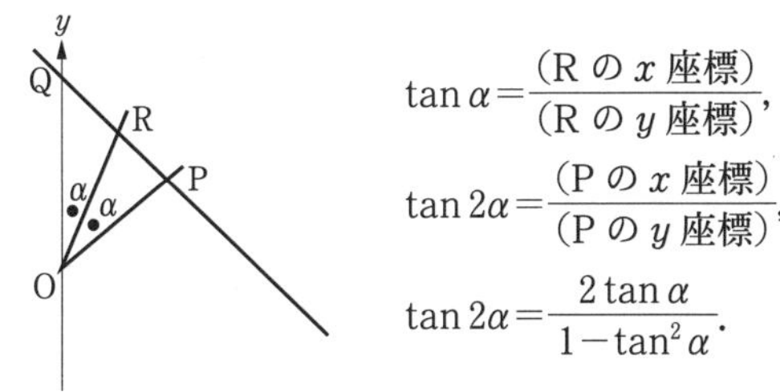

$$\tan\alpha=\frac{(\mathrm{R}\text{ の }x\text{ 座標})}{(\mathrm{R}\text{ の }y\text{ 座標})},$$

$$\tan 2\alpha=\frac{(\mathrm{P}\text{ の }x\text{ 座標})}{(\mathrm{P}\text{ の }y\text{ 座標})},$$

$$\tan 2\alpha=\frac{2\tan\alpha}{1-\tan^2\alpha}.$$

【解答】

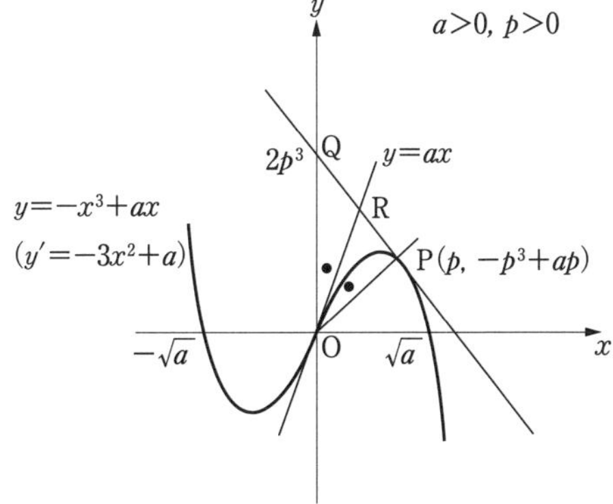

曲線 $y=-x^3+ax$ の点 $\mathrm{P}(p,\ -p^3+ap)$ における接線

$$\begin{aligned} y&=(-3p^2+a)(x-p)-p^3+ap \\ &=(-3p^2+a)x+2p^3 \end{aligned} \qquad \cdots①$$

と y 軸の交点を Q とおくと,

$$\mathrm{Q}(0,\ 2p^3).$$

また, この曲線の原点における接線の方程式は,

$$y=ax \qquad \cdots②$$

で, 2 直線①, ②の交点を R とおく.

(その1)

①, ②を連立して解いて,

$$\mathrm{R}\left(\frac{2}{3}p,\ \frac{2}{3}ap\right).$$

直線 OR が∠QOP を二等分するから,

$$\mathrm{OP}:\mathrm{OQ}=\mathrm{PR}:\mathrm{RQ}.$$

$$\therefore\quad \sqrt{p^2+(-p^3+ap)^2}:2p^3=|\text{P と R の } x \text{ 座標の差}|:|\text{R と Q の } x \text{ 座標の差}|$$

$$=\left|p-\frac{2}{3}p\right|:\left|\frac{2}{3}p-0\right|$$

$$=1:2.$$

$$\therefore\quad \sqrt{p^2+(-p^3+ap)^2}=p^3.$$

$$\therefore\quad p^2+p^2(p^2-a)^2=p^6.$$

$$\therefore\quad 1+(p^2-a)^2=p^4.\ (\because\quad p>0).$$

$$\therefore\quad p^2=\frac{a^2+1}{2a}=\frac{1}{2}\left(a+\frac{1}{a}\right)$$

$$\geqq\sqrt{a\cdot\frac{1}{a}}\qquad\left(\begin{array}{l}\because\ \text{相加平均,相乗平均の大小関係による.}\\ \text{等号成立は,} a=\dfrac{1}{a}>0\text{,すなわち,} a=1 \text{ のとき.}\end{array}\right)$$

$$=1.$$

$$\therefore\quad S(a)=\triangle\mathrm{QOP}=\frac{1}{2}\cdot 2p^3\cdot p=(p^2)^2$$

$$\geqq 1.$$

よって,$S(a)$ は **$a=1$ のとき,最小値 1** をとる.

(その 2)

$$\begin{cases}\overrightarrow{\mathrm{OP}}=\begin{pmatrix}p\\ -p^3+ap\end{pmatrix}=p\begin{pmatrix}1\\ a-p^2\end{pmatrix},\\ \overrightarrow{\mathrm{OQ}}=\begin{pmatrix}0\\ 2p^3\end{pmatrix}=2p^3\begin{pmatrix}0\\ 1\end{pmatrix},\\ \overrightarrow{\mathrm{OR}}\ /\!/\ \begin{pmatrix}1\\ a\end{pmatrix}.\end{cases}$$

直線 OR が ∠QOP を二等分するから,

$$\overrightarrow{\mathrm{OR}}\ /\!/\ \left(\frac{\overrightarrow{\mathrm{OP}}}{|\overrightarrow{\mathrm{OP}}|}+\frac{\overrightarrow{\mathrm{OQ}}}{|\overrightarrow{\mathrm{OQ}}|}\right).$$

$$\therefore\quad \begin{pmatrix}1\\ a\end{pmatrix}\ /\!/\ \frac{1}{\sqrt{1+(a-p^2)^2}}\begin{pmatrix}1\\ a-p^2\end{pmatrix}+\begin{pmatrix}0\\ 1\end{pmatrix}$$

$$/\!/\ \begin{pmatrix}1\\ a-p^2+\sqrt{1+(a-p^2)^2}\end{pmatrix}.$$

$$\therefore \quad a=a-p^2+\sqrt{1+(a-p^2)^2}.$$

$$\therefore \quad p^2=\sqrt{1+(a-p^2)^2}.$$

$$\therefore \quad p^4=1+(a-p^2)^2.$$ （以下，（その 1）と同様．）

（その 2)′

$\cos\angle\mathrm{POR}=\cos\angle\mathrm{ROQ}$ から，

$$\frac{\begin{pmatrix}1\\a-p^2\end{pmatrix}\cdot\begin{pmatrix}1\\a\end{pmatrix}}{\sqrt{1+(a-p^2)^2}\sqrt{1+a^2}}=\frac{\begin{pmatrix}1\\a\end{pmatrix}\cdot\begin{pmatrix}0\\1\end{pmatrix}}{\sqrt{1+a^2}\cdot 1}.$$

…(以下，がんばって計算)

（その 3)

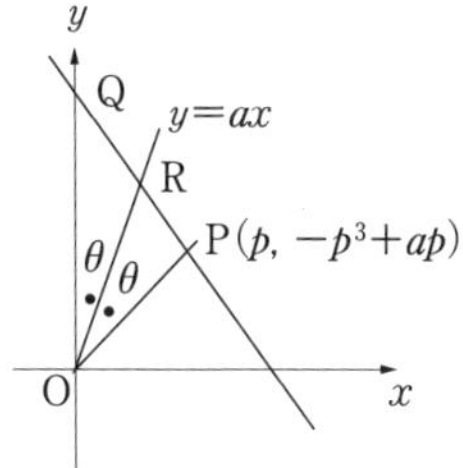

直線 OR が $\angle\mathrm{QOP}$ を二等分するから，

$$\angle\mathrm{QOR}=\angle\mathrm{ROP}=\theta,\ 0^\circ<\theta<90^\circ$$

とおけて，

$$\tan\angle\mathrm{QOR}=\tan\theta=\frac{1}{a}. \qquad \cdots㋐$$

$p\neq\sqrt{a}$ のとき，

$$\tan\angle\mathrm{QOP}=\tan 2\theta=\frac{p}{-p^3+ap}=\frac{1}{a-p^2}. \qquad \cdots㋑$$

（$p=\sqrt{a}$ のときは，$\angle\mathrm{QOP}=2\theta=90^\circ$，$\theta=45^\circ$，$a=1$，$p=1$.）

$\tan 2\theta=\dfrac{2\tan\theta}{1-\tan^2\theta}$ に㋐，㋑を代入して，

$$\frac{1}{a-p^2}=\frac{2\cdot\frac{1}{a}}{1-\left(\frac{1}{a}\right)^2}.$$

$$\therefore \quad p^2=\frac{1}{2}\left(a+\frac{1}{a}\right).$$

（$a=1$，$p=1$ のときも上式を流用できる．）

…(以下，（その 1）と同様)

104.

解法メモ

x の方程式 $f(x)=k$ の実数解は，2 つのグラフ

$$y=f(x) \text{ と } y=k$$

の共有点の x 座標に一致します．

【解答】

方程式

$$2x^3+3x^2-12x-k=0, \text{ すなわち, } k=2x^3+3x^2-12x$$

が異なる 3 つの実数解 α，β，γ $(\alpha<\beta<\gamma)$ を持つとき，2 つのグラフ

$$y=k \quad \text{と} \quad y=2x^3+3x^2-12x$$

は異なる 3 つの共有点を持ち，その x 座標が α，β，γ である．

(1) $f(x)=2x^3+3x^2-12x$

とおくと，

$$f'(x)=6x^2+6x-12$$
$$=6(x+2)(x-1).$$

x	$\cdots$	-2	$\cdots$	1	$\cdots$
$f'(x)$	$+$	0	$-$	0	$+$
$f(x)$	↗	20	↘	-7	↗

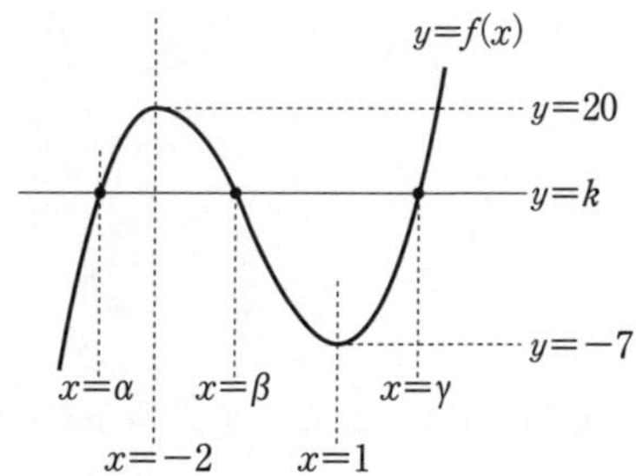

よって，求める k の値の範囲は，

$$\boldsymbol{-7<k<20.}$$

(2) 方程式 $f(x)=k$ が $x=-\frac{1}{2}$ を解に持つとき，

$$k=f\left(-\frac{1}{2}\right)=2\left(-\frac{1}{2}\right)^3+3\left(-\frac{1}{2}\right)^2-12\left(-\frac{1}{2}\right)=\frac{13}{2}.$$

このとき，

$$\begin{aligned} f(x)=k &\iff 2x^3+3x^2-12x-\frac{13}{2}=0 \\ &\iff (2x+1)(2x^2+2x-13)=0 \\ &\iff x=-\frac{1}{2},\ \frac{-1\pm3\sqrt{3}}{2}. \end{aligned}$$

また，

$$\begin{aligned} f(x)=20 &\iff 2x^3+3x^2-12x-20=0 \\ &\iff (x+2)^2(2x-5)=0 \\ &\iff x=-2,\ \frac{5}{2}. \end{aligned}$$

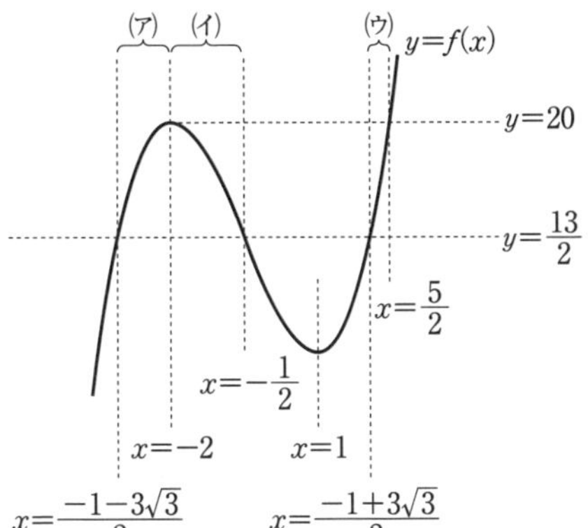

以上を考慮すると，左図のようになり，β の取る値の範囲が，

(イ)　$-2<\beta<-\dfrac{1}{2}$ のとき，

α の取る値の範囲は，

(ア)　$\boldsymbol{\dfrac{-1-3\sqrt{3}}{2}<\alpha<-2}$，

γ の取る値の範囲は，

(ウ)　$\boldsymbol{\dfrac{-1+3\sqrt{3}}{2}<\gamma<\dfrac{5}{2}}$.

[参考]

極値のある3次関数のグラフには，右図のような美しい性質があります．〈等間隔性〉

これを知っていると，本問のような問題の際，数値チェックができますね．

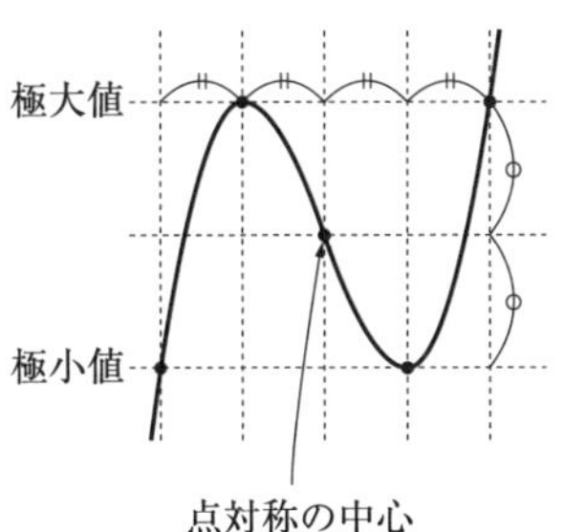

105.

解法メモ

曲線 C：$y=f(x)$ の点 $(t,\ f(t))$ における法線の方程式は，

$$\begin{cases} f'(t)\neq 0 \text{ のとき，} y=-\dfrac{1}{f'(t)}(x-t)+f(t), \\ f'(t)=0 \text{ のとき，} x=t \end{cases}$$

と書けますが，これらはまとめることができて，

$$x-t+f'(t)(y-f(t))=0.$$

この法線上に点 $\mathrm{P}(p,\ q)$ が乗っているための条件は，

$$p-t+f'(t)(q-f(t))=0$$

です．

【解答】

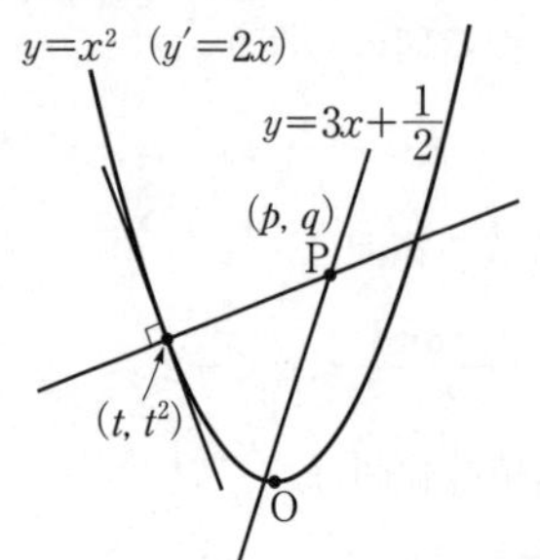

放物線 $y=x^2$ の点 $(t,\ t^2)$ における法線の方程式は,

$$\begin{cases} t \neq 0 \text{ のとき,} \\ \quad y=-\dfrac{1}{2t}(x-t)+t^2, \\ t=0 \text{ のとき,} \\ \quad x=0 \end{cases}$$

であるから, まとめて

$$x-t+2t(y-t^2)=0$$

と書けて, この法線が直線 $y=3x+\frac{1}{2}$ 上の点 $\mathrm{P}(p,\ q)=\left(p,\ 3p+\frac{1}{2}\right)$ を通る条件は,

$$p-t+2t\left(3p+\frac{1}{2}-t^2\right)=0,$$

すなわち,

$$2t^3-6pt-p=0 \qquad \cdots①$$

をみたす実数 t が存在することである.

放物線の異なる点における法線が一致することはないから, ① の異なる実数解 t の個数と同じ本数だけ, P を通る法線が存在することになる.

ここで, $g(t)=2t^3-6pt-p$ とおくと,

$$g'(t)=6t^2-6p=6(t^2-p).$$

(i) $p<0$ のとき,

$$g'(t) \geqq g'(0)=-6p>0.$$

(ii) $p=0$ のとき,

$$g'(t) \geqq g'(0)=0.$$

(iii) $p>0$ のとき,

t	$\cdots$	$-\sqrt{p}$	$\cdots$	$\sqrt{p}$	$\cdots$
$g'(t)$	$+$	0	$-$	0	$+$
$g(t)$	↗		↘		↗

$$g(-\sqrt{p})=p(4\sqrt{p}-1),$$
$$g(\sqrt{p})=-p(4\sqrt{p}+1)<0.$$

ここで,

$$\begin{cases} g(-\sqrt{p})<0 \iff (0<)p<\dfrac{1}{16}, & \cdots(ア) \\ g(-\sqrt{p})=0 \iff p=\dfrac{1}{16}, & \cdots(イ) \\ g(-\sqrt{p})>0 \iff p>\dfrac{1}{16}. & \cdots(ウ) \end{cases}$$

以上より，$u=g(t)$ のグラフは，

(i)　$p<0$ のとき，

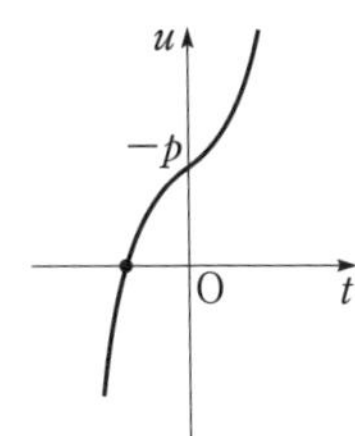

(ii)　$p=0$ のとき，

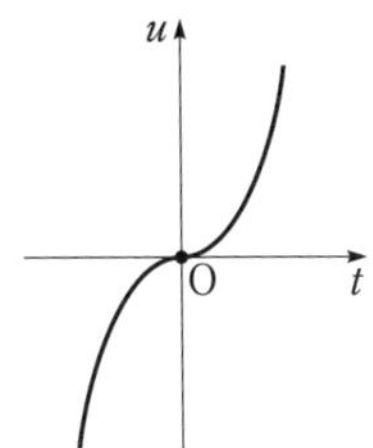

(iii)(ア)　$0<p<\dfrac{1}{16}$ のとき，

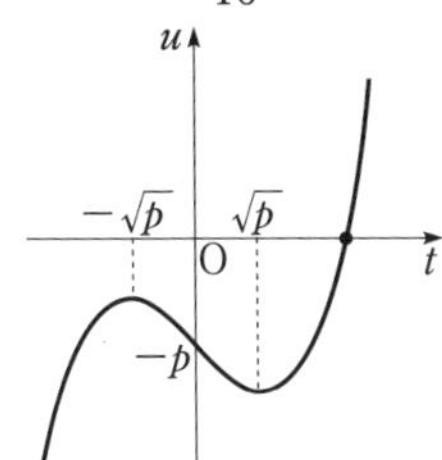

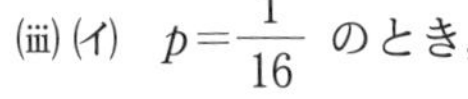

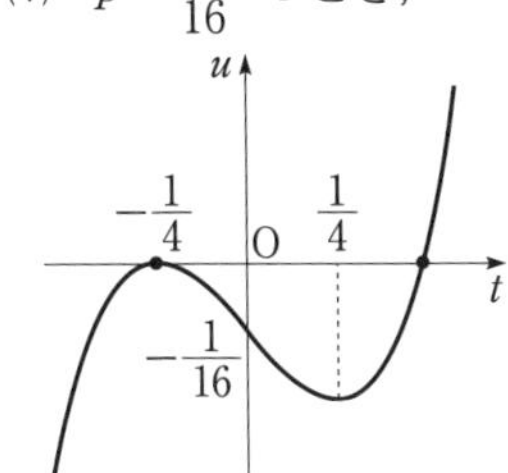

(iii)(ウ)　$\dfrac{1}{16}<p$ のとき，

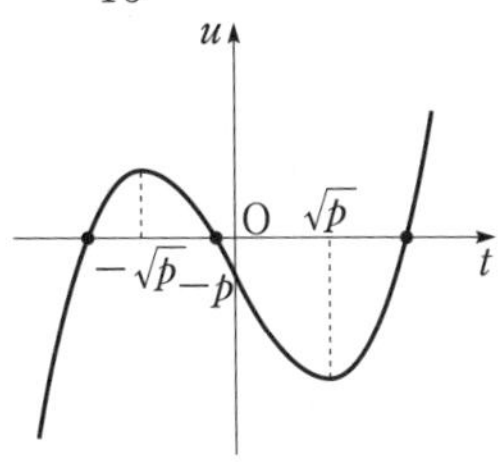

これらのグラフより，求める法線の本数は，

$$\begin{cases} \boldsymbol{p<\dfrac{1}{16}} \text{ のとき，} & \textbf{1 本，} \\ \boldsymbol{p=\dfrac{1}{16}} \text{ のとき，} & \textbf{2 本，} \\ \boldsymbol{p>\dfrac{1}{16}} \text{ のとき，} & \textbf{3 本.} \end{cases}$$

106.

解法メモ

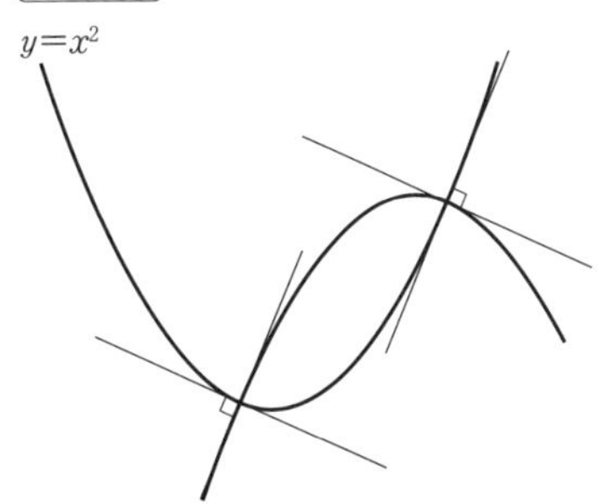

イメージとしてはこんな感じです．相手方の放物線の方程式を$y=ax^2+bx+c$（$a\neq 0$）とでもおいて，その共有点において接線が直交する条件は，「傾き（微分係数）の積が-1に等しい」でいきます．

いずれの放物線も y 軸に平行な接線を持ちませんから，この設定で十分です．

【解答】

$$f(x)=x^2,\quad g(x)=ax^2+bx+c\ (a\neq 0)$$

とおくと,

$$f'(x)=2x,\quad g'(x)=2ax+b$$

で，2 つの放物線 $y=f(x)$, $y=g(x)$ が異なる 2 点で交わり，そこで直交する条件は,

$$\begin{cases} \underbrace{f(x)=g(x)}_{①} \text{ が異なる 2 つの実数解 } \alpha,\ \beta\ (\alpha<\beta) \text{ を持ち,} \\ \underbrace{f'(x)\cdot g'(x)=-1}_{②} \text{ が異なる 2 つの実数解 } \alpha,\ \beta\ (\alpha<\beta) \text{ を持つ} \end{cases}$$

ことである．これは,

$$\begin{cases} ① \iff x^2=ax^2+bx+c \iff (a-1)x^2+bx+c=0, & \cdots①' \\ ② \iff 2x\cdot(2ax+b)=-1 \iff 4ax^2+2bx+1=0 & \cdots②' \end{cases}$$

より，①′, ②′ が同値な 2 次方程式であり，異なる 2 つの実数解を持つことであるから,

$$\begin{cases} \begin{pmatrix} a-1 \\ b \\ c \end{pmatrix} /\!/ \begin{pmatrix} 4a \\ 2b \\ 1 \end{pmatrix},\ a\neq 0,\ 1, & \cdots③ \\ b^2-4(a-1)c>0,\ b^2-4a>0. & \cdots④ \end{cases}$$

③より,

$$\begin{pmatrix} a-1 \\ b \\ c \end{pmatrix} /\!/ \begin{pmatrix} 2a \\ b \\ \frac{1}{2} \end{pmatrix}. \qquad \cdots③'$$

(i) $b\neq 0$ のとき，③′から, $\begin{cases} a-1=2a, \\ c=\dfrac{1}{2}. \end{cases}$

$$\therefore\ (a,\ c)=\left(-1,\ \frac{1}{2}\right).$$

このとき, $a\neq 0$, 1, および，④はみたされている．よって, b は任意の実数.

(ii) $b=0$ のとき，③′から, $(a-1)\cdot\dfrac{1}{2}=2a\cdot c.$

$$\therefore\ c=\frac{a-1}{4a}. \qquad \cdots⑤$$

④の第 2 式から, $a<0$, このとき，⑤から, $c>0$ で，④の第 1 式はみた

されていて，さらに $a\neq 0$，1 もみたす．

以上，(i)，(ii)より，求める x の2次関数 $g(x)$ は，

$$g(x)=\begin{cases} -x^2+bx+\dfrac{1}{2} & (b\text{ は }0\text{ 以外の任意の実数}), \\ ax^2+\dfrac{a-1}{4a} & (a\text{ は任意の負の数}). \end{cases}$$

注$_1$ 上の1つ目の2次関数で $b=0$ としたものと，2つ目の2次関数で $a=-1$ としたものは一致しますが，別にかまいません，漏れが無いので．

注$_2$ ③を，

$$(a-1):b:c=4a:2b:1$$

としなかったのは，0かも知れないものを比例式の中に書き入れることに抵抗があったからで，それで，「3次元のベクトルが平行」の表現にしました．

107.

解法メモ

聞いているのは比なので，ここでは等辺の長さを1に固定して考えましょう．内接円の面積はその半径で決まるので，要するに，底辺の長さと半径の間に成り立つ関係式を図をにらんでそこから，抽出すればよいのです．

「面積が最大となるとき」の話はその関係式の姿形を見てから，ということにしましょう．

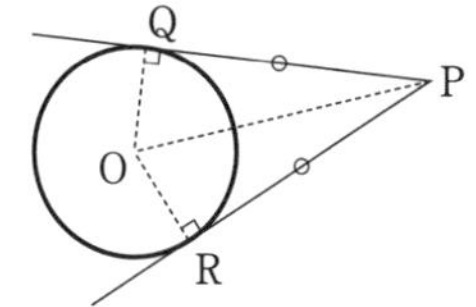

「円の外から円に引いた2本の接線の長さは等しい」は覚えていますね．

【解答】

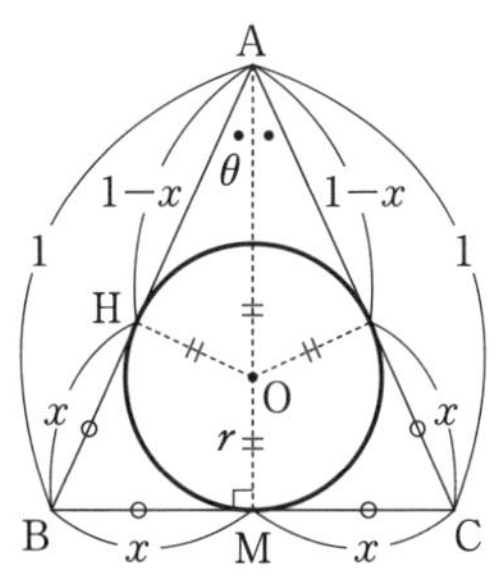

題意の二等辺三角形を図の様に三角形 ABC とし，等辺 AB，AC の長さを1，底辺の長さを $2x$，その内接円の半径を r とすると，三角形の成立条件から，

$$0<x<1. \qquad \cdots①$$

この三角形の高さ AM を2通りに表すと，

$$(\mathrm{AM}=)\sqrt{\mathrm{AB}^2-\mathrm{BM}^2}=\mathrm{OM}+\sqrt{\mathrm{AH}^2+\mathrm{OH}^2}.$$

$$\therefore\quad \sqrt{1-x^2}=r+\sqrt{(1-x)^2+r^2}.$$

$$\therefore\quad \sqrt{1-x^2}-r=\sqrt{(1-x)^2+r^2}.$$

両辺2乗して,

$$\begin{cases} 1-x^2+r^2-2r\sqrt{1-x^2}=(1-x)^2+r^2, \\ \sqrt{1-x^2}-r\geqq 0 \quad (\text{AM}>\text{OM ゆえ，これは自明}). \end{cases}$$

$$\therefore \quad x-x^2=r\sqrt{1-x^2}.$$

両辺2乗して,

$$\begin{cases} x^2-2x^3+x^4=r^2(1-x^2), \\ x-x^2\geqq 0 \quad (\text{①より，これは自明}). \end{cases}$$

$$\therefore \quad x^2(1-x)^2=r^2(1+x)(1-x).$$

①から，$1-x\neq 0$ ゆえ,

$$x^2(1-x)=r^2(1+x). \qquad \cdots ②$$

これが，①の範囲に解を持つための r の条件は，3次関数のグラフ $y=x^2(1-x)$ と，定点 $(-1,\ 0)$ を通過する傾き r^2 の直線とが，①の範囲に共有点を持つことである.

ここで，$g(x)=x^2(1-x)$ とおくと,

$$g(x)=x^2-x^3, \quad g'(x)=2x-3x^2$$
$$=-3x\left(x-\frac{2}{3}\right).$$

x	(0)	$\cdots$	$\frac{2}{3}$	$\cdots$	(1)
$g'(x)$	(0)	$+$	0	$-$	
$g(x)$	(0)	$\nearrow$	$\frac{4}{27}$	$\searrow$	(0)

また，$y=g(x)$ の $x=t$ $(0<t<1)$ における接線の方程式は,

$$y=(2t-3t^2)(x-t)+t^2-t^3.$$

これが点 $(-1,\ 0)$ を通る条件は,

$$0=(2t-3t^2)(-1-t)+t^2-t^3.$$
$$\therefore \quad 2t(t^2+t-1)=0.$$

これと $0<t<1$ から，$t=\dfrac{-1+\sqrt{5}}{2}$.

このとき，この接線の傾きは，

$$\begin{aligned}2t-3t^2&=2t-3(-t+1)\quad(\because\ t^2+t-1=0)\\&=5t-3\\&=5\cdot\frac{-1+\sqrt{5}}{2}-3\\&=\frac{-11+5\sqrt{5}}{2}.\end{aligned}$$

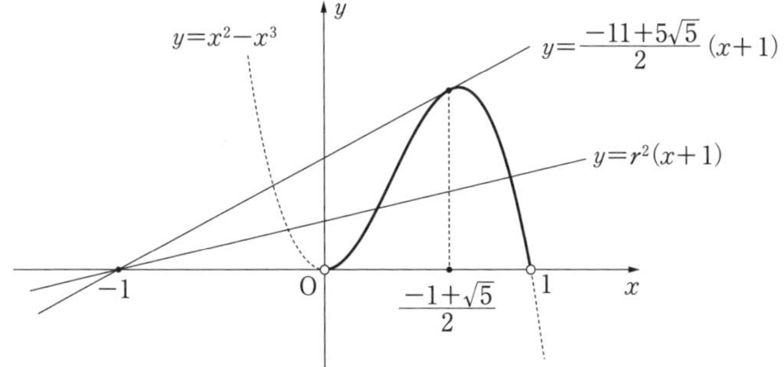

以上より，問題の内接円の面積が最大，したがって，半径 r が最大となるのは，$x=(t=)\dfrac{-1+\sqrt{5}}{2}$ のときで，このとき，等辺の長さと底辺の長さの比は，

$$1:2x=\mathbf{1}:(\sqrt{\mathbf{5}}-\mathbf{1}).$$

[参考]

②の式は次の様に考えても出せます.

三角形 ABC の面積を 2 通りに表して，

$$(\triangle \mathrm{ABC}=)\frac{1}{2}r(1+1+2x)=\frac{1}{2}\cdot 2x\cdot\sqrt{1-x^2}.$$

$$\therefore\quad (1+x)r=x\sqrt{1-x^2}.$$

$$\therefore\quad (1+x)^2r^2=x^2(1-x^2).$$

$$\therefore\quad (1+x)r^2=x^2(1-x). \qquad \cdots②$$

108.

解法メモ

$f(x)=ax^3-2x$ とおくと，

$f(-X)=-aX^3+2X=-f(X)$ なので，

$y=f(x)$ のグラフは原点に関して対称です.

$(-X,\ -f(X))$
O
$(X,\ f(X))$
$y=f(x)$

円 $x^2+y^2=1$ も原点に関して対称な図形

ですから（原点を共有しないことを考え合せて），$x>0$ の範囲に共有点が 3 つある条件を調べます.

【解答】

$f(x)=ax^3-2x$ とおくと，$f(-x)=-f(x)$ となるから，$C: y=ax^3-2x$ は原点に関して対称である．また，円 $D: x^2+y^2=1$ も原点に関して対称で，両者は原点を共有しないから，$x>0$ の範囲に C と D が 3 つの共有点を持つための $a(>0)$ の$\underset{①}{\underline{\text{条件}}}$を求めればよい.

$$\begin{cases} C: y=ax^3-2x, \\ D: x^2+y^2=1 \end{cases}$$

から y を消去して，

$$x^2+(ax^3-2x)^2=1.$$

$$\therefore \quad a^2x^6-4ax^4+5x^2-1=0.$$

ここで，$t=x^2$ とおいて，

$$a^2t^3-4at^2+5t-1=0.$$

ここで，$g(t)=a^2t^3-4at^2+5t-1$ とおくと，上の条件 ① は，$g(t)=0$ が $t(=x^2)>0$ の範囲に異なる 3 つの解を持つことである．…②

$$g'(t)=3a^2t^2-8at+5$$

$$=3a^2\left(t-\frac{1}{a}\right)\left(t-\frac{5}{3a}\right) \quad (\because \quad a \neq 0)$$

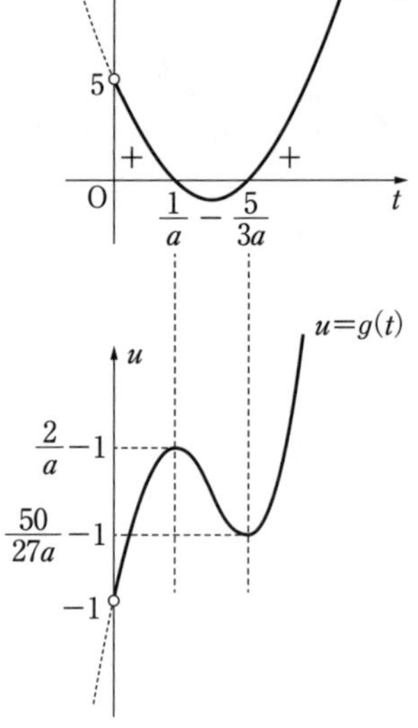

t	(0)	$\cdots$	$\frac{1}{a}$	$\cdots$	$\frac{5}{3a}$	$\cdots$
$g'(t)$		$+$	0	$-$	0	$+$
$g(t)$	(-1)	↗		↘		↗

$$\left(\begin{aligned} &g\left(\frac{1}{a}\right)=\frac{2}{a}-1, \\ &g\left(\frac{5}{3a}\right)=\frac{50}{27a}-1(>-1), \end{aligned}\right)$$

条件 ② は，左のグラフ $u=g(t)$ と t 軸（$u=0$）の正の部分が異なる 3 点で交わることで，この条件は，

$$\frac{2}{a}-1>0>\frac{50}{27a}-1.$$

$a>0$ の下でこれを解いて，求める a の値の範囲は，

$$\frac{50}{27}<a<2.$$

[参考]

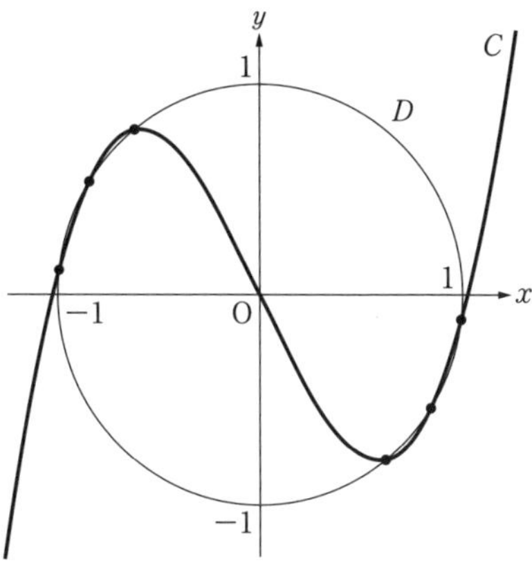

109.

解法メモ

$y=x^3-3a^2x+a^2$ の概形は,

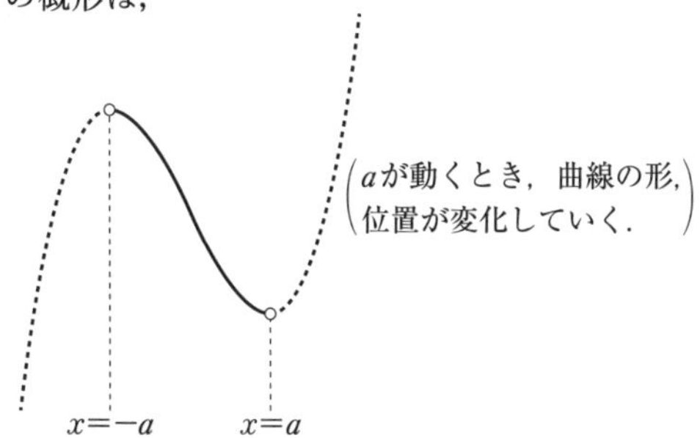

で, このうち, 極大点と極小点の間にある部分（上図の実線部分で両端は含まず）の通過領域を D と名付けるとき,

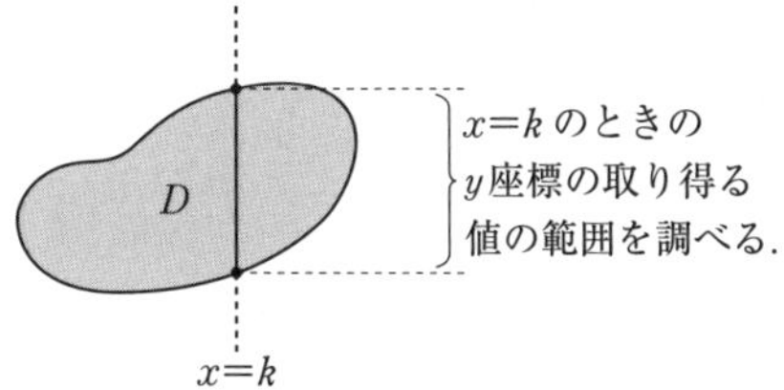

D と直線 $x=k$ $(-1<-a<k<a<1)$ の交わりの部分の y 座標

$$y=(1-3k)a^2+k^3$$

の取り得る値の範囲を調べるとよい.

【解答】

$$y=x^3-3a^2x+a^2. \qquad \cdots ①$$

$$\therefore \quad y'=3x^2-3a^2=3(x+a)(x-a).$$

$0<a<1$ ゆえ，増減表は，

x	$\cdots$	$-a$	$\cdots$	a	$\cdots$
y'	$+$	0	$-$	0	$+$
y	↗		↘		↗

よって，この曲線①の，

$$(-1<)-a<x<a(<1)$$

の部分の通る範囲を求めればよい.（この範囲を D とすると，D は $-1<x<1$ の範囲にある.）

曲線①と直線 $x=k$ $(-1<k<1)$ の共有点の y 座標

$$y=k^3-3a^2k+a^2 \quad (-1<-a<k<a<1)$$

すなわち，$y=(1-3k)a^2+k^3$ $(|k|<a<1)$

について考える.

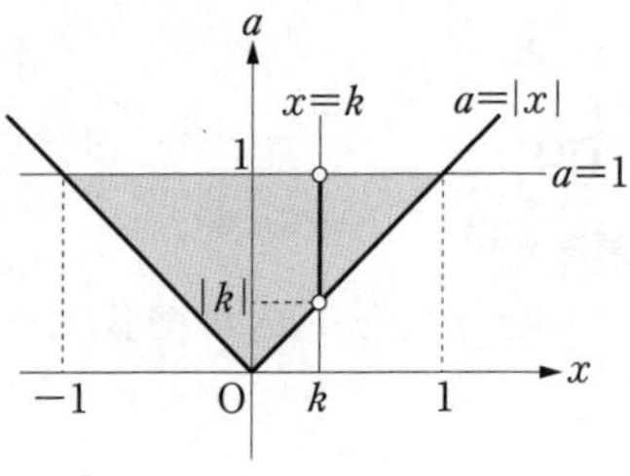

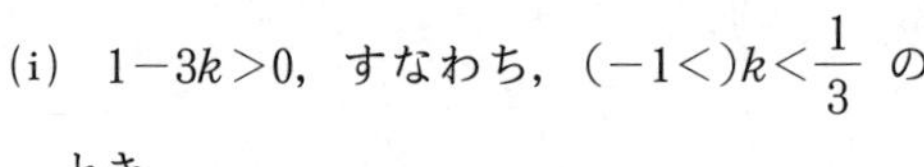

(i) $1-3k>0$，すなわち，$(-1<)k<\dfrac{1}{3}$ のとき，

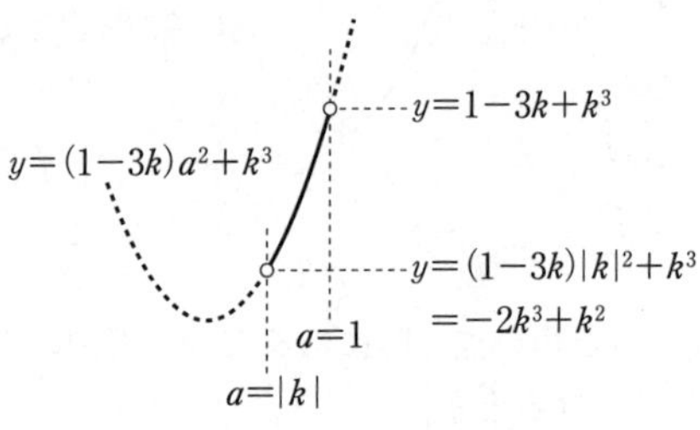

$$\therefore \quad -2k^3+k^2<y<k^3-3k+1.$$

(ii) $1-3k=0$，すなわち，$k=\dfrac{1}{3}$ のとき，

$$y=\frac{1}{27}.$$

(iii) $1-3k<0$, すなわち, $\frac{1}{3}<k(<1)$ のとき,

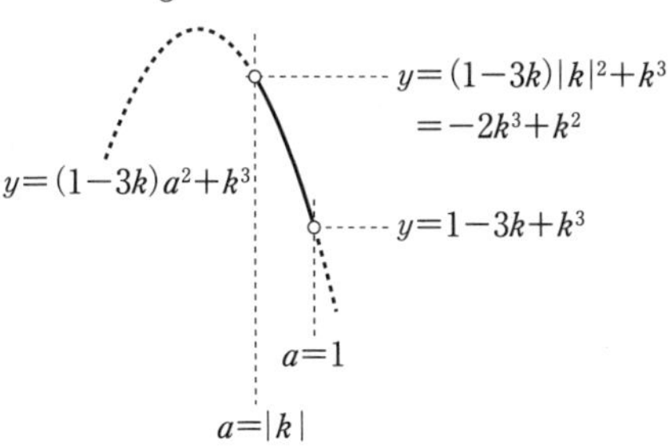

$$\therefore \quad k^3-3k+1<y<-2k^3+k^2.$$

以上より, 求める範囲 D は,

$$\begin{cases} \text{(i)} \quad -1<x<\frac{1}{3}, \text{ かつ, } -2x^3+x^2<y<x^3-3x+1, \\ \text{(ii)} \quad x=\frac{1}{3}, \text{ かつ, } y=\frac{1}{27}, \\ \text{(iii)} \quad \frac{1}{3}<x<1, \text{ かつ, } x^3-3x+1<y<-2x^3+x^2 \end{cases}$$

で, これを図示すると次図の網目部分$\left(\text{境界線上の点は点}\left(\frac{1}{3}, \frac{1}{27}\right)\text{のみ含む}\right)$.

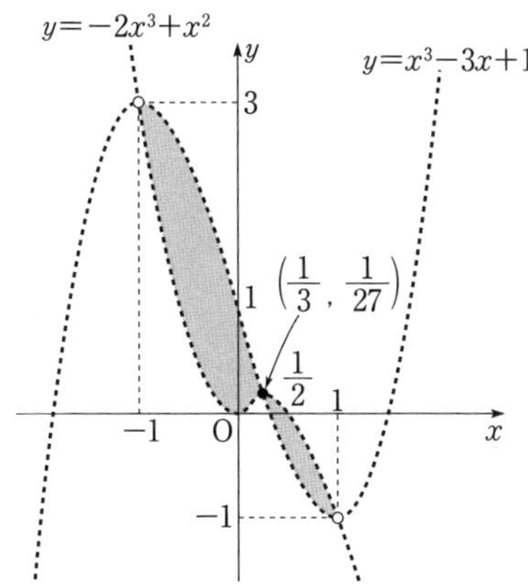

$$f(x)=x^3-3x+1, \qquad g(x)=-2x^3+x^2$$

とおくと,

$$f'(x)=3x^2-3 \qquad g'(x)=-6x^2+2x$$

$$=3(x+1)(x-1), \qquad =-6x\left(x-\frac{1}{3}\right).$$

x	$\cdots$	-1	$\cdots$	1	$\cdots$
$f'(x)$	$+$	0	$-$	0	$+$
$f(x)$	$\nearrow$	3	$\searrow$	-1	$\nearrow$

x	$\cdots$	0	$\cdots$	$\frac{1}{3}$	$\cdots$
$g'(x)$	$-$	0	$+$	0	$-$
$g(x)$	$\searrow$	0	$\nearrow$	$\frac{1}{27}$	$\searrow$

$$\begin{aligned} f(x)=g(x) &\iff x^3-3x+1=-2x^3+x^2 \\ &\iff 3x^3-x^2-3x+1=0 \\ &\iff 3\left(x-\frac{1}{3}\right)(x+1)(x-1)=0 \end{aligned}$$

より, $y=f(x)$ と $y=g(x)$ は, $x=-1,\ \frac{1}{3},\ 1$ で交わる.

[別解]

通過領域を D とすると, 点 $(x,\ y)$ が D に含まれる条件は,

「$y=x^3-3a^2x+a^2$ ($|x|<a,\ 0<a<1$) をみたす a が存在する」

で, 今, $u=a^2$ とおくと, これは,

「u の高々 1 次の方程式 $\underbrace{(1-3x)u=y-x^3}_{(*)}$ が, $x^2<u<1$ の範囲に解を持つ」

ことである.

(ア) $x=\frac{1}{3}$ のとき, (*)が解を持つ条件は,

$$y-x^3=0,\ \text{すなわち},\ y=x^3=\frac{1}{27}.$$

(イ) $x\fallingdotseq\frac{1}{3}$ のとき, $u=\frac{y-x^3}{1-3x}$ ゆえ, 求める条件は,

$$x^2<\frac{y-x^3}{1-3x}<1. \qquad \cdots(☆)$$

(イ－1) $x<\frac{1}{3}$ のとき,

$$x^2(1-3x)<y-x^3<1-3x.$$

$$\therefore\quad -2x^3+x^2<y<x^3-3x+1.$$

(イ－2) $x>\frac{1}{3}$ のとき,

$$x^2(1-3x)>y-x^3>1-3x.$$

$$\therefore \quad -2x^3+x^2>y>x^3-3x+1.$$

（以下，略）

注　(☆)から，$-1<x<1$ は，みたされている．

110.

解法メモ

最長の線分を考えるのですから，その両端は領域の境界線上に置くべきでしょう．

また，図形の対称性から，その線分の傾きは 0 以上として捜せば十分でしょう．

【解答】

題意の線分の両端を P，Q とし直線 PQ の傾きを m とすると，図形の対称性から，$m \geqq 0$ で考えれば十分で，最長の線分を求めるのだから，その両端 P，Q が領域の境界線上にある場合を調べれば十分である．

また，x 座標の大きい方を P，小さい方を Q として，Q を固定して考える．

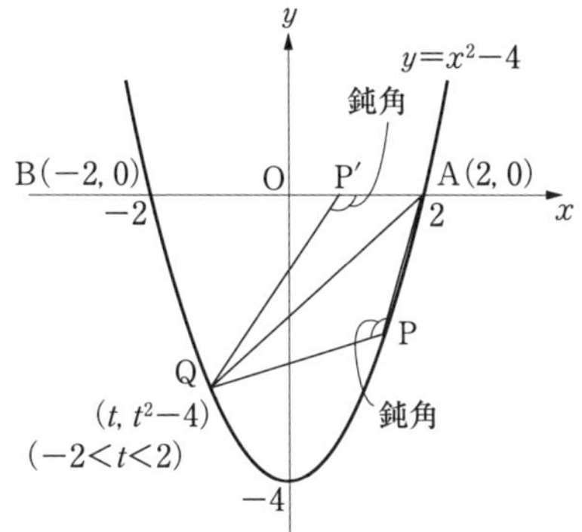

曲線 $y=x^2-4$ $(-2 \leqq x \leqq 2)$ は下に凸の放物線ゆえ，

$m=0$ のとき，最長の線分は AB で，AB$=4$．

$m>0$ のとき，図で $\angle \mathrm{APQ}$，$\angle \mathrm{AP'Q}$ は鈍角だから，

$$\mathrm{PQ}<\mathrm{AQ},\ \mathrm{P'Q}<\mathrm{AQ}.$$

したがって，

$$\begin{aligned}\mathrm{AQ}^2&=(t-2)^2+(t^2-4-0)^2\\&=t^4-7t^2-4t+20\\&(=f(t)\ \text{とおく})\end{aligned}$$

について調べれば十分．

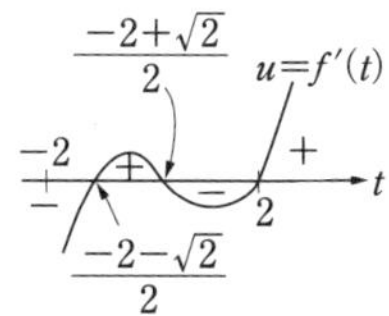

$$\begin{aligned}f'(t)&=4t^3-14t-4\\&=2(t-2)(2t^2+4t+1).\end{aligned}$$

t	(-2)	$\cdots$	$\dfrac{-2-\sqrt{2}}{2}$	$\cdots$	$\dfrac{-2+\sqrt{2}}{2}$	$\cdots$	(2)
$f'(t)$		$-$	0	$+$	0	$-$	
$f(t)$	(16)	$\searrow$		$\nearrow$	$\dfrac{71+8\sqrt{2}}{4}$	$\searrow$	(0)

$$\therefore\quad f(t) \leqq f\left(\frac{-2+\sqrt{2}}{2}\right) = \frac{71+8\sqrt{2}}{4}\ (>16).$$

よって，求める長さは，

$$\boldsymbol{\frac{\sqrt{71+8\sqrt{2}}}{2}}.$$

[参考]

放物線 $y=x^2-4$ 上に，$Q_1\left(\dfrac{-2-\sqrt{2}}{2},\ \left(\dfrac{-2-\sqrt{2}}{2}\right)^2-4\right)$，$Q_2\left(\dfrac{-2+\sqrt{2}}{2},\ \left(\dfrac{-2+\sqrt{2}}{2}\right)^2-4\right)$ をとると，$A(2,\ 0)$ を中心として Q_1 を通る円，A を中心として Q_2 を通る円は，それぞれ Q_1，Q_2 において放物線 $y=x^2-4$ と接線を共有しています．

111.

解法メモ

被積分関数 $x|x-t|$ には絶対値記号がついていて，このままでは積分の計算ができません．まず，絶対値記号を外すことから始めます．

$$x|x-t| = \begin{cases} -x(x-t) & (x \leqq t), \\ x(x-t) & (x \geqq t) \end{cases}$$

ですから，$y=x|x-t|$ のグラフは，…

【解答】

$$x|x-t| = \begin{cases} -x(x-t) & (x \leqq t \text{ のとき}), \\ x(x-t) & (x \geqq t \text{ のとき}) \end{cases}$$

だから，$y=x|x-t|$ のグラフは，

$t<0$ のとき,　　　$t=0$ のとき,　　　$t>0$ のとき,

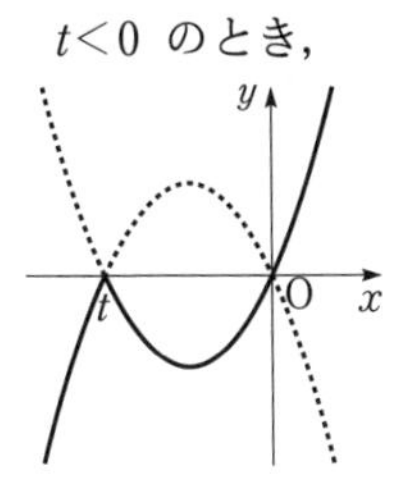

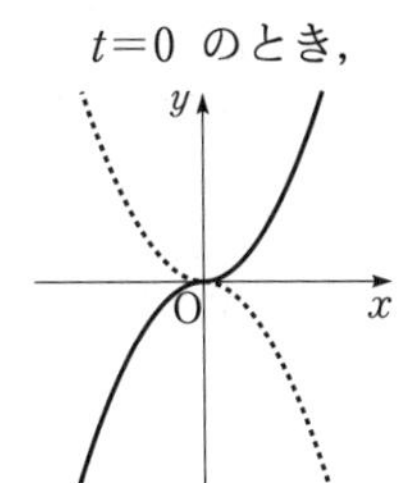

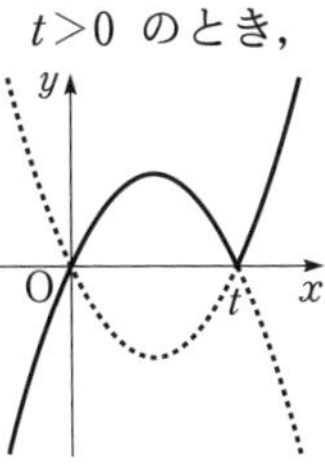

となる. したがって,

(i) $-\dfrac{1}{2} \leqq t \leqq 0$ のとき,

$$F(t)=\int_0^1 x(x-t)\,dx=\left[\frac{x^3}{3}-\frac{t}{2}x^2\right]_0^1=\frac{1}{3}-\frac{t}{2}.$$

(ii) $0<t<1$ のとき,

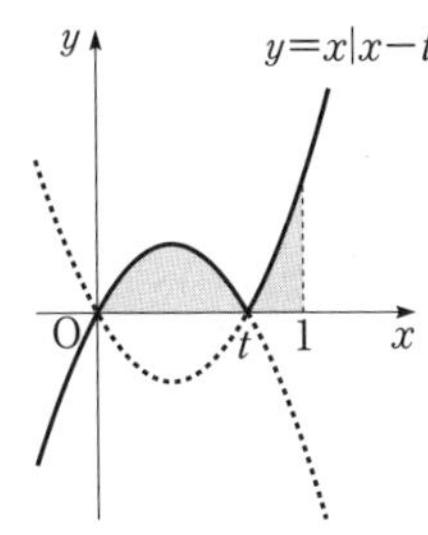

$$\begin{aligned}F(t)&=\int_0^t\{-x(x-t)\}\,dx+\int_t^1 x(x-t)\,dx\\&=\left[-\frac{x^3}{3}+\frac{t}{2}x^2\right]_0^t+\left[\frac{x^3}{3}-\frac{t}{2}x^2\right]_t^1\\&=\frac{1}{3}t^3-\frac{1}{2}t+\frac{1}{3},\end{aligned}$$

$$\begin{aligned}F'(t)&=t^2-\frac{1}{2}\\&=\left(t+\frac{1}{\sqrt{2}}\right)\left(t-\frac{1}{\sqrt{2}}\right).\end{aligned}$$

(iii) $1 \leqq t \leqq 2$ のとき,

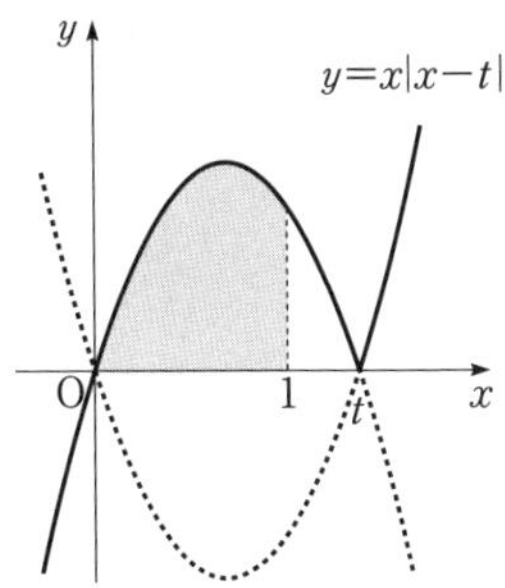

$$\begin{aligned}F(t)&=\int_0^1\{-x(x-t)\}\,dx\\&=\left[-\frac{x^3}{3}+\frac{t}{2}x^2\right]_0^1\\&=-\frac{1}{3}+\frac{t}{2}.\end{aligned}$$

以上より,

	(i)			(ii)			(iii)		
t	$-\frac{1}{2}$	$\cdots$	0	$\cdots$	$\frac{1}{\sqrt{2}}$	$\cdots$	1	$\cdots$	2
$F'(t)$		$-$		$-$	0	$+$		$+$	
$F(t)$	$\frac{7}{12}$	↘	$\frac{1}{3}$	↘	$\frac{2-\sqrt{2}}{6}$	↗	$\frac{1}{6}$	↗	$\frac{2}{3}$

したがって，求める

$$\begin{cases} \textbf{最大値は，} F(2)=\dfrac{2}{3}, \\ \textbf{最小値は，} F\left(\dfrac{1}{\sqrt{2}}\right)=\dfrac{2-\sqrt{2}}{6}. \end{cases}$$

112.

解法メモ

与式右辺の積分は，（dt とあるから）t が積分変数です．よって，この積分をするときは，x は t に無関係とみて，次のように積分の外へ出してかまいません．

$$\int_{-1}^{1}(x-t)f(t)\,dt=\int_{-1}^{1}\{xf(t)-tf(t)\}\,dt$$
$$=x\int_{-1}^{1}f(t)\,dt-\int_{-1}^{1}tf(t)\,dt.$$

ここで，$f(t)$ が未知の関数であっても，$\int_{-1}^{1}f(t)\,dt$ や $\int_{-1}^{1}tf(t)\,dt$ は（-1 から 1 までの定積分なので）定数ですから，それぞれ定数 A，B とおいてよいのです．

【解答】

$$f(x)=\int_{-1}^{1}(x-t)f(t)\,dt+1$$
$$=x\int_{-1}^{1}f(t)\,dt-\int_{-1}^{1}tf(t)\,dt+1.$$

ここで，$\int_{-1}^{1}f(t)\,dt$，$\int_{-1}^{1}tf(t)\,dt$ は x に無関係な定数であるから，それぞれ定数 A，B とおいてよく，このとき，

$$f(x)=Ax-B+1.$$

$$\therefore \begin{cases} A=\int_{-1}^{1}(At-B+1)\,dt=2\int_{0}^{1}(1-B)\,dt=2\Big[(1-B)t\Big]_0^1=2(1-B), \\ B=\int_{-1}^{1}t(At-B+1)\,dt=2\int_{0}^{1}At^2\,dt=2\Big[\dfrac{A}{3}t^3\Big]_0^1=\dfrac{2}{3}A. \end{cases}$$

これを解いて,

$$A=\frac{6}{7},\ B=\frac{4}{7}.$$

$$\therefore\ \boldsymbol{f(x)=\frac{6}{7}x+\frac{3}{7}}.$$

[補足]

$$\begin{cases} \int_{-1}^{1}t\,dt=\Big[\dfrac{1}{2}t^2\Big]_{-1}^{1}=0, \\ \int_{-1}^{1}t^2dt=\Big[\dfrac{1}{3}t^3\Big]_{-1}^{1}=\dfrac{2}{3}=2\int_{0}^{1}t^2\,dt, \\ \int_{-1}^{1}1\,dt=\Big[t\Big]_{-1}^{1}=2=2\int_{0}^{1}1\,dt \end{cases}$$

を利用すると速い.

一般に, $m=1,\ 2,\ 3,\ \cdots$に対して,

$$\begin{cases} \int_{-a}^{a}x^{2m-1}dx=0, \\ \int_{-a}^{a}x^{2m}dx=2\int_{0}^{a}x^{2m}dx. \end{cases}$$

理由は, そのグラフの対称性から明らかでしょう.

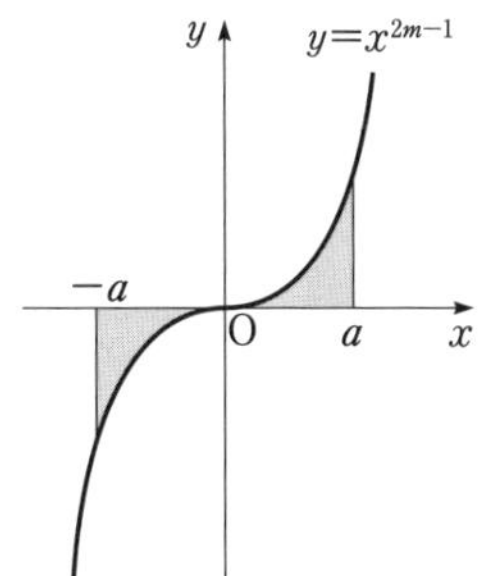

$y=x^{2m-1}$ は原点に関して対称

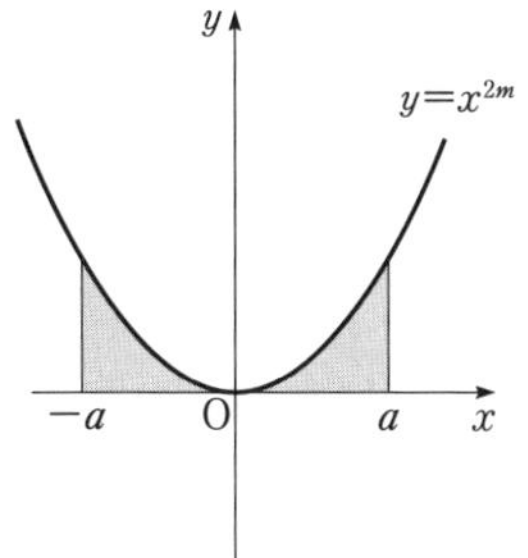

$y=x^{2m}$ は y 軸に関して対称

113.

解法メモ

$f(x)=ax^2+bx+c$ の中に未知の係数 $a,\ b,\ c$ (3つ) があって, 定積分で表

された条件が 2 本ありますから，$f(x)$ は x とあと a，b，c のうちの 1 つで表されます．

あとは，$\int_0^1 \{f(x)\}^2 dx$ をしっかりと計算するだけ．

【解答】

$f(x)=ax^2+bx+c$ $(a \neq 0)$ から，

$$\begin{cases} 1=\int_0^1 f(x)\,dx=\int_0^1 (ax^2+bx+c)\,dx=\left[\dfrac{a}{3}x^3+\dfrac{b}{2}x^2+cx\right]_0^1 \\ \quad =\dfrac{a}{3}+\dfrac{b}{2}+c, \\ \dfrac{1}{2}=\int_0^1 xf(x)\,dx=\int_0^1 (ax^3+bx^2+cx)\,dx=\left[\dfrac{a}{4}x^4+\dfrac{b}{3}x^3+\dfrac{c}{2}x^2\right]_0^1 \\ \quad =\dfrac{a}{4}+\dfrac{b}{3}+\dfrac{c}{2}. \end{cases}$$

$$\therefore \begin{cases} 2a+3b+6c=6, \\ 3a+4b+6c=6. \end{cases} \qquad \therefore \begin{cases} b=-a, \\ a=6c-6. \end{cases} \qquad \cdots ①$$

ここで，$a \neq 0$ から，$\underset{②}{\underline{c \neq 1}}$ で，

$$\begin{aligned} \int_0^1 x^2 f(x)\,dx &= \int_0^1 (ax^4+bx^3+cx^2)\,dx=\left[\frac{a}{5}x^5+\frac{b}{4}x^4+\frac{c}{3}x^3\right]_0^1 \\ &= \frac{a}{5}+\frac{b}{4}+\frac{c}{3} \\ &= \frac{6c-6}{5}-\frac{6c-6}{4}+\frac{c}{3} \quad (\because ①) \\ &= \frac{c+9}{30} \qquad \cdots ③ \end{aligned}$$

だから，

$$\begin{aligned} \int_0^1 \{f(x)\}^2 dx &= \int_0^1 (ax^2+bx+c)f(x)\,dx \\ &= a\int_0^1 x^2 f(x)\,dx+b\int_0^1 xf(x)\,dx+c\int_0^1 f(x)\,dx \\ &= a\cdot\frac{c+9}{30}+b\cdot\frac{1}{2}+c\cdot 1 \quad (\because ③，\text{与条件}) \\ &= (6c-6)\cdot\frac{c+9}{30}-\frac{1}{2}(6c-6)+c \quad (\because ①) \\ &= \frac{1}{5}(c-1)^2+1. \\ &> 1. \ (\because ②) \end{aligned}$$

114.

解法メモ

$C: y=|2x-1|-x^2+2x+1$

$$=\begin{cases} -(2x-1)-x^2+2x+1 & \left(x\leqq\frac{1}{2}\right), \\ (2x-1)-x^2+2x+1 & \left(x\geqq\frac{1}{2}\right) \end{cases}$$

の概形は，こんなふうになっていますね．

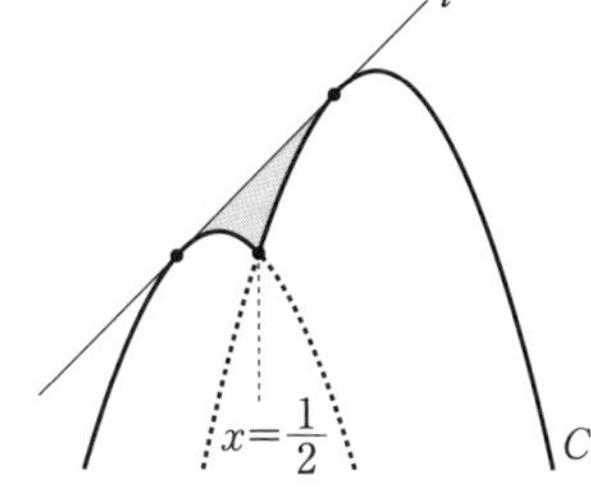

【解答】

(1) $|2x-1|-x^2+2x+1$

$$=\begin{cases} -(2x-1)-x^2+2x+1=-x^2+2 & \left(x\leqq\frac{1}{2} \text{ のとき}\right), \\ (2x-1)-x^2+2x+1=-(x-2)^2+4 & \left(\frac{1}{2}\leqq x \text{ のとき}\right). \end{cases}$$

よって，求める曲線 C の概形は，次図のようになる．

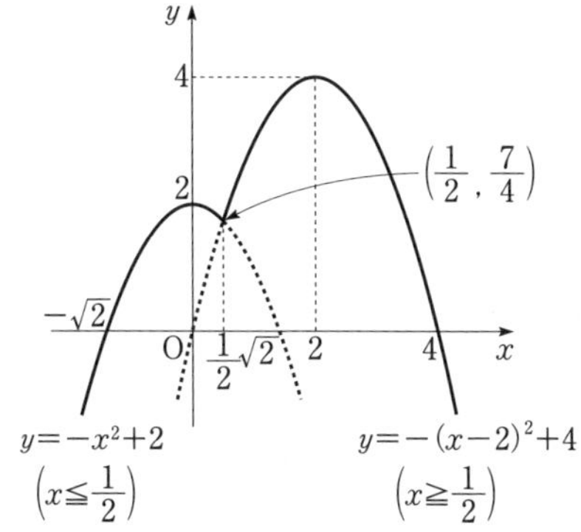

(2) 直線 $l: y=ax+b$ が曲線 C と相異なる 2 点において接するのは，l が

$$\begin{cases} x<\frac{1}{2} \text{ において，放物線 } y=-x^2+2 \text{ に接し，} \\ \frac{1}{2}<x \text{ において，放物線 } y=-(x-2)^2+4 \text{ に接する} \end{cases}$$

ときで，したがって，

$$ax+b=-x^2+2, \qquad ax+b=-(x-2)^2+4$$

が共に重解を持つ．

$$\therefore \begin{cases} (\underbrace{x^2+ax+b-2=0}_{①} \text{ の判別式})=0, \\ (\underbrace{x^2+(a-4)x+b=0}_{②} \text{ の判別式})=0. \end{cases}$$

$$\therefore \quad \begin{cases} a^2-4(b-2)=0, \\ (a-4)^2-4b=0. \end{cases}$$

これを解いて,

$$\boldsymbol{a=1,\ \ b=\frac{9}{4}}.$$

このとき, ①, ②の重解をそれぞれ α, β とすると,

$$\alpha=-\frac{1}{2}\ \left(<\frac{1}{2}\right),\qquad \beta=\frac{3}{2}\ \left(>\frac{1}{2}\right)$$

で, 適する.

(3)

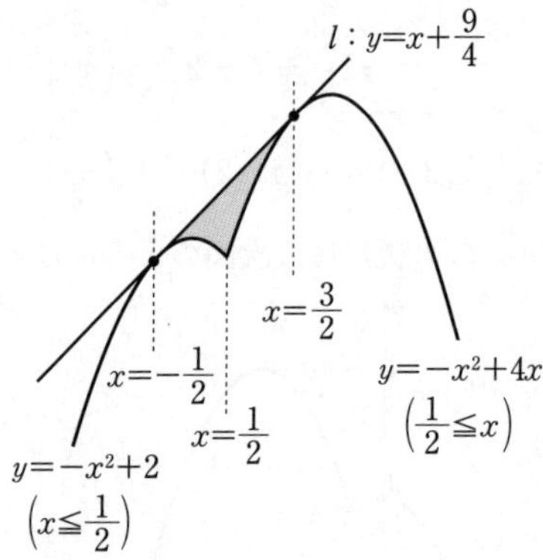

上図より, 求める図形の面積 S は,

$$\boldsymbol{S}=\int_{-\frac{1}{2}}^{\frac{1}{2}}\left\{\left(x+\frac{9}{4}\right)-(-x^2+2)\right\}dx+\int_{\frac{1}{2}}^{\frac{3}{2}}\left\{\left(x+\frac{9}{4}\right)-(-x^2+4x)\right\}dx$$

$$=\int_{-\frac{1}{2}}^{\frac{1}{2}}\left(x+\frac{1}{2}\right)^2dx+\int_{\frac{1}{2}}^{\frac{3}{2}}\left(x-\frac{3}{2}\right)^2dx$$

$$=\left[\frac{1}{3}\left(x+\frac{1}{2}\right)^3\right]_{-\frac{1}{2}}^{\frac{1}{2}}+\left[\frac{1}{3}\left(x-\frac{3}{2}\right)^3\right]_{\frac{1}{2}}^{\frac{3}{2}}$$

$$=\boldsymbol{\frac{2}{3}}.$$

115.

解法メモ

$$\frac{1}{p}+\frac{1}{q}=1\ \cdots ㋐,\qquad S=\frac{2}{3}\left(\frac{1}{\sqrt{p}}+\frac{1}{\sqrt{q}}\right)\ \cdots ㋑$$

は出せるでしょう. 問題はそのあとの(3)の

$p>0$, $q>0$, および, ㋐の下で p, q が変化するときの㋑の最大値.

(その1) ㋐を, $\left(\dfrac{1}{\sqrt{p}}\right)^2+\left(\dfrac{1}{\sqrt{q}}\right)^2=1$ と読めば,

$$\frac{1}{\sqrt{p}}=\sin\theta,\ \frac{1}{\sqrt{q}}=\cos\theta\ \left(0<\theta<\frac{\pi}{2}\right)$$

とおけます.

(その2) $\sqrt{x}+\sqrt{y}=\sqrt{x+y+2\sqrt{xy}}$ を用いれば

$$\begin{aligned}\frac{1}{\sqrt{p}}+\frac{1}{\sqrt{q}}&=\sqrt{\frac{1}{p}}+\sqrt{\frac{1}{q}}\\&=\sqrt{\frac{1}{p}+\frac{1}{q}+2\sqrt{\frac{1}{p}\cdot\frac{1}{q}}}\\&=\sqrt{1+2\sqrt{\frac{1}{p}\left(1-\frac{1}{p}\right)}}\quad(\because\ ㋐)\end{aligned}$$

と書けて, …

(その3) **コーシー・シュワルツの不等式**

$$(a^2+b^2)(x^2+y^2)\geqq(ax+by)^2$$

(等号成立は $ay-bx=0$ のとき)

で, $a=b=1$, $x=\dfrac{1}{\sqrt{p}}$, $y=\dfrac{1}{\sqrt{q}}$ とおいて, …

【解答】

(1)
$$\begin{cases}C_1:y=px^2, & \cdots①\\ C_2:y=-q(x-1)^2+1 & \cdots②\end{cases}$$

が接する条件から, ①, ②から y を消去してできる x の2次方程式 $px^2=-q(x-1)^2+1$, すなわち,

$$(p+q)x^2-2qx+q-1=0 \qquad \cdots③$$

は重解を持ち, したがって, (③の判別式)$=0$.

$$\therefore\ q^2-(p+q)(q-1)=0.$$

$$\therefore\ -pq+p+q=0.$$

この両辺を $pq(>0)$ で割って,

$$\frac{1}{p}+\frac{1}{q}=\mathbf{1}. \qquad \cdots④$$

(2) $p>0$, $q>0$, ④の下で, $p>1$, $q>1$. $\cdots⑤$

$$\therefore\ 0<\frac{1}{\sqrt{p}}<1,\ 0<1-\frac{1}{\sqrt{q}}<1.$$

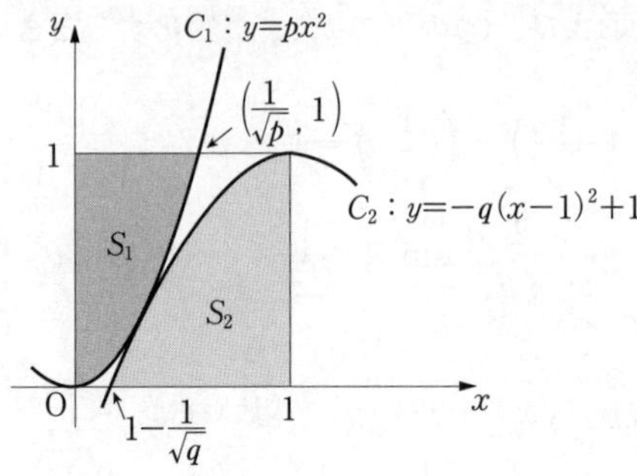

したがって,

$$S_1=\int_0^{\frac{1}{\sqrt{p}}}(1-px^2)\,dx=\left[x-\frac{p}{3}x^3\right]_0^{\frac{1}{\sqrt{p}}}=\frac{2}{3\sqrt{p}},$$

$$S_2=\int_{1-\frac{1}{\sqrt{q}}}^{1}\left\{-q(x-1)^2+1\right\}dx=\left[-\frac{q}{3}(x-1)^3+x\right]_{1-\frac{1}{\sqrt{q}}}^{1}$$

$$=\frac{2}{3\sqrt{q}}.$$

$$\therefore\quad \boldsymbol{S}=S_1+S_2$$

$$=\boldsymbol{\frac{2}{3}\left(\frac{1}{\sqrt{p}}+\frac{1}{\sqrt{q}}\right)}.$$

(3) （その 1）

④, ⑤から,

$$\frac{1}{\sqrt{p}}=\sin\theta,\ \frac{1}{\sqrt{q}}=\cos\theta\quad \left(0<\theta<\frac{\pi}{2}\right)$$

とおけて, (2)の結果に代入して,

$$S=\frac{2}{3}(\sin\theta+\cos\theta)$$

$$=\frac{2}{3}\sqrt{2}\sin\left(\theta+\frac{\pi}{4}\right)$$

$$\leqq\frac{2}{3}\sqrt{2}\quad\left(\begin{array}{l}\text{等号成立は,}\ \theta+\frac{\pi}{4}=\frac{\pi}{2},\ \text{すなわち,}\\ \theta=\frac{\pi}{4},\ (p,\ q)=(2,\ 2)\ \text{のとき}\end{array}\right).$$

よって, S は **$(p,\ q)=(2,\ 2)$ のとき, 最大値 $\frac{2}{3}\sqrt{2}$** をとる.

（その 2）

$$
\begin{aligned}
S^2&=\frac{4}{9}\left(\sqrt{\frac{1}{p}}+\sqrt{\frac{1}{q}}\right)^2\\
&=\frac{4}{9}\left(\frac{1}{p}+\frac{1}{q}+2\sqrt{\frac{1}{p}\cdot\frac{1}{q}}\right)\\
&=\frac{4}{9}\left\{1+2\sqrt{\frac{1}{p}\left(1-\frac{1}{p}\right)}\right\} \quad (\because \ ④)\\
&=\frac{4}{9}\left\{1+2\sqrt{-\left(\frac{1}{p}-\frac{1}{2}\right)^2+\frac{1}{4}}\right\}\\
&\leqq\frac{4}{9}\left(1+2\sqrt{\frac{1}{4}}\right) \quad \left(\begin{array}{l}\text{等号成立は，}\dfrac{1}{p}=\dfrac{1}{2}\text{，すなわち，}\\ p=2\text{，したがって，}q=2\ (\because \ ④)\text{ のとき}\end{array}\right)\\
&=\frac{8}{9}.
\end{aligned}
$$

…(以下，略)

(その 3)

コーシー・シュワルツの不等式

$$(a^2+b^2)(x^2+y^2)\geqq(ax+by)^2$$

(等号成立は，$ay-bx=0$ のとき)

で，$a=b=1$，$x=\dfrac{1}{\sqrt{p}}$，$y=\dfrac{1}{\sqrt{q}}$ とおけば，

$$2\left(\frac{1}{p}+\frac{1}{q}\right)\geqq\left(\frac{1}{\sqrt{p}}+\frac{1}{\sqrt{q}}\right)^2 \quad \left(\begin{array}{l}\text{等号成立は，}1\cdot\dfrac{1}{\sqrt{q}}-1\cdot\dfrac{1}{\sqrt{p}}=0\text{，}\\ \text{すなわち，}p=q\text{ のとき}\end{array}\right).$$

これと④から，

$$\frac{1}{\sqrt{p}}+\frac{1}{\sqrt{q}}\leqq\sqrt{2} \quad (\text{等号成立は，}p=q=2\text{ のとき}).$$

$$\therefore \quad S\leqq\frac{2}{3}\sqrt{2}.$$

…(以下，略)

[参考]

コーシー・シュワルツの不等式は簡単に示せます．

$$
\begin{aligned}
&(a^2+b^2)(x^2+y^2)-(ax+by)^2\\
&=a^2x^2+a^2y^2+b^2x^2+b^2y^2-(a^2x^2+2abxy+b^2y^2)\\
&=a^2y^2-2abxy+b^2x^2\\
&=(ay-bx)^2\\
&\geqq 0 \quad (\text{等号成立は，}ay-bx=0\text{ のとき}).
\end{aligned}
$$

$$\therefore \quad (a^2+b^2)(x^2+y^2)\geqq(ax+by)^2.$$

[参考の参考]

等号成立は，$\begin{pmatrix} a \\ b \end{pmatrix} /\!/ \begin{pmatrix} x \\ y \end{pmatrix}$ のとき，と書くのも可.

116.

解法メモ

112. と同様で，

$$\int_0^1 tf_{n-1}'(t)\,dt,\ \int_0^1 f_{n-1}(t)\,dt$$

は（x には無関係な）定数ですが，これらは，n が変われば，すなわち，関数 $f_{n-1}(t)$ が異なれば別の定数となりますから，それぞれ

$$a_n,\ b_n$$

などと，（x には無関係だけれども）n に依存する定数（数列）らしくおいておきましょう.

【解答】

$$f_1(x)=4x^2+1,$$
$$f_n(x)=\int_0^1\left\{3x^2tf_{n-1}'(t)+3f_{n-1}(t)\right\}dt$$
$$=3x^2\int_0^1 tf_{n-1}'(t)\,dt+3\int_0^1 f_{n-1}(t)\,dt \quad (n=2,\ 3,\ 4,\ \cdots).$$

ここで，$3\int_0^1 tf_{n-1}'(t)\,dt$，$3\int_0^1 f_{n-1}(t)\,dt$ はいずれも定数だから，それぞれ，a_n，b_n とおけて，

$$\begin{cases} f_n(x)=a_nx^2+b_n, \\ xf_n'(x)=2a_nx^2 \end{cases} \quad (n=1,\ 2,\ 3,\ \cdots).$$

（ただし，$\underbrace{a_1=4,\ b_1=1}_{①}$ とおいた.）

$$\therefore \begin{cases} a_n=3\int_0^1 2a_{n-1}t^2\,dt=\Big[2a_{n-1}t^3\Big]_0^1=2a_{n-1}, & \cdots② \\ b_n=3\int_0^1 (a_{n-1}t^2+b_{n-1})\,dt=\Big[a_{n-1}t^3+3b_{n-1}t\Big]_0^1=a_{n-1}+3b_{n-1} & \cdots③ \end{cases}$$

$$(n=2,\ 3,\ 4,\ \cdots).$$

①，②より，数列 $\{a_n\}$ は，初項 4，公比 2 の等比数列であるから，

$$a_n=4\cdot 2^{n-1}=2^{n+1} \quad (n=1,\ 2,\ 3,\ \cdots).$$

これと，③より，$n=2,\ 3,\ 4,\ \cdots$ において，

$$b_n=2^n+3b_{n-1}.$$

$$\therefore\quad \frac{b_n}{2^n}=\frac{3}{2}\cdot\frac{b_{n-1}}{2^{n-1}}+1.$$

ここで，$c_n=\dfrac{b_n}{2^n}$ とおくと，

$$c_n=\frac{3}{2}c_{n-1}+1. \qquad \cdots④$$

ここで，γ を $\gamma=\dfrac{3}{2}\gamma+1$ …⑤　で定めると，$\gamma=-2$ で，④－⑤より，

$$c_n+2=\frac{3}{2}(c_{n-1}+2).$$

よって，数列 $\{c_n+2\}$ は，初項 $c_1+2=\dfrac{b_1}{2}+2=\dfrac{5}{2}$，公比$\dfrac{3}{2}$の等比数列であるから，

$$c_n+2=\frac{5}{2}\left(\frac{3}{2}\right)^{n-1}\quad (n=1,\ 2,\ 3,\ \cdots).$$

$$\therefore\quad \frac{b_n}{2^n}+2=\frac{5}{2}\left(\frac{3}{2}\right)^{n-1}\quad (n=1,\ 2,\ 3,\ \cdots).$$

$$\therefore\quad b_n=5\cdot3^{n-1}-2^{n+1}\quad (n=1,\ 2,\ 3,\ \cdots).$$

以上より，

$$\boldsymbol{f_n(x)=2^{n+1}x^2+5\cdot3^{n-1}-2^{n+1}}\ (n=1,\ 2,\ 3,\ \cdots).$$

注　$b_n=3b_{n-1}+2^n$ の形の漸化式から一般項を求める別の方法については，129. を参照のこと．

§11 数　列

117.

解法メモ

与方程式が複2次方程式であることに気が付いて，$t=x^2$ とおけば，

$$t^2+(8-2a)t+a=0$$

が異なる2つの正の解 α，β（$\alpha<\beta$）を持って，

$$-\sqrt{\beta},\ -\sqrt{\alpha},\ \sqrt{\alpha},\ \sqrt{\beta}$$

がこの順に等差数列になっているハズです．（その1）

また，本問の等差数列的に並んでいる4つの実数解を

$$c-3d,\ c-d,\ c+d,\ c+3d \quad (d>0)$$

とおくと，与方程式左辺は

$$\begin{aligned}&x^4+(8-2a)x^2+a\\&=\{x-(c-3d)\}\{x-(c-d)\}\{x-(c+d)\}\{x-(c+3d)\}\end{aligned}$$

と因数分解されますから…（その2）

【解答】

（その1）

$$x^4+(8-2a)x^2+a=0 \qquad \cdots①$$

で，$t=x^2$ とおくと，①は，$t^2+(8-2a)t+a=0$，すなわち，

$$\{t-(a-4)\}^2-a^2+9a-16=0 \qquad \cdots②$$

と書ける．

t の方程式②の2解を α，β とすると，①が相異なる4つの実数解を持つことから，α，β は相異なる2つの正の数で，

$$\begin{cases}a-4>0,\\ a>0,\\ -a^2+9a-16<0.\end{cases}$$

これを解いて，

$$a>\frac{9+\sqrt{17}}{2}. \qquad \cdots③$$

このとき，$(0<)\alpha<\beta$ とすれば，①の解は，

$$-\sqrt{\beta},\ -\sqrt{\alpha},\ \sqrt{\alpha},\ \sqrt{\beta}$$

で，この順に等差数列をなすことから，公差について，

$$-\sqrt{\alpha}-(-\sqrt{\beta})=\sqrt{\alpha}-(-\sqrt{\alpha})=\sqrt{\beta}-\sqrt{\alpha}.$$

$$\therefore\quad \sqrt{\beta}=3\sqrt{\alpha}.$$

$$\therefore\quad \beta=9\alpha.$$

ここで，②の解と係数の関係から，$\alpha+\beta=-8+2a$，$\alpha\beta=a$ ゆえ，

$$\begin{cases}\alpha+9\alpha=-8+2a,\\ \alpha\cdot 9\alpha=a.\end{cases}$$

a を消去して，$9\alpha^2-5\alpha-4=0$.

$$\therefore\quad (9\alpha+4)(\alpha-1)=0.$$

ここで，$\alpha>0$ ゆえ，$\alpha=1$.

$$\therefore\quad \boldsymbol{a=9}.$$ （これは③をみたしている.）

（その 2）

$$x^4+(8-2a)x^2+a=0 \qquad \cdots①$$

の解を小さい順に，

$$c-3d,\ c-d,\ c+d,\ c+3d \quad (d>0)$$

と置いてよい.

このとき，①の左辺は，

$$\begin{aligned}&x^4+(8-2a)x^2+a\\ &=\{x-(c-3d)\}\{x-(c-d)\}\{x-(c+d)\}\{x-(c+3d)\}\\ &=\{(x-c)+3d\}\{(x-c)+d\}\{(x-c)-d\}\{(x-c)-3d\}\\ &=\{(x-c)^2-(3d)^2\}\{(x-c)^2-d^2\}\\ &=(x-c)^4-10d^2(x-c)^2+9d^4\\ &=x^4-4cx^3+(6c^2-10d^2)x^2+(-4c^3+20cd^2)x+c^4-10c^2d^2+9d^4\end{aligned}$$

と表せる.

係数の比較により，
$$\begin{cases}0=-4c,\\ 8-2a=6c^2-10d^2,\\ 0=-4c^3+20cd^2,\\ a=c^4-10c^2d^2+9d^4.\end{cases}$$

$$\therefore\quad \begin{cases}c=0,\\ 8-2a=-10d^2,\\ a=9d^4.\end{cases}$$

a を消去して，$9d^4-5d^2-4=0$.

$$\therefore\quad (9d^2+4)(d^2-1)=0.$$

$d>0$ ゆえ，$d=1$.

$$\therefore \quad \boldsymbol{a=9}.$$

118.

解法メモ

2 つの数列の一般項はそれぞれ

$$2^m \ (m=1,\ 2,\ 3,\ \cdots), \qquad 3^n \ (n=1,\ 2,\ 3,\ \cdots)$$

です．両方の数列には共通項がないのでその各項を混ぜて小さい順に並べてできる数列 $\{c_p\}$ の第 1000 項が例えば 2^k なら,

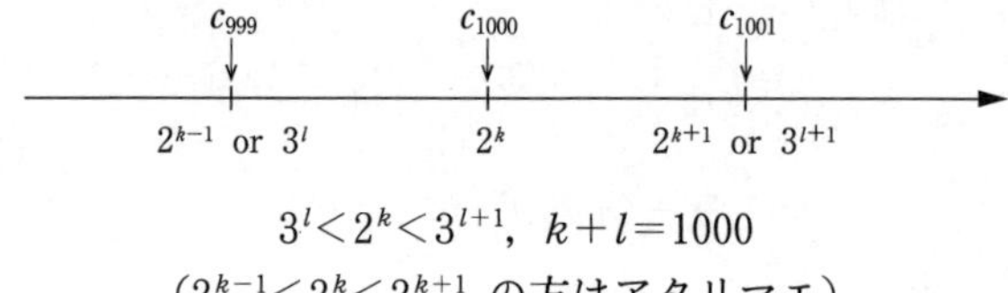

$$3^l < 2^k < 3^{l+1},\ k+l=1000$$

$$(2^{k-1}<2^k<2^{k+1} \text{ の方はアタリマエ})$$

が言えます．

また，ただし書きから，底が 6 の対数を考えて欲しいらしいので，…

【解答】

題意の数列を $\{c_n\}$ とし，$c_1 \sim c_{1000}$ には,

$$\begin{cases} \text{等比数列 } 2,\ 4,\ 8,\ \cdots \text{ から } k \text{ 項}, \\ \text{等比数列 } 3,\ 9,\ 27,\ \cdots \text{ から } l \text{ 項} \end{cases}$$

が含まれているとすると,

$$\left.\begin{array}{l} k+l=1000, \\ k,\ l \text{ は正の整数} \end{array}\right\} \quad \cdots ①$$

で，c_{1000} は，2^k か 3^l のいずれかである．

(i) $c_{1000}=2^k$ とすると,

$$3^l<2^k<3^{l+1}.$$

各辺に $2^l(>0)$ を掛けて,

$$6^l<2^{k+l}<3\cdot 6^l.$$

$$\therefore \quad 6^l<2^{1000}<\frac{1}{2}\cdot 6^{l+1}. \ (\because \ ①)$$

ここで，底が $6(>1)$ の対数を考えて,

$$l<1000\log_6 2<l+1-\log_6 2.$$

ここで，$\log_6 2=0.386852\cdots$ ゆえ,

$$l<386.852\cdots<l+0.613147\cdots.$$

$$\therefore \quad 386.23\cdots < l < 386.85\cdots.$$

これをみたす正の整数 l は存在しない.

(ii) $c_{1000}=3^l$ とすると,

$$2^k<3^l<2^{k+1}.$$

各辺に $3^k(>0)$ を掛けて,

$$6^k<3^{k+l}<2\cdot 6^k.$$

$$\therefore\quad 6^k<3^{1000}<\frac{1}{3}\cdot 6^{k+1}.\quad (\because\quad ①)$$

ここで,底が $6(>1)$ の対数を考えて,

$$k<1000\log_6 3<k+1-\log_6 3.$$

ここで,

$$\log_6 3=\log_6\frac{6}{2}=\log_6 6-\log_6 2=1-0.386852\cdots$$
$$=0.613147\cdots$$

ゆえ,

$$k<613.147\cdots<k+0.386852\cdots.$$

$$\therefore\quad 612.76\cdots<k<613.147\cdots.$$

これと①から,$k=613$,$l=387$.

以上,(i),(ii)より,$c_{1000}=3^{387}$,すなわち,

等比数列 3,9,27,… の第 387 項.

119.

解法メモ

$\overbrace{(x+1)(x+2)(x+3)\cdots(x+○)\cdots(x+n-1)(x+n)}^{n\text{個の(　)の積}}$ を展開してできる x^{n-1} の項は,n 個ある $(x+○)$ の中から $(n-1)$ 個選んで,そこからは x を採り,残りの 1 個からは定数の方を採りガチャンと掛け合せたものです.残りの 1 個の方に注目すると,x^{n-1} の項は,

$$x^{n-1}\cdot 1+x^{n-1}\cdot 2+x^{n-1}\cdot 3+\cdots+x^{n-1}\cdot(n-1)+x^{n-1}\cdot n.$$
$$=\left\{1+2+3+\cdots+(n-1)+n\right\}x^{n-1}.$$

x^{n-2} の項は，n 個ある（$x+○$）の中から（$n-2$）個選んで，そこからは x を採り，残りの2個からは定数の方を採りこれまたガチャンと掛け合せたものです．残りの2個の方に注目すると，$1\sim n$ の中から異なる2個を選んで掛ける訳ですから，掛け算の九九の表（右図）を思い出して，網掛け部分の和をとればそれが a_{n-2} です．

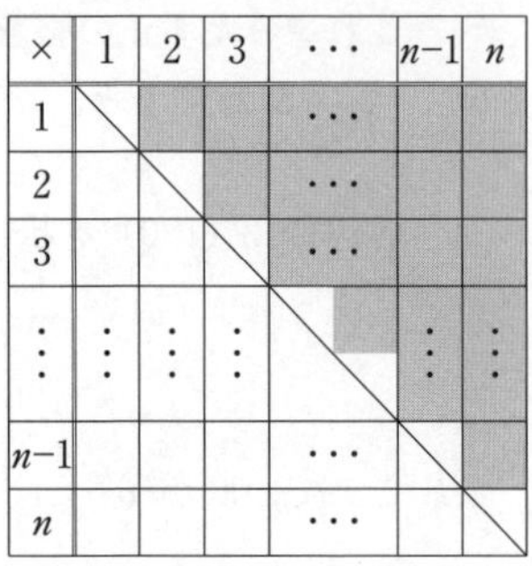

×	1	2	3	⋯	$n-1$	n
1				⋯		
2				⋯		
3				⋯		
⋮	⋮	⋮	⋮		⋮	⋮
$n-1$				⋯		
n				⋯		

【解答】

(1)（$x+1)(x+2)\cdots(x+n)$ を展開してできる x の n 次多項式の x^{n-1} の項は，

$$1\cdot x^{n-1}+2\cdot x^{n-1}+3\cdot x^{n-1}+\cdots+(n-1)\cdot x^{n-1}+n\cdot x^{n-1}.$$

$$=\left\{1+2+3+\cdots+(n-1)+n\right\}x^{n-1}$$

$$=\frac{n(n+1)}{2}x^{n-1}$$

だから，

$$\boldsymbol{a_{n-1}=\frac{n(n+1)}{2}}.$$

(2)（その1）

（$x+1)(x+2)(x+3)(x+4)(x+5)$ を展開してできる x の5次式の x^3 の項は，5個ある（$x+○$）の中から，3個選んでそこからは x を採り，残りの2個からは定数の方を採り掛け合せたものである．残りの2個の方に着目すると，これは1〜5の中から異なる2個を選んで掛け合せたものの和だから，右の九九の表の網掛け部分の和をとって，

×	1	2	3	4	5
1		1·2	1·3	1·4	1·5
2			2·3	2·4	2·5
3				3·4	3·5
4					4·5
5					

$$\begin{aligned}a_3=&1\cdot2+1\cdot3+1\cdot4+1\cdot5\\&+2\cdot3+2\cdot4+2\cdot5\\&+3\cdot4+3\cdot5\\&+4\cdot5\end{aligned}$$

$$=\left\{\begin{pmatrix}1\cdot1+1\cdot2+1\cdot3+1\cdot4+1\cdot5\\+2\cdot1+2\cdot2+2\cdot3+2\cdot4+2\cdot5\\+3\cdot1+3\cdot2+3\cdot3+3\cdot4+3\cdot5\\+4\cdot1+4\cdot2+4\cdot3+4\cdot4+4\cdot5\\+5\cdot1+5\cdot2+5\cdot3+5\cdot4+5\cdot5\end{pmatrix}-(1\cdot1+2\cdot2+3\cdot3+4\cdot4+5\cdot5)\right\}\times\frac{1}{2}$$

$$=\left\{(1+2+3+4+5)^2-(\underline{1^2+2^2+3^2+4^2+5^2})\right\}\times\frac{1}{2}$$

$$=\left\{\left(\sum_{k=1}^{5}k\right)^2-\sum_{k=1}^{5}k^2\right\}\times\frac{1}{2}$$

$$=\left\{\left(\frac{1}{2}\cdot5\cdot6\right)^2-\frac{1}{6}\cdot5\cdot6\cdot11\right\}\times\frac{1}{2}$$

$$=\mathbf{85}.$$

（その 2）

$$(x+1)(x+2)(x+3)(x+4)(x+5)$$
$$=x^5+15x^4+85x^3+225x^2+274x+120$$

だから，x^3 の係数は，

$$\boldsymbol{a_3=85}.$$

(3)　(2)と同様に考えると，

$$(x+1)(x+2)(x+3)\cdots(x+n-1)(x+n)$$

の展開式における x^{n-2} の項の係数 a_{n-2} は，n 個の数 1，2，3，…，$n-1$，n の中から，異なる 2 個を選んで掛け合せたものの和だから，

$$\boldsymbol{a_{n-2}}=\left\{\left(\sum_{k=1}^{n}k\right)^2-\sum_{k=1}^{n}k^2\right\}\times\frac{1}{2}$$

$$=\left[\left\{\frac{1}{2}\cdot n(n+1)\right\}^2-\frac{1}{6}n(n+1)(2n+1)\right]\times\frac{1}{2}$$

$$=\boldsymbol{\frac{1}{24}n(n+1)(n-1)(3n+2)}.$$

[参考]

(2)で（その 2）の様にしてしまうと，(3)で楽ができません．

120.

解法メモ

$$a_n=\frac{(2n)!}{(n!)^3}=\frac{2n(2n-1)(2n-2)\cdots(n+1)n(n-1)\cdots3\cdot2\cdot1}{\{n(n-1)(n-2)\cdots3\cdot2\cdot1\}^3}$$

を正面から計算する気にはなりませんが，比 $\dfrac{a_n}{a_{n-1}}$ なら，分母，分子でかなり，約分できそうです．これと 1 の大小関係から，

$$\frac{a_n}{a_{n-1}}<1 \iff a_{n-1}>a_n \text{（番号が進むと減少）}$$

が知れます．

【解答】

(1)
$$\boldsymbol{a}_7=\frac{{}_{14}\mathrm{C}_7}{7!}=\frac{14\cdot13\cdot12\cdot11\cdot10\cdot9\cdot8}{(7\cdot6\cdot5\cdot4\cdot3\cdot2\cdot1)^2}=\frac{143}{210}$$
$$<\mathbf{1}.$$

(2) $n\geqq2$ のとき,

$$\frac{a_n}{a_{n-1}}=\frac{\left(\dfrac{{}_{2n}\mathrm{C}_n}{n!}\right)}{\left\{\dfrac{{}_{2(n-1)}\mathrm{C}_{n-1}}{(n-1)!}\right\}}=\frac{(2n)!\{(n-1)!\}^3}{(2n-2)!(n!)^3}$$
$$=\frac{2n(2n-1)}{n^3}=\frac{2(2n-1)}{n^2}$$

だから,

$$\frac{a_n}{a_{n-1}}<1\iff\frac{2(2n-1)}{n^2}<1\iff n^2-4n+2>0$$
$$\iff n<2-\sqrt{2},\ 2+\sqrt{2}<n.$$

ここで, $0<2-\sqrt{2}<1$, $3<2+\sqrt{2}<4$, および, $n\geqq2$ から, 求める n の範囲は,

$$\boldsymbol{n\geqq4}.$$

(3) 定義により, $a_n>0$ は明らかで, したがって a_n が整数となるためには, $a_n\geqq1$ が必要で, (2)の結果から, $n=4,\ 5,\ 6,\ \cdots$ のとき, $\dfrac{a_n}{a_{n-1}}<1$, すなわち, $a_{n-1}>a_n$, したがって,

$$a_3>a_4>a_5>a_6>\underset{\substack{\parallel\\ \frac{143}{210}}}{a_7}>\cdots\quad(\because\ (1))$$

より, a_7 以降は整数ではなく, したがって, $a_1\sim a_6$ を調べれば十分である.

$$a_1=\frac{{}_2\mathrm{C}_1}{1!}=2,$$
$$a_2=\frac{{}_4\mathrm{C}_2}{2!}=3,$$
$$a_3=\frac{{}_6\mathrm{C}_3}{3!}=\frac{10}{3},$$
$$a_4=\frac{{}_8\mathrm{C}_4}{4!}=\frac{35}{12},$$
$$a_5=\frac{{}_{10}\mathrm{C}_5}{5!}=\frac{21}{10},$$

$$a_6=\frac{{}_{12}\mathrm{C}_6}{6!}=\frac{77}{60}.$$

以上より，a_n が整数となる n の値は，

$$\boldsymbol{n=1,\ 2.}$$

121.

解法メモ

$Y=k$ とすると，条件をみたす様な X，Z は，

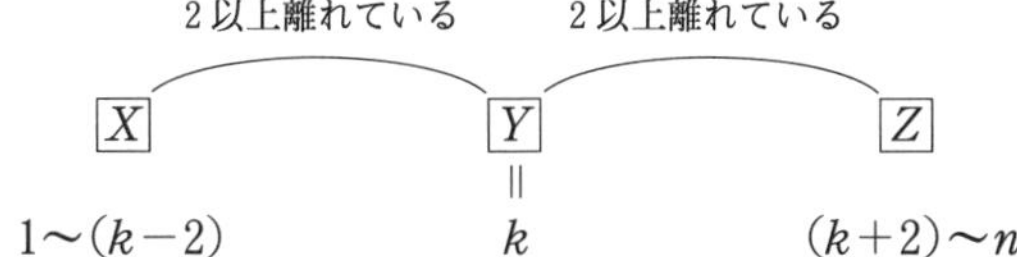

ここで，$1\sim(k-2)$ や $(k+2)\sim n$ がナンセンスなものにならないためには，$1\leqq k-2$，$k+2\leqq n$，すなわち，$3\leqq k\leqq n-2$.（だから，$3\leqq n-2$，すなわち，$n\geqq 5$ という条件があったのですね.）或る k の値に対して，X と Z の組は $(k-2)\times\left\{n-(k+2)+1\right\}$ 組あります.

【解答】

異なる n 枚の札から 3 枚を取り出す場合の数は，

$${}_n\mathrm{C}_3=\frac{1}{6}n(n-1)(n-2)\ \text{通り}$$

あって，これらが起こることは同様に確からしい.

取り出した 3 枚の札の番号を小さい順に X，Y，Z とするとき，

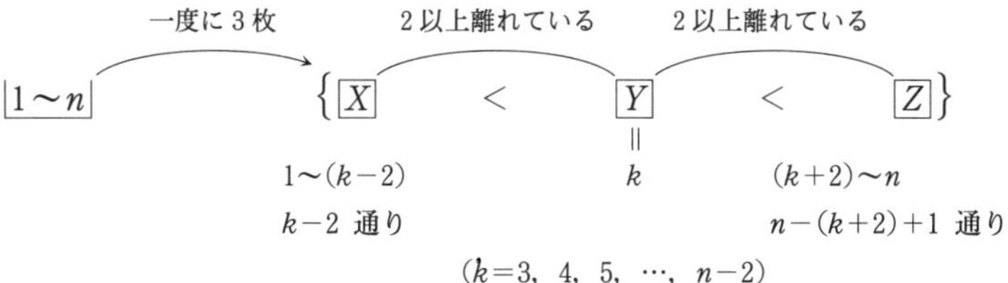

よって，$Y=k$（$k=3,\ 4,\ 5,\ \cdots,\ n-2$）のとき，条件をみたす X，Z の組は，

$$(k-2)(n-k-1)\ \text{組}$$

あるから，併せて，

$$\sum_{k=3}^{n-2}(k-2)(n-k-1)$$
$$=\sum_{k=1}^{n-2}(k-2)(n-k-1)-\underbrace{(1-2)(n-1-1)}_{k=1\text{ の分}}-\underbrace{(2-2)(n-2-1)}_{k=2\text{ の分}}$$
$$=\sum_{k=1}^{n-2}\left\{-k^2+(n+1)k-2(n-1)\right\}+n-2$$
$$=-\frac{1}{6}(n-2)(n-1)(2n-3)+(n+1)\cdot\frac{1}{2}(n-2)(n-1)-2(n-1)(n-2)+n-2$$
$$=\frac{1}{6}(n-2)(n-3)(n-4)\text{ 通り.}$$

以上より，求める確率は，

$$\frac{\frac{1}{6}(n-2)(n-3)(n-4)}{\frac{1}{6}n(n-1)(n-2)}=\boldsymbol{\frac{(n-3)(n-4)}{n(n-1)}}.$$

[参考]

次の様な考え方も有力です.

$(n-3)$ 個の○印を横一列に並べておいて，その両端と間の計 $(n-2)$ ヶ所から，3 ヶ所選んで□印を挿入する．その後，計 n 個の○や□のところに左から順に 1，2，3，…，n と番号を振る．このときの□印のところに振られた番号を左から順に（小さい順になる）X，Y，Z としたものが本問の X，Y，Z の条件をみたす.

（□と□の間には少なくとも 1 つの○が入るので，□と□の番号は 2 以上開くことになる.）

○ ○ ○ ○ … ○ ○ … ○ ○ … ○ ○ … ○ ○
∧ ∧ ∧ ∧ ∧ ∧ ∧ ∧ ∧ ∧ ∧ ∧ ∧ ∧ ∧ ∧ ∧
↑ X ↑ Y ↑ Z

この $(n-2)$ 個ある ∧ から，3 個選んで□を置く場合の数の総数は，

$${}_{n-2}\mathrm{C}_3=\frac{(n-2)(n-3)(n-4)}{6}\quad\text{通り.}$$

122.

解法メモ

実数 a に対して，a を超えない最大の整数を $[a]$ で表すことにすると，

$$\begin{cases} a-1<[a]\leqq a, \\ [a]\leqq a<[a]+1. \end{cases}$$

（等号成立は a が整数のとき.）

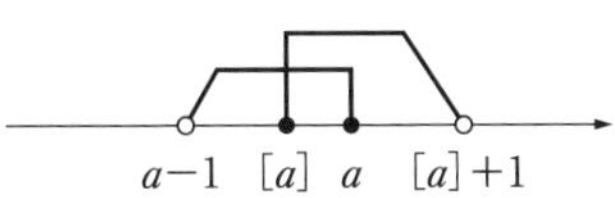

(3)の Σ は多分，(1)で示した等式で $x=\dfrac{n}{2^k}$ とおくのでしょう．そのとき，(2)で示した $2^n>n$，すなわち，$1>\dfrac{n}{2^n}$ を用いることに.

【解答】

(1)　実数 x に対して，$m=[x]$ とすると m は整数で，

$$m\leqq x<m+1.$$

$$\therefore\quad \begin{cases} m+\dfrac{1}{2}\leqq x+\dfrac{1}{2}<m+\dfrac{3}{2}, \\ 2m\leqq 2x<2m+2. \end{cases}$$

(i)　$m\leqq x<m+\dfrac{1}{2}$ のとき，

$$\begin{cases} m+\dfrac{1}{2}\leqq x+\dfrac{1}{2}<m+1, \\ 2m\leqq 2x<2m+1. \end{cases}$$

よって，$[x]=m$，$\left[x+\dfrac{1}{2}\right]=m$，$[2x]=2m$ だから，

$$[x]+\left[x+\frac{1}{2}\right]=[2x].$$

(ii)　$m+\dfrac{1}{2}\leqq x<m+1$ のとき，

$$\begin{cases} m+1\leqq x+\dfrac{1}{2}<m+\dfrac{3}{2}, \\ 2m+1\leqq 2x<2m+2. \end{cases}$$

よって，$[x]=m$，$\left[x+\dfrac{1}{2}\right]=m+1$，$[2x]=2m+1$ だから，

$$[x]+\left[x+\frac{1}{2}\right]=[2x].$$

以上，(i)，(ii)より，すべての実数 x に対して，

$$[x]+\left[x+\frac{1}{2}\right]=[2x].$$

(2)　(その 1)

すべての自然数 n に対して,

$$2^n>n \qquad \cdots(*)$$

が正しいことを数学的帰納法により示す.

(I)　$n=1$ のとき,

$$((*)\text{の左辺})=2^1=2,\ ((*)\text{の右辺})=1$$

だから, (*)は正しい.

(II)　$n=k$ のとき, (*)が正しいとする. すなわち, $2^k>k$ と仮定すると,

$$2\cdot 2^k>2k$$

$$\therefore\ 2^{k+1}>2k\geqq k+1\ (\text{等号成立は } k=1 \text{ のときのみ}).$$

これは, $n=k+1$ のときも(*)が正しいことを示している.

以上, (I), (II)より, すべての自然数 n に対して, $2^n>n$ である.

(その 2)

二項定理により,

$$\begin{aligned}2^n&=(1+1)^n\\&=\sum_{k=0}^{n}{}_n\mathrm{C}_k\cdot 1^{n-k}\cdot 1^k\\&=\sum_{k=0}^{n}{}_n\mathrm{C}_k\\&\geqq {}_n\mathrm{C}_0+{}_n\mathrm{C}_1\ (\text{等号成立は } n=1 \text{ のとき})\\&=1+n\\&>n.\end{aligned}$$

(3)　(1)で示した等式から,

$$\left[x+\frac{1}{2}\right]=[2x]-[x].$$

ここで, $x=\dfrac{n}{2^k}$ $(k=1,\ 2,\ 3,\ \cdots,\ n)$ とすると,

$$\left[\frac{n}{2^k}+\frac{1}{2}\right]=\left[\frac{n}{2^{k-1}}\right]-\left[\frac{n}{2^k}\right].$$

$$\therefore\ \sum_{k=1}^{n}\left[\frac{\boldsymbol{n}}{\boldsymbol{2^k}}+\frac{\boldsymbol{1}}{\boldsymbol{2}}\right]=\sum_{k=1}^{n}\left\{\left[\frac{n}{2^{k-1}}\right]-\left[\frac{n}{2^k}\right]\right\}$$

$$=\left(\left[\frac{n}{2^0}\right]-\left[\frac{n}{2^1}\right]\right)$$

$$+\left(\left[\frac{n}{2^1}\right]-\left[\frac{n}{2^2}\right]\right)$$

$$+\left(\left[\frac{n}{2^2}\right]-\left[\frac{n}{2^3}\right]\right)$$

$$\vdots \qquad \vdots$$

$$+\left(\left[\frac{n}{2^{n-2}}\right]-\left[\frac{n}{2^{n-1}}\right]\right)$$

$$+\left(\left[\frac{n}{2^{n-1}}\right]-\left[\frac{n}{2^n}\right]\right)$$

$$=\left[\frac{n}{2^0}\right]-\left[\frac{n}{2^n}\right]$$

$$=[n]-0\quad\left(\because\ (2)より，(0<)\frac{n}{2^n}<1.\right)$$

$$=\boldsymbol{n}.\quad(\because\ n は自然数)$$

123.

解法メモ

(1)　$\theta=\dfrac{\pi}{2016}$ とでもおいて，見易く，書き易くすると，$\sum k\sin(2k-1)\theta\cdot\sin\theta$.

ここで，積差の公式 $\sin\alpha\sin\beta=-\dfrac{1}{2}\{\cos(\alpha+\beta)-\cos(\alpha-\beta)\}$ を思い出すと，$\sin(2k-1)\theta\cdot\sin\theta=-\dfrac{1}{2}\{\cos2k\theta-\cos2(k-1)\theta\}$ で，k を 1，2，3，…と変えていって Σ をとると面白いことに気付くはずです.

(2)　sin も cos も周期 2π の周期関数なので，$\sin\dfrac{n}{2}\pi$，$\cos\dfrac{n}{2}\pi$ は n が 4 進む毎に同じ値になります.「S_{4n} を求めよ」という問いもヒントになったでしょう.

【解答】

(1)　$\theta=\dfrac{\pi}{2016}$ とおく.

$$k\sin(2k-1)\theta\cdot\sin\theta=k\cdot\left(-\frac{1}{2}\right)\{\cos 2k\theta-\cos 2(k-1)\theta\}$$

だから,

$$\begin{aligned}(-2)(\text{与式})&=\sum_{k=1}^{2016}k\{\cos 2k\theta-\cos 2(k-1)\theta\}\\&=\ \ 1\cdot(\cos 2\theta-\cos 0)\\&\quad+2\cdot(\cos 4\theta-\cos 2\theta)\\&\quad+3\cdot(\cos 6\theta-\cos 4\theta)\\&\qquad\vdots\\&\quad+2015\cdot(\cos 4030\theta-\cos 4028\theta)\\&\quad+2016\cdot(\cos 4032\theta-\cos 4030\theta)\\&=2016\cos 4032\theta-(\underbrace{\cos 4030\theta+\cos 4028\theta+\cdots+\cos 4\theta+\cos 2\theta+\cos 0}_{①}).\end{aligned}$$

ここで,

$$\cos 4032\theta=\cos 2\pi=1.$$

また,

$$①=\sum_{l=0}^{1007}\{\cos 2l\theta+\cos(2l+2016)\theta\}$$

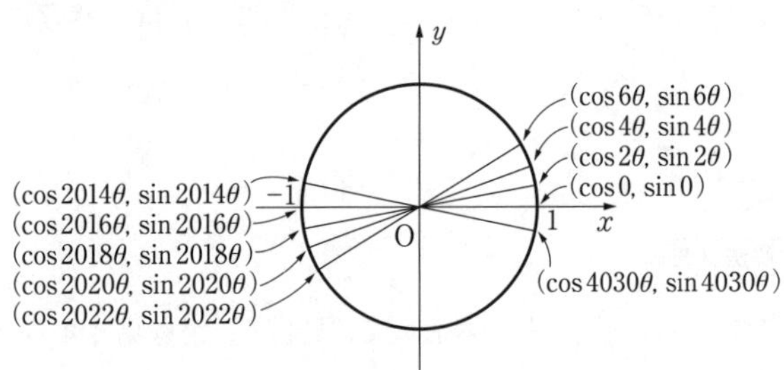

$$=0\quad(\because\quad \cos(2l+2016)\theta=\cos(2l\theta+\pi)=-\cos 2l\theta)$$

だから,

$$(-2)(\text{与式})=2016.$$

よって，求める値は,

$$\mathbf{-1008.}$$

(2) 数列 $\left\{\sin\frac{n}{2}\pi\right\}$は，1，0，−1，0 の繰り返し,

数列 $\left\{\cos\frac{n}{2}\pi\right\}$は，0，−1，0，1 の繰り返し

だから,

数列 $\left\{\sin\dfrac{n}{2}\pi+\cos\dfrac{n}{2}\pi\right\}$ は，1，-1，-1，1 の繰り返しである．

よって，数列 $\{a_n\}$ を 4 項毎に改行して第 $4n$ 項まで書くと，

$$\begin{array}{lllll}
\dfrac{1}{2}\cdot1, & \dfrac{1}{4}\cdot(-1), & \dfrac{1}{8}\cdot(-1), & \dfrac{1}{16}\cdot1, & 1\sim4\text{ 項}\\
\dfrac{1}{32}\cdot1, & \dfrac{1}{64}\cdot(-1), & \dfrac{1}{128}\cdot(-1), & \dfrac{1}{256}\cdot1, & 5\sim8\text{ 項}\\
\dfrac{1}{512}\cdot1, & \dfrac{1}{1024}\cdot(-1), & \cdots & \cdots & 9\sim12\text{ 項}\\
\vdots & \vdots & \vdots & \vdots & \vdots\\
\dfrac{1}{2^{4n-3}}\cdot1, & \dfrac{1}{2^{4n-2}}\cdot(-1), & \dfrac{1}{2^{4n-1}}\cdot(-1), & \dfrac{1}{2^{4n}}\cdot1. & (4n-3)\sim4n\text{ 項}
\end{array}$$

これらを縦に左側から 1 列ずつ見ていくと，

1 列目は，初項 $\dfrac{1}{2}$，公比 $\dfrac{1}{16}$，項数 n の等比数列，

2 列目は，初項 $\dfrac{-1}{4}$，公比 $\dfrac{1}{16}$，項数 n の等比数列，

3 列目は，初項 $\dfrac{-1}{8}$，公比 $\dfrac{1}{16}$，項数 n の等比数列，

4 列目は，初項 $\dfrac{1}{16}$，公比 $\dfrac{1}{16}$，項数 n の等比数列

だから，求める和は，

$$\boldsymbol{S_{4n}}=\frac{1}{2}\cdot\frac{1-\left(\frac{1}{16}\right)^n}{1-\frac{1}{16}}+\frac{-1}{4}\cdot\frac{1-\left(\frac{1}{16}\right)^n}{1-\frac{1}{16}}+\frac{-1}{8}\cdot\frac{1-\left(\frac{1}{16}\right)^n}{1-\frac{1}{16}}+\frac{1}{16}\cdot\frac{1-\left(\frac{1}{16}\right)^n}{1-\frac{1}{16}}$$

$$=\left(\frac{1}{2}-\frac{1}{4}-\frac{1}{8}+\frac{1}{16}\right)\times\frac{16}{15}\times\left\{1-\left(\frac{1}{16}\right)^n\right\}$$

$$=\boldsymbol{\frac{1}{5}\left\{1-\left(\frac{1}{16}\right)^n\right\}}.$$

124.

解法メモ

隣り合う2つの整数の差は1ですから，或る実数 x とそれに最も近い整数の距離は，$\frac{1}{2}$ 以下です．（ちょうど $\frac{1}{2}$ のときは，最も近い整数は2つあります．）

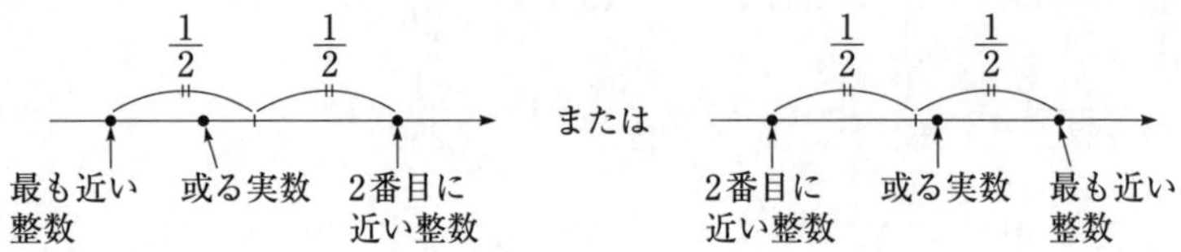

【解答】

自然数 n に対して，$\sqrt{n}$ に最も近い整数を a_n とすると，

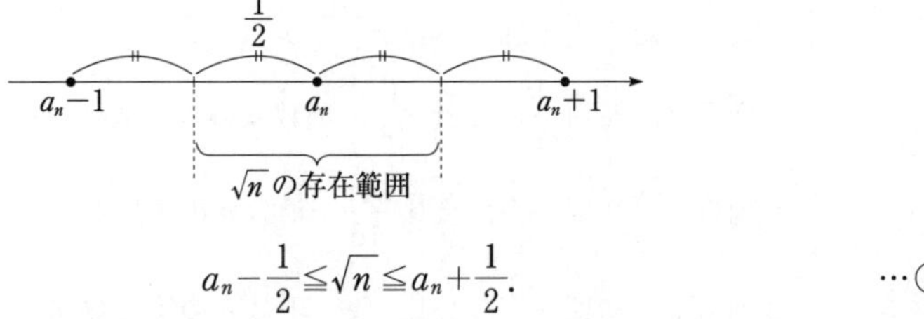

$$a_n-\frac{1}{2}\leqq\sqrt{n}\leqq a_n+\frac{1}{2}. \qquad \cdots①$$

(1) $a_n=m$（m は自然数）とおくと，①より，

$$(0<)m-\frac{1}{2}\leqq\sqrt{n}\leqq m+\frac{1}{2}.$$

$$\therefore \quad \left(m-\frac{1}{2}\right)^2\leqq n\leqq\left(m+\frac{1}{2}\right)^2.$$

$$\therefore \quad m^2-m+\frac{1}{4}\leqq n\leqq m^2+m+\frac{1}{4}.$$

m，n は自然数だから，

$$m^2-m+1\leqq n\leqq m^2+m.$$

これをみたす自然数 n の個数は，

$$(m^2+m)-(m^2-m+1)+1=\mathbf{2m}\ (\text{個}).$$

(2) (1)の結果より，数列 $\{a_n\}$ は，

$$\underbrace{1,\ 1,}_{2\text{個}}\ \underbrace{2,\ 2,\ 2,\ 2,}_{4\text{個}}\ \underbrace{3,\ 3,\ 3,\ 3,\ 3,\ 3,}_{6\text{個}}\ \cdots,\ m-1,\ \underbrace{m,\ m,\ \cdots,\ m,}_{2m\text{個}}\ m+1,\ \cdots$$

と，自然数 m が $2m$ 個並んでできている数列である．

同じ数の項をまとめて群数列と見なすと，その第 l 群は，

$$\left|\ \overbrace{l,\ l,\ l,\ \cdots,\ l}^{2l\text{個}}\ \right|$$

↑

最初から数えると，

$2+4+6+\cdots+2l=2(1+2+3+\cdots+l)$

$=l(l+1)$（番目）

で，これら $2l$ 項の和は，$l\cdot 2l=2l^2$ である．

a_{2001} が第 m 群に属するとすると，

$$(m-1)m<2001\leqq m(m+1).$$

$$\therefore\quad m^2-m<2001\leqq m^2+m. \qquad \cdots(*)$$

これをみたす自然数 m は，

$$m=45$$

のみである．

第1群から第44群までの項数は，

$$44(44+1)=1980.$$

また，$2001-1980=21$ ゆえ，a_{2001} は第45群の21番目とわかる．

$$\therefore\quad \sum_{k=1}^{2001}a_k=\underbrace{\sum_{l=1}^{44}2l^2}_{\text{第1〜44群の和}}+\underbrace{45\times 21}_{\text{第45群の1〜21番目の和}}$$

$$=2\times\frac{1}{6}\cdot 44(44+1)(2\cdot 44+1)+45\times 21$$

$$=\mathbf{59685}.$$

［参考］

①のいずれの等号も成立することはありません．

実際，(1)の $m^2-m+\frac{1}{4}\leqq n\leqq m^2+m+\frac{1}{4}$ の等号をみたす自然数 m，n は存在しませんでした．

［補足］

連立不等式(*)を「生真面目（きまじめ）」に解く必要はない．m は自然数なのだし，a_{2001} は唯（ただ）一つしかなく，したがって，唯一つの群にしか所属し得ないのだから，(*)をみたす自然数 m を大体 $\sqrt{2001}\fallingdotseq 44.\cdots$ くらいということでアタリを付けて捜せばよい．（この世にはあなたと運命の赤い糸で結ばれた人が唯一人居るとして，その一人が見つかったのに，さらに他を当たったりしませんよネ．）

125.

解法メモ

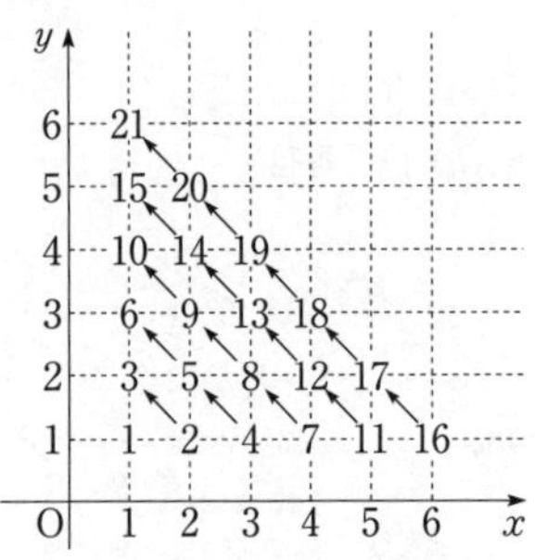

自然数 p, q の組 $(p,\ q)$ を xy 平面上の格子点（x 座標, y 座標がともに整数である点）とみると，この組の列は，左図の様に直線 $x+y=\bigcirc$ 上の格子点の座標を斜め左上がりに見ていったものに対応するのが判りますか.

したがって，どうやら，各直線 $x+y=\bigcirc$ 上にあるグループ毎に，群に分けて考えるとよさそうです.

【解答】

$p+q$ の値が同じ組毎に，その値が小さい順に群に分けて考えると，その第 k 群は，

$$\Big|\overbrace{(k,\ 1),\ (k-1,\ 2),\ (k-2,\ 3),\ \cdots,\ \underset{\uparrow}{(1,\ k)}}^{k\text{ 個}}\Big|$$

最初から数えると，

$1+2+3+\cdots+k=\dfrac{1}{2}k(k+1)$（番目）

で，各組 $(p,\ q)$ について，すべて $p+q=k+1$ である.

(1) 組 $(m,\ n)$ は，第 $(m+n-1)$ 群の中の n 番目の組であるから，最初から数えると，

$$\left\{\underbrace{\frac{1}{2}(m+n-2)(m+n-1)}_{\text{第 1 〜}(m+n-2)\text{ 群の中にある組の数}}+n\right\}\text{ 番目である.}$$

(2) 初めから 100 番目の組が第 k 群に属するとすると，

$$\frac{1}{2}(k-1)k<100\leqq\frac{1}{2}k(k+1).$$

$$\therefore\quad k^2-k<200\leqq k^2+k.$$

これをみたす自然数 k は，$k=14$ で，

$$\frac{1}{2}(14-1)\cdot14=91,\qquad 100-91=9$$

より，100 番目の組は，第 14 群の 9 番目の組であるから，

$$(6,\ 9).$$

126.

解法メモ

xy 平面上の或る領域内の格子点の総数の数え方は,

$$\begin{cases} \text{(i)} & \text{縦に切って数えるか,} \\ \text{(ii)} & \text{横に切って数えるか} \end{cases}$$

でほとんどの場合に対応できるようです．稀(まれ)に，ブロック毎に数えさせる問題もありますが，それはその問題の指示に従えばよろしい．

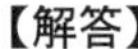

【解答】

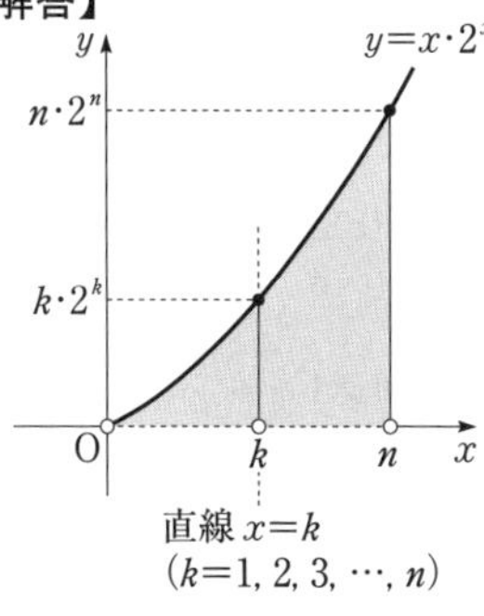

$$x>0,\ y>0,\ \log_2\frac{y}{x}\leqq x\leqq n$$

より,

$$0<\frac{y}{x}\leqq 2^x\leqq 2^n,\ x>0.$$

$$\therefore\quad 0<y\leqq x\cdot 2^x,\ 0<x\leqq n.$$

これをみたす座標平面上の領域は，左図の網目部分（境界は x 軸上の点は含まず，他は含む).

この領域内で，直線 $x=k$（$k=1,\ 2,\ 3,\ \cdots,\ n$）上にある格子点の個数は，$k\cdot 2^k$ 個であるから，求める格子点の総数を S とすると，

$$S=\sum_{k=1}^{n}k\cdot 2^k$$

である．

$$S=1\cdot 2^1+2\cdot 2^2+3\cdot 2^3+\ \cdots\cdots\cdots\cdots\cdots\cdots\ +n\cdot 2^n, \qquad \cdots①$$

$$2S=\qquad 1\cdot 2^2+2\cdot 2^3+3\cdot 2^4+\cdots\ +(n-1)\cdot 2^n\ +n\cdot 2^{n+1}. \qquad \cdots②$$

①−②より,

$$-S=2+2^2+2^3+\cdots 2^n-n\cdot 2^{n+1} \qquad \cdots(*)$$

$$=2\cdot\frac{2^n-1}{2-1}-n\cdot 2^{n+1}$$

$$=(1-n)\cdot 2^{n+1}-2.$$

$$\therefore\quad S=\boldsymbol{(n-1)\cdot 2^{n+1}+2}\quad (n\geqq 1).$$

[参考]〈 Σ（等差)×(等比）型の和の計算 〉

本問に登場する和 $S=\sum_{k=1}^{n}k\cdot 2^k$ のような

$$\sum_{k=1}^{n}(\text{等差数列の一般項})\times(\text{等比数列の一般項})\quad \text{型}$$

の和の計算は上の**【解答】**同様，和 S を（Σ記号を使わずに）書き下して,

$$S\times(\text{等比数列部分の公比})$$

を作り，辺々引くと，(*)の右辺の如(ごと)く，等比数列の和の公式が利用できます.

127.

解法メモ

問題には，オリジナルの数列 $\{a_n\}$ と，この数列の初項から順に和をとってできる数列 $\{S_n\}$ の 2 本の数列が登場しますが，提示されている（この問題固有の）関係式は，

$$S_n=2{a_n}^2+\frac{1}{2}a_n-\frac{3}{2}$$

の 1 本のみですから，情報が 1 本分足りません.

そこで，すべての数列 $\{a_n\}$，$\{S_n(=\sum_{k=1}^{n}a_k)\}$ について成り立つ関係式

$$\begin{cases} a_1=S_1, \\ S_{n+1}=S_n+a_{n+1}，\text{すなわち，}a_{n+1}=S_{n+1}-S_n \quad (n\geqq 1) \end{cases}$$

を引っぱってきます.

【解答】

(1) $n=1,\ 2,\ 3,\ \cdots$ に対して，

$$\begin{aligned} a_{n+1}&=S_{n+1}-S_n \\ &=\left(2{a_{n+1}}^2+\frac{1}{2}a_{n+1}-\frac{3}{2}\right)-\left(2{a_n}^2+\frac{1}{2}a_n-\frac{3}{2}\right) \\ &=2{a_{n+1}}^2-2{a_n}^2+\frac{1}{2}a_{n+1}-\frac{1}{2}a_n. \end{aligned}$$

$$\therefore\quad 2(a_{n+1}+a_n)(a_{n+1}-a_n)-\frac{1}{2}(a_{n+1}+a_n)=0.$$

$$\therefore\quad (a_{n+1}+a_n)\left\{2(a_{n+1}-a_n)-\frac{1}{2}\right\}=0.$$

ここで，与条件「すべての項 a_n は同符号」①より，

$$a_{n+1}+a_n\fallingdotseq 0$$

であるから，

$$2(a_{n+1}-a_n)-\frac{1}{2}=0.$$

$$\therefore\quad \boldsymbol{a_{n+1}=a_n+\frac{1}{4}}\quad (n\geqq 1).$$

(2) (1)の結果から，数列 $\{a_n\}$ は，初項 a_1，公差 $\frac{1}{4}$ の等差数列ゆえ，

$$a_n=a_1+\frac{1}{4}(n-1)\quad (n\geqq 1). \qquad \cdots ②$$

ここで，与式で $n=1$ として，

$$(a_1=)S_1=2{a_1}^2+\frac{1}{2}a_1-\frac{3}{2}.$$

$$\therefore\quad 4{a_1}^2-a_1-3=0. \qquad \therefore\quad (4a_1+3)(a_1-1)=0.$$

$$\therefore\quad a_1=-\frac{3}{4},\ 1.$$

$a_1=-\dfrac{3}{4}$ とすると，②より，

$$a_1<a_2<a_3<a_4=0<a_5<a_6<\cdots$$

となって，①に反する．

$a_1=1$ とすると，②より，

$$0<a_1=1<a_2<a_3<a_4<\cdots$$

となって，①をみたす．

以上より，一般項 a_n は，

$$\boldsymbol{a_n}=1+\frac{1}{4}(n-1)\boldsymbol{=\frac{1}{4}(n+3)}\quad (n\geqq 1).$$

128.

解法メモ

(2)の一般項 a_n を求めてから，$a_n>0$ となるための n の条件を調べて，(1)に戻ってもよいでしょうが，

初項 $a_1=-6$ と，漸化式 $a_{n+1}=2a_n+2n+4$

から，a_2，a_3，a_4，a_5，… と計算していっても，最初の正の項はすぐに見つかります．

【解答】

(1)
$$\begin{cases} a_1=-6, \\ a_{n+1}=2a_n+2n+4 \quad (n=1,\ 2,\ 3,\ \cdots) \end{cases} \qquad \cdots ①$$

より，順に，

$$a_2=2a_1+2\cdot 1+4=-6,$$
$$a_3=2a_2+2\cdot 2+4=-4,$$
$$a_4=2a_3+2\cdot 3+4=2.$$

よって，この数列が初めて正の値をとるのは，**第 4 項**である．

(2)
$$a_{n+1}+\alpha(n+1)+\beta=2(a_n+\alpha n+\beta)$$
$$\iff a_{n+1}=2a_n+\alpha n-\alpha+\beta$$

ゆえ，$\alpha=2$，$\beta=6$ とするとこれは①に一致する．

$$\therefore\quad ① \Longleftrightarrow a_{n+1}+2(n+1)+6=2(a_n+2n+6)\quad (n=1,\ 2,\ 3,\ \cdots).$$

よって，数列 $\{a_n+2n+6\}$ は，初項 $a_1+2\cdot1+6=2$，公比 2 の等比数列．

$$\therefore\quad a_n+2n+6=2\cdot2^{n-1}.$$

$$\therefore\quad \boldsymbol{a_n=2^n-2n-6}\quad (n=1,\ 2,\ 3,\ \cdots).$$

(3)
$$\begin{aligned}\boldsymbol{S_n}&=\sum_{k=1}^{n}a_k=\sum_{k=1}^{n}(2^k-2k-6)\\&=2\cdot\frac{2^n-1}{2-1}-2\cdot\frac{1}{2}n(n+1)-6\cdot n\\&=\boldsymbol{2^{n+1}-n^2-7n-2}\quad (n=1,\ 2,\ 3,\ \cdots).\end{aligned}$$

[(2)の別解]

$n=1,\ 2,\ 3,\ \cdots$ において，

$$\begin{cases}a_{n+1}=2a_n+2n+4, & \cdots①\\ a_{n+2}=2a_{n+1}+2(n+1)+4. & \cdots②\end{cases}$$

②−①より，

$$a_{n+2}-a_{n+1}=2(a_{n+1}-a_n)+2.\qquad \cdots③$$

ここで，$b_n=a_{n+1}-a_n$ とおくと，③は，

$$b_{n+1}=2b_n+2$$

と書けて，

$$b_{n+1}+2=2(b_n+2).$$

よって，数列 $\{b_n+2\}$ は，初項 $b_1+2=a_2-a_1+2=2$，公比 2 の等比数列．

$$\therefore\quad b_n+2=2\cdot2^{n-1}=2^n.\qquad \therefore\quad b_n=2^n-2.$$

$$\therefore\quad a_{n+1}-a_n=2^n-2.$$

これと①より，

$$(2a_n+2n+4)-a_n=2^n-2.$$

$$\therefore\quad \boldsymbol{a_n=2^n-2n-6}\quad (n=1,\ 2,\ 3,\ \cdots).$$

129.

解法メモ

$$a_{n+1}=pa_n+\bigcirc q^n\ 型$$

の漸化式の解法には，本問で指定されている解法以外にも次のような方法があります．（本問の数列 $\{a_n\}$ について説明します．）

（その 1）

$$a_{n+1}=2a_n+3^n$$

の両辺を 3^{n+1} で割ると，

$$\frac{a_{n+1}}{3^{n+1}}=\frac{2}{3}\cdot\frac{a_n}{3^n}+\frac{1}{3}.$$

$c_n=\dfrac{a_n}{3^n}$ とおくと，

$$c_{n+1}=\frac{2}{3}c_n+\frac{1}{3}. \qquad \cdots ㋐$$

ここで，α を $\alpha=\dfrac{2}{3}\alpha+\dfrac{1}{3}$　…㋑　で定めると，$\alpha=1$ で，㋐－㋑より，

$$c_{n+1}-1=\frac{2}{3}(c_n-1).$$

よって，数列 $\{c_n-1\}$ は，初項 $c_1-1=\dfrac{a_1}{3^1}-1=\dfrac{2}{3}$，公比 $\dfrac{2}{3}$ の等比数列.

$$\therefore\quad c_n-1=\frac{2}{3}\left(\frac{2}{3}\right)^{n-1}=\left(\frac{2}{3}\right)^n. \qquad \therefore\quad c_n=\frac{a_n}{3^n}=\left(\frac{2}{3}\right)^n+1.$$

$$\therefore\quad a_n=2^n+3^n \quad (n\geqq 1).$$

（その 2）

$$a_{n+1}=2a_n+3^n$$

の両辺を 2^{n+1} で割ると，

$$\frac{a_{n+1}}{2^{n+1}}=\frac{a_n}{2^n}+\frac{1}{2}\left(\frac{3}{2}\right)^n.$$

$d_n=\dfrac{a_n}{2^n}$ とおくと，

$$d_{n+1}-d_n=\frac{1}{2}\left(\frac{3}{2}\right)^n.$$

$n\geqq 2$ において，

$$\begin{aligned}d_n&=d_1+\sum_{k=1}^{n-1}(d_{k+1}-d_k)\\&=\frac{a_1}{2^1}+\sum_{k=1}^{n-1}\frac{1}{2}\left(\frac{3}{2}\right)^k=\frac{5}{2}+\frac{3}{4}\cdot\frac{\left(\frac{3}{2}\right)^{n-1}-1}{\frac{3}{2}-1}\\&=\frac{5}{2}+\frac{3}{2}\left\{\left(\frac{3}{2}\right)^{n-1}-1\right\}=1+\left(\frac{3}{2}\right)^n.\end{aligned}$$

$$\therefore\quad a_n=2^nd_n=2^n+3^n \quad (n\geqq 2).$$

ここで，$a_1=5=2^1+3^1$ ゆえ，上式を $n=1$ のときに流用してよい.

$$\therefore\quad a_n=2^n+3^n \quad (n\geqq 1).$$

【解答】

(1) $b_n=a_n-3^n$ とおくと，$a_n=b_n+3^n$.

これと与漸化式から，

$$b_{n+1}+3^{n+1}=2(b_n+3^n)+3^n.$$

$$\therefore\quad \boldsymbol{b_{n+1}=2b_n}\quad (n\geqq 1).$$

(2) (1)より，数列 $\{b_n\}$ は，初項 $b_1=a_1-3^1=2$，公比 2 の等比数列.

$$\therefore\quad b_n=2\cdot 2^{n-1}=2^n(=a_n-3^n).$$

$$\therefore\quad \boldsymbol{a_n=2^n+3^n}\quad (n\geqq 1).$$

(3) $a_n<10^{10}$ をみたす最大の正の整数を n とすると，

$$a_n<10^{10}\leqq a_{n+1}, \qquad \cdots①$$

すなわち，

$$2^n+3^n<10^{10}\leqq 2^{n+1}+3^{n+1}.$$

よって，

$$3^n<10^{10}<2\cdot 3^{n+1} \qquad \cdots②$$

が成り立つことが必要である.

②の各辺の常用対数を考えて，

$$\log_{10}3^n<\log_{10}10^{10}<\log_{10}2\cdot 3^{n+1}.$$

$$\therefore\quad n\log_{10}3<10<\log_{10}2+(n+1)\log_{10}3.$$

$$\therefore\quad \frac{10-\log_{10}2}{\log_{10}3}-1<n<\frac{10}{\log_{10}3}.$$

$$\therefore\quad \frac{10-0.3010\cdots}{0.4771\cdots}-1<n<\frac{10}{0.4771\cdots}.$$

$$\therefore\quad 19.3\cdots<n<20.9\cdots.$$

$$\therefore\quad n=20.\quad (必要条件)$$

①をみたす n が存在することは，(2)で求めた一般項より明らかだから，これで十分.

$$\therefore\quad \boldsymbol{n=20}.$$

130.

解法メモ

本問は次の問題と全く“同じ”問題です.

> 階段を上るとき，一度に上ることができる階段は 1 段または 2 段のみであるとする．このとき，
>
> (1) ちょうど 10 段上る方法は全部で何通りあるか答えよ.
>
> (2) n を正の整数とする．ちょうど n 段上る方法は全部で何通りあるか答えよ.
>
> (大分大)

この問題はどうやって解きましたっけ？　そうです，最初の一歩を1段上りにするか2段上りにするか，残りは何段かを考えたのでした．（最後の一歩で場合分けするのも可．）

【解答】

(1) 各項が1または2で和が3となる数列は，

$$(1,\ 1,\ 1),\ (1,\ 2),\ (2,\ 1)$$

の3通りだから，

$$\boldsymbol{s_3=3.}$$

(2) 各項が1または2で和が$n(\geqq 3)$となる数列は，

(i) 初項が1のとき，残りの項の和が$(n-1)$であるから，その数列は全部でs_{n-1}通りある．

(ii) 初項が2のとき，残りの項の和が$(n-2)$であるから，その数列は全部でs_{n-2}通りある．

以上，(i)，(ii)ですべてでこれらは排反であるから，和が$n(\geqq 3)$となる数列は，全部で，

$$\boldsymbol{s_n=s_{n-1}+s_{n-2}\quad (n=3,\ 4,\ 5,\ \cdots).} \qquad \cdots①$$

(3) $s_n-\alpha s_{n-1}=\beta(s_{n-1}-\alpha s_{n-2})$を展開整理すると，

$$s_n=(\alpha+\beta)s_{n-1}-\alpha\beta s_{n-2}.$$

これと①を比較して，$\alpha+\beta=1$，$\alpha\beta=-1$となるα，βを捜す．

α，βはxの2次方程式$x^2-x-1=0$の2解とみなせるから，

$$(\alpha,\ \beta)=\left(\frac{1\pm\sqrt{5}}{2},\ \frac{1\mp\sqrt{5}}{2}\right)\ \text{（複号同順）}.$$

よって，求めるα，βの一組は，

$$\boldsymbol{(\alpha,\ \beta)=\left(\frac{1-\sqrt{5}}{2},\ \frac{1+\sqrt{5}}{2}\right).}$$

(4) (3)で求めたα，βを用いれば①は，

$$s_n-\alpha s_{n-1}=\beta(s_{n-1}-\alpha s_{n-2})\quad (n=3,\ 4,\ 5,\ \cdots)$$

と書けるから，数列$\{s_n-\alpha s_{n-1}\}$は，

$$\left(\begin{aligned}&\text{初項 } s_2-\alpha s_1=2-\alpha\cdot 1\\ &\qquad\qquad\qquad =\frac{3+\sqrt{5}}{2}\\ &\qquad\qquad\qquad =\beta^2,\\ &\text{公比 }\beta\text{ の等比数列.}\end{aligned}\right.$$

$$\begin{aligned}\therefore\quad s_{n+1}-\alpha s_n&=\beta^2\cdot\beta^{n-1}\\ &=\beta^{n+1}\quad (n=1,\ 2,\ 3,\ \cdots).\end{aligned} \qquad \cdots②$$

同様にして，

$$s_{n+1}-\beta s_n=\alpha^{n+1}\quad(n=1,\ 2,\ 3,\ \cdots).\qquad\cdots③$$

②−③から，

$$(\beta-\alpha)s_n=\beta^{n+1}-\alpha^{n+1}.$$

$$\therefore\quad \boldsymbol{s_n}=\frac{1}{\beta-\alpha}(\beta^{n+1}-\alpha^{n+1})$$

$$=\boldsymbol{\frac{1}{\sqrt{5}}\left\{\left(\frac{1+\sqrt{5}}{2}\right)^{n+1}-\left(\frac{1-\sqrt{5}}{2}\right)^{n+1}\right\}}$$

$$\boldsymbol{(n=1,\ 2,\ 3,\ \cdots).}$$

[参考]

本問で出てくるような 3 項間漸化式

$$s_{n+2}=s_{n+1}+s_n$$

をみたす数列（初項と第 2 項は任意）を**フィボナッチ数列**といいます.

131.

解法メモ

数字 1，2，3 を n 個並べてできる n 桁の数は全部で

$$3^n\ (\text{個}).$$

この n 桁の数(達）は，数字「1」を奇数個含むか偶数個含むかいずれかですから，それぞれ a_n 個，b_n 個とすれば

$$a_n+b_n=3^n$$

はアタリマエ.

(1)では，「数列 $\{a_n\}$，$\{b_n\}$ の連立 2 項間漸化式を作れ」と言ってますが…

すでに「1」が奇数個含まれる n 桁の数にあと 1 個追加して $(n+1)$ 桁の数にするとき，追加した 1 個の数が

「1」なら，全体に「1」は偶数個含まれることになり，

「2」または「3」なら，全体に含まれる「1」は奇数個のままです.

「1」が奇数個含まれるn桁の数 →(「1」を追加)→ 「1」が偶数個含まれる $(n+1)$ 桁の数

「1」が奇数個含まれるn桁の数 →(「2」または「3」を追加)→ 「1」が奇数個含まれる $(n+1)$ 桁の数

(2) $\begin{cases} a_{n+1}=xa_n+yb_n & \cdots Ⓐ \\ b_{n+1}=ya_n+xb_n & \cdots Ⓑ \end{cases}$ のタイプの連立 2 項間漸化式は，Ⓐ＋Ⓑ や

Ⓐ−Ⓑを作ると楽に解けます.

【解答】

以下,「1」が全く現れないものも,「1」が偶数回現れるものに含めて考える.

(1)　数字 1, 2, 3 を n 個並べてできる n 桁の数の左側に, 数字 1, 2, 3 を付け加えて, $(n+1)$ 桁の数を作ることを考える.

(i)「1」が奇数回現れる $(n+1)$ 桁の数を作るには,

㋐「1」が奇数回現れる n 桁の数（これは a_n 個ある）に,「2」または「3」を付け加えるか,
㋑「1」が偶数回現れる n 桁の数（これは b_n 個ある）に,「1」を付け加えればよい.

$$\therefore \quad \boldsymbol{a_{n+1}=2a_n+b_n} \quad (n \geqq 1). \qquad \cdots ①$$

(ii)「1」が偶数回現れる $(n+1)$ 桁の数を作るには,

㋒「1」が奇数回現れる n 桁の数（これは a_n 個ある）に,「1」を付け加えるか,
㋓「1」が偶数回現れる n 桁の数（これは b_n 個ある）に,「2」または「3」を付け加えればよい.

$$\therefore \quad \boldsymbol{b_{n+1}=a_n+2b_n} \quad (n \geqq 1). \qquad \cdots ②$$

また, 明らかに,

$$a_1=1, \quad b_1=2. \qquad \cdots ③$$

(2)　①+②より,

$$a_{n+1}+b_{n+1}=3(a_n+b_n) \quad (n \geqq 1).$$

よって, 数列 $\{a_n+b_n\}$ は, 初項 $a_1+b_1=3$ (∵ ③), 公比 3 の等比数列.

$$\therefore \quad a_n+b_n=3\cdot 3^{n-1}=3^n \quad (n \geqq 1). \qquad \cdots ④$$

①−②より,

$$a_{n+1}-b_{n+1}=a_n-b_n \quad (n \geqq 1).$$

よって, 数列 $\{a_n-b_n\}$ は, 初項 $a_1-b_1=-1$ (∵ ③), 公比 1 の等比数列.

$$\therefore \quad a_n-b_n=-1\cdot 1^{n-1}=-1 \quad (n \geqq 1). \qquad \cdots ⑤$$

$\dfrac{④+⑤}{2}$, $\dfrac{④-⑤}{2}$ より,

$$\begin{cases} \boldsymbol{a_n=\dfrac{1}{2}(3^n-1)}, \\ \boldsymbol{b_n=\dfrac{1}{2}(3^n+1)}. \end{cases} \quad (n \geqq 1)$$

132.

解法メモ

外接する 2 円について,

(中心間距離)$=$(半径の和).

また, 円と直線が接するとき,

(円の中心と直線との距離)$=$(半径).

これらの情報を図に書き入れていくと, 上の 3 つの円の半径の間に成り立つ関係が出てきます.

【解答】

(1)

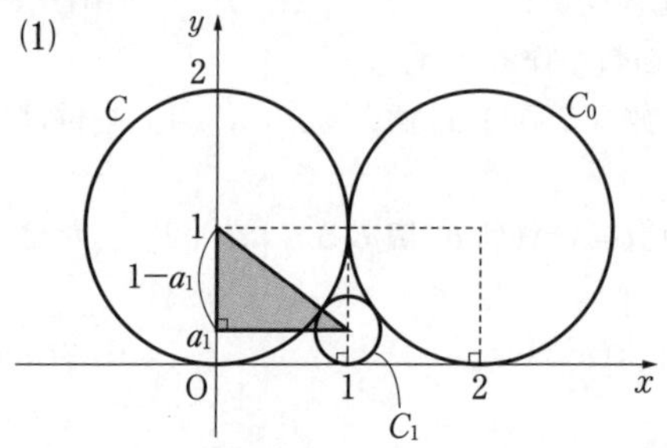

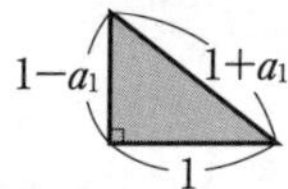

左図, および, 三平方の定理から,

$$(1+a_1)^2=(1-a_1)^2+1^2.$$

$$\therefore \quad \boldsymbol{a_1=\frac{1}{4}}.$$

(2)

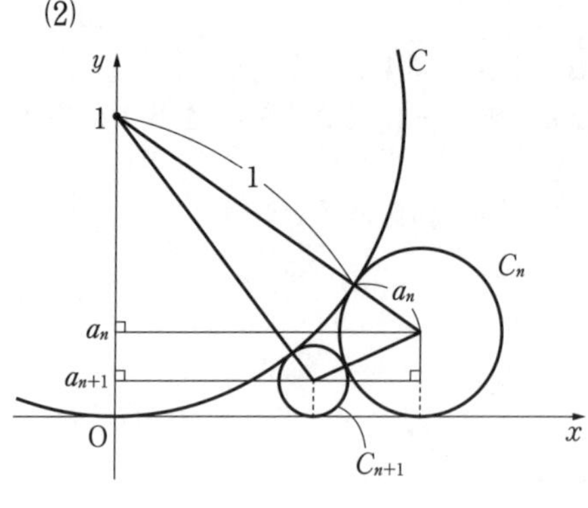

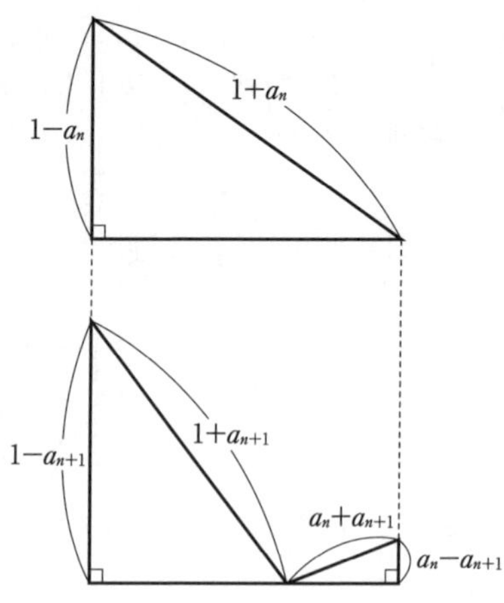

上図，および，三平方の定理から，

$$\sqrt{(1+a_n)^2-(1-a_n)^2}=\sqrt{(1+a_{n+1})^2-(1-a_{n+1})^2}+\sqrt{(a_n+a_{n+1})^2-(a_n-a_{n+1})^2}.$$

$$\therefore\quad \sqrt{a_n}=\sqrt{a_{n+1}}+\sqrt{a_na_{n+1}}.$$

この両辺を $\sqrt{a_na_{n+1}}$ で割ると，

$$\frac{1}{\sqrt{a_{n+1}}}=\frac{1}{\sqrt{a_n}}+1.$$

ここで，$b_n=\dfrac{1}{\sqrt{a_n}}$ として，求める数列 $\{b_n\}$ の漸化式は，

$$\boldsymbol{b_{n+1}=b_n+1\quad (n=1,\ 2,\ 3,\ \cdots).}$$

$$\left(b_1=\frac{1}{\sqrt{a_1}}=2\quad (\because\quad (1))\right)$$

(3)　(2)から，数列 $\{b_n\}$ は，初項2，公差1の等差数列ゆえ，

$$\begin{aligned}b_n&=2+(n-1)\cdot 1\\&=n+1\quad (n=1,\ 2,\ 3,\ \cdots).\end{aligned}$$

$$\begin{aligned}\therefore\quad \boldsymbol{a_n}&=\frac{1}{{b_n}^2}\\&=\boldsymbol{\frac{1}{(n+1)^2}\quad (n=1,\ 2,\ 3,\ \cdots)}\end{aligned}$$

［老婆心ながら…］

(1)，(2)ではごちゃごちゃした文章などで説明せず，(できる限り) きれいに図を描いて済ませましょう．

133.

解法メモ

どうやら a_1，a_2，a_3，a_4 の数値を見て何か感じろということらしい…

【解答】

$$\begin{cases} a_1=1, & \cdots ① \\ a_n+(2n+1)(2n+2)a_{n+1}=\dfrac{2\cdot(-1)^n}{(2n)!} & \cdots ② \end{cases}$$

$$(n=1,\ 2,\ 3,\ \cdots).$$

②より，

$$a_{n+1}=\frac{1}{(2n+1)(2n+2)}\left\{\frac{2\cdot(-1)^n}{(2n)!}-a_n\right\}. \qquad \cdots ②'$$

(1)　①，②′ で $n=1,\ 2,\ 3$ とした式から，順に，

$$\begin{cases} \boldsymbol{a_2}=\dfrac{1}{3\cdot 4}\left\{\dfrac{2\cdot(-1)^1}{2!}-a_1\right\}=-\dfrac{\mathbf{1}}{\mathbf{6}}=-\dfrac{1}{3!}, \\ \boldsymbol{a_3}=\dfrac{1}{5\cdot 6}\left\{\dfrac{2\cdot(-1)^2}{4!}-a_2\right\}=\dfrac{\mathbf{1}}{\mathbf{120}}=\dfrac{1}{5!}, \\ \boldsymbol{a_4}=\dfrac{1}{7\cdot 8}\left\{\dfrac{2\cdot(-1)^3}{6!}-a_3\right\}=-\dfrac{\mathbf{1}}{\mathbf{5040}}=-\dfrac{1}{7!}. \end{cases}$$

(2) ①, および, (1)の結果から,

$$a_n=\frac{(-1)^{n-1}}{(2n-1)!} \qquad \cdots(*)$$

と推定できる.

以下, この推定が正しいことを数学的帰納法により証明する.

(I) $a_1=1=\dfrac{(-1)^{1-1}}{(2\cdot 1-1)!}$ より, $n=1$ のとき, (*)は正しい.

(II) $n=k$ のとき, (*)が正しいとすると, すなわち,

$$a_k=\frac{(-1)^{k-1}}{(2k-1)!}$$

と仮定すると, ②′ より,

$$\begin{aligned} a_{k+1}&=\frac{1}{(2k+1)(2k+2)}\left\{\frac{2\cdot(-1)^k}{(2k)!}-\frac{(-1)^{k-1}}{(2k-1)!}\right\} \\ &=\frac{1}{(2k+1)(2k+2)}\left\{\frac{2\cdot(-1)^k}{(2k)!}+\frac{2k\cdot(-1)^k}{(2k)!}\right\} \\ &=\frac{1}{(2k+1)(2k+2)}\cdot\frac{(2k+2)(-1)^k}{(2k)!} \\ &=\frac{(-1)^k}{(2k+1)!} \end{aligned}$$

となって, $n=k+1$ のときも(*)は正しい.

したがって, 任意の自然数 n に対して, (*)は正しい.

$$\therefore\quad \boldsymbol{a_n}=\frac{\mathbf{(-1)^{n-1}}}{\mathbf{(2n-1)!}} \quad (n=1,\ 2,\ 3,\ \cdots).$$

[参考]

以下では, $n=1,\ 2,\ 3,\ \cdots$ とする.

②の両辺に $(2n)!$ を掛けて,

$$(2n)!\,a_n+(2n+2)!\,a_{n+1}=2\cdot(-1)^n.$$

ここで, $b_n=(2n)!\,a_n$ とおくと,

$$b_n+b_{n+1}=2\cdot(-1)^n.$$

$$\therefore\quad b_{n+1}=-b_n+2\cdot(-1)^n.$$

この両辺に $(-1)^{n+1}$ を掛けて，

$$(-1)^{n+1}b_{n+1}=(-1)^{n+2}b_n+2\cdot(-1)^{2n+1}.$$

$$\therefore\quad (-1)^{n+1}b_{n+1}=(-1)^n b_n-2.$$

ここで，$c_n=(-1)^n b_n$ とおくと，

$$c_{n+1}=c_n-2.$$

よって，数列 $\{c_n\}$ は，初項 $c_1=(-1)^1 b_1=(-1)\cdot(2\cdot 1)!\,a_1=-2$，公差 -2 の等差数列.

$$\therefore\quad c_n=-2+(n-1)(-2)=-2n.$$

$$\therefore\quad b_n=\frac{c_n}{(-1)^n}=2n\cdot(-1)^{n-1}.$$

$$\therefore\quad a_n=\frac{b_n}{(2n)!}=\frac{(-1)^{n-1}}{(2n-1)!}.$$

134.

解法メモ

初項 a_1，b_1 が判っており，

$$\begin{cases} b_n \text{ と } b_{n+1} \text{ の相加平均が } a_n, \\ a_n \text{ と } a_{n+1} \text{ の相乗平均が } b_{n+1} \end{cases}$$

となっていますから，順に計算できて，

$\{a_n\}$；1，4，9，16，…，

$\{b_n\}$；0，2，6，12，….

何か見えてきませんか？

$$1=1^2,\quad 4=2^2,\quad 9=3^2,\quad 16=4^2,\quad \cdots$$

$$0=0\cdot 1,\quad 2=1\cdot 2,\quad 6=2\cdot 3,\quad 12=3\cdot 4,\quad \cdots$$

【解答】

以下では，$n=1, 2, 3, \cdots$ である.

(1)　$a_n=\dfrac{b_n+b_{n+1}}{2}$ から，

$$b_{n+1}=2a_n-b_n. \qquad \cdots ①$$

また，$b_{n+1}=\sqrt{a_n a_{n+1}}$ から $a_n \neq 0$ のとき，

$$a_{n+1}=\frac{{b_{n+1}}^2}{a_n}$$

$$=\frac{(2a_n-b_n)^2}{a_n}. \qquad (\because\ ①)$$

②

$a_1=1$, $b_1=0$, および, ②, ①から, 順に,

$$\boldsymbol{a_2}=\frac{(2\cdot1-0)^2}{1}=\mathbf{4},\qquad \boldsymbol{b_2}=2\cdot1-0=\mathbf{2},$$

$$\boldsymbol{a_3}=\frac{(2\cdot4-2)^2}{4}=\mathbf{9},\qquad \boldsymbol{b_3}=2\cdot4-2=\mathbf{6},$$

$$\boldsymbol{a_4}=\frac{(2\cdot9-6)^2}{9}=\mathbf{16},\qquad \boldsymbol{b_4}=2\cdot9-6=\mathbf{12}.$$

(2) (1)の結果から,

$$a_n=n^2,\ b_n=(n-1)n \qquad \cdots(*)$$

と推定できる.

(I) $a_1=1=1^2$, $b_1=0=(1-1)\cdot1$ ゆえ, $n=1$ のとき(*)は正しい.

(II) $n=k$ のとき(*)が正しいとする. すなわち,

$$a_k=k^2,\ b_k=(k-1)k$$

と仮定すると, ②, ①から,

$$\begin{cases} a_{k+1}=\dfrac{(2a_k-b_k)^2}{a_k}=\dfrac{\{2k^2-(k-1)k\}^2}{k^2}=(k+1)^2, \\ b_{k+1}=2a_k-b_k=2k^2-(k-1)k=k(k+1) \end{cases}$$

ゆえ, $n=k+1$ のときも(*)は正しい.

以上, (I), (II), および, 数学的帰納法により, すべての自然数 n に対して(*)は正しい.

(3) (2)で示したことから,

$$\begin{aligned} \boldsymbol{S_n}&=\sum_{k=1}^{n}b_k=\sum_{k=1}^{n}(k-1)k=\sum_{k=1}^{n}k^2-\sum_{k=1}^{n}k \\ &=\frac{1}{6}n(n+1)(2n+1)-\frac{1}{2}n(n+1) \\ &=\boldsymbol{\frac{1}{3}(n-1)n(n+1)}. \end{aligned}$$

[参考]

(2)で, b_n の方の推定ができなかった場合でも, $a_n=n^2$ が推定できたなら,

$$b_{n+1}=\sqrt{a_na_{n+1}}=\sqrt{n^2(n+1)^2}=n(n+1)$$

から, $b_n=(n-1)n$ と推定できるでしょう.

135.

解法メモ

$\alpha=1+\sqrt{2}$, $\beta=1-\sqrt{2}$ は, $\alpha+\beta=2$, $\alpha\beta=-1$ が整数になるという意味にお

いてキレイです．これから，α，β は x の2次方程式 $x^2-2x-1=0$ の2解とも言えて，$\alpha^2-2\alpha-1=0$ ですから，この両辺に α^n を掛けた $\alpha^{n+2}-2\alpha^{n+1}-\alpha^n=0$ も言えます．β についても，$\beta^{n+2}-2\beta^{n+1}-\beta^n=0$ が言えるので，辺々加えて $(\alpha^{n+2}+\beta^{n+2})-2(\alpha^{n+1}+\beta^{n+1})-(\alpha^n+\beta^n)=0$，すなわち，

$$P_{n+2}-2P_{n+1}-P_n=0,\ \text{したがって，}\ P_{n+2}=2P_{n+1}+P_n$$

も言えて，めでたく $\{P_n\}$ についての3項間漸化式ができました．

【解答】

（その1）

$\alpha=1+\sqrt{2}$，$\beta=1-\sqrt{2}$ だから，

$$\alpha+\beta=2,\ \alpha\beta=-1. \qquad \cdots①$$

よって，α，β は x の2次方程式 $x^2-2x-1=0$ の2解であるから，

$$\alpha^2-2\alpha-1=0,\quad \beta^2-2\beta-1=0.$$

$$\therefore\quad \alpha^{n+2}-2\alpha^{n+1}-\alpha^n=0,\quad \beta^{n+2}-2\beta^{n+1}-\beta^n=0.$$

辺々加えて，

$$(\alpha^{n+2}+\beta^{n+2})-2(\alpha^{n+1}+\beta^{n+1})-(\alpha^n+\beta^n)=0.$$

ここで，$P_n=\alpha^n+\beta^n$ とおくと，

$$P_{n+2}-2P_{n+1}-P_n=0,\ \text{すなわち，}\ P_{n+2}=2P_{n+1}+P_n. \qquad \cdots②$$

以下，すべての自然数 n に対して，

P_n は4の倍数でない偶数である　…(*)

が正しいことを数学的帰納法により示す．

(I)　$n=1$，2 のとき，

$$\begin{cases} P_1=\alpha^1+\beta^1=2, \\ P_2=\alpha^2+\beta^2=(\alpha+\beta)^2-2\alpha\beta=6 \end{cases} \quad (\because\ ①)$$

だから，(*)は正しい．

(II)　$n=k$，$k+1$ のとき，(*)が正しいとする．すなわち，

$$\begin{cases} P_k=4L+2, \\ P_{k+1}=4M+2 \end{cases} \quad (L,\ M\ \text{は整数})$$

が正しいと仮定すると，②から，

$$\begin{aligned} P_{k+2}&=2(4M+2)+(4L+2) \\ &=4(2M+L+1)+2 \quad (2M+L+1\ \text{は整数}) \end{aligned}$$

となって，これは $n=k+2$ のときも(*)が正しいことを示している．

以上，(I)，(II)により，すべての自然数 n に対して，(*)は正しい．

（その2）

二項定理を用いて，$n\geqq 2$ のとき，

$$P_n=\left(1+\sqrt{2}\right)^n+\left(1-\sqrt{2}\right)^n$$

$$=\sum_{k=0}^{n}{}_n\mathrm{C}_k\cdot 1^{n-k}\cdot\left(\sqrt{2}\right)^k+\sum_{k=0}^{n}{}_n\mathrm{C}_k\cdot 1^{n-k}\cdot\left(-\sqrt{2}\right)^k$$

$$=\sum_{k=0}^{n}{}_n\mathrm{C}_k\cdot\left\{\left(\sqrt{2}\right)^k+\left(-\sqrt{2}\right)^k\right\}\quad (k\text{ が奇数の項は打ち消し合う})$$

$$=\underbrace{{}_n\mathrm{C}_0\cdot 2\left(\sqrt{2}\right)^0+{}_n\mathrm{C}_2\cdot 2\left(\sqrt{2}\right)^2+{}_n\mathrm{C}_4\cdot 2\left(\sqrt{2}\right)^4+\cdots+{}_n\mathrm{C}_{2\left[\frac{n}{2}\right]}\cdot 2\left(\sqrt{2}\right)^{2\left[\frac{n}{2}\right]}}_{\left[\frac{n}{2}\right]+1\text{ 項の和}}$$

$$=\sum_{l=0}^{\left[\frac{n}{2}\right]}{}_n\mathrm{C}_{2l}\cdot 2\left(\sqrt{2}\right)^{2l}\quad\left(\left[\frac{n}{2}\right]\text{ は }\frac{n}{2}\text{ を超えない最大整数}\right)$$

$$=\sum_{l=0}^{\left[\frac{n}{2}\right]}{}_n\mathrm{C}_{2l}\cdot 2^{l+1}$$

$$={}_n\mathrm{C}_0\cdot 2^1+\sum_{l=1}^{\left[\frac{n}{2}\right]}{}_n\mathrm{C}_{2l}\cdot 2^{l+1}\qquad\cdots(☆)$$

ここで，${}_n\mathrm{C}_0\cdot 2^1=2$，$l+1\geqq 2$，${}_n\mathrm{C}_{2l}$ は整数だから，(☆)の第 1 項は 2，それ以外は 4 の倍数ゆえ，P_n は 4 の倍数ではない偶数である．

また，$P_1=\alpha^1+\beta^1=2$ も，4 の倍数でない偶数である．

136.

解法メモ

(2)で誘導してくれている通りに，$(n-1)$ 回の操作後の状態から，さらに 1 回の操作をして，n 回の操作後の状態へと変化する様子を数列 $\{p_n\}$，$\{q_n\}$ の 2 項間漸化式で表現します．

【解答】

白玉を W で，赤玉を R で表し，3 つの状態甲，乙，丙を次の様に定める．

甲		乙		丙	
A	B	A	B	A	B
RR	WWW	RW	RWW	WW	RRW

n 回の操作後，A，B の箱の中が甲，乙，丙の状態になっている確率をそれぞれ，p_n，q_n，r_n とすると，(全事象の確率)$=1$ から，

$$p_n+q_n+r_n=1\quad (n=1,\ 2,\ 3,\ \cdots)\qquad\cdots①$$

である．

(1)　初期状態は，丙である．1 回の操作で甲になることはないから，

$$\boldsymbol{p_1=0.}$$

乙になるのは，A から B に W が移り $\left(\text{この確率が }\dfrac{2}{2}\right)$，B から A に R

が移る $\left(\text{この確率が}\dfrac{2}{4}\right)$ 場合だから，

$$\boldsymbol{q_1=\frac{2}{2}\times\frac{2}{4}=\frac{1}{2}}.$$

(2)

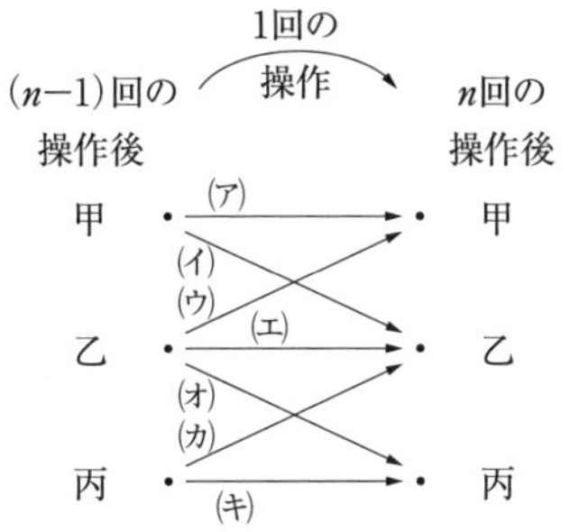

(ア)～(キ)の状態変化とその確率

(ア)　$A \xrightarrow[R]{} B \xrightarrow[R]{} A$　　$\dfrac{2}{2}\times\dfrac{1}{4}=\dfrac{1}{4}$

(イ)　$A \xrightarrow[R]{} B \xrightarrow[W]{} A$　　$\dfrac{2}{2}\times\dfrac{3}{4}=\dfrac{3}{4}$

(ウ)　$A \xrightarrow[W]{} B \xrightarrow[R]{} A$　　$\dfrac{1}{2}\times\dfrac{1}{4}=\dfrac{1}{8}$

(エ)　$\begin{cases} A \xrightarrow[R]{} B \xrightarrow[R]{} A \\ A \xrightarrow[W]{} B \xrightarrow[W]{} A \end{cases}$　　$\dfrac{1}{2}\times\dfrac{2}{4}+\dfrac{1}{2}\times\dfrac{3}{4}=\dfrac{5}{8}$

(オ)　$A \xrightarrow[R]{} B \xrightarrow[W]{} A$　　$\dfrac{1}{2}\times\dfrac{2}{4}=\dfrac{1}{4}$

(カ)　$A \xrightarrow[W]{} B \xrightarrow[R]{} A$　　$\dfrac{2}{2}\times\dfrac{2}{4}=\dfrac{1}{2}$

(キ)　$A \xrightarrow[W]{} B \xrightarrow[W]{} A$　　$\dfrac{2}{2}\times\dfrac{2}{4}=\dfrac{1}{2}$

以上より，n が 2 以上の自然数のとき，

$$\begin{cases} p_n=p_{n-1}\times\underbrace{\frac{1}{4}}_{(ア)}+q_{n-1}\times\underbrace{\frac{1}{8}}_{(ウ)}, \\ q_n=p_{n-1}\times\underbrace{\frac{3}{4}}_{(イ)}+q_{n-1}\times\underbrace{\frac{5}{8}}_{(エ)}+r_{n-1}\times\underbrace{\frac{1}{2}}_{(カ)}, \\ r_n=\qquad\qquad q_{n-1}\times\underbrace{\frac{1}{4}}_{(オ)}+r_{n-1}\times\underbrace{\frac{1}{2}}_{(キ)}. \end{cases}$$

これらと，①から，$p_{n-1}+q_{n-1}+r_{n-1}=1$ （$n=2, 3, 4, \cdots$）より，

$$\begin{cases} \boldsymbol{p_n=\frac{1}{4}p_{n-1}+\frac{1}{8}q_{n-1}.} & \cdots② \\ q_n=\frac{3}{4}p_{n-1}+\frac{5}{8}q_{n-1}+\frac{1}{2}(1-p_{n-1}-q_{n-1}) \end{cases}$$

$$\boldsymbol{=\frac{1}{4}p_{n-1}+\frac{1}{8}q_{n-1}+\frac{1}{2}.} \quad \cdots③$$

(3)　②−③から，$p_n-q_n=-\frac{1}{2}$ （$n=2, 3, 4, \cdots$）.

(1)の結果から，$p_1-q_1=-\frac{1}{2}$ ゆえ，上の式は $n=1$ のときもみたしている.

$$\therefore \quad p_n-q_n=-\frac{1}{2} \quad (n=1, 2, 3, \cdots). \quad \cdots④$$

②から，$n=1, 2, 3, \cdots$のとき，

$$\begin{aligned} p_{n+1}&=\frac{1}{4}p_n+\frac{1}{8}q_n \\ &=\frac{1}{4}p_n+\frac{1}{8}\left(p_n+\frac{1}{2}\right) \quad (\because \ ④) \\ &=\frac{3}{8}p_n+\frac{1}{16}. \quad \cdots⑤ \end{aligned}$$

$$\alpha=\frac{3}{8}\alpha+\frac{1}{16} \quad \left(\alpha=\frac{1}{10}\right). \quad \cdots⑥$$

⑤−⑥から，

$$p_{n+1}-\frac{1}{10}=\frac{3}{8}\left(p_n-\frac{1}{10}\right).$$

よって，数列 $\left\{p_n-\frac{1}{10}\right\}$ は，$\begin{cases} \text{初項}\ p_1-\frac{1}{10}=-\frac{1}{10}, \ (\because \ (1)) \\ \text{公比}\ \frac{3}{8} \ \text{の等比数列.} \end{cases}$

$$\therefore \quad p_n-\frac{1}{10}=-\frac{1}{10}\left(\frac{3}{8}\right)^{n-1}.$$

$$\therefore \quad \boldsymbol{p_n=\frac{1}{10}-\frac{1}{10}\cdot\left(\frac{3}{8}\right)^{n-1} \quad (n=1, 2, 3, \cdots).}$$

これと④から，

$$\boldsymbol{q_n=\frac{3}{5}-\frac{1}{10}\cdot\left(\frac{3}{8}\right)^{n-1} \quad (n=1, 2, 3, \cdots).}$$

注　A の箱の玉 1 個と B の箱の玉 1 個を一度にエイヤッと入れ換えるのでは

ありませんから注意して下さい．

問題によって，いろんな交換の仕方があるので，特に一読目はゆっくりしっかり，勝手読みしない様に．

[参考]

大学入試において，ノーヒントで解けといわれる（すなわち，一般項を求めよといわれる）2 項間漸化式は，ほぼ次の 6 種類です．

(i)　$a_{n+1}=a_n+d$　等差数列型，　…（127.）

(ii)　$a_{n+1}=ra_n$　等比数列型，

(iii)　$a_{n+1}=pa_n+q$　型，　…（128.［別解］）

(iv)　$a_{n+1}=pa_n+$（n の 1 次式）　型，　…（128.）

(v)　$a_{n+1}=pa_n+cq^n$　型，　…（129.）

(vi)　連立 2 項間漸化式 $\begin{cases} a_{n+1}=pa_n+qb_n, \\ b_{n+1}=ra_n+sb_n \end{cases}$ 型．　…（131.）

上記のもの以外には，例えば，

$a_{n+1}=a_n+f(n)$ から，公式 $a_n=a_1+\sum_{k=1}^{n-1}(a_{k+1}-a_k)$ を利用したり，

129. や 132. のように置き換えの誘導が付いていたり，

初項から数項分計算して一般項を推定し，数学的帰納法によってその推定が正しいことを示したり（133. や 134.）

する問題が出ます．

また，その漸化式が解けるからといって，解いた方がよいとは限りません．漸化式を解かずに（すなわち，一般項を求めずに），その漸化式が持つ性質をそのまま用いる方がよいこともあります．（135.）

さらに，一般項が判っていても，あえて，漸化式を作った方が（示したいことを）示し易いこともあります．（6.［参考］）

§12 ベクトル

137.

解法メモ

異なる3点C, G, Fについて,

C, G, Fが一直線上にある $\iff$ $\overrightarrow{\mathrm{CF}}=$ ▨ $\overrightarrow{\mathrm{CG}}$ と書ける.

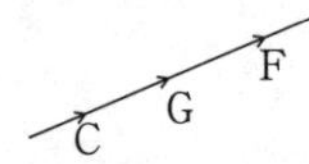

【解答】

(1) 三角形ABCの内接円の中心をIとする.

ここで, FB=BD, DC=CE, EA=AF で, この長さを順に, x, y, z とすると, 辺の長さの条件から,

$$x+y=5,\ y+z=6,\ z+x=7.$$

これを解いて, $(x,\ y,\ z)=(3,\ 2,\ 4)$.

よって, BD : DC=3 : 2.

したがって,

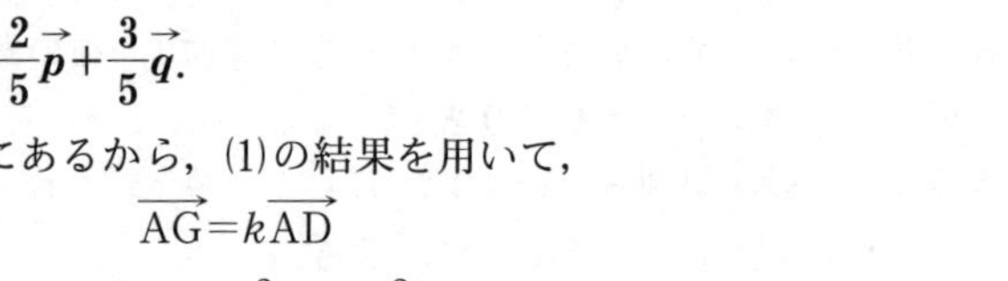

$$\overrightarrow{\mathrm{AD}}=\frac{2\overrightarrow{\mathrm{AB}}+3\overrightarrow{\mathrm{AC}}}{3+2}$$

$$=\boldsymbol{\frac{2}{5}\vec{p}+\frac{3}{5}\vec{q}}.$$

(2) Gは直線AD上にあるから, (1)の結果を用いて,

$$\overrightarrow{\mathrm{AG}}=k\overrightarrow{\mathrm{AD}}$$

$$=\frac{2}{5}k\vec{p}+\frac{3}{5}k\vec{q}\quad (k\text{は実数})\qquad\cdots①$$

と表せる.

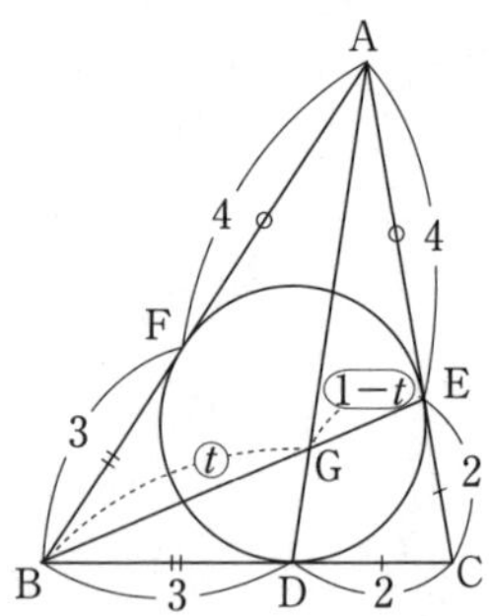

また，G は直線 BE 上にあるから，

$$\overrightarrow{AG}=(1-t)\overrightarrow{AB}+t\overrightarrow{AE}$$
$$=(1-t)\vec{p}+\frac{2}{3}t\vec{q}\ (t\text{ は実数})\qquad\cdots②$$

と表せる．

ここで，$\vec{p}$，$\vec{q}$ は一次独立だから，①，②の係数を比較して，

$$\begin{cases}\dfrac{2}{5}k=1-t,\\[2mm] \dfrac{3}{5}k=\dfrac{2}{3}t.\end{cases}$$

これを解いて，$(k,\ t)=\left(\dfrac{10}{13},\ \dfrac{9}{13}\right)$.

よって，

$$\boldsymbol{\overrightarrow{AG}=\frac{4}{13}\vec{p}+\frac{6}{13}\vec{q}.}$$

(3)　$\overrightarrow{AC}=\vec{q}$，$\overrightarrow{AG}=\dfrac{4}{13}\vec{p}+\dfrac{6}{13}\vec{q}$，$\overrightarrow{AF}=\dfrac{4}{7}\vec{p}$ ゆえ，

$$\begin{cases}\overrightarrow{CG}=\overrightarrow{AG}-\overrightarrow{AC}=\dfrac{4}{13}\vec{p}-\dfrac{7}{13}\vec{q},\\[2mm] \overrightarrow{CF}=\overrightarrow{AF}-\overrightarrow{AC}=\dfrac{4}{7}\vec{p}-\vec{q}.\end{cases}$$

$$\therefore\quad \overrightarrow{CF}=\frac{13}{7}\overrightarrow{CG}.$$

よって，3 点 C，G，F はこの順に一直線上にある．

138.

解法メモ

まずは問題の情報を図の中に書き込み，一次独立な（非平行な）2 つのベクトルで 2 通りの表現をし，対応する係数を比較するという典型問題です．

【解答】

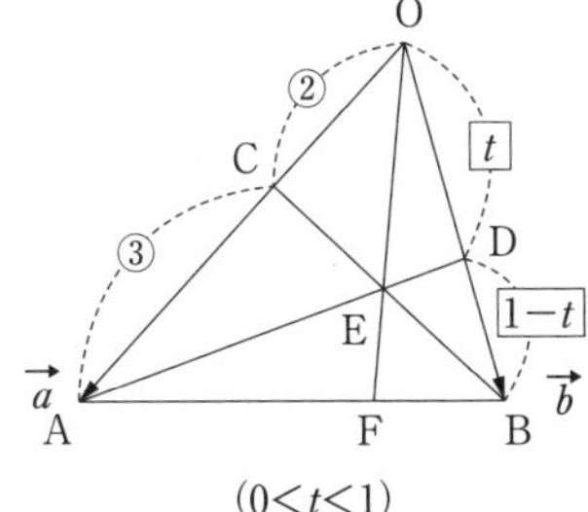

(0<t<1)

(1)

$$\boldsymbol{\overrightarrow{AD}}=\overrightarrow{OD}-\overrightarrow{OA}$$
$$\boldsymbol{=t\vec{b}-\vec{a},}$$
$$\boldsymbol{\overrightarrow{BC}}=\overrightarrow{OC}-\overrightarrow{OB}$$
$$\boldsymbol{=\frac{2}{5}\vec{a}-\vec{b}.}$$

(2)　E は線分 AD 上の点だから，

$$\overrightarrow{AE}=p\overrightarrow{AD} \quad (0\leqq p\leqq 1)$$

とおけるので，

$$\begin{aligned}\overrightarrow{OE}&=\overrightarrow{OA}+\overrightarrow{AE}=\overrightarrow{OA}+p\overrightarrow{AD}\\&=\vec{a}+p(t\vec{b}-\vec{a}) \quad (\because \ (1))\\&=(1-p)\vec{a}+pt\vec{b}. \qquad \cdots①\end{aligned}$$

また，E は線分 BC 上の点だから，

$$\overrightarrow{BE}=q\overrightarrow{BC} \quad (0\leqq q\leqq 1)$$

とおけるので，

$$\begin{aligned}\overrightarrow{OE}&=\overrightarrow{OB}+\overrightarrow{BE}=\overrightarrow{OB}+q\overrightarrow{BC}\\&=\vec{b}+q\left(\frac{2}{5}\vec{a}-\vec{b}\right) \quad (\because \ (1))\\&=\frac{2}{5}q\vec{a}+(1-q)\vec{b}. \qquad \cdots②\end{aligned}$$

ここで，$\vec{a}$，$\vec{b}$ は一次独立だから，①，②の係数を比較して，

$$\begin{cases}1-p=\dfrac{2}{5}q,\\ \quad pt=1-q.\end{cases}$$

これを p，q について解いて，

$$(p,\ q)=\left(\frac{3}{5-2t},\ \frac{5}{2}-\frac{15}{2(5-2t)}\right).$$

ここで，$0<t<1$ より，$\dfrac{3}{5}<p<1$，$0<q<1$ だから，$0\leqq p\leqq 1$，$0\leqq q\leqq 1$ をみたしている．

$$\therefore \quad \boldsymbol{\overrightarrow{OE}=\frac{2-2t}{5-2t}\vec{a}+\frac{3t}{5-2t}\vec{b}.}$$

(3) F は直線 OE 上の点だから，

$$\overrightarrow{OF}=r\overrightarrow{OE} \quad (r\text{ は実数})$$

とおけるので，(2)の結果を用いて

$$\overrightarrow{OF}=r\cdot\frac{2-2t}{5-2t}\vec{a}+r\cdot\frac{3t}{5-2t}\vec{b}.$$

また，F は直線 AB 上の点だから，

$$r\cdot\frac{2-2t}{5-2t}+r\cdot\frac{3t}{5-2t}=1.$$

$$\therefore \quad \frac{2+t}{5-2t}\cdot r=1.$$

$$\therefore\quad r=\frac{5-2t}{2+t}.$$

$$\therefore\quad \overrightarrow{\mathrm{OF}}=\frac{2-2t}{2+t}\vec{a}+\frac{3t}{2+t}\vec{b}.$$

（ここで，$0<t<1$ だから，$\dfrac{2-2t}{2+t}>0$，$\dfrac{3t}{2+t}>0$ なので，F は確かに辺 AB 上にある.）　…(∗)

[参考]

(2)で，$0<p<1$，$0<q<1$ を確認しているから，E が三角形 OAB の内部の点であることは明白なので，(3)で(∗)の確認は不要です．一応，計算チェックしたということです．

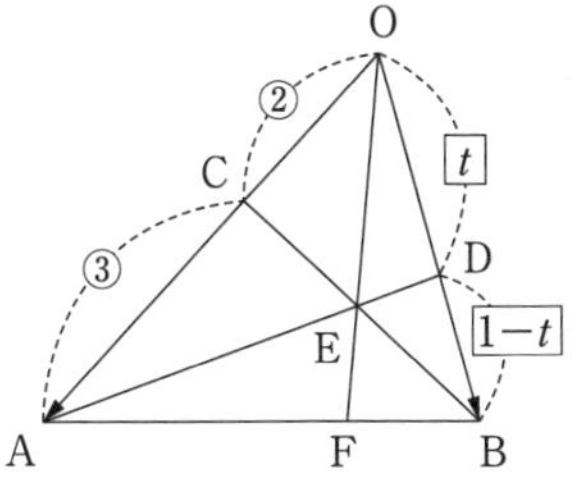

また，メネラウスの定理から，

$$\frac{\mathrm{OC}}{\mathrm{CA}}\cdot\frac{\mathrm{AE}}{\mathrm{ED}}\cdot\frac{\mathrm{DB}}{\mathrm{BO}}=1.$$

$$\therefore\quad \frac{2}{3}\cdot\frac{\mathrm{AE}}{\mathrm{ED}}\cdot\frac{1-t}{1}=1.$$

$$\therefore\quad \mathrm{AE}:\mathrm{ED}=3:2(1-t).$$

$$\therefore\quad \overrightarrow{\mathrm{OE}}=\frac{2(1-t)\overrightarrow{\mathrm{OA}}+3\overrightarrow{\mathrm{OD}}}{3+2(1-t)}$$

$$=\frac{2-2t}{5-2t}\vec{a}+\frac{3t}{5-2t}\vec{b}.$$

さらに，チェバの定理から，

$$\frac{\mathrm{OC}}{\mathrm{CA}}\cdot\frac{\mathrm{AF}}{\mathrm{FB}}\cdot\frac{\mathrm{BD}}{\mathrm{DO}}=1.$$

$$\therefore\quad \frac{2}{3}\cdot\frac{\mathrm{AF}}{\mathrm{FB}}\cdot\frac{1-t}{t}=1.$$

$$\therefore\quad \mathrm{AF}:\mathrm{FB}=3t:2(1-t).$$

$$\therefore\quad \overrightarrow{\mathrm{OF}}=\frac{2(1-t)\overrightarrow{\mathrm{OA}}+3t\overrightarrow{\mathrm{OB}}}{3t+2(1-t)}$$

$$=\frac{2-2t}{2+t}\vec{a}+\frac{3t}{2+t}\vec{b}.$$

などともできます.

139.

解法メモ

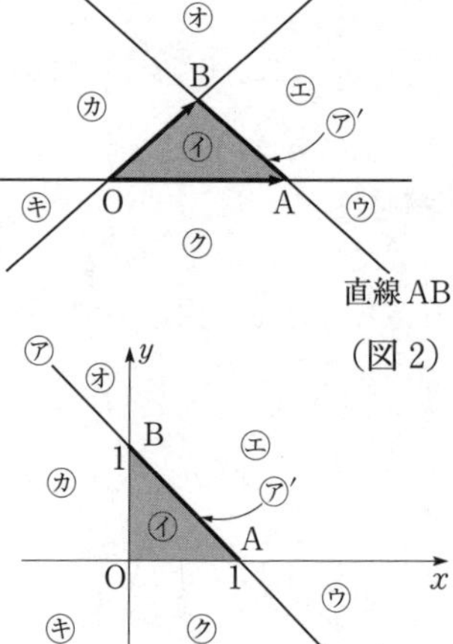

$\overrightarrow{OP}=x\overrightarrow{OA}+y\overrightarrow{OB}$ で表される点Pが（図 1）の㋐〜㋗のそれぞれの領域（境界含む）にあるとき，x，y のみたす条件は，

㋐ $x+y=1$,

㋐′ $x+y=1$, $x\geqq 0$, $y\geqq 0$,

㋑ $x+y\leqq 1$, $x\geqq 0$, $y\geqq 0$,

㋒ $x+y\geqq 1$, $x\geqq 0$, $y\leqq 0$,

㋓ $x+y\geqq 1$, $x\geqq 0$, $y\geqq 0$,

㋔ $x+y\geqq 1$, $x\leqq 0$, $y\geqq 0$,

㋕ $x+y\leqq 1$, $x\leqq 0$, $y\geqq 0$,

㋖ $x+y\leqq 1$, $x\leqq 0$, $y\leqq 0$,

㋗ $x+y\leqq 1$, $x\geqq 0$, $y\leqq 0$

ですが，これを「覚えようとする」のはちょっと…

（図 1），（図 2）を並べて見て何か感じませんか？

【解答】

$$\left.\begin{array}{l}|\vec{a}|=1,\ \ |\vec{b}|=2,\ \ |\vec{a}+\vec{b}|=\sqrt{7},\\ s\geqq 0,\ \ t\geqq 0,\ \ s+t=k,\\ \overrightarrow{OP}=(s-2t)\vec{a}+(s+t)\vec{b}.\end{array}\right\}\qquad\cdots①$$

(1) ①から，

$$\begin{aligned}7&=|\vec{a}+\vec{b}|^2\\&=|\vec{a}|^2+2\vec{a}\cdot\vec{b}+|\vec{b}|^2\\&=1^2+2\vec{a}\cdot\vec{b}+2^2.\end{aligned}$$

$$\therefore\quad \boldsymbol{\vec{a}\cdot\vec{b}=1}.\qquad\cdots②$$

また，

$$\begin{aligned}|-2\vec{a}+\vec{b}|^2&=4|\vec{a}|^2-4\vec{a}\cdot\vec{b}+|\vec{b}|^2\\&=4\cdot 1^2-4\cdot 1+2^2\quad(\because\ ①,\ ②)\\&=4.\end{aligned}$$

$$\therefore\quad \boldsymbol{|-2\vec{a}+\vec{b}|=2}.$$

(2) （その 1）

①から，$\overrightarrow{OP}=s(\vec{a}+\vec{b})+t(-2\vec{a}+\vec{b})$.

ここで，$\overrightarrow{OC}=\vec{a}+\vec{b}$, $\overrightarrow{OD}=-2\vec{a}+\vec{b}$ とおくと，①，および，(1)の結果から，

$$|\overrightarrow{OC}|=\sqrt{7},\ |\overrightarrow{OD}|=2.$$
$$s\geqq 0,\ t\geqq 0,\ s+t=1.$$

よって，P の存在範囲は，右図の線分 CD である．

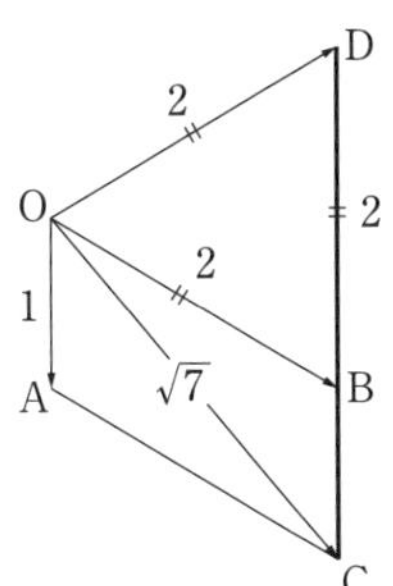

(四角形 OACB は平行四辺形
三角形 OBD は正三角形)

(その 2)

$k=1$ のとき，① から，$s+t=1$，$s\geqq 0$，$t\geqq 0$ ゆえ，

$$-2\leqq s-2t=1-3t\leqq 1,$$
$$\overrightarrow{OP}=(1-3t)\vec{a}+\vec{b}.$$

よって，P の存在範囲は，右図の線分 CD である．

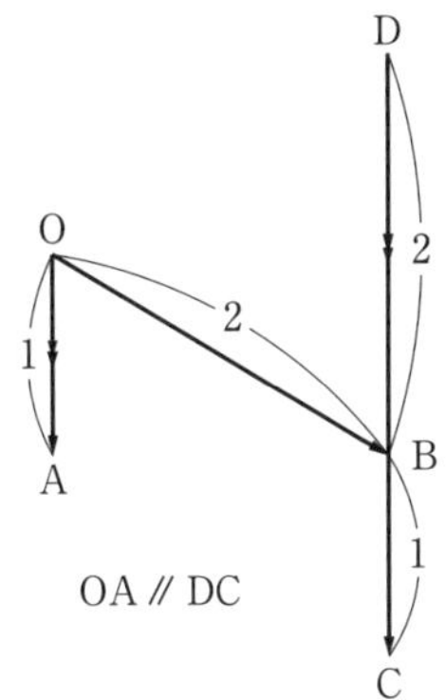

OA // DC

(3)　$s\geqq 0$，$t\geqq 0$，$s+t=k$，$1\leqq k\leqq 2$ から，

$$\frac{s}{k}+\frac{t}{k}=1,\ \frac{s}{k}\geqq 0,\ \frac{t}{k}\geqq 0.$$

また，

$$\overrightarrow{OP}=\frac{s}{k}(k\overrightarrow{OC})+\frac{t}{k}(k\overrightarrow{OD}).$$

ここで，$\overrightarrow{OC'}=k\overrightarrow{OC}$，$\overrightarrow{OD'}=k\overrightarrow{OD}$ とおくと，

$$\overrightarrow{OP}=\frac{s}{k}\overrightarrow{OC'}+\frac{t}{k}\overrightarrow{OD'}.$$

よって，$1\leqq k\leqq 2$ をみたす固定された k に対して，P の存在範囲は，線分 C′D′ であり，C′D′ // OA である．

したがって，求める P の存在範囲は，右図の台形 CDEF の内部および周である．

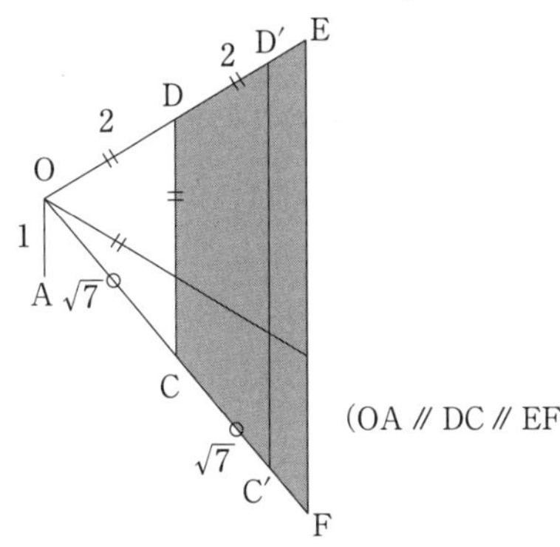

(OA // DC // EF)

(4)　①，(1)の結果から，

$$|\overrightarrow{OC}|=|\vec{a}+\vec{b}|=\sqrt{7},$$
$$|\overrightarrow{OD}|=|-2\vec{a}+\vec{b}|=2,$$
$$\begin{aligned}\overrightarrow{OC}\cdot\overrightarrow{OD}&=(\vec{a}+\vec{b})\cdot(-2\vec{a}+\vec{b})\\&=-2|\vec{a}|^2-\vec{a}\cdot\vec{b}+|\vec{b}|^2\\&=-2\cdot 1^2-1+2^2\\&=1\end{aligned}$$

ゆえ，

$$\triangle OCD=\frac{1}{2}\sqrt{|\overrightarrow{OC}|^2|\overrightarrow{OD}|^2-(\overrightarrow{OC}\cdot\overrightarrow{OD})^2}$$
$$=\frac{1}{2}\sqrt{7\cdot 4-1}$$
$$=\frac{3}{2}\sqrt{3}.$$

また，△OCD∽△OFE（相似比 1：2，面積比 $1^2：2^2$）だから，求める台形 CDEF の面積は，

$$\triangle OCD\times(2^2-1^2)=\boldsymbol{\frac{9}{2}\sqrt{3}}.$$

［参考］〈三角形の面積〉

$$\boldsymbol{\triangle OAB}=\frac{1}{2}\cdot OA\cdot BH$$
$$=\frac{1}{2}\cdot OA\cdot OB\cdot\sin\theta$$
$$=\frac{1}{2}\sqrt{OA^2\cdot OB^2\cdot(1-\cos^2\theta)}$$
$$\boldsymbol{=\frac{1}{2}\sqrt{|\overrightarrow{OA}|^2|\overrightarrow{OB}|^2-(\overrightarrow{OA}\cdot\overrightarrow{OB})^2}}.\quad\cdots㋐$$

ここで，$\overrightarrow{OA}=\begin{pmatrix}x_1\\y_1\end{pmatrix}$，$\overrightarrow{OB}=\begin{pmatrix}x_2\\y_2\end{pmatrix}$ なら，

$$\boldsymbol{\triangle OAB}=\frac{1}{2}\sqrt{(x_1{}^2+y_1{}^2)(x_2{}^2+y_2{}^2)-(x_1x_2+y_1y_2)^2}$$
$$=\frac{1}{2}\sqrt{(x_1y_2-x_2y_1)^2}$$
$$\boldsymbol{=\frac{1}{2}|x_1y_2-x_2y_1|}.\quad\cdots㋑$$

また，$\overrightarrow{OA}=\begin{pmatrix}x_1\\y_1\\z_1\end{pmatrix}$，$\overrightarrow{OB}=\begin{pmatrix}x_2\\y_2\\z_2\end{pmatrix}$ なら，

$$\triangle OAB=\frac{1}{2}\sqrt{(x_1{}^2+y_1{}^2+z_1{}^2)(x_2{}^2+y_2{}^2+z_2{}^2)-(x_1x_2+y_1y_2+z_1z_2)^2}$$
$$=\frac{1}{2}\sqrt{(x_1y_2-x_2y_1)^2+(y_1z_2-y_2z_1)^2+(z_1x_2-z_2x_1)^2}\quad\cdots㋒$$

$$=\sqrt{\left\{\frac{1}{2}|x_1y_2-x_2y_1|\right\}^2+\left\{\frac{1}{2}|y_1z_2-y_2z_1|\right\}^2+\left\{\frac{1}{2}|z_1x_2-z_2x_1|\right\}^2}$$

$$=\sqrt{S_{xy}{}^2+S_{yz}{}^2+S_{zx}{}^2}.$$

（ただし，S_{xy}，S_{yz}，S_{zx} は，三角形 OAB を xy 平面，yz 平面，zx 平面に正射影してできる 3 つの三角形の面積.）

急いで言っておきます．㋐と㋑は覚えていて欲しいですが，㋒はそうではありません.（形がキレイなので若い頭の皆さんは覚えてしまうかも知れませんが.）

140.

解法メモ

三角形の外心と垂心の位置関係を調べさせる問題です.

まずは，問題文の様子を作図・可視化します.

【解答】

(1)　O は三角形 ABC の外心だから，BD は外接円の直径ゆえ，$\angle$BCD$=90°$，すなわち，BC$\perp$CD.

H は三角形 ABC の垂心だから，BC$\perp$AH.

$$\therefore\quad \text{CD} \mathbin{/\!/} \text{AH}.$$

同様の考察により，

$$\text{DA} \mathbin{/\!/} \text{CH}.$$

よって，四角形 AHCD は平行四辺形である.

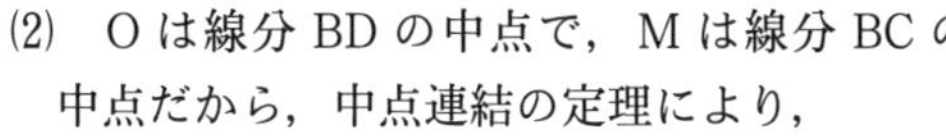

(2)　O は線分 BD の中点で，M は線分 BC の中点だから，中点連結の定理により，

$$\overrightarrow{\text{DC}}=2\overrightarrow{\text{OM}}. \qquad \cdots①$$

また，(1)で示したことから，

$$\overrightarrow{\text{DC}}=\overrightarrow{\text{AH}}. \qquad \cdots②$$

①，②から，

$$\overrightarrow{\text{AH}}=2\overrightarrow{\text{OM}}. \qquad \cdots③$$

(3)　M は線分 BC の中点だから，

$$\overrightarrow{\text{OM}}=\frac{1}{2}(\overrightarrow{\text{OB}}+\overrightarrow{\text{OC}}). \qquad \cdots④$$

③，④から，$\overrightarrow{\text{OH}}-\overrightarrow{\text{OA}}=\overrightarrow{\text{OB}}+\overrightarrow{\text{OC}}$.

$$\therefore\quad \overrightarrow{\text{OH}}=\overrightarrow{\text{OA}}+\overrightarrow{\text{OB}}+\overrightarrow{\text{OC}}.$$

[参考]

三角形 ABC の重心を G とすると，$\overrightarrow{\mathrm{OG}}=\dfrac{1}{3}(\overrightarrow{\mathrm{OA}}+\overrightarrow{\mathrm{OB}}+\overrightarrow{\mathrm{OC}})$ なので，(3)の結果と考え併せると，

$$\overrightarrow{\mathrm{OH}}=3\overrightarrow{\mathrm{OG}}.$$

[(3)の別解]

点 E を，$\overrightarrow{\mathrm{OE}}=\overrightarrow{\mathrm{OA}}+\overrightarrow{\mathrm{OB}}+\overrightarrow{\mathrm{OC}}$ で定める．

以下に，この E が H に一致することを示す．

$$\begin{aligned}\overrightarrow{\mathrm{AE}}\cdot\overrightarrow{\mathrm{BC}}&=(\overrightarrow{\mathrm{OE}}-\overrightarrow{\mathrm{OA}})\cdot(\overrightarrow{\mathrm{OC}}-\overrightarrow{\mathrm{OB}})\\&=(\overrightarrow{\mathrm{OB}}+\overrightarrow{\mathrm{OC}})\cdot(\overrightarrow{\mathrm{OC}}-\overrightarrow{\mathrm{OB}})\\&=|\overrightarrow{\mathrm{OC}}|^2-|\overrightarrow{\mathrm{OB}}|^2\\&=0\quad(\because\ \text{O は三角形 ABC の外心ゆえ，OB=OC}),\end{aligned}$$

$$\begin{aligned}\overrightarrow{\mathrm{BE}}\cdot\overrightarrow{\mathrm{CA}}&=(\overrightarrow{\mathrm{OE}}-\overrightarrow{\mathrm{OB}})\cdot(\overrightarrow{\mathrm{OA}}-\overrightarrow{\mathrm{OC}})\\&=(\overrightarrow{\mathrm{OA}}+\overrightarrow{\mathrm{OC}})\cdot(\overrightarrow{\mathrm{OA}}-\overrightarrow{\mathrm{OC}})\\&=|\overrightarrow{\mathrm{OA}}|^2-|\overrightarrow{\mathrm{OC}}|^2\\&=0.\end{aligned}$$

よって，AE⊥BC，BE⊥CA ゆえ，E は三角形 ABC の垂心 H に一致する．

$$\therefore\quad \overrightarrow{\mathrm{OH}}=\overrightarrow{\mathrm{OA}}+\overrightarrow{\mathrm{OB}}+\overrightarrow{\mathrm{OC}}.$$

141.

解法メモ

(1)は，$\overrightarrow{\mathrm{BC}}=\overrightarrow{\mathrm{AC}}-\overrightarrow{\mathrm{AB}}$ から入って，ベクトルを前面に出して求める方法（その 1）と，余弦定理から攻める方法（その 2）とがあります．

(2)は，円の中心は弦の垂直二等分線上にあることを用いる方法（その 1），（その 1）′ と，露骨(ろこつ)にOA＝OB＝OC から s，t を出す方法（その 2）があるでしょう．

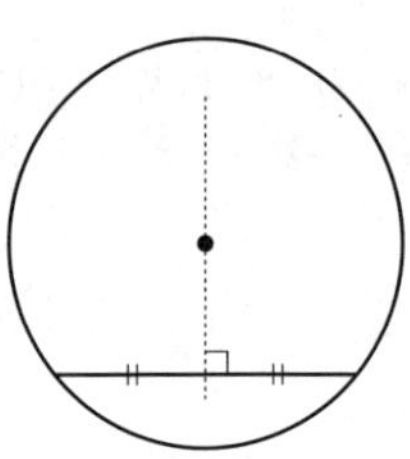

【解答】

(1)

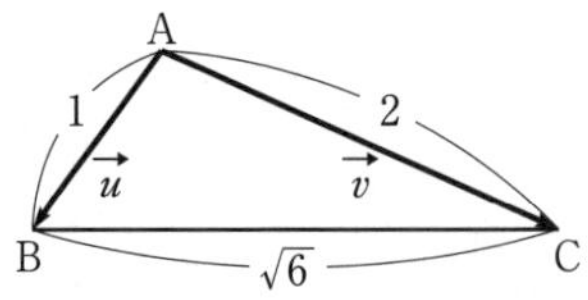

（その 1）

$\overrightarrow{\mathrm{BC}}=\overrightarrow{\mathrm{AC}}-\overrightarrow{\mathrm{AB}}$ より，

$$|\overrightarrow{\mathrm{BC}}|^2=|\vec{v}-\vec{u}|^2.$$

$$\begin{aligned}\therefore\quad 6&=|\vec{v}|^2-2\vec{u}\cdot\vec{v}+|\vec{u}|^2\\&=2^2-2\vec{u}\cdot\vec{v}+1^2.\end{aligned}$$

$$\therefore\quad \vec{u}\cdot\vec{v}=-\frac{1}{2}.$$

（その 2）

$$\vec{u}\cdot\vec{v}=|\vec{u}|\,|\vec{v}|\cos\angle\mathrm{CAB}$$

$$=1\cdot2\cdot\frac{2^2+1^2-(\sqrt{6})^2}{2\cdot2\cdot1}\quad(\because\ \text{余弦定理})$$

$$=-\frac{1}{2}.$$

(2)　三角形 ABC の外心を O とすると，

OA＝OB＝OC ゆえ，O は，辺 AB，AC の垂直二等分線上にある．

いま，AB，AC の中点をそれぞれ M，N とすると，$\overrightarrow{\mathrm{AO}}=s\vec{u}+t\vec{v}$ から，

（その 1）

$$\overrightarrow{\mathrm{OM}}=\overrightarrow{\mathrm{AM}}-\overrightarrow{\mathrm{AO}}$$

$$=\frac{1}{2}\vec{u}-(s\vec{u}+t\vec{v})=\left(\frac{1}{2}-s\right)\vec{u}-t\vec{v},$$

$$\overrightarrow{\mathrm{ON}}=\overrightarrow{\mathrm{AN}}-\overrightarrow{\mathrm{AO}}$$

$$=\frac{1}{2}\vec{v}-(s\vec{u}+t\vec{v})=-s\vec{u}+\left(\frac{1}{2}-t\right)\vec{v}$$

で，OM⊥AB または $\overrightarrow{\mathrm{OM}}=\vec{0}$，ON⊥AC または $\overrightarrow{\mathrm{ON}}=\vec{0}$ より，

$$0=\overrightarrow{\mathrm{OM}}\cdot\overrightarrow{\mathrm{AB}}$$

$$=\left\{\left(\frac{1}{2}-s\right)\vec{u}-t\vec{v}\right\}\cdot\vec{u}$$

$$=\left(\frac{1}{2}-s\right)|\vec{u}|^2-t\vec{u}\cdot\vec{v}$$

$$=\left(\frac{1}{2}-s\right)\cdot1^2-t\left(-\frac{1}{2}\right)\quad(\because\ (1))$$

$$=-s+\frac{1}{2}t+\frac{1}{2},\qquad\cdots①$$

$$0=\overrightarrow{\mathrm{ON}}\cdot\overrightarrow{\mathrm{AC}}$$

$$=\left\{-s\vec{u}+\left(\frac{1}{2}-t\right)\vec{v}\right\}\cdot\vec{v}$$

$$=-s\vec{u}\cdot\vec{v}+\left(\frac{1}{2}-t\right)|\vec{v}|^2$$

$$=-s\left(-\frac{1}{2}\right)+\left(\frac{1}{2}-t\right)\cdot 2^2 \quad (\because \ (1))$$

$$=\frac{1}{2}s-4t+2. \qquad \cdots②$$

①, ②を解いて,

$$\boldsymbol{s=\frac{4}{5},\ \ t=\frac{3}{5}.}$$

（その 1）′

$$\overrightarrow{AB}\cdot\overrightarrow{AO}=|\overrightarrow{AB}|\,|\overrightarrow{AO}|\cos\angle OAB.$$

$$\therefore\ \ \vec{u}\cdot(s\vec{u}+t\vec{v})=AB\cdot AM.$$

$$\therefore\ \ s|\vec{u}|^2+t\vec{u}\cdot\vec{v}=1\cdot\frac{1}{2}.$$

$$\therefore\ \ s-\frac{1}{2}t=\frac{1}{2}. \quad (\because \ (1)) \qquad \cdots①'$$

また,

$$\overrightarrow{AC}\cdot\overrightarrow{AO}=|\overrightarrow{AC}|\,|\overrightarrow{AO}|\cos\angle OAC.$$

$$\therefore\ \ \vec{v}\cdot(s\vec{u}+t\vec{v})=AC\cdot AN.$$

$$\therefore\ \ s\vec{u}\cdot\vec{v}+t|\vec{v}|^2=2\cdot 1.$$

$$\therefore\ \ -\frac{1}{2}s+4t=2. \quad (\because \ (1)) \qquad \cdots②'$$

①′, ②′を解いて,

$$\boldsymbol{s=\frac{4}{5},\ \ t=\frac{3}{5}.}$$

（その 2）

$$\begin{cases} \overrightarrow{OA}=-\overrightarrow{AO}=-s\vec{u}-t\vec{v}, \\ \overrightarrow{OB}=\overrightarrow{AB}-\overrightarrow{AO}=\vec{u}-(s\vec{u}+t\vec{v})=(1-s)\vec{u}-t\vec{v}, \\ \overrightarrow{OC}=\overrightarrow{AC}-\overrightarrow{AO}=\vec{v}-(s\vec{u}+t\vec{v})=-s\vec{u}+(1-t)\vec{v}. \end{cases}$$

これらと, $|\overrightarrow{OA}|=|\overrightarrow{OB}|=|\overrightarrow{OC}|$ より,

$$\underbrace{|-s\vec{u}-t\vec{v}|^2=|(1-s)\vec{u}-t\vec{v}|^2}_{㋐}=|-s\vec{u}+(1-t)\vec{v}|^2.$$

（㋐：第 1 式と第 2 式, ㋑：第 1 式と第 3 式）

㋐より,

$$s^2|\vec{u}|^2+2st\vec{u}\cdot\vec{v}+t^2|\vec{v}|^2=(1-s)^2|\vec{u}|^2-2(1-s)t\vec{u}\cdot\vec{v}+t^2|\vec{v}|^2.$$

$$\therefore\ \ s^2-st+4t^2=(1-s)^2+(1-s)t+4t^2. \quad (\because \ (1))$$

$$\therefore\ \ 1-2s+t=0. \qquad \cdots㋐'$$

㋑より，

$$s^2-st+4t^2=s^2|\vec{u}|^2-2s(1-t)\vec{u}\cdot\vec{v}+(1-t)^2|\vec{v}|^2$$
$$=s^2+s(1-t)+4(1-t)^2.\quad (\because\ (1))$$
$$\therefore\quad s+4-8t=0. \qquad \cdots㋑'$$

㋐′，㋑′を解いて，

$$\boldsymbol{s=\frac{4}{5},\ t=\frac{3}{5}.}$$

142.

解法メモ

(1) 例えば，$\overrightarrow{OA}\cdot\overrightarrow{OB}$ が欲しければ，与式から，

$$|3\overrightarrow{OA}+4\overrightarrow{OB}|^2=|5\overrightarrow{OC}|^2$$

を作ると出てきます（その 1）．

【解答】

$\overrightarrow{OA}$，$\overrightarrow{OB}$，$\overrightarrow{OC}$ をそれぞれ，$\vec{a}$，$\vec{b}$，$\vec{c}$ とすると，与条件から，

$$\begin{cases}|\vec{a}|=|\vec{b}|=|\vec{c}|=1, & \cdots①\\ 3\vec{a}+4\vec{b}-5\vec{c}=\vec{0}. & \cdots②\end{cases}$$

(1) （その 1）

②より，$3\vec{a}+4\vec{b}=5\vec{c}$.

$$\therefore\quad |3\vec{a}+4\vec{b}|^2=|5\vec{c}|^2.$$
$$\therefore\quad 9|\vec{a}|^2+24\vec{a}\cdot\vec{b}+16|\vec{b}|^2=25|\vec{c}|^2.$$

これと①より，

$$\vec{a}\cdot\vec{b}=0.$$

同様にして，②より，

$$4\vec{b}-5\vec{c}=-3\vec{a},\qquad -5\vec{c}+3\vec{a}=-4\vec{b}.$$
$$\therefore\quad |4\vec{b}-5\vec{c}|^2=|-3\vec{a}|^2,\qquad |-5\vec{c}+3\vec{a}|^2=|-4\vec{b}|^2.$$
$$\therefore\quad \begin{cases}16|\vec{b}|^2-40\vec{b}\cdot\vec{c}+25|\vec{c}|^2=9|\vec{a}|^2,\\ 25|\vec{c}|^2-30\vec{c}\cdot\vec{a}+9|\vec{a}|^2=16|\vec{b}|^2,\end{cases}$$

これと①より，

$$\begin{cases}\vec{b}\cdot\vec{c}=\dfrac{4}{5},\\ \vec{c}\cdot\vec{a}=\dfrac{3}{5}.\end{cases}$$

以上より，

$$\overrightarrow{\mathbf{OA}}\cdot\overrightarrow{\mathbf{OB}}=\mathbf{0},\quad \overrightarrow{\mathbf{OB}}\cdot\overrightarrow{\mathbf{OC}}=\frac{\mathbf{4}}{\mathbf{5}},\quad \overrightarrow{\mathbf{OC}}\cdot\overrightarrow{\mathbf{OA}}=\frac{\mathbf{3}}{\mathbf{5}}. \qquad \cdots③$$

（その 2）

②と $\vec{a}$，$\vec{b}$，$\vec{c}$ の内積をそれぞれ考えて，

$$\begin{cases} 0=\vec{a}\cdot(3\vec{a}+4\vec{b}-5\vec{c})=3|\vec{a}|^2+4\vec{a}\cdot\vec{b}-5\vec{c}\cdot\vec{a}, \\ 0=\vec{b}\cdot(3\vec{a}+4\vec{b}-5\vec{c})=3\vec{a}\cdot\vec{b}+4|\vec{b}|^2-5\vec{b}\cdot\vec{c}, \\ 0=\vec{c}\cdot(3\vec{a}+4\vec{b}-5\vec{c})=3\vec{c}\cdot\vec{a}+4\vec{b}\cdot\vec{c}-5|\vec{c}|^2. \end{cases}$$

これと①から，

$$\begin{cases} 4\vec{a}\cdot\vec{b} \qquad\qquad -5\vec{c}\cdot\vec{a}+3=0, \\ 3\vec{a}\cdot\vec{b}-5\vec{b}\cdot\vec{c} \qquad\qquad +4=0, \\ \qquad\qquad 4\vec{b}\cdot\vec{c}+3\vec{c}\cdot\vec{a}-5=0. \end{cases}$$

これを解いて，

$$\overrightarrow{\mathbf{OA}}\cdot\overrightarrow{\mathbf{OB}}=\vec{a}\cdot\vec{b}=\mathbf{0},\quad \overrightarrow{\mathbf{OB}}\cdot\overrightarrow{\mathbf{OC}}=\vec{b}\cdot\vec{c}=\frac{\mathbf{4}}{\mathbf{5}},\quad \overrightarrow{\mathbf{OC}}\cdot\overrightarrow{\mathbf{OA}}=\vec{c}\cdot\vec{a}=\frac{\mathbf{3}}{\mathbf{5}}.$$

(2)（その 1）

①，③より，

$$|\overrightarrow{\mathrm{AB}}|^2=|\vec{b}-\vec{a}|^2=|\vec{b}|^2-2\vec{a}\cdot\vec{b}+|\vec{a}|^2=2,$$

$$|\overrightarrow{\mathrm{AC}}|^2=|\vec{c}-\vec{a}|^2=|\vec{c}|^2-2\vec{c}\cdot\vec{a}+|\vec{a}|^2=\frac{4}{5},$$

$$\overrightarrow{\mathrm{AB}}\cdot\overrightarrow{\mathrm{AC}}=(\vec{b}-\vec{a})\cdot(\vec{c}-\vec{a})=\vec{b}\cdot\vec{c}-\vec{a}\cdot\vec{b}-\vec{c}\cdot\vec{a}+|\vec{a}|^2=\frac{6}{5}.$$

$$\begin{aligned} \therefore\quad \triangle\mathbf{ABC}&=\frac{1}{2}\sqrt{|\overrightarrow{\mathrm{AB}}|^2|\overrightarrow{\mathrm{AC}}|^2-(\overrightarrow{\mathrm{AB}}\cdot\overrightarrow{\mathrm{AC}})^2} \\ &=\frac{1}{2}\sqrt{2\cdot\frac{4}{5}-\left(\frac{6}{5}\right)^2} \\ &=\frac{\mathbf{1}}{\mathbf{5}}. \end{aligned}$$

（その 2）

③より，$\angle\mathrm{AOB}=90°$.

これと①より，

$$\begin{aligned} \overrightarrow{\mathrm{OC}}&=\frac{3\overrightarrow{\mathrm{OA}}+4\overrightarrow{\mathrm{OB}}}{5} \\ &=\frac{7}{5}\cdot\frac{3\overrightarrow{\mathrm{OA}}+4\overrightarrow{\mathrm{OB}}}{4+3} \end{aligned}$$

だから，右図の様になる.

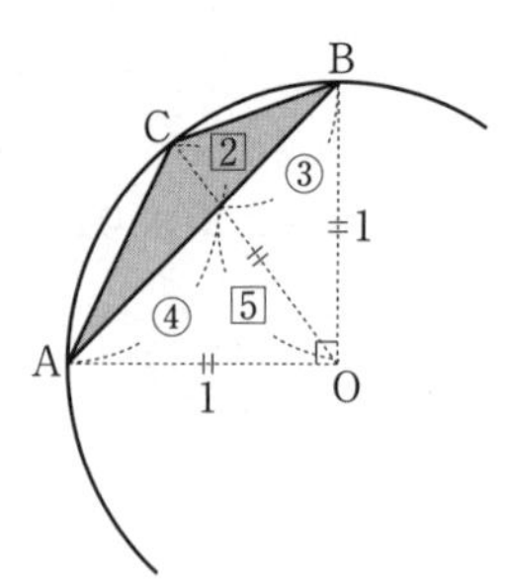

$$\therefore\quad \triangle ABC=\frac{2}{5}\triangle OAB=\frac{2}{5}\left(\frac{1}{2}\cdot1\cdot1\right)=\mathbf{\frac{1}{5}}.$$

（その 3）

①, ③より，右図の様におけるから，

△ABC$=\triangle OBC+\triangle OCA-\triangle OAB$

$$=\frac{1}{2}\cdot1\cdot\frac{3}{5}+\frac{1}{2}\cdot1\cdot\frac{4}{5}-\frac{1}{2}\cdot1\cdot1$$

$$=\mathbf{\frac{1}{5}}.$$

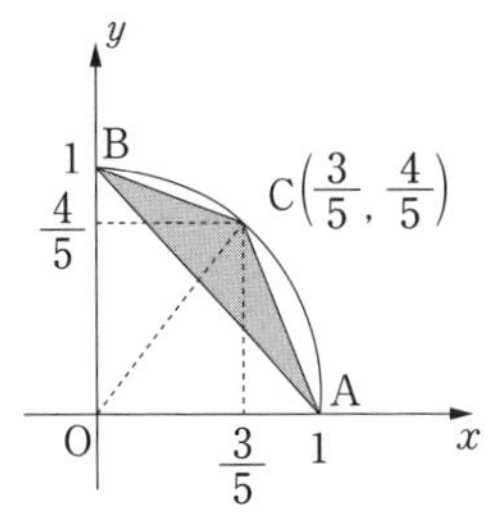

143.

解法メモ

A を始点とした一次独立な 2 つのベクトル $\overrightarrow{AB}$, $\overrightarrow{AC}$ の一次結合 $x\overrightarrow{AB}+y\overrightarrow{AC}$ ですべてを記述しようとすれば，展望は開けるでしょう．

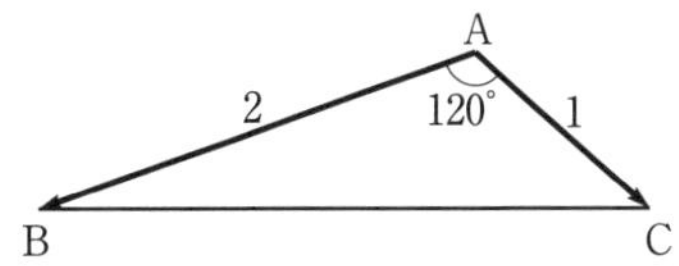

§3にもありましたが再度確認. (3)では，次の**方べきの定理**を思い出せば話が早い．

円 O と円周上にない点 P がある．P を通る 2 直線と円との交点をそれぞれ A, B, および, C, D とすると，

$$PA\cdot PB=PC\cdot PD.$$

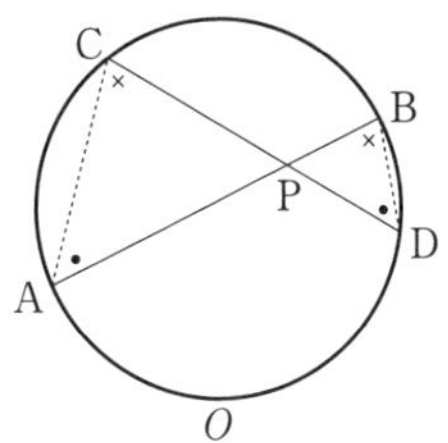

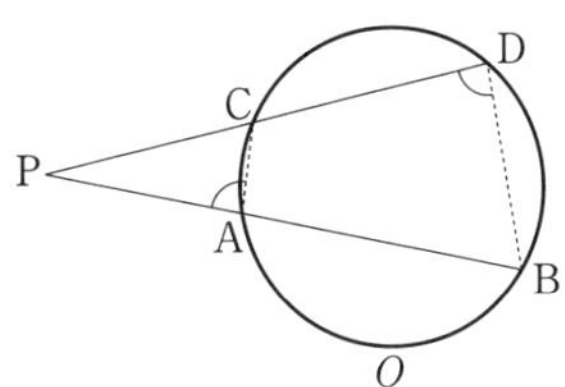

（証明）

$\triangle PAC\backsim\triangle PDB$ より，$\dfrac{PA}{PC}=\dfrac{PD}{PB}$.

$$\therefore\quad PA\cdot PB=PC\cdot PD.$$

【解答】

(1)
$$4\overrightarrow{PA}+2\overrightarrow{PB}+k\overrightarrow{PC}=\vec{0}$$
$$\Longleftrightarrow 4(-\overrightarrow{AP})+2(\overrightarrow{AB}-\overrightarrow{AP})+k(\overrightarrow{AC}-\overrightarrow{AP})=\vec{0}$$

$$\Longleftrightarrow (k+6)\overrightarrow{\mathrm{AP}}=2\overrightarrow{\mathrm{AB}}+k\overrightarrow{\mathrm{AC}}$$

$$\Longleftrightarrow \overrightarrow{\mathrm{AP}}=\frac{k+2}{k+6}\cdot\frac{2\overrightarrow{\mathrm{AB}}+k\overrightarrow{\mathrm{AC}}}{k+2}.\ (\because\ k>0\ より，k+6\neq 0.)$$

ここで，辺 BC を $k:2$ に内分する点を E とすると，

$$\overrightarrow{\mathrm{AP}}=\frac{k+2}{k+6}\overrightarrow{\mathrm{AE}}$$

より，E は直線 AP 上にあるから，E＝D である．

（∵　E は辺 BC 上かつ直線 AP 上にある．）

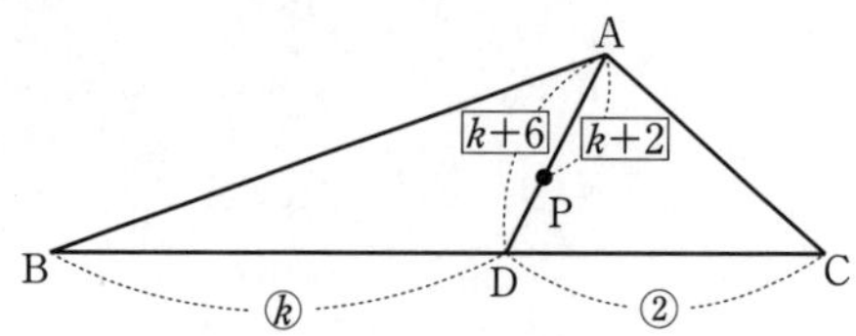

$$\therefore\ \ \mathbf{BD:DC}=\boldsymbol{k}:\mathbf{2}.$$

(2)　$|\overrightarrow{\mathrm{AB}}|=2$，$|\overrightarrow{\mathrm{AC}}|=1$，$\angle\mathrm{BAC}=120^\circ$ より，

$$\overrightarrow{\mathrm{AB}}\cdot\overrightarrow{\mathrm{AC}}=2\cdot1\cdot\cos120^\circ=-1. \qquad \cdots①$$

(1)より，$\overrightarrow{\mathrm{AD}}=\dfrac{1}{k+2}(2\overrightarrow{\mathrm{AB}}+k\overrightarrow{\mathrm{AC}})$ で，$\overrightarrow{\mathrm{AD}}\perp\overrightarrow{\mathrm{BC}}$ となるとき，

$$\begin{aligned}0=\overrightarrow{\mathrm{AD}}\cdot\overrightarrow{\mathrm{BC}}&=\frac{1}{k+2}(2\overrightarrow{\mathrm{AB}}+k\overrightarrow{\mathrm{AC}})\cdot(\overrightarrow{\mathrm{AC}}-\overrightarrow{\mathrm{AB}})\\&=\frac{1}{k+2}\left\{-2|\overrightarrow{\mathrm{AB}}|^2+k|\overrightarrow{\mathrm{AC}}|^2+(2-k)\overrightarrow{\mathrm{AB}}\cdot\overrightarrow{\mathrm{AC}}\right\}\\&=\frac{1}{k+2}\left\{-2\cdot2^2+k\cdot1^2+(2-k)(-1)\right\}\quad(\because\ ①)\\&=\frac{2k-10}{k+2}.\end{aligned}$$

$$\therefore\ \ \boldsymbol{k=5}.$$

(3)　$k=5$ のとき，

$$\overrightarrow{\mathrm{AD}}=\frac{2\overrightarrow{\mathrm{AB}}+5\overrightarrow{\mathrm{AC}}}{5+2}.$$

また，

$$\begin{aligned}|\overrightarrow{\mathrm{BC}}|^2=|\overrightarrow{\mathrm{AC}}-\overrightarrow{\mathrm{AB}}|^2&=|\overrightarrow{\mathrm{AC}}|^2-2\overrightarrow{\mathrm{AB}}\cdot\overrightarrow{\mathrm{AC}}+|\overrightarrow{\mathrm{AB}}|^2\\&=1^2-2\cdot(-1)+2^2\quad(\because\ ①)\\&=7\end{aligned}$$

より，

$$\mathrm{BC}=\sqrt{7}.$$

$$\begin{cases} BD=\dfrac{5}{5+2}BC=\dfrac{5}{7}\sqrt{7}, \\ DC=\dfrac{2}{5+2}BC=\dfrac{2}{7}\sqrt{7}. \end{cases}$$

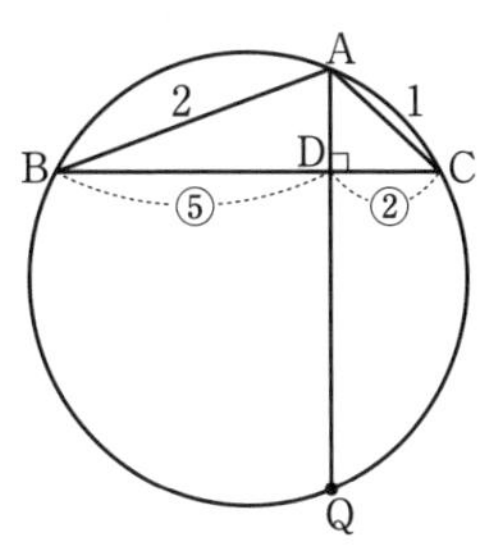

ここで，三平方の定理より，

$$AD=\sqrt{AC^2-DC^2}.$$

$$=\sqrt{1^2-\left(\frac{2}{7}\sqrt{7}\right)^2}=\frac{\sqrt{21}}{7}.$$

方べきの定理より，AD・DQ=BD・DC だから，

$$DQ=\frac{BD\cdot DC}{AD}=\frac{\frac{5}{7}\sqrt{7}\cdot\frac{2}{7}\sqrt{7}}{\left(\frac{\sqrt{21}}{7}\right)}=\frac{10}{21}\sqrt{21}.$$

$$\therefore\quad \frac{AQ}{AD}=\frac{AD+DQ}{AD}=\frac{\frac{\sqrt{21}}{7}+\frac{10}{21}\sqrt{21}}{\left(\frac{\sqrt{21}}{7}\right)}=\frac{13}{3}.$$

$$\therefore\quad \overrightarrow{AQ}=\frac{13}{3}\overrightarrow{AD}.$$

よって，求める l の値は，

$$\boldsymbol{\frac{13}{3}}.$$

［参考］

(3)で BC の長さを余弦定理を用いて出すのも可.

$$BC^2=CA^2+AB^2-2\cdot CA\cdot AB\cdot\cos\angle A$$
$$=1^2+2^2-2\cdot1\cdot2\cdot\cos120^\circ=7.$$
$$\therefore\quad BC=\sqrt{7}.$$

144.

解法メモ

O を中心とする円の直径の 1 つを AB とすると，

$$\overrightarrow{OA}+\overrightarrow{OB}=\vec{0}.$$

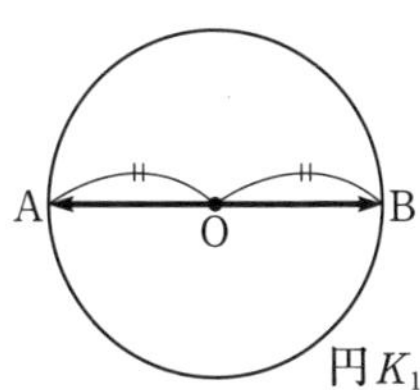

(3)　　円 K_2 の内部に A が含まれる

$\iff$　(K_2 の中心と A の距離)$<$(K_2 の半径).

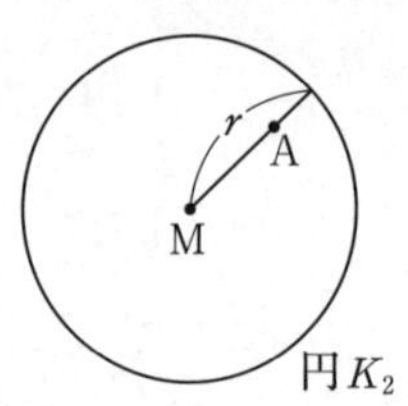

円 K_2

【解答】

(1)

$$\overrightarrow{\mathbf{BR}}=\overrightarrow{\mathrm{OR}}-\overrightarrow{\mathrm{OB}}$$
$$=\frac{1\cdot\overrightarrow{\mathrm{OA}}+2\overrightarrow{\mathrm{OQ}}}{2+1}-(-\overrightarrow{\mathrm{OA}})$$
$$=\frac{4}{3}\overrightarrow{\mathrm{OA}}+\frac{2}{3}\overrightarrow{\mathrm{OQ}}$$
$$=\boldsymbol{\frac{4}{3}\vec{a}+\frac{2}{3}\vec{q}.}$$

円 K_1(半径 1)

(2)

$$\overrightarrow{\mathrm{OP}}=\vec{p}=\overrightarrow{\mathrm{AQ}}+k\overrightarrow{\mathrm{BR}}$$
$$=(\vec{q}-\vec{a})+k\left(\frac{4}{3}\vec{a}+\frac{2}{3}\vec{q}\right)\quad(\because\ (1))$$
$$=\left(\frac{4}{3}k-1\right)\vec{a}+\left(\frac{2}{3}k+1\right)\vec{q}.$$

$$\therefore\quad \overrightarrow{\mathrm{OP}}-\left(\frac{4}{3}k-1\right)\vec{a}=\left(\frac{2}{3}k+1\right)\vec{q}.$$

$$\therefore\quad \left|\overrightarrow{\mathrm{OP}}-\left(\frac{4}{3}k-1\right)\vec{a}\right|=\left|\left(\frac{2}{3}k+1\right)\vec{q}\right|$$
$$=\left(\frac{2}{3}k+1\right)|\vec{q}|$$
$$=\frac{2}{3}k+1\quad(\because\ |\vec{q}|=\mathrm{OQ}=1)$$
$$(>1.\ (\because\ k>0)).$$

ここで，$\overrightarrow{\mathrm{OM}}=\left(\frac{4}{3}k-1\right)\vec{a}$ とおくと，

$$|\overrightarrow{\mathrm{OP}}-\overrightarrow{\mathrm{OM}}|=\frac{2}{3}k+1,$$

すなわち，

$$|\overrightarrow{\mathrm{MP}}|=\frac{2}{3}k+1\ (一定)$$

円 K_2

ゆえ，点 P は，

中心の位置ベクトル $\overrightarrow{\mathrm{OM}}=\left(\boldsymbol{\frac{4}{3}k-1}\right)\boldsymbol{\vec{a}},$

$$\textbf{半径}\ \mathrm{MP}=|\overrightarrow{\mathrm{MP}}|=\boldsymbol{\frac{2}{3}k+1}$$

の円を描く．

(3)　A が円 K_2 の内部に含まれる条件は，

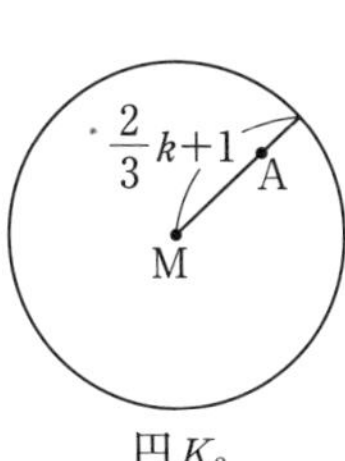

$$\mathrm{AM}<\frac{2}{3}k+1,$$

すなわち，

$$\begin{aligned}\frac{2}{3}k+1>|\overrightarrow{\mathrm{AM}}|&=|\overrightarrow{\mathrm{OM}}-\overrightarrow{\mathrm{OA}}|\\&=\left|\left(\frac{4}{3}k-1\right)\vec{a}-\vec{a}\right|\\&=\left|\frac{4}{3}k-2\right||\vec{a}|\\&=\left|\frac{4}{3}k-2\right|\quad(\because\quad|\vec{a}|=\mathrm{OA}=1).\end{aligned}$$

$$\therefore\quad\frac{2}{3}k+1>\frac{4}{3}k-2>-\left(\frac{2}{3}k+1\right).$$

$$\therefore\quad\boldsymbol{\frac{1}{2}<k<\frac{9}{2}}.$$

145.

解法メモ

(2)は $\vec{b}$ が成分表示されているので，$\vec{p}$ の方も

$$\vec{p}=(x,\ y)$$

とでもおいた方が速いでしょう．（その 1）

（その 2）として，幾何的解法を示しておきます．

【解答】

(1)　(i)　（その 1）

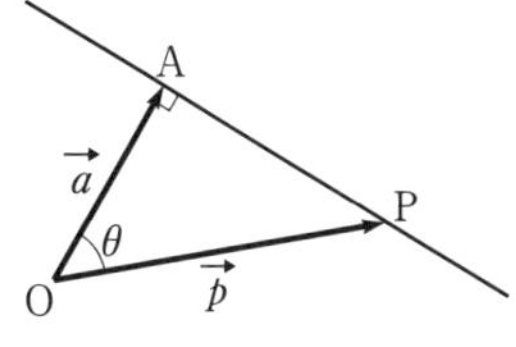

$\angle\mathrm{AOP}=\theta$ とおくと，

$$\begin{aligned}\vec{a}\cdot\vec{p}&=|\vec{a}||\vec{p}|\cos\theta\\&=|\vec{a}|^2.\end{aligned}$$

$$\left(\because\quad\frac{|\vec{a}|}{|\vec{p}|}=\frac{\mathrm{OA}}{\mathrm{OP}}=\cos\theta.\right)$$

（その 2）

$\angle\mathrm{OAP}=90^\circ$ または $\mathrm{A}=\mathrm{P}$ より，$\overrightarrow{\mathrm{OA}}\cdot\overrightarrow{\mathrm{AP}}=0$.

$$\therefore\ \ \vec{a}\cdot(\vec{p}-\vec{a})=0.$$

$$\therefore\ \ \vec{a}\cdot\vec{p}-|\vec{a}|^2=0. \qquad \therefore\ \ \vec{a}\cdot\vec{p}=|\vec{a}|^2.$$

(ii) ベクトル方程式

$$|\vec{p}|^2-2\vec{a}\cdot\vec{p}=0 \qquad \cdots ①$$

を考える.

（その 1）

$\vec{p}=\vec{0}$ は①をみたす. $\cdots$㋐

$\vec{p}\neq\vec{0}$ のとき, $\vec{a}$ と $\vec{p}$ のなす角を θ とすると,

$$① \iff |\vec{p}|^2-2|\vec{a}||\vec{p}|\cos\theta=0$$

$$\iff |\vec{p}|-2|\vec{a}|\cos\theta=0 \quad (\because\ \ |\vec{p}|\neq 0)$$

$$\iff \cos\theta=\frac{|\vec{p}|}{2|\vec{a}|} \quad (\because\ \ \mathrm{A}\neq\mathrm{O}\ \text{から}\ \vec{a}\neq\vec{0}).$$

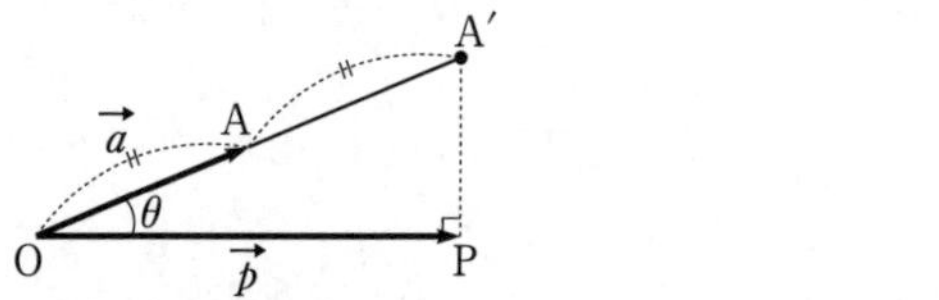

$\cdots$㋑

$\overrightarrow{\mathrm{OA}'}=2\overrightarrow{\mathrm{OA}}$ をみたす点 A′ を採ると, ㋐, ㋑より, ①をみたす点 P の集合は, OA′ を直径とする円, すなわち, A を中心とし O を通る円である.

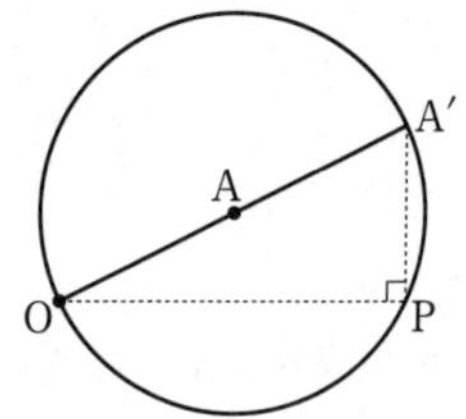

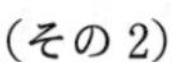

（その 2）

$$① \iff |\vec{p}-\vec{a}|^2-|\vec{a}|^2=0$$

$$\iff |\vec{p}-\vec{a}|=|\vec{a}|$$

$$\iff |\overrightarrow{\mathrm{AP}}|=|\overrightarrow{\mathrm{OA}}|.$$

よって, ①をみたす点 P の集合は, A を中心とする半径 OA の円である.

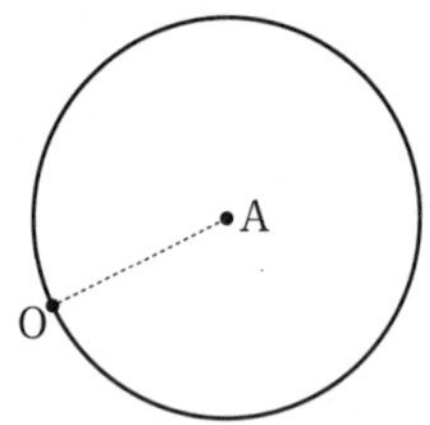

(2)

$$|\vec{p}-\vec{b}|\leqq|\vec{p}+3\vec{b}|\leqq 3|\vec{p}-\vec{b}|$$

$$\iff |\vec{p}-\vec{b}|^2\leqq|\vec{p}+3\vec{b}|^2\leqq 9|\vec{p}-\vec{b}|^2. \qquad \cdots ②$$

（その 1）

$\vec{p}=(x,\ y)$ とおくと，

$$\begin{cases} \vec{p}-\vec{b}=(x-1,\ y-1), \\ \vec{p}+3\vec{b}=(x+3,\ y+3). \end{cases}$$

これらを②へ代入して，

$$\underbrace{(x-1)^2+(y-1)^2 \leqq \overbrace{(x+3)^2+(y+3)^2}}_{③} \leqq 9\left\{(x-1)^2+(y-1)^2\right\}.$$

（ただし，$(x+3)^2+(y+3)^2 \leqq 9\left\{(x-1)^2+(y-1)^2\right\}$ の部分が ④）

③より，

$$x+y+2 \geqq 0. \qquad \cdots③'$$

④より，

$$x^2+y^2-3x-3y \geqq 0.$$

$$\therefore\quad \left(x-\frac{3}{2}\right)^2+\left(y-\frac{3}{2}\right)^2 \geqq \frac{9}{2}. \qquad \cdots④'$$

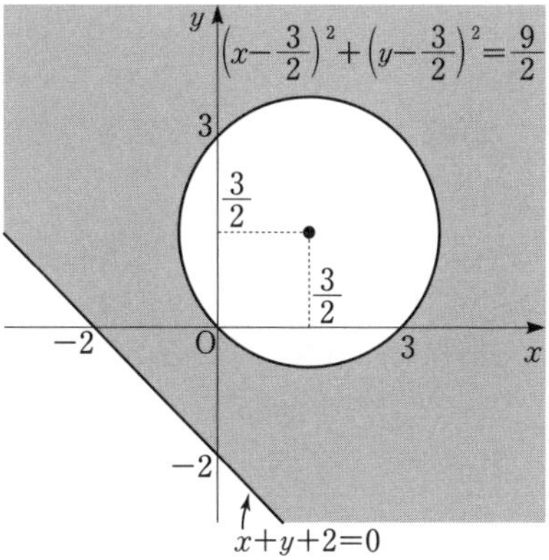

③′，④′より，求める領域は，右図の網目部分（ただし，境界線上の点を含む）．

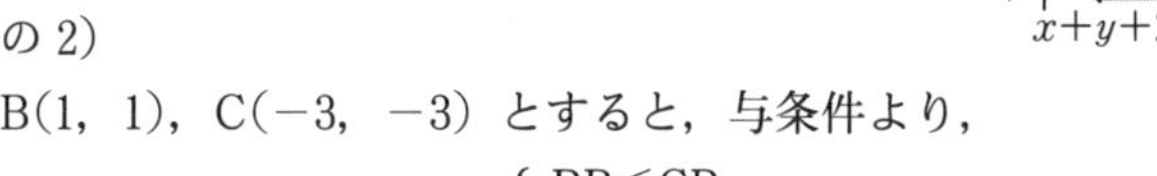

（その 2）

B(1，1)，C(−3，−3) とすると，与条件より，

$$\begin{cases} \mathrm{BP} \leqq \mathrm{CP}, & \cdots⑤ \\ \mathrm{CP} \leqq 3\mathrm{BP}. & \cdots⑥ \end{cases}$$

⑤より，P の存在領域は，線分 BC の垂直二等分線で区切られる B を含む方の半平面である．

また，⑥より，P の存在領域は，線分 BC を 1：3 に内分する点 O(0，0) と，外分する点 D(3，3) を直径の両端とする円（アポロニウスの円）の周または外部である．

したがって，点 P 全体が表す領域は，右図の網目部分（ただし，境界線上の点を含む）．

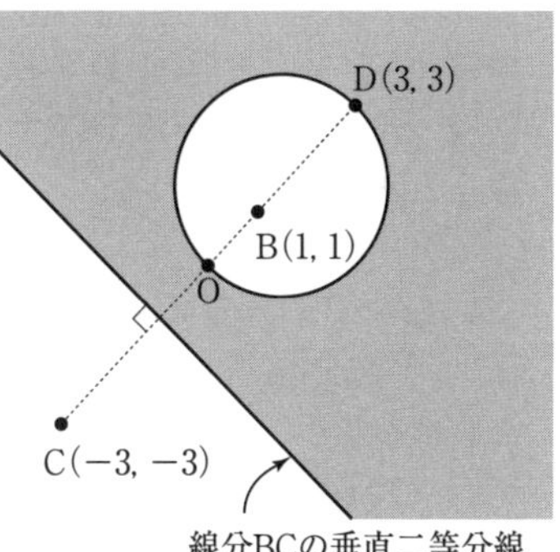

146.

解法メモ

線分 AQ と DP が交わるのは，この 2 線分が同一平面上にあるときで，直線 AP，DQ も辺 BC 上で交わります．

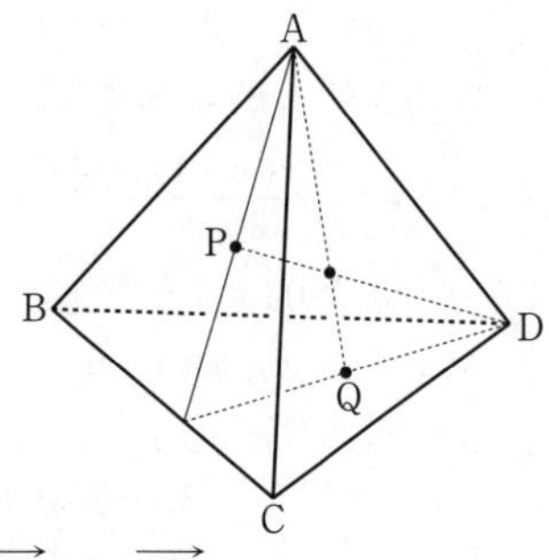

【解答】

(その 1)

直線 AP と辺 BC は交わり，その交点を P_0 とすると，

$$\overrightarrow{AP_0}=k\overrightarrow{AP}=k(x\overrightarrow{AB}+y\overrightarrow{AC})=kx\overrightarrow{AB}+ky\overrightarrow{AC}$$

より，P_0 は辺 BC を $ky:kx$，すなわち，$y:x$ に内分する．

同様に，直線 DQ と辺 BC は交わり，その交点を Q_0 とすると，

$$\begin{aligned}\overrightarrow{AQ_0}&=(1-l)\overrightarrow{AD}+l\overrightarrow{AQ}\\&=(1-l)\overrightarrow{AD}+l(s\overrightarrow{AB}+t\overrightarrow{AC}+u\overrightarrow{AD})\\&=ls\overrightarrow{AB}+lt\overrightarrow{AC}+(1-l+lu)\overrightarrow{AD}\\&=ls\overrightarrow{AB}+lt\overrightarrow{AC}\quad(\because\ Q_0\text{はBC上})\end{aligned}$$

より，Q_0 は辺 BC を $lt:ls$，すなわち，$t:s$ に内分する．

以上より，$x:y=s:t$ ならば，

$$P_0=Q_0.$$

したがって，A，P，D，Q は同一平面上にあり，P は三角形 AP_0D の辺 AP_0 上の点，Q は三角形 AP_0D の辺 DP_0 上の点だから，線分 AQ と DP は交わる．

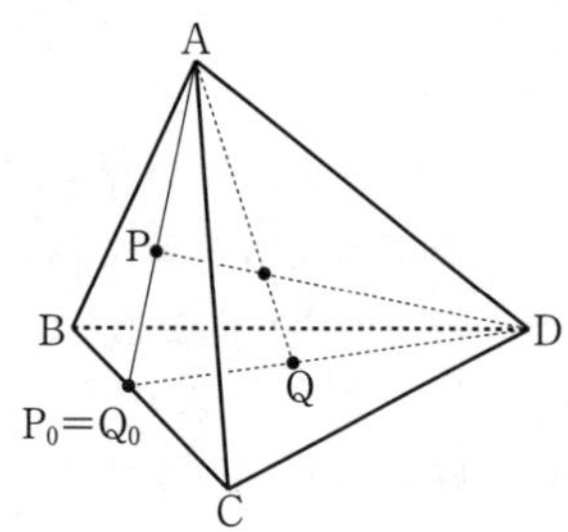

(その 2)

$x:y=s:t$ ならば，

$$s=rx,\ t=ry\quad(r\text{ は 0 でない実数})$$

とおけるから，

$$\begin{aligned}\overrightarrow{AQ}&=s\overrightarrow{AB}+t\overrightarrow{AC}+u\overrightarrow{AD}=rx\overrightarrow{AB}+ry\overrightarrow{AC}+u\overrightarrow{AD}\\&=r(x\overrightarrow{AB}+y\overrightarrow{AC})+u\overrightarrow{AD}=r\overrightarrow{AP}+u\overrightarrow{AD}.\end{aligned}$$

よって，平面 APD 上に Q がある，すなわち，4 点 A，P，D，Q は同一平面上にあり，(明らかに AQ $\not\parallel$ DP であるから) 線分 AQ と DP は交わる．

147.

解法メモ

A を始点とする一次独立な3つのベクトル $\overrightarrow{AB}$, $\overrightarrow{AC}$, $\overrightarrow{AD}$ でもって，この世の中を記述してやろうという気持ちになりましたか？

P, Q, R がそれぞれ辺上を動くので，変数を3つ導入することになり，ちょっと目がチカチカするかも知れませんが，$\overrightarrow{AG}=k\overrightarrow{AH}$ と表したときの k の値域の問題なのだという意識を持ち続けてください．

【解答】

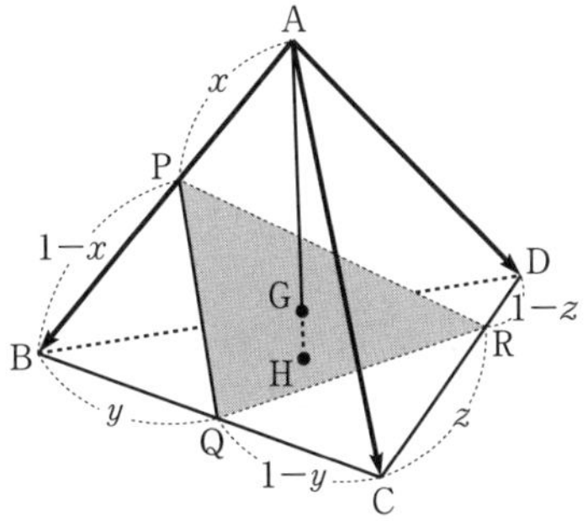

$\overrightarrow{AB}=\vec{b}$, $\overrightarrow{AC}=\vec{c}$, $\overrightarrow{AD}=\vec{d}$ とおくと，与条件より，

$$\begin{cases} \overrightarrow{AP}=x\vec{b} & (0<x<1), \\ \overrightarrow{AQ}=(1-y)\vec{b}+y\vec{c} & (0<y<1), \\ \overrightarrow{AR}=(1-z)\vec{c}+z\vec{d} & (0<z<1) \end{cases}$$

とおけて，G は三角形 PQR の重心だから，

$$\overrightarrow{AG}=\frac{1}{3}(\overrightarrow{AP}+\overrightarrow{AQ}+\overrightarrow{AR})$$

$$=\frac{1+x-y}{3}\vec{b}+\frac{1+y-z}{3}\vec{c}+\frac{z}{3}\vec{d}. \quad \cdots①$$

A, G, H が同一直線上にあるとき，

$$\overrightarrow{AG}=k\overrightarrow{AH}=\frac{k}{3}(\overrightarrow{AB}+\overrightarrow{AC}+\overrightarrow{AD})$$

$$=\frac{k}{3}\vec{b}+\frac{k}{3}\vec{c}+\frac{k}{3}\vec{d} \quad (k \text{ は実数}) \quad \cdots②$$

と書ける．

$\vec{b}$, $\vec{c}$, $\vec{d}$ が一次独立であることと，①，②より，

$$\frac{k}{3}=\frac{1+x-y}{3}=\frac{1+y-z}{3}=\frac{z}{3}.$$

これを x, y, z について解いて，

$$z=k,\ y=2k-1,\ x=3k-2.$$

また，$0<x<1$, $0<y<1$, $0<z<1$ ゆえ，

$$0<3k-2<1,\ 0<2k-1<1,\ 0<k<1.$$

$$\therefore\ \frac{2}{3}<k<1.$$

ここで，$k=\dfrac{AG}{AH}$ であるから，

$$\frac{2}{3}<\frac{\mathrm{AG}}{\mathrm{AH}}<1.$$

148.

解法メモ

四面体OABCがある空間内のいかなる点であってもその位置ベクトルは,

$$●\overrightarrow{\mathrm{OA}}+■\overrightarrow{\mathrm{OB}}+▼\overrightarrow{\mathrm{OC}}$$

の形に一意的に(唯一通りに)表せます.

【解答】

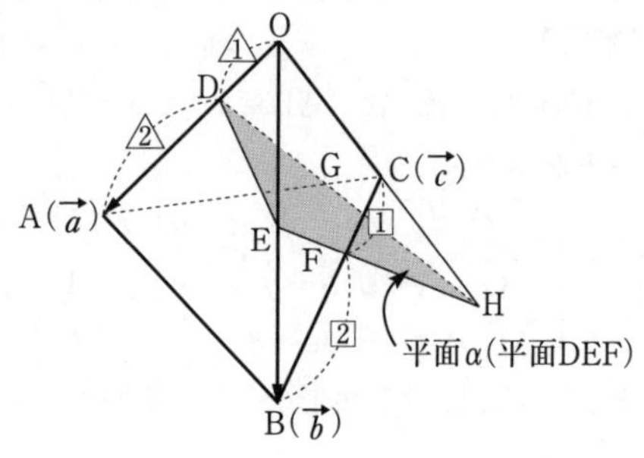

(1) 与条件から,

$$\overrightarrow{\mathrm{OD}}=\frac{1}{3}\vec{a},$$

$$\overrightarrow{\mathrm{OE}}=\frac{1}{2}\vec{b},$$

$$\overrightarrow{\mathrm{OF}}=\frac{1\cdot\overrightarrow{\mathrm{OB}}+2\overrightarrow{\mathrm{OC}}}{2+1}=\frac{1}{3}\vec{b}+\frac{2}{3}\vec{c}.$$

Gは直線AC上ゆえ

$$\underbrace{\overrightarrow{\mathrm{OG}}=(1-s)\vec{a}+s\vec{c}}_{①}\ (s\text{ は実数})$$

と表せる.

また, Gは平面α(平面DEF)上ゆえ,

$$\overrightarrow{\mathrm{OG}}=x\overrightarrow{\mathrm{OD}}+y\overrightarrow{\mathrm{OE}}+z\overrightarrow{\mathrm{OF}}\quad (x,\ y,\ z\text{ は実数で, }\underbrace{x+y+z=1}_{②})$$

$$=\frac{x}{3}\vec{a}+\frac{y}{2}\vec{b}+z\left(\frac{1}{3}\vec{b}+\frac{2}{3}\vec{c}\right)$$

$$=\frac{x}{3}\vec{a}+\left(\frac{y}{2}+\frac{z}{3}\right)\vec{b}+\frac{2}{3}z\vec{c}\qquad\cdots③$$

と表せる.

ここで, $\vec{a}$, $\vec{b}$, $\vec{c}$ は一次独立ゆえ, ①, ③の係数を比較して,

$$\begin{cases}1-s=\dfrac{x}{3},\\[2mm] 0=\dfrac{y}{2}+\dfrac{z}{3},\\[2mm] s=\dfrac{2}{3}z.\end{cases}$$

$$\therefore\quad x=3-3s,\quad y=-s,\quad z=\frac{3}{2}s.$$

これを②へ代入して,

$$(3-3s)+(-s)+\frac{3}{2}s=1.\quad\therefore\quad s=\frac{4}{5}.$$

（$0<s<1$ より，G は線分 AC 上.）

$$\therefore\quad \boldsymbol{\overrightarrow{\mathrm{OG}}=\frac{1}{5}\vec{a}+\frac{4}{5}\vec{c}.}$$

(2)　H は直線 OC 上ゆえ,

$$\overrightarrow{\mathrm{OH}}=k\vec{c}\quad（k \text{ は実数}）$$

と表せる.

また，H は平面 α 上ゆえ,

$$\overrightarrow{\mathrm{OH}}=u\overrightarrow{\mathrm{OD}}+v\overrightarrow{\mathrm{OE}}+w\overrightarrow{\mathrm{OF}}\quad（u,\ v,\ w \text{ は実数で，} \underbrace{u+v+w=1}_{④}）$$

$$=\frac{u}{3}\vec{a}+\left(\frac{v}{2}+\frac{w}{3}\right)\vec{b}+\frac{2}{3}w\vec{c}$$

と表せる.

(1)と同様の考察により,

$$\frac{u}{3}=0,\ \frac{v}{2}+\frac{w}{3}=0,\ \frac{2}{3}w=k.$$

$$\therefore\quad (u,\ v,\ w)=\left(0,\ -k,\ \frac{3}{2}k\right).$$

これを④へ代入して,

$$0+(-k)+\frac{3}{2}k=1.$$

$$\therefore\quad k=2.$$

$$\therefore\quad \overrightarrow{\mathrm{OH}}=2\vec{c}.$$

$$\therefore\ \mathbf{OC:CH=1:1.}$$

O
C
H

(3)　(1),(2)の結果から,

$$\begin{cases}\overrightarrow{\mathrm{DG}}=\overrightarrow{\mathrm{OG}}-\overrightarrow{\mathrm{OD}}=\left(\frac{1}{5}\vec{a}+\frac{4}{5}\vec{c}\right)-\frac{1}{3}\vec{a}=\frac{4}{5}\vec{c}-\frac{2}{15}\vec{a},\\ \overrightarrow{\mathrm{DH}}=\overrightarrow{\mathrm{OH}}-\overrightarrow{\mathrm{OD}}=2\vec{c}-\frac{1}{3}\vec{a}.\end{cases}$$

$$\therefore\quad \overrightarrow{\mathrm{DG}}=\frac{2}{5}\overrightarrow{\mathrm{DH}}.$$

また,

$$\begin{cases} \overrightarrow{\mathrm{EF}}=\overrightarrow{\mathrm{OF}}-\overrightarrow{\mathrm{OE}}=\left(\dfrac{1}{3}\vec{b}+\dfrac{2}{3}\vec{c}\right)-\dfrac{1}{2}\vec{b}=\dfrac{2}{3}\vec{c}-\dfrac{1}{6}\vec{b}, \\ \overrightarrow{\mathrm{EH}}=\overrightarrow{\mathrm{OH}}-\overrightarrow{\mathrm{OE}}=2\vec{c}-\dfrac{1}{2}\vec{b}. \end{cases}$$

$$\therefore\quad \overrightarrow{\mathrm{EF}}=\frac{1}{3}\overrightarrow{\mathrm{EH}}.$$

よって,

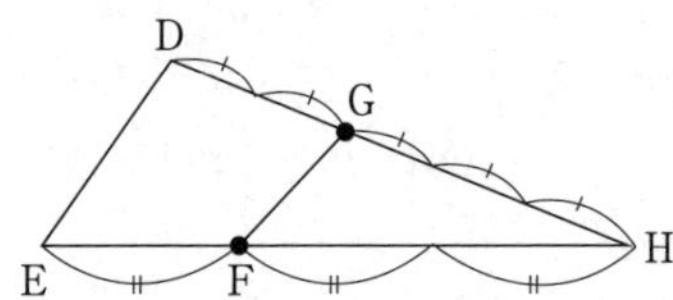

ここで，四面体 PQRS の体積を，V_{PQRS} と表すことにする.

$$\begin{cases} \dfrac{V_{\mathrm{ODEH}}}{V_{\mathrm{OABC}}}=\dfrac{\mathrm{OD}}{\mathrm{OA}}\cdot\dfrac{\mathrm{OE}}{\mathrm{OB}}\cdot\dfrac{\mathrm{OH}}{\mathrm{OC}}=\dfrac{1}{3}\cdot\dfrac{1}{2}\cdot\dfrac{2}{1}=\dfrac{1}{3}, \\ \dfrac{V_{\mathrm{CFGH}}}{V_{\mathrm{ODEH}}}=\dfrac{\mathrm{HC}}{\mathrm{HO}}\cdot\dfrac{\mathrm{HF}}{\mathrm{HE}}\cdot\dfrac{\mathrm{HG}}{\mathrm{HD}}=\dfrac{1}{2}\cdot\dfrac{2}{3}\cdot\dfrac{3}{5}=\dfrac{1}{5}. \end{cases}$$

$$\therefore\quad \begin{cases} V_{\mathrm{ODEH}}=\dfrac{1}{3}V_{\mathrm{OABC}}, \\ V_{\mathrm{CFGH}}=\dfrac{1}{5}V_{\mathrm{ODEH}}=\dfrac{1}{5}\cdot\dfrac{1}{3}V_{\mathrm{OABC}}. \end{cases}$$

よって，四面体 OABC を平面 α で分割するとき，O を含む側の立体の体積は,

$$V_{\mathrm{ODEH}}-V_{\mathrm{CFGH}}=\frac{1}{3}V_{\mathrm{OABC}}-\frac{1}{5}\cdot\frac{1}{3}V_{\mathrm{OABC}}=\frac{4}{15}V_{\mathrm{OABC}}.$$

したがって，求める体積比は,

$$\frac{4}{15}V_{\mathrm{OABC}}:\left(1-\frac{4}{15}\right)V_{\mathrm{OABC}}=\mathbf{4:11}.$$

[参考]

(2)はメネラウスの定理を用いてもよいでしょう.

H は直線 OC と直線 EF の交点だから，メネラウスの定理より,

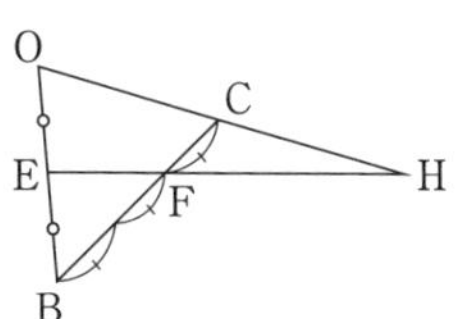

$$\frac{OE}{EB}\cdot\frac{BF}{FC}\cdot\frac{CH}{HO}=1.$$

$$\therefore\quad \frac{1}{1}\cdot\frac{2}{1}\cdot\frac{CH}{HO}=1.$$

$$\therefore\quad \frac{CH}{HO}=\frac{1}{2}.$$

$$\therefore\quad OC:CH=1:1.$$

149.

解法メモ

点 N についての情報は,

$$\begin{cases}\text{辺 BC 上にあること},\\ \angle LMN=90^\circ \text{ であること}\end{cases}$$

の 2 つです. これらを表現するのに

$$\begin{cases}\overrightarrow{ON}=(1-t)\overrightarrow{OB}+t\overrightarrow{OC},\\ \overrightarrow{ML}\cdot\overrightarrow{MN}=0\end{cases}$$

とベクトルを用いる気になりましたか？

その気になりさえすれば, あとは, 一辺の長さ 1 の正四面体 OABC ですから,

$$\begin{cases}|\overrightarrow{OA}|=|\overrightarrow{OB}|=|\overrightarrow{OC}|=1,\\ \overrightarrow{OA}\cdot\overrightarrow{OB}=\overrightarrow{OB}\cdot\overrightarrow{OC}=\overrightarrow{OC}\cdot\overrightarrow{OA}=1\cdot1\cdot\cos 60^\circ\end{cases}$$

を使って…

【解答】

(1) $\overrightarrow{OA}=\vec{a}$, $\overrightarrow{OB}=\vec{b}$, $\overrightarrow{OC}=\vec{c}$ とおくと, 四面体 OABC は一辺の長さが 1 の正四面体だから,

$$\begin{cases}|\vec{a}|=|\vec{b}|=|\vec{c}|=1,\\ \vec{a}\cdot\vec{b}=\vec{b}\cdot\vec{c}=\vec{c}\cdot\vec{a}=1\cdot1\cdot\cos 60^\circ=\dfrac{1}{2}.\end{cases}\quad\cdots①$$

また, 与条件より,

$$\begin{cases}\overrightarrow{OL}=\dfrac{1}{3}\vec{a},\\ \overrightarrow{OM}=\dfrac{2}{3}\vec{b},\\ \overrightarrow{ON}=(1-t)\vec{b}+t\vec{c}\quad (t\text{ は実数})\end{cases}$$

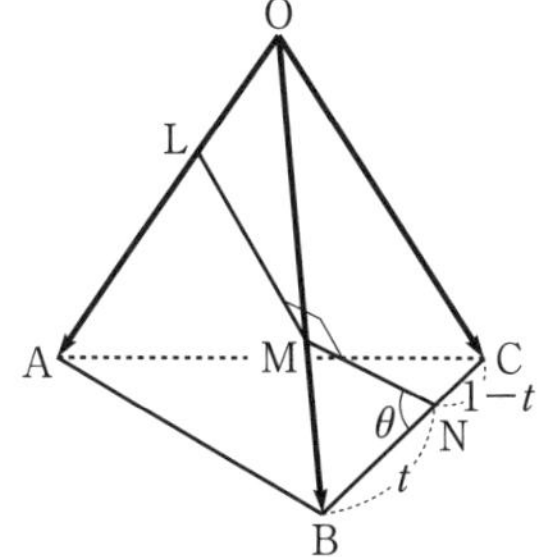

とおけるから,

$$\begin{cases} \overrightarrow{\mathrm{ML}}=\overrightarrow{\mathrm{OL}}-\overrightarrow{\mathrm{OM}}=\dfrac{1}{3}\vec{a}-\dfrac{2}{3}\vec{b}, \\ \overrightarrow{\mathrm{MN}}=\overrightarrow{\mathrm{ON}}-\overrightarrow{\mathrm{OM}}=\left(\dfrac{1}{3}-t\right)\vec{b}+t\vec{c}. \end{cases}$$

∠LMN が直角であるから，

$$0=\overrightarrow{\mathrm{ML}}\cdot\overrightarrow{\mathrm{MN}}=\left(\frac{1}{3}\vec{a}-\frac{2}{3}\vec{b}\right)\cdot\left\{\left(\frac{1}{3}-t\right)\vec{b}+t\vec{c}\right\}$$

$$=\frac{1}{3}\left(\frac{1}{3}-t\right)\vec{a}\cdot\vec{b}+\frac{t}{3}\vec{c}\cdot\vec{a}-\frac{2}{3}\left(\frac{1}{3}-t\right)|\vec{b}|^2-\frac{2}{3}t\vec{b}\cdot\vec{c}$$

$$=\frac{1}{6}\left(\frac{1}{3}-t\right)+\frac{t}{6}-\frac{2}{3}\left(\frac{1}{3}-t\right)-\frac{1}{3}t \qquad (\because\ ①)$$

$$=\frac{t}{3}-\frac{1}{6}.$$

$$\therefore\ t=\frac{1}{2}. \qquad \therefore\ \overrightarrow{\mathrm{ON}}=\frac{1}{2}(\vec{b}+\vec{c}).$$

よって，N は辺 BC の中点であるから，

$$\mathbf{BN : NC=1 : 1.}$$

(2) (1)の結果から，

$$\overrightarrow{\mathrm{NM}}=\overrightarrow{\mathrm{OM}}-\overrightarrow{\mathrm{ON}}=\frac{1}{6}\vec{b}-\frac{1}{2}\vec{c}=\frac{1}{6}(\vec{b}-3\vec{c}).$$

$$\therefore\ |\overrightarrow{\mathrm{NM}}|^2=\frac{1}{36}|\vec{b}-3\vec{c}|^2=\frac{1}{36}\left\{|\vec{b}|^2-6\vec{b}\cdot\vec{c}+9|\vec{c}|^2\right\}$$

$$=\frac{7}{36}. \qquad (\because\ ①)$$

$$\therefore\ |\overrightarrow{\mathrm{NM}}|=\frac{\sqrt{7}}{6}.$$

また，

$$|\overrightarrow{\mathrm{NB}}|=\frac{1}{2}|\overrightarrow{\mathrm{CB}}|=\frac{1}{2},\quad |\overrightarrow{\mathrm{MB}}|=\frac{1}{3}|\overrightarrow{\mathrm{OB}}|=\frac{1}{3}.$$

三角形 MNB に余弦定理を用いて，

$$\cos\angle\mathrm{MNB}=\frac{\mathrm{MN}^2+\mathrm{NB}^2-\mathrm{BM}^2}{2\cdot\mathrm{MN}\cdot\mathrm{NB}}=\frac{\dfrac{7}{36}+\dfrac{1}{4}-\dfrac{1}{9}}{2\cdot\dfrac{\sqrt{7}}{6}\cdot\dfrac{1}{2}}$$

$$=\frac{2}{7}\sqrt{7}.$$

[(2)の別解]

（その 1）

最後で，余弦定理を用いる代わりに，

$$\overrightarrow{\mathrm{NM}}\cdot\overrightarrow{\mathrm{NB}}=\left\{\frac{1}{6}(\vec{b}-3\vec{c})\right\}\cdot\left\{\frac{1}{2}(\vec{b}-\vec{c})\right\}$$

$$=\frac{1}{12}\left\{|\vec{b}|^2-4\vec{b}\cdot\vec{c}+3|\vec{c}|^2\right\}=\frac{1}{6}\quad(\because\ ①),$$

$$\boldsymbol{\cos\angle\mathrm{MNB}}=\frac{\overrightarrow{\mathrm{NM}}\cdot\overrightarrow{\mathrm{NB}}}{|\overrightarrow{\mathrm{NM}}|\,|\overrightarrow{\mathrm{NB}}|}=\frac{\left(\frac{1}{6}\right)}{\frac{\sqrt{7}}{6}\cdot\frac{1}{2}}=\boldsymbol{\frac{2}{7}\sqrt{7}}.$$

（その 2）

与条件と(1)の結果から，

$\mathrm{BM}=2k$，$\mathrm{BN}=3k$（$k>0$）

とおけて，余弦定理より

$$\mathrm{MN}^2=(2k)^2+(3k)^2-2\cdot2k\cdot3k\cdot\cos60^\circ=7k^2.$$

$$\therefore\quad \mathrm{MN}=\sqrt{7}\,k.$$

これと正弦定理 $\dfrac{\mathrm{MN}}{\sin60^\circ}=\dfrac{\mathrm{BM}}{\sin\angle\mathrm{MNB}}$ から，

$$\frac{\sqrt{7}\,k}{\left(\frac{\sqrt{3}}{2}\right)}=\frac{2k}{\sin\angle\mathrm{MNB}}.$$

$$\therefore\quad \sin\angle\mathrm{MNB}=\sqrt{\frac{3}{7}}.$$

$$\therefore\quad \boldsymbol{\cos\angle\mathrm{MNB}}=\sqrt{1-\left(\sqrt{\frac{3}{7}}\right)^2}$$

$$=\boldsymbol{\frac{2}{7}\sqrt{7}}.$$

150.

解法メモ

外心をPとすると，Pは三角形ABCを含む平面ABC上にあるから，

$$\overrightarrow{\mathrm{AP}}=\alpha\overrightarrow{\mathrm{AB}}+\beta\overrightarrow{\mathrm{AC}}$$

と書けます．未知数がα，βの2個だから，Pに関する情報を2つ集めればよいのですが …

「Pが三角形ABCの外心」⇒ $|\overrightarrow{\mathrm{AP}}|=|\overrightarrow{\mathrm{BP}}|=|\overrightarrow{\mathrm{CP}}|$

でα，β（未知数 2 つ）に関する方程式が 2 本できて，オシマイ．

【解答】

$$\overrightarrow{AB}=\begin{pmatrix}-2\\3\\1\end{pmatrix},\quad \overrightarrow{AC}=\begin{pmatrix}1\\-3\\-2\end{pmatrix},$$

$$|\overrightarrow{AB}|=|\overrightarrow{AC}|=\sqrt{14},\quad \overrightarrow{AB}\cdot\overrightarrow{AC}=-13. \qquad \cdots①$$

三角形 ABC の外心を P とすると，P は平面 ABC 上にあるから，

$$\overrightarrow{AP}=\alpha\overrightarrow{AB}+\beta\overrightarrow{AC}\quad (\alpha,\ \beta \text{ は実数}) \qquad \cdots②$$

とおける．

$\overrightarrow{BP}=\overrightarrow{AP}-\overrightarrow{AB}$，$\overrightarrow{CP}=\overrightarrow{AP}-\overrightarrow{AC}$ から，

$$\begin{cases} |\overrightarrow{BP}|^2=|\overrightarrow{AP}-\overrightarrow{AB}|^2=|\overrightarrow{AP}|^2-2\overrightarrow{AP}\cdot\overrightarrow{AB}+|\overrightarrow{AB}|^2, \\ |\overrightarrow{CP}|^2=|\overrightarrow{AP}-\overrightarrow{AC}|^2=|\overrightarrow{AP}|^2-2\overrightarrow{AP}\cdot\overrightarrow{AC}+|\overrightarrow{AC}|^2 \end{cases}$$

ゆえ，

$$\begin{aligned}
& |\overrightarrow{AP}|=|\overrightarrow{BP}|=|\overrightarrow{CP}| \\
\iff & |\overrightarrow{AP}|^2=|\overrightarrow{BP}|^2=|\overrightarrow{CP}|^2 \\
\iff & 0=-2\overrightarrow{AP}\cdot\overrightarrow{AB}+|\overrightarrow{AB}|^2=-2\overrightarrow{AP}\cdot\overrightarrow{AC}+|\overrightarrow{AC}|^2 \\
\iff & \begin{cases} 2\overrightarrow{AP}\cdot\overrightarrow{AB}=|\overrightarrow{AB}|^2, \\ 2\overrightarrow{AP}\cdot\overrightarrow{AC}=|\overrightarrow{AC}|^2 \end{cases} \\
\iff & \begin{cases} 2(\alpha\overrightarrow{AB}+\beta\overrightarrow{AC})\cdot\overrightarrow{AB}=14, \\ 2(\alpha\overrightarrow{AB}+\beta\overrightarrow{AC})\cdot\overrightarrow{AC}=14 \end{cases} \quad (\because\ ①,\ ②) \\
\iff & \begin{cases} \alpha|\overrightarrow{AB}|^2+\beta\overrightarrow{AC}\cdot\overrightarrow{AB}=7, \\ \alpha\overrightarrow{AB}\cdot\overrightarrow{AC}+\beta|\overrightarrow{AC}|^2=7 \end{cases} \\
\iff & \begin{cases} 14\alpha-13\beta=7, \\ -13\alpha+14\beta=7 \end{cases} \quad (\because\ ①) \\
\iff & \alpha=\beta=7.
\end{aligned}$$

$$\therefore\quad \overrightarrow{OP}=\overrightarrow{OA}+\overrightarrow{AP}=\overrightarrow{OA}+7(\overrightarrow{AB}+\overrightarrow{AC})$$

$$=\begin{pmatrix}4\\-1\\2\end{pmatrix}+7\begin{pmatrix}-2+1\\3-3\\1-2\end{pmatrix}=\begin{pmatrix}-3\\-1\\-5\end{pmatrix}.$$

$\therefore$ **P(−3, −1, −5)**.

151.

解法メモ

(3)の空間イメージはつかめましたか？

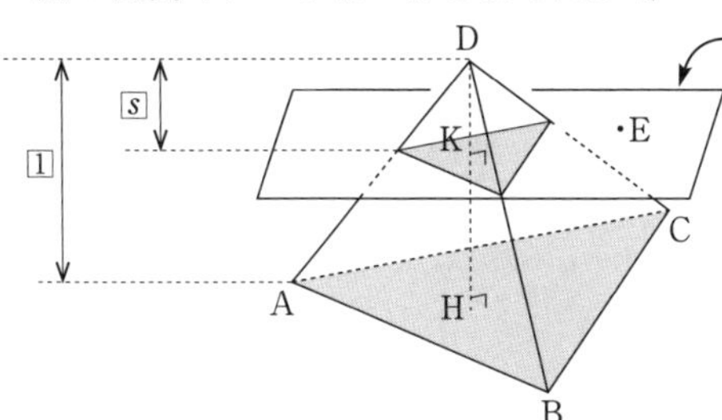

（切り口の三角形）∽ △ABC,
相似比は $s:1=\mathrm{DK}:\mathrm{DH}$,
面積比は $s^2:1^2$.

【解答】

$$\begin{cases} \overrightarrow{\mathrm{AB}}=\overrightarrow{\mathrm{OB}}-\overrightarrow{\mathrm{OA}}=\begin{pmatrix}2\\1\\4\end{pmatrix}-\begin{pmatrix}1\\1\\2\end{pmatrix}=\begin{pmatrix}1\\0\\2\end{pmatrix}, \\ \overrightarrow{\mathrm{AC}}=\overrightarrow{\mathrm{OC}}-\overrightarrow{\mathrm{OA}}=\begin{pmatrix}3\\2\\2\end{pmatrix}-\begin{pmatrix}1\\1\\2\end{pmatrix}=\begin{pmatrix}2\\1\\0\end{pmatrix} \end{cases}$$

ゆえ，$\overrightarrow{\mathrm{AB}} \not\parallel \overrightarrow{\mathrm{AC}}$.

(1)
$$\begin{cases} |\overrightarrow{\mathrm{AB}}|^2=1^2+0^2+2^2=5, \\ |\overrightarrow{\mathrm{AC}}|^2=2^2+1^2+0^2=5, \\ \overrightarrow{\mathrm{AB}}\cdot\overrightarrow{\mathrm{AC}}=1\cdot2+0\cdot1+2\cdot0=2 \end{cases}$$

ゆえ，

$$\begin{aligned} \triangle\mathbf{ABC}&=\frac{1}{2}\sqrt{|\overrightarrow{\mathrm{AB}}|^2|\overrightarrow{\mathrm{AC}}|^2-(\overrightarrow{\mathrm{AB}}\cdot\overrightarrow{\mathrm{AC}})^2} \\ &=\frac{1}{2}\sqrt{5\cdot5-2^2} \\ &=\boldsymbol{\frac{\sqrt{21}}{2}}. \end{aligned}$$

(2)　H は平面 ABC 上ゆえ，

$$\begin{aligned} \overrightarrow{\mathrm{OH}}&=\overrightarrow{\mathrm{OA}}+u\overrightarrow{\mathrm{AB}}+v\overrightarrow{\mathrm{AC}} \quad (u,\ v \text{ は実数}) \\ &=\begin{pmatrix}1\\1\\2\end{pmatrix}+u\begin{pmatrix}1\\0\\2\end{pmatrix}+v\begin{pmatrix}2\\1\\0\end{pmatrix} \end{aligned}$$

$$=\begin{pmatrix} 1+u+2v \\ 1+v \\ 2+2u \end{pmatrix}$$

と表せるから,

$$\overrightarrow{\mathrm{DH}}=\overrightarrow{\mathrm{OH}}-\overrightarrow{\mathrm{OD}}=\begin{pmatrix} 1+u+2v \\ 1+v \\ 2+2u \end{pmatrix}-\begin{pmatrix} 2 \\ 7 \\ 1 \end{pmatrix}$$

$$=\begin{pmatrix} -1+u+2v \\ -6+v \\ 1+2u \end{pmatrix}.$$

ここで, DH⊥(平面 ABC) ゆえ,

$$\overrightarrow{\mathrm{DH}}\perp\overrightarrow{\mathrm{AB}},\ \overrightarrow{\mathrm{DH}}\perp\overrightarrow{\mathrm{AC}}.$$

$$\therefore\quad \overrightarrow{\mathrm{AB}}\cdot\overrightarrow{\mathrm{DH}}=0,\ \overrightarrow{\mathrm{AC}}\cdot\overrightarrow{\mathrm{DH}}=0.$$

$$\therefore\quad \begin{cases} \begin{pmatrix} 1 \\ 0 \\ 2 \end{pmatrix}\cdot\begin{pmatrix} -1+u+2v \\ -6+v \\ 1+2u \end{pmatrix}=0, \\ \begin{pmatrix} 2 \\ 1 \\ 0 \end{pmatrix}\cdot\begin{pmatrix} -1+u+2v \\ -6+v \\ 1+2u \end{pmatrix}=0. \end{cases}$$

$$\therefore\quad \begin{cases} 1\cdot(-1+u+2v)+0\cdot(-6+v)+2\cdot(1+2u)=0, \\ 2\cdot(-1+u+2v)+1\cdot(-6+v)+0\cdot(1+2u)=0. \end{cases}$$

$$\therefore\quad \begin{cases} 5u+2v+1=0, \\ 2u+5v-8=0. \end{cases}$$

これを解いて, $(u,\ v)=(-1,\ 2)$.

$$\therefore\quad \overrightarrow{\mathrm{OH}}=\begin{pmatrix} 1+(-1)+2\cdot2 \\ 1+2 \\ 2+2\cdot(-1) \end{pmatrix}=\begin{pmatrix} 4 \\ 3 \\ 0 \end{pmatrix}.$$

$\therefore$ **H(4, 3, 0)**.

(3) (その 1)

直線 DH と平面 α の交点を K とすると,

$$\overrightarrow{\mathrm{DK}}=k\overrightarrow{\mathrm{DH}}\ (k\text{ は実数})$$

$$=k\begin{pmatrix} 4-2 \\ 3-7 \\ 0-1 \end{pmatrix}=k\begin{pmatrix} 2 \\ -4 \\ -1 \end{pmatrix}$$

と表せて,

$$\overrightarrow{\mathrm{EK}}=\overrightarrow{\mathrm{DK}}-\overrightarrow{\mathrm{DE}}=k\overrightarrow{\mathrm{DH}}-(\overrightarrow{\mathrm{OE}}-\overrightarrow{\mathrm{OD}})$$
$$=k\begin{pmatrix}2\\-4\\-1\end{pmatrix}-\begin{pmatrix}3-2\\4-7\\3-1\end{pmatrix}$$
$$=\begin{pmatrix}2k-1\\-4k+3\\-k-2\end{pmatrix}.$$

$\overrightarrow{\mathrm{EK}}\perp\overrightarrow{\mathrm{DH}}$ ゆえ，$\overrightarrow{\mathrm{EK}}\cdot\overrightarrow{\mathrm{DH}}=0.$

$$\therefore\ \begin{pmatrix}2k-1\\-4k+3\\-k-2\end{pmatrix}\cdot\begin{pmatrix}2\\-4\\-1\end{pmatrix}=0.$$

$$\therefore\quad (2k-1)\cdot 2+(-4k+3)(-4)+(-k-2)(-1)=0.$$

$$\therefore\quad 21k-12=0.\qquad \therefore\quad k=\frac{4}{7}.\qquad \therefore\quad \overrightarrow{\mathrm{DK}}=\frac{4}{7}\overrightarrow{\mathrm{DH}}.$$

ここで，$0<k<1$ ゆえ，線分 DH と平面 α は交わり，したがって，平面 α は四面体 ABCD を切り，その切り口の図形は三角形 ABC に相似で，その相似比は $4:7$，面積比は $4^2:7^2$ である．

よって，求める切り口の面積は，

$$\frac{4^2}{7^2}\cdot\triangle\mathrm{ABC}=\frac{16}{49}\cdot\frac{\sqrt{21}}{2}$$
$$=\boldsymbol{\frac{8}{49}\sqrt{21}}.$$

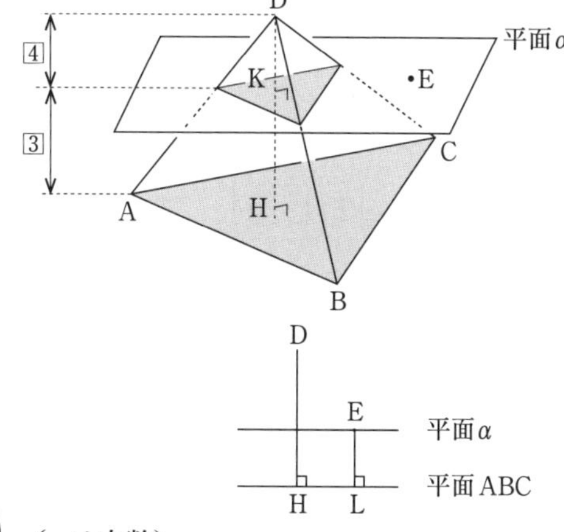

（その 2）

E から平面 ABC に下ろした垂線の足を L とすると，

$$\overrightarrow{\mathrm{EL}}=s\overrightarrow{\mathrm{DH}}=s\begin{pmatrix}4-2\\3-7\\0-1\end{pmatrix}=s\begin{pmatrix}2\\-4\\-1\end{pmatrix}\quad(s\text{ は実数}),$$

$$\overrightarrow{\mathrm{AL}}=\overrightarrow{\mathrm{AE}}+\overrightarrow{\mathrm{EL}}=\begin{pmatrix}3-1\\4-1\\3-2\end{pmatrix}+s\begin{pmatrix}2\\-4\\-1\end{pmatrix}=\begin{pmatrix}2+2s\\3-4s\\1-s\end{pmatrix}$$

とおけて，$\overrightarrow{\mathrm{AL}}\perp\overrightarrow{\mathrm{DH}}$ から，

$$\begin{aligned}0&=\overrightarrow{\mathrm{AL}}\cdot\overrightarrow{\mathrm{DH}}\\&=\begin{pmatrix}2+2s\\3-4s\\1-s\end{pmatrix}\cdot\begin{pmatrix}2\\-4\\-1\end{pmatrix}\\&=21s-9.\end{aligned}$$

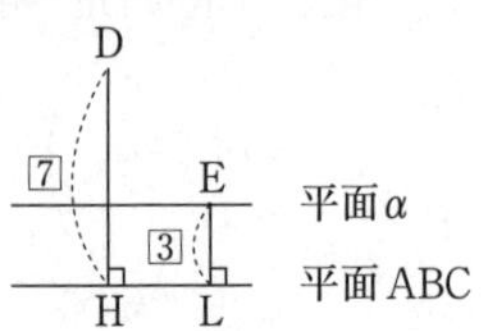

$$\therefore\quad s=\frac{3}{7}.$$

$$\therefore\quad \overrightarrow{\mathrm{EL}}=\frac{3}{7}\overrightarrow{\mathrm{DH}}.$$

…（以下，（その 1）と同様）

152.

解法メモ

直線 l 上の点のベクトル表示は，平面ベクトルでも空間ベクトルでも形は同じで，

$$\overrightarrow{\mathrm{OP}}=\overrightarrow{\mathrm{OA}}+t\vec{l}\quad(t\text{ は実数}).$$

（$\vec{l}$ は l の方向ベクトル）

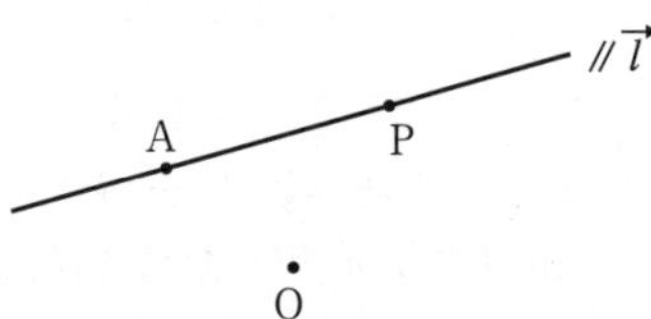

【解答】

(1)　P は l_1 上ゆえ，

$$\begin{aligned}\overrightarrow{\mathrm{OP}}&=\overrightarrow{\mathrm{OA}}+p\overrightarrow{m_1}\\&=\begin{pmatrix}3\\-3\\-3\end{pmatrix}+p\begin{pmatrix}1\\2\\1\end{pmatrix}\\&=\begin{pmatrix}3+p\\-3+2p\\-3+p\end{pmatrix}\quad(p\text{ は実数})\end{aligned}$$

$\overrightarrow{m_1}=\begin{pmatrix}1\\2\\1\end{pmatrix}$　P　A (3, −3, −3)　l_2　l_1　Q　B (3, −1, 3)　$\overrightarrow{m_2}=\begin{pmatrix}-1\\1\\1\end{pmatrix}$

と表せる．また，Q は l_2 上ゆえ，

$$\begin{aligned}\overrightarrow{\mathrm{OQ}}&=\overrightarrow{\mathrm{OB}}+q\overrightarrow{m_2}\\&=\begin{pmatrix}3\\-1\\3\end{pmatrix}+q\begin{pmatrix}-1\\1\\1\end{pmatrix}\\&=\begin{pmatrix}3-q\\-1+q\\3+q\end{pmatrix}\quad(q\text{ は実数})\end{aligned}$$

と表せる．

$$\therefore\quad \overrightarrow{PQ}=\overrightarrow{OQ}-\overrightarrow{OP}=\begin{pmatrix}-q-p\\2+q-2p\\6+q-p\end{pmatrix}.$$

$$\begin{aligned}\therefore\quad |\overrightarrow{PQ}|^2&=(-q-p)^2+(2+q-2p)^2+(6+q-p)^2\\&=6p^2-4pq+3q^2+16q-20p+40\\&=6p^2-4(q+5)p+3q^2+16q+40\\&=6\left(p-\frac{q+5}{3}\right)^2+\frac{7}{3}(q+2)^2+14\\&\geqq 14\quad\left(\begin{array}{c}\text{等号成立は，}p=\dfrac{q+5}{3},\ q=-2,\ \text{すなわち，}\\(p,\ q)=(1,\ -2)\ \text{のとき.}\end{array}\right).\end{aligned}$$

よって，$|\overrightarrow{PQ}|$ が最小となるときの P，Q は，

$$\mathbf{P(4,\ -1,\ -2),\ Q(5,\ -3,\ 1)}$$

(2)　(1)から，$\overrightarrow{OP}=\begin{pmatrix}4\\-1\\-2\end{pmatrix}$，$\overrightarrow{OQ}=\begin{pmatrix}5\\-3\\1\end{pmatrix}$ ゆえ，

$$\begin{cases}|\overrightarrow{OP}|^2=4^2+(-1)^2+(-2)^2=21,\\|\overrightarrow{OQ}|^2=5^2+(-3)^2+1^2=35,\\\overrightarrow{OP}\cdot\overrightarrow{OQ}=4\cdot5+(-1)(-3)+(-2)\cdot1=21.\end{cases}$$

$$\begin{aligned}\therefore\quad \triangle\mathbf{OPQ}&=\frac{1}{2}\sqrt{|\overrightarrow{OP}|^2|\overrightarrow{OQ}|^2-(\overrightarrow{OP}\cdot\overrightarrow{OQ})^2}\\&=\frac{1}{2}\sqrt{21\cdot35-21^2}\\&=\boldsymbol{\frac{7}{2}\sqrt{6}}.\end{aligned}$$

(3)　H は平面 π 上にあるから，

$$\begin{aligned}\overrightarrow{OH}&=s\overrightarrow{OP}+t\overrightarrow{OQ}\\&=s\begin{pmatrix}4\\-1\\-2\end{pmatrix}+t\begin{pmatrix}5\\-3\\1\end{pmatrix}\\&=\begin{pmatrix}4s+5t\\-s-3t\\-2s+t\end{pmatrix}\quad(s,\ t\text{ は実数})\end{aligned}$$

と表せるので，

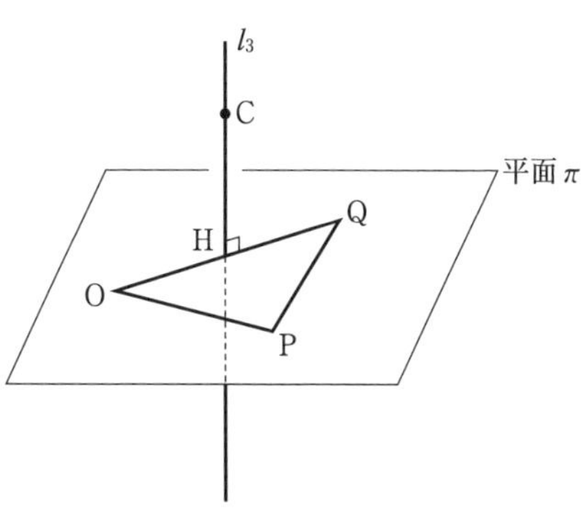

$$\overrightarrow{\mathrm{CH}}=\overrightarrow{\mathrm{OH}}-\overrightarrow{\mathrm{OC}}=\begin{pmatrix}4s+5t-\alpha\\-s-3t-1\\-2s+t-1\end{pmatrix}.$$

さらに $\overrightarrow{\mathrm{CH}}$ は平面 π の法線ベクトルに平行だから,

$$\overrightarrow{\mathrm{CH}}\perp(\text{平面 }\pi).$$

$$\therefore\quad \overrightarrow{\mathrm{CH}}\perp\overrightarrow{\mathrm{OP}},\ \overrightarrow{\mathrm{CH}}\perp\overrightarrow{\mathrm{OQ}}.$$

$$\begin{aligned}\therefore\quad 0&=\overrightarrow{\mathrm{CH}}\cdot\overrightarrow{\mathrm{OP}}\\&=\begin{pmatrix}4s+5t-\alpha\\-s-3t-1\\-2s+t-1\end{pmatrix}\cdot\begin{pmatrix}4\\-1\\-2\end{pmatrix}\\&=(4s+5t-\alpha)\cdot4+(-s-3t-1)\cdot(-1)+(-2s+t-1)\cdot(-2)\\&=21s+21t-4\alpha+3, \qquad\cdots①\end{aligned}$$

$$\begin{aligned}0&=\overrightarrow{\mathrm{CH}}\cdot\overrightarrow{\mathrm{OQ}}\\&=\begin{pmatrix}4s+5t-\alpha\\-s-3t-1\\-2s+t-1\end{pmatrix}\cdot\begin{pmatrix}5\\-3\\1\end{pmatrix}\\&=(4s+5t-\alpha)\cdot5+(-s-3t-1)\cdot(-3)+(-2s+t-1)\cdot1\\&=21s+35t-5\alpha+2. \qquad\cdots②\end{aligned}$$

ここで，H が三角形 OPQ の周上にある条件は,

(i) H が辺 OQ 上にあるとき,

$$s=0,\ 0\leqq t\leqq1,$$

(ii) H が辺 OP 上にあるとき,

$$0\leqq s\leqq1,\ t=0,$$

(iii) H が辺 PQ 上にあるとき,

$$s+t=1,\ s\geqq0,\ t\geqq0$$

である.

(i)のとき，①，②から,

$$\begin{cases}21t-4\alpha+3=0,\\35t-5\alpha+2=0.\end{cases}$$

これを解いて，$(t,\ \alpha)=\left(\dfrac{1}{5},\ \dfrac{9}{5}\right)$.

これは $0\leqq t\leqq1$ をみたしている.

(ii)のとき，①，②から,

$$\begin{cases}21s-4\alpha+3=0,\\21s-5\alpha+2=0.\end{cases}$$

これを解いて，$(s,\ \alpha)=\left(-\dfrac{1}{3},\ -1\right)$.

これは $0\leqq s\leqq 1$ をみたさない.

(iii)のとき，$s+t=1$，①，②から，

$$\begin{cases} 21-4\alpha+3=0, \\ 21+14t-5\alpha+2=0. \end{cases}$$

$$\therefore\quad (\alpha,\ t,\ s)=\left(6,\ \frac{1}{2},\ \frac{1}{2}\right).$$

これは，$s\geqq 0$，$t\geqq 0$ をみたしている.

以上，(i)，(ii)，(iii)より，求める α の値は，

$$\boldsymbol{\alpha=\frac{9}{5},\ 6.}$$

［参考］

$|\overrightarrow{\mathrm{PQ}}|$ が最小となるのは，$\overrightarrow{\mathrm{PQ}}\perp\overrightarrow{m_1}$，$\overrightarrow{\mathrm{PQ}}\perp\overrightarrow{m_2}$ のときです.

これを知っていれば，

$$\overrightarrow{\mathrm{PQ}}\cdot\overrightarrow{m_1}=0,\quad \overrightarrow{\mathrm{PQ}}\cdot\overrightarrow{m_2}=0$$

から，

$$\begin{pmatrix} -q-p \\ 2+q-2p \\ 6+q-p \end{pmatrix}\cdot\begin{pmatrix} 1 \\ 2 \\ 1 \end{pmatrix}=0,\ \begin{pmatrix} -q-p \\ 2+q-2p \\ 6+q-p \end{pmatrix}\cdot\begin{pmatrix} -1 \\ 1 \\ 1 \end{pmatrix}=0.$$

$$\therefore\quad -6p+2q+10=0,\ -2p+3q+8=0.$$

これを解いて，$(p,\ q)=(1,\ -2)$ が出せます.

［参考の参考］

$\overrightarrow{m_1}$ と $\overrightarrow{m_2}$ の両方に垂直なベクトル $\vec{n}$ を採ることが出来て，この $\vec{n}$ を法線ベクトルに持ち，l_1 を含む平面を σ_1，l_2 を含む平面を σ_2 とおくと，平行な 2 平面 σ_1，σ_2 の距離が，l_1 上の点と l_2 上の点の 2 点間距離の最小値に一致します.

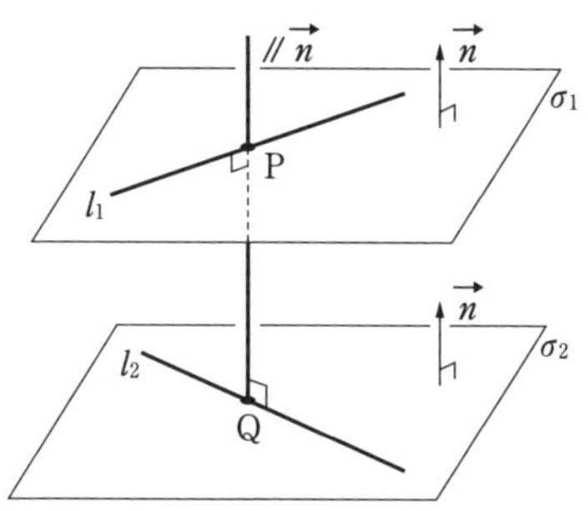

153.

解法メモ

素朴に QR^2 を計算していけばいいのですが，k や a の値による場合分けが必要となることに気が付きましたか？

答案に図は特に要りませんが，見取図を描いておきます．

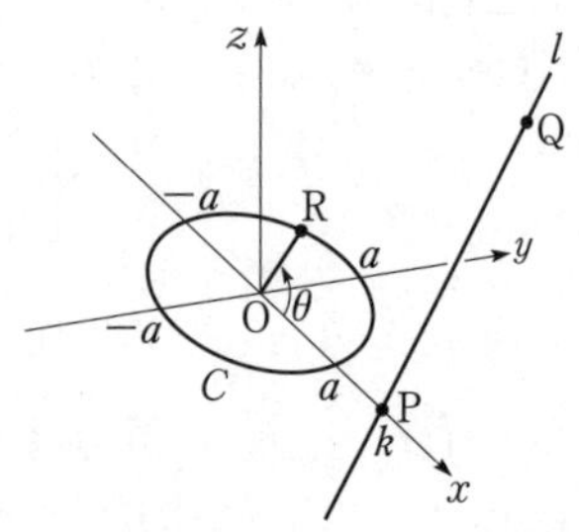

【解答】

Q は l 上にあるから，実数 t を用いて，

$$\overrightarrow{OQ}=\overrightarrow{OP}+t\vec{d}=\begin{pmatrix}k\\0\\0\end{pmatrix}+t\begin{pmatrix}0\\1\\\sqrt{3}\end{pmatrix}=\begin{pmatrix}k\\t\\\sqrt{3}t\end{pmatrix},$$

すなわち，$Q(k,\ t,\ \sqrt{3}t)$ と書ける．

また，$R(a\cos\theta,\ a\sin\theta,\ 0)$ $(0°\leqq\theta<360°)$ であるから，

$$\begin{aligned}QR^2&=(a\cos\theta-k)^2+(a\sin\theta-t)^2+(0-\sqrt{3}t)^2\\&=4t^2-(2a\sin\theta)t+a^2-2ak\cos\theta+k^2\\&=4\left(t-\frac{a\sin\theta}{4}\right)^2-\frac{a^2}{4}\sin^2\theta+a^2-2ak\cos\theta+k^2\\&=4\left(t-\frac{a\sin\theta}{4}\right)^2+\frac{a^2}{4}\cos^2\theta-2ak\cos\theta+k^2+\frac{3}{4}a^2\\&=4\left(t-\frac{a\sin\theta}{4}\right)^2+\frac{a^2}{4}\left(\cos\theta-\frac{4}{a}k\right)^2-3k^2+\frac{3}{4}a^2.\end{aligned}$$

(i) $\frac{4}{a}k<-1$，すなわち，$k<-\frac{a}{4}$ のとき，

$$\begin{aligned}QR^2&\geqq a^2+2ak+k^2\\&=(a+k)^2.\end{aligned}$$

（等号成立は，$t=\frac{a\sin\theta}{4}$，$\cos\theta=-1$，すなわち，$\theta=180°$，$t=0$ のとき．）

$\therefore$ $QR\geqq|a+k|$．（等号成立は，$Q(k,\ 0,\ 0)$，$R(-a,\ 0,\ 0)$ のとき．）

(ii) $-1\leqq\frac{4}{a}k\leqq1$，すなわち，$-\frac{a}{4}\leqq k\leqq\frac{a}{4}$ のとき，

$$QR^2\geqq-3k^2+\frac{3}{4}a^2.$$

（等号成立は，$t=\frac{a\sin\theta}{4}$，$\cos\theta=\frac{4}{a}k$ のとき．）

$\therefore\quad \mathrm{QR} \geqq \dfrac{\sqrt{3}}{2}\sqrt{a^2-4k^2}.$

$$\left(\begin{array}{l}\text{等号成立は,}\\ \mathrm{Q}\left(k,\ \dfrac{a\sin\theta}{4},\ \dfrac{\sqrt{3}}{4}a\sin\theta\right)=\left(k,\ \pm\dfrac{1}{4}\sqrt{a^2-16k^2},\ \pm\dfrac{\sqrt{3}}{4}\sqrt{a^2-16k^2}\right),\\ \mathrm{R}(4k,\ \pm\sqrt{a^2-16k^2},\ 0)\ \text{(複号同順) のとき.}\end{array}\right)$$

(iii)　$1<\dfrac{4}{a}k$, すなわち, $k>\dfrac{a}{4}$ のとき,

$$\begin{aligned}\mathrm{QR}^2 &\geqq a^2-2ak+k^2\\ &=(a-k)^2.\end{aligned}\quad\left(\begin{array}{l}\text{等号成立は,}\ t=\dfrac{a\sin\theta}{4},\ \cos\theta=1,\\ \text{すなわち,}\ \theta=0^\circ,\ t=0\ \text{のとき.}\end{array}\right)$$

$\therefore\quad \mathrm{QR}\geqq|a-k|.$　（等号成立は, $\mathrm{Q}(k,\ 0,\ 0)$, $\mathrm{R}(a,\ 0,\ 0)$ のとき.）

以上より, 求める最小値は,

$$\begin{cases}\boldsymbol{k<-\dfrac{a}{4}}\ \textbf{のとき,}\ \boldsymbol{|a+k|,}\\ \boldsymbol{-\dfrac{a}{4}\leqq k\leqq\dfrac{a}{4}}\ \textbf{のとき,}\ \boldsymbol{\dfrac{\sqrt{3}}{2}\sqrt{a^2-4k^2},}\\ \boldsymbol{\dfrac{a}{4}<k}\ \textbf{のとき,}\ \boldsymbol{|a-k|.}\end{cases}$$

154.

解法メモ

折れ線の長さの最小値は, 平面 α に関する C の対称点を採って考えます.

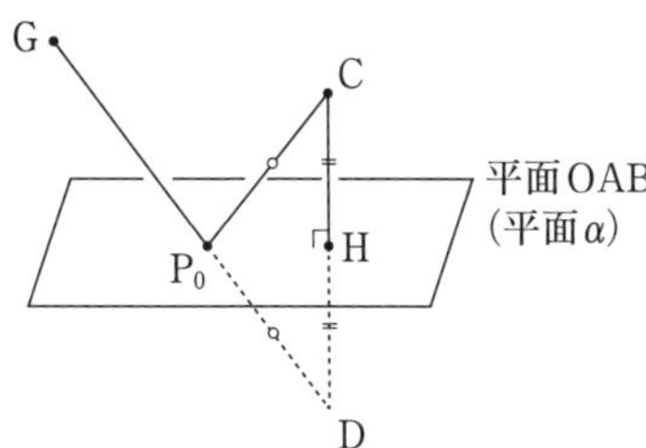

【解答】

(1)　与条件から,

$$\left.\begin{aligned}&|\vec{a}|=2,\ |\vec{b}|=\sqrt{2},\ |\vec{c}|=1,\\&\vec{a}\cdot\vec{b}=0,\\&\vec{b}\cdot\vec{c}=\sqrt{2}\cdot1\cdot\cos\frac{\pi}{4}=1,\\&\vec{c}\cdot\vec{a}=1\cdot2\cdot\cos\frac{\pi}{3}=1.\end{aligned}\right\}\cdots①$$

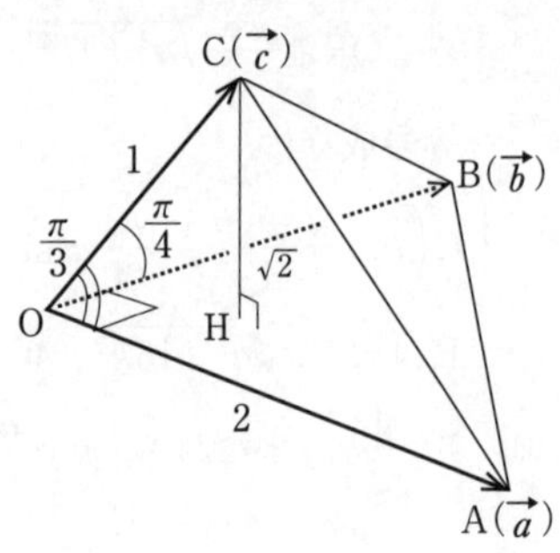

Hは平面α（平面OAB）上にあるから，

$$\overrightarrow{OH}=s\vec{a}+t\vec{b}\ （s,\ t\text{は実数}）\qquad\cdots②$$

と表せる．

$$\therefore\quad \overrightarrow{CH}=\overrightarrow{OH}-\overrightarrow{OC}=s\vec{a}+t\vec{b}-\vec{c}.$$

ここで，CH$\perp\alpha$ ゆえ，

$$\overrightarrow{CH}\perp\vec{a},\ \overrightarrow{CH}\perp\vec{b}.$$

したがって，$\overrightarrow{CH}\cdot\vec{a}=0$，$\overrightarrow{CH}\cdot\vec{b}=0$.

$$\therefore\quad \begin{cases}(s\vec{a}+t\vec{b}-\vec{c})\cdot\vec{a}=0,\\(s\vec{a}+t\vec{b}-\vec{c})\cdot\vec{b}=0.\end{cases}$$

$$\therefore\quad \begin{cases}s|\vec{a}|^2+t\vec{a}\cdot\vec{b}-\vec{c}\cdot\vec{a}=0,\\s\vec{a}\cdot\vec{b}+t|\vec{b}|^2-\vec{b}\cdot\vec{c}=0.\end{cases}$$

これに①を代入して，

$$4s-1=0,\qquad 2t-1=0.$$

$$\therefore\quad (s,\ t)=\left(\frac{1}{4},\ \frac{1}{2}\right).$$

これを②へ代入して，

$$\boldsymbol{\overrightarrow{OH}=\frac{1}{4}\vec{a}+\frac{1}{2}\vec{b}.}$$

また，線分CDの中点がHだから，

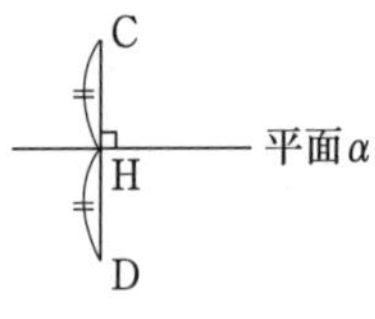

$$\overrightarrow{OH}=\frac{1}{2}(\overrightarrow{OC}+\overrightarrow{OD}).$$

$$\begin{aligned}\therefore\quad \boldsymbol{\overrightarrow{OD}}&=2\overrightarrow{OH}-\overrightarrow{OC}\\&=2\left(\frac{1}{4}\vec{a}+\frac{1}{2}\vec{b}\right)-\vec{c}\\&\boldsymbol{=\frac{1}{2}\vec{a}+\vec{b}-\vec{c}.}\end{aligned}$$

(2) $$\triangle OAB=\frac{1}{2}\cdot OA\cdot OB\cdot\sin\frac{\pi}{2}=\frac{1}{2}\cdot 2\cdot\sqrt{2}\cdot 1=\sqrt{2}.$$

また，$\overrightarrow{CH}=\frac{1}{4}\vec{a}+\frac{1}{2}\vec{b}-\vec{c}$ ゆえ，

$$\begin{aligned}|\overrightarrow{CH}|^2&=\left|\frac{1}{4}\vec{a}+\frac{1}{2}\vec{b}-\vec{c}\right|^2\\&=\frac{1}{16}|\vec{a}|^2+\frac{1}{4}|\vec{b}|^2+|\vec{c}|^2+2\cdot\frac{1}{4}\cdot\frac{1}{2}\vec{a}\cdot\vec{b}-2\cdot\frac{1}{2}\vec{b}\cdot\vec{c}-2\cdot\frac{1}{4}\vec{c}\cdot\vec{a}\\&=\frac{1}{16}\cdot 2^2+\frac{1}{4}\cdot(\sqrt{2})^2+1^2+0-1-\frac{1}{2}\cdot 1\quad(\because\ ①)\\&=\frac{1}{4}.\end{aligned}$$

$$\therefore\quad |\overrightarrow{CH}|=\frac{1}{2}.$$

よって，求める四面体 OABC の体積は，

$$\begin{aligned}\frac{1}{3}\cdot\triangle OAB\cdot CH&=\frac{1}{3}\cdot\sqrt{2}\cdot\frac{1}{2}\\&=\boldsymbol{\frac{\sqrt{2}}{6}}.\end{aligned}$$

(3) G は，三角形 ABC の重心だから，

$$\overrightarrow{OG}=\frac{1}{3}(\overrightarrow{OA}+\overrightarrow{OB}+\overrightarrow{OC})=\frac{1}{3}(\vec{a}+\vec{b}+\vec{c}).$$

直線 GD と平面 α の交点を Q とおく．

Q は直線 GD 上ゆえ，

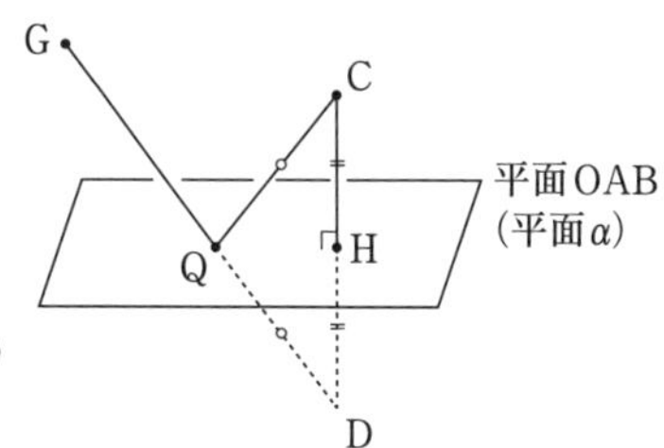

$$\begin{aligned}\overrightarrow{OQ}&=(1-u)\overrightarrow{OG}+u\overrightarrow{OD}\quad(u\text{ は実数})\\&=\frac{1-u}{3}(\vec{a}+\vec{b}+\vec{c})+u\left(\frac{1}{2}\vec{a}+\vec{b}-\vec{c}\right)\\&=\frac{2+u}{6}\vec{a}+\frac{1+2u}{3}\vec{b}+\frac{1-4u}{3}\vec{c}\quad\cdots③\end{aligned}$$

と表せる．

また，Q は平面 α（平面 OAB）上ゆえ，

$$\begin{aligned}\overrightarrow{OQ}&=x\overrightarrow{OA}+y\overrightarrow{OB}\quad(x,\ y\text{は実数})\\&=x\vec{a}+y\vec{b}\end{aligned}\qquad\cdots④$$

と表せる．

ここで，$\vec{a}$，$\vec{b}$，$\vec{c}$ は一次独立ゆえ，③,④の係数を比較して，

$$\begin{cases} \dfrac{2+u}{6}=x, \\ \dfrac{1+2u}{3}=y, \\ \dfrac{1-4u}{3}=0. \end{cases}$$

これを解いて，$(u,\ x,\ y)=\left(\dfrac{1}{4},\ \dfrac{3}{8},\ \dfrac{1}{2}\right)$.

$$\therefore\quad \overrightarrow{\mathrm{OQ}}=\frac{3}{8}\vec{a}+\frac{1}{2}\vec{b}.$$

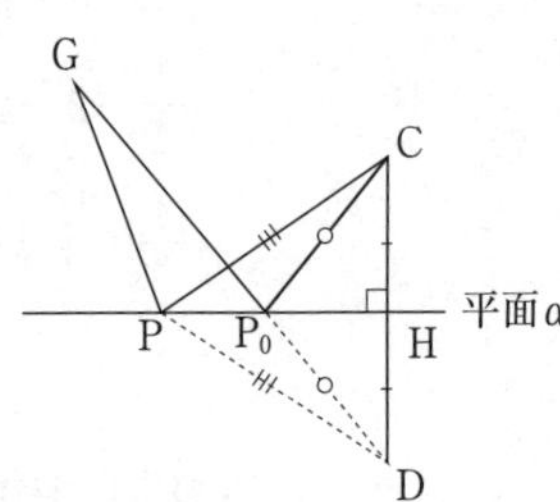

ここで，平面α上の任意の点Pに対して，

$$\mathrm{CP}=\mathrm{DP}$$

ゆえ，

$$\mathrm{CP}+\mathrm{PG}=\mathrm{DP}+\mathrm{PG}$$

$$\geqq \mathrm{DG}.$$ （等号成立は，D，P，Gが同一直線上に並ぶときで，このとき，P=Q.）

したがって，CP＋PGが最小となるのはP=Qのときだから，$\mathrm{P_0}=\mathrm{Q}$.

$$\therefore\quad \boldsymbol{\overrightarrow{\mathrm{OP_0}}}=\overrightarrow{\mathrm{OQ}}$$

$$\boldsymbol{=\frac{3}{8}\vec{a}+\frac{1}{2}\vec{b}.}$$

また，

$$\overrightarrow{\mathrm{DG}}=\overrightarrow{\mathrm{OG}}-\overrightarrow{\mathrm{OD}}=\frac{1}{3}(\vec{a}+\vec{b}+\vec{c})-\left(\frac{1}{2}\vec{a}+\vec{b}-\vec{c}\right)$$

$$=-\frac{1}{6}\vec{a}-\frac{2}{3}\vec{b}+\frac{4}{3}\vec{c}.$$

$$\therefore\quad |\overrightarrow{\mathrm{DG}}|^2=\left|-\frac{1}{6}\vec{a}-\frac{2}{3}\vec{b}+\frac{4}{3}\vec{c}\right|^2$$

$$=\frac{1}{36}|\vec{a}|^2+\frac{4}{9}|\vec{b}|^2+\frac{16}{9}|\vec{c}|^2+2\cdot\frac{1}{6}\cdot\frac{2}{3}\vec{a}\cdot\vec{b}-2\cdot\frac{2}{3}\cdot\frac{4}{3}\vec{b}\cdot\vec{c}$$

$$-2\cdot\frac{1}{6}\cdot\frac{4}{3}\vec{c}\cdot\vec{a}$$

$$=\frac{1}{36}\cdot2^2+\frac{4}{9}\cdot\left(\sqrt{2}\right)^2+\frac{16}{9}\cdot1^2+0-\frac{16}{9}\cdot1-\frac{4}{9}\cdot1 \quad (\because\ ①)$$

$$=\frac{5}{9}.$$

よって，

$$\mathbf{CP_0+P_0G}=|\overrightarrow{\mathrm{DG}}|$$
$$=\frac{\sqrt{5}}{3}.$$

155.

解法メモ

底面が一辺の長さ1の正方形であることから，この四角柱を xyz 座標空間内に，O(0, 0, 0)，A(1, 0, 0)，C(0, 1, 0)，D(0, 0, h)（$h>0$）となる様におくと議論し易いですね．

【解答】

(1) 四角柱 OABC－DEFG を xyz 座標空間内に，

O(0, 0, 0)，A(1, 0, 0)，

C(0, 1, 0)，D(0, 0, h)（$h>0$）

となる様において考える．

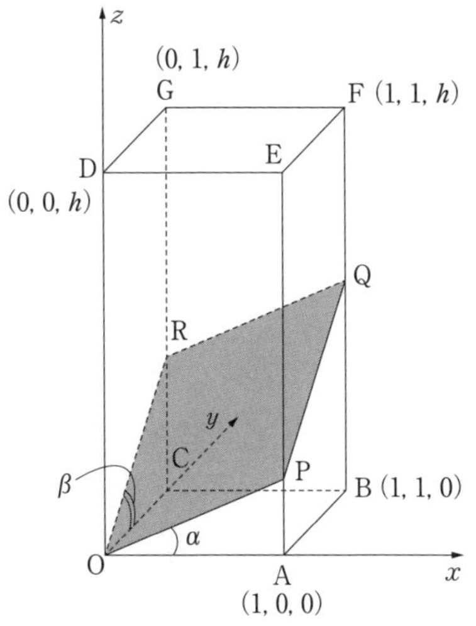

このとき，

$$\overrightarrow{\mathrm{OP}}=\begin{pmatrix}1\\0\\\tan\alpha\end{pmatrix},\ \overrightarrow{\mathrm{OR}}=\begin{pmatrix}0\\1\\\tan\beta\end{pmatrix}$$

で，Q は平面 OPR 上にあるから，

$$\begin{aligned}\overrightarrow{\mathrm{OQ}}&=s\overrightarrow{\mathrm{OP}}+t\overrightarrow{\mathrm{OR}}\\&=s\begin{pmatrix}1\\0\\\tan\alpha\end{pmatrix}+t\begin{pmatrix}0\\1\\\tan\beta\end{pmatrix}\\&=\begin{pmatrix}s\\t\\s\tan\alpha+t\tan\beta\end{pmatrix}\quad(s,\ t\text{ は実数})\end{aligned}$$

とおけるが，Q の x 座標，y 座標は共に1に等しいので，

$$s=1,\ t=1.$$
$$\therefore\ \overrightarrow{\mathrm{OQ}}=\overrightarrow{\mathrm{OP}}+\overrightarrow{\mathrm{OR}}.$$

よって，四角形 OPQR は平行四辺形であり，

$$\begin{cases} |\overrightarrow{OP}|^2=1^2+0^2+\tan^2\alpha=1+\tan^2\alpha, \\ |\overrightarrow{OR}|^2=0^2+1^2+\tan^2\beta=1+\tan^2\beta, \\ \overrightarrow{OP}\cdot\overrightarrow{OR}=1\cdot0+0\cdot1+\tan\alpha\cdot\tan\beta=\tan\alpha\tan\beta \end{cases}$$

だから，平行四辺形 OPQR の面積 S は，

$$\begin{aligned} S&=2\triangle\mathrm{OPR} \\ &=2\cdot\frac{1}{2}\sqrt{|\overrightarrow{OP}|^2|\overrightarrow{OR}|^2-(\overrightarrow{OP}\cdot\overrightarrow{OR})^2} \\ &=\sqrt{(1+\tan^2\alpha)(1+\tan^2\beta)-\tan^2\alpha\tan^2\beta} \\ &=\boldsymbol{\sqrt{1+\tan^2\alpha+\tan^2\beta}}. \end{aligned}$$

(2)　(1)で示したことから，$S=\dfrac{7}{6}$ のとき，

$$1+\tan^2\alpha+\tan^2\beta=\left(\frac{7}{6}\right)^2.$$

$$\therefore\quad \tan^2\alpha+\tan^2\beta=\frac{13}{36}. \qquad \cdots①$$

また，$\alpha+\beta=\dfrac{\pi}{4}$ から，$\tan(\alpha+\beta)=1$.

$$\therefore\quad \frac{\tan\alpha+\tan\beta}{1-\tan\alpha\tan\beta}=1.$$

$$\therefore\quad \tan\alpha+\tan\beta=1-\tan\alpha\tan\beta. \qquad \cdots②$$

ここで，$p=\tan\alpha+\tan\beta$，$q=\tan\alpha\tan\beta$ とおくと，①，②から，

$$\begin{cases} p^2-2q=\dfrac{13}{36}, \\ p=1-q. \end{cases} \qquad \cdots③$$

p を消去して，$(1-q)^2-2q=\dfrac{13}{36}$.

$$\therefore\quad q^2-4q+\frac{23}{36}=0.$$

$$\therefore\quad \left(q-\frac{1}{6}\right)\left(q-\frac{23}{6}\right)=0.$$

$$\therefore\quad q=\frac{1}{6},\ \frac{23}{6}.$$

これと③から，$p=\dfrac{5}{6}$，$-\dfrac{17}{6}$.

ここで，与条件より $0\leqq\alpha<\dfrac{\pi}{2}$，$0\leqq\beta<\dfrac{\pi}{2}$ であるから，$\tan\alpha\geqq0$,

$\tan\beta \geqq 0$，したがって，$p \geqq 0$ ゆえ，$p=\frac{5}{6}$，$q=\frac{1}{6}$.

$$\therefore \quad \begin{cases} \boldsymbol{\tan\alpha+\tan\beta=\frac{5}{6}}, \\ \tan\alpha\cdot\tan\beta=\frac{1}{6}. \end{cases}$$

よって，$\tan\alpha$，$\tan\beta$ は u の2次方程式

$$u^2-\frac{5}{6}u+\frac{1}{6}=0,\ \text{すなわち},\ 6u^2-5u+1=0$$

の2解である.

$$\therefore \quad (3u-1)(2u-1)=0.$$

$$\therefore \quad u=\frac{1}{3},\ \frac{1}{2}.$$

また，与条件 $(0\leqq)\alpha\leqq\beta\left(<\frac{\pi}{2}\right)$ より，$\tan\alpha\leqq\tan\beta$ だから，

$$(\boldsymbol{\tan\alpha},\ \tan\beta)=\left(\boldsymbol{\frac{1}{3}},\ \frac{1}{2}\right).$$

[参考]

(2)で $\alpha+\beta=\frac{\pi}{4}$ の条件を見て，$\beta=\frac{\pi}{4}-\alpha$ で β を消去する気になってしまったら，…（①や $\alpha+\beta=\frac{\pi}{4}$ の対称性を保存しないでやるなら）

$$\tan\beta=\tan\left(\frac{\pi}{4}-\alpha\right)$$

$$=\frac{\tan\frac{\pi}{4}-\tan\alpha}{1+\tan\frac{\pi}{4}\cdot\tan\alpha}$$

$$=\frac{1-\tan\alpha}{1+\tan\alpha}.$$

ここで，$v=\tan\alpha$ と置いて，①から，

$$v^2+\left(\frac{1-v}{1+v}\right)^2=\frac{13}{36}.$$

分母払って整理して，

$$36v^4+72v^3+59v^2-98v+23=0. \qquad \cdots(*)$$

もし，(*)に有理数解があるなら（あってくれたなら）それは，

$$\frac{(23\text{ の約数})}{(36\text{ の約数})}=\pm\frac{(1,\ 23\text{ のいずれか})}{(1,\ 2,\ 3,\ 4,\ 6,\ 9,\ 12,\ 18,\ 36\text{ のいずれか})}$$

の中にあるハズなので，順に試していって，$\frac{1}{2}$ と $\frac{1}{3}$ を発見！

（51.[参考]を参照.）

$\therefore\quad (2v-1)(3v-1)(6v^2+17v+23)=0.$

↖$v=\tan\alpha\geqq 0$ なのでこれは正の値をとる.

$$\therefore\quad v=\frac{1}{2},\ \frac{1}{3}.$$

$$\therefore\quad \tan\alpha=\frac{1}{2},\ \frac{1}{3}.$$

ここで，①も $\alpha+\beta=\frac{\pi}{4}$ も α, β に関して対称なので，$\tan\beta$ も $\frac{1}{2}$, $\frac{1}{3}$.

最後に $\alpha\leqq\beta$ の条件を使って，

$$(\tan\alpha,\ \tan\beta)=\left(\frac{1}{3},\ \frac{1}{2}\right).$$

156.

解法メモ

四面体 OABC の中にあって側面 ABC に内から接している球が Q_1 で，四面体 OABC の側面 ABC に外から接している球が Q_2 です．いずれにせよ中心の座標は（yz 平面，zx 平面，xy 平面から等距離にあるので），$(r,\ r,\ r)\ (r>0)$ ですね.

また，2点 $(a,\ 0)$, $(0,\ b)$, $(ab\neq 0)$ を通る直線の方程式が $\frac{x}{a}+\frac{y}{b}=1$ であるのと同様に，3点 $(a,\ 0,\ 0)$, $(0,\ b,\ 0)$, $(0,\ 0,\ c)$ $(abc\neq 0)$ を通る平面の方程式は，$\frac{x}{a}+\frac{y}{b}+\frac{z}{c}=1$ と表せます.

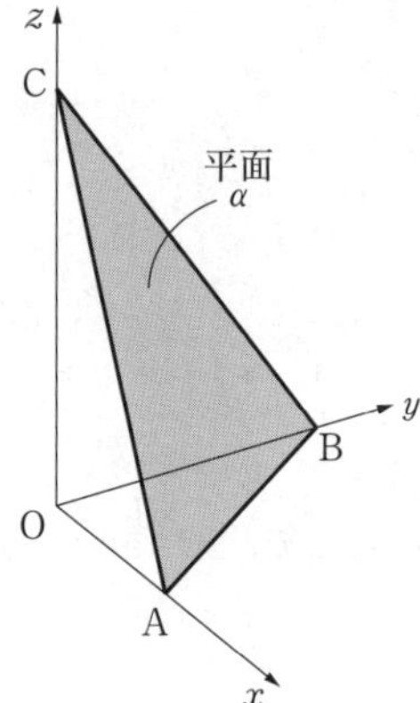

【解答】

(1) A(1, 0, 0)，B(0, 2, 0)，C(0, 0, 3) を通る平面 α の方程式は，

$\frac{x}{1}+\frac{y}{2}+\frac{z}{3}=1$，すなわち，

$$\boldsymbol{\alpha : 6x+3y+2z=6.}$$

(2)　平面α，xy平面，yz平面，zx平面のすべてに接する球のうち，その中心のx座標，y座標，z座標がすべて正であるものの半径を$r(>0)$とすると，その中心の座標は，$(r,\ r,\ r)$である．

この中心と平面$\alpha : 6x+3y+2z-6=0$との距離が半径rに等しいから，

$$\frac{|6r+3r+2r-6|}{\sqrt{6^2+3^2+2^2}}=r.$$

$$\therefore\quad |11r-6|=7r.$$

$$\therefore\quad 11r-6=\pm 7r.$$

$$\therefore\quad r=\frac{3}{2},\ \frac{1}{3}.$$

よって，求める球面の方程式は，

$$\boldsymbol{Q_1 : \left(x-\frac{1}{3}\right)^2+\left(y-\frac{1}{3}\right)^2+\left(z-\frac{1}{3}\right)^2=\left(\frac{1}{3}\right)^2,}$$

$$\boldsymbol{Q_2 : \left(x-\frac{3}{2}\right)^2+\left(y-\frac{3}{2}\right)^2+\left(z-\frac{3}{2}\right)^2=\left(\frac{3}{2}\right)^2.}$$

(3)　(2)から，

$$C_1\left(\frac{1}{3},\ \frac{1}{3},\ \frac{1}{3}\right),\ C_2\left(\frac{3}{2},\ \frac{3}{2},\ \frac{3}{2}\right),$$

$$\overrightarrow{C_1C_2}=\begin{pmatrix}\frac{3}{2}-\frac{1}{3}\\ \frac{3}{2}-\frac{1}{3}\\ \frac{3}{2}-\frac{1}{3}\end{pmatrix}=\frac{7}{6}\begin{pmatrix}1\\1\\1\end{pmatrix}.$$

よって，直線C_1C_2上の任意の点の座標は実数のパラメータtを用いて，$(t,\ t,\ t)$と表せて，この点が平面α上にある条件は，

$$6t+3t+2t=6.$$

$$\therefore\quad t=\frac{6}{11}.$$

よって，求める直線C_1C_2と平面αの交点の座標は，

$$\boldsymbol{\left(\frac{6}{11},\ \frac{6}{11},\ \frac{6}{11}\right).}$$

(4)　求める球面の方程式は，

$$x^2+y^2+z^2+ax+by+cz+d=0\quad (a,\ b,\ c,\ d\text{は実数})$$

とおけて，この球面が，O$(0,\ 0,\ 0)$，A$(1,\ 0,\ 0)$，B$(0,\ 2,\ 0)$，

C(0, 0, 3) を通る条件から,

$$\begin{cases} d=0, \\ 1+a+d=0, \\ 4+2b+d=0, \\ 9+3c+d=0. \end{cases}$$

これを解いて, $(a,\ b,\ c,\ d)=(-1,\ -2,\ -3,\ 0)$.

よって, 求める球面の方程式は,

$$\boldsymbol{x^2+y^2+z^2-x-2y-3z=0.}$$

$$\left(\left(\boldsymbol{x}-\frac{1}{2}\right)^2+(\boldsymbol{y}-1)^2+\left(\boldsymbol{z}-\frac{3}{2}\right)^2=\left(\sqrt{\frac{7}{2}}\right)^2 \text{ も可.}\right)$$

[参考]

(3) は, $\overrightarrow{C_1C_2}$ を具体的に計算しなくても, $C_1(r_1,\ r_1,\ r_1)$, $C_2(r_2,\ r_2,\ r_2)$ $(r_1>0,\ r_2>0)$ と書けることが判っているから,

$$\overrightarrow{OC_1} /\!/ \overrightarrow{OC_2} /\!/ \begin{pmatrix} 1 \\ 1 \\ 1 \end{pmatrix} \text{ です.}$$

157.

解法メモ

光の反射の問題です.

(入射角)=(反射角)

という情報を, この角 ABC の二等分線方向に球面の中心 O があると読みます.

本問では,

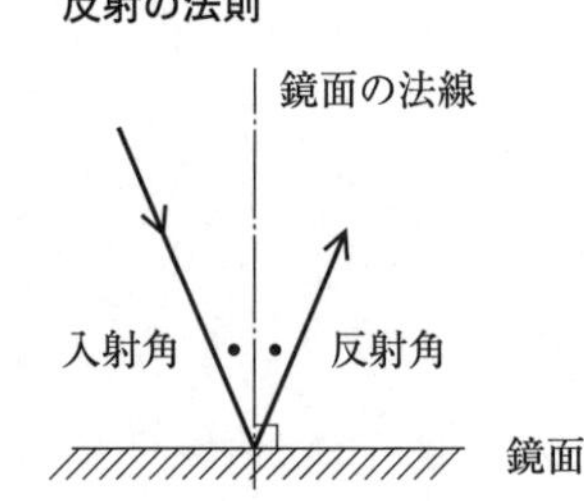

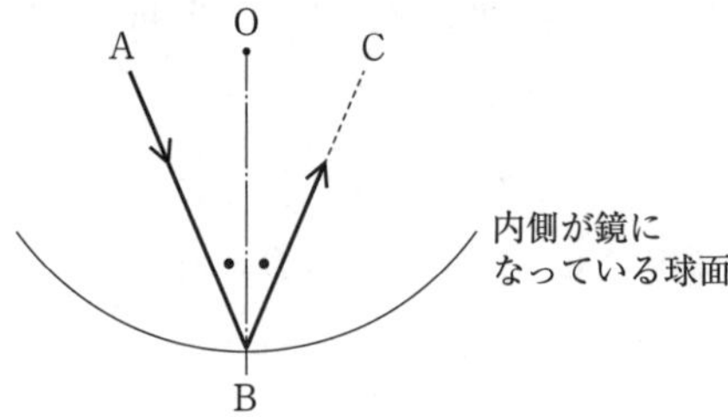

【解答】

A から, $\vec{u}$ と同じ向きに出た光線の先に B があるから,

$\overrightarrow{OB}=\overrightarrow{OA}+\overrightarrow{AB}$

$$=\overrightarrow{\mathrm{OA}}+t\vec{u}\quad (t>0)$$

$$=\begin{pmatrix}1\\1\\1\end{pmatrix}+t\begin{pmatrix}0\\1\\-1\end{pmatrix}$$

$$=\begin{pmatrix}1\\1+t\\1-t\end{pmatrix}.$$

$S: x^2+y^2+z^2=5$

$\overrightarrow{\mathrm{AB}} /\!/ \vec{u}=\begin{pmatrix}0\\1\\-1\end{pmatrix}$

(1, 1, 1) A　O　C　B

Bにおける S の接平面 σ

ここで，B は S 上にあるから，

$$|\overrightarrow{\mathrm{OB}}|=\sqrt{5}.$$

$$\therefore\quad 1^2+(1+t)^2+(1-t)^2=(\sqrt{5})^2.$$

$$\therefore\quad t^2=1.$$

$t>0$ だから，$t=1$.

$$\therefore\quad \overrightarrow{\mathrm{OB}}=\begin{pmatrix}1\\2\\0\end{pmatrix},$$ すなわち，B(1，2，0).

半直線 BC 上に D を，BD＝BAとなる様に採る.

$$\mathrm{BA}=\sqrt{(1-1)^2+(1-2)^2+(1-0)^2}$$

$$=\sqrt{2}.$$

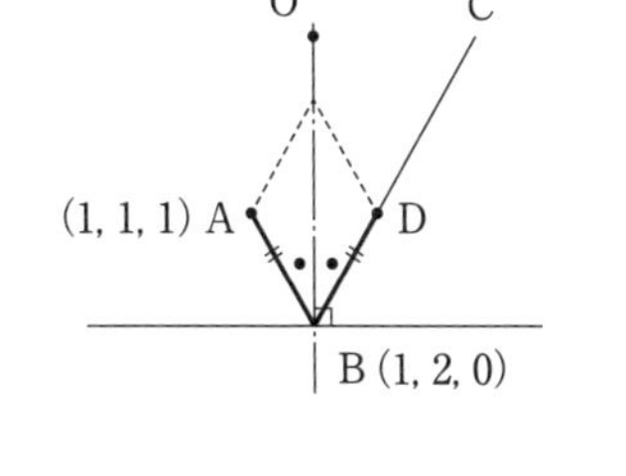

$\overrightarrow{\mathrm{BA}}+\overrightarrow{\mathrm{BD}} /\!/ \overrightarrow{\mathrm{BO}}$ だから，

$$\overrightarrow{\mathrm{BA}}+\overrightarrow{\mathrm{BD}}=k\,\overrightarrow{\mathrm{BO}}\quad (k>0)$$

とおけて，

$$\begin{pmatrix}1-1\\1-2\\1-0\end{pmatrix}+\overrightarrow{\mathrm{BD}}=k\begin{pmatrix}0-1\\0-2\\0-0\end{pmatrix}.$$

$$\therefore\quad \overrightarrow{\mathrm{BD}}=k\begin{pmatrix}-1\\-2\\0\end{pmatrix}-\begin{pmatrix}0\\-1\\1\end{pmatrix}=\begin{pmatrix}-k\\-2k+1\\-1\end{pmatrix}.$$

ここで，BD＝BA＝$\sqrt{2}$ だから，

$$(-k)^2+(-2k+1)^2+(-1)^2=(\sqrt{2})^2.$$

$$\therefore\quad k(5k-4)=0.$$

$k>0$ ゆえ，$k=\dfrac{4}{5}$.

$$\therefore \quad \overrightarrow{\mathrm{BD}}=\begin{pmatrix} -\frac{4}{5} \\ -\frac{3}{5} \\ -1 \end{pmatrix}.$$

半直線 BD 上に C はあるから,

$$\begin{aligned}\overrightarrow{\mathrm{OC}}&=\overrightarrow{\mathrm{OB}}+l\,\overrightarrow{\mathrm{BD}} \quad (l>0)\\ &=\begin{pmatrix} 1 \\ 2 \\ 0 \end{pmatrix}+l\begin{pmatrix} -\frac{4}{5} \\ -\frac{3}{5} \\ -1 \end{pmatrix}\\ &=\begin{pmatrix} 1-\frac{4}{5}l \\ 2-\frac{3}{5}l \\ -l \end{pmatrix}\end{aligned}$$

とおけて，C は S 上だから，$\mathrm{OC}=\sqrt{5}$.

$$\therefore \quad \left(1-\frac{4}{5}l\right)^2+\left(2-\frac{3}{5}l\right)^2+(-l)^2=(\sqrt{5})^2.$$

$$\therefore \quad 2l(l-2)=0.$$

$l>0$ ゆえ，$l=2$.

$$\therefore \quad \overrightarrow{\mathrm{OC}}=\begin{pmatrix} -\frac{3}{5} \\ \frac{4}{5} \\ -2 \end{pmatrix}, \quad \text{すなわち，} \mathbf{C}\left(-\frac{3}{5},\ \frac{4}{5},\ -2\right).$$

[参考]

三角形 OAB は直角三角形でした.

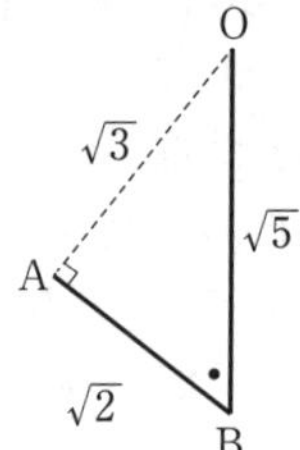

158.

解法メモ

Q$(x,\ y,\ z)$, R$(X,\ Y,\ 0)$

とおけて，これら，x，y，z，X，Y に関わる情報を集めると，

(i)　直線 PR 上に Q があり，

(ii)　球面 $x^2+y^2+(z-1)^2=1$ 上に Q があることです．

方程式の数としては，(i)の 3 成分で 3 本，(ii)の 1 本で，都合(つごう) 4 本．

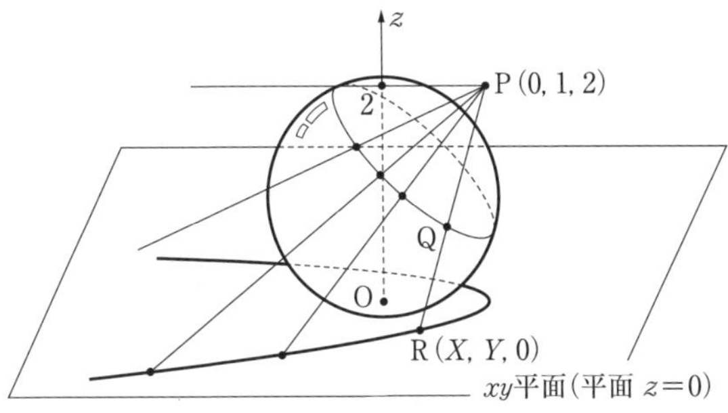

【解答】

R は xy 平面上なので，R$(X,\ Y,\ 0)$ とおける．

直線 PR 上の点は実数のパラメータ t を用いて，

$$\begin{pmatrix} x \\ y \\ z \end{pmatrix}=\overrightarrow{\mathrm{OP}}+t\,\overrightarrow{\mathrm{PR}}$$

$$=\begin{pmatrix} 0 \\ 1 \\ 2 \end{pmatrix}+t\begin{pmatrix} X-0 \\ Y-1 \\ 0-2 \end{pmatrix}$$

$$=\begin{pmatrix} tX \\ 1+t(Y-1) \\ 2-2t \end{pmatrix}$$

と表せる．この点が，$(0,\ 0,\ 1)$ を中心とする半径 1 の球面 $x^2+y^2+(z-1)^2=1$ 上にあればそれが点 Q で，Q が存在する条件は，

$$(tX)^2+\left\{1+t(Y-1)\right\}^2+(1-2t)^2=1,$$

すなわち，t の 2 次方程式

$$\left\{X^2+(Y-1)^2+4\right\}t^2+2(Y-3)t+1=0 \qquad \cdots①$$

が実数解を持つことである．

(①の判別式)$\geqq 0$ から，

$(Y-3)^2-\left\{X^2+(Y-1)^2+4\right\}\geqq 0.$

$$\therefore \quad Y\leqq -\frac{1}{4}X^2+1.$$

よって，R の動く領域は，

$$\boldsymbol{y\leqq -\frac{1}{4}x^2+1,\ \ z=0.}$$

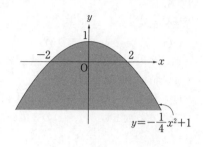

[参考]

P を通る直線が，点 T でこの球面と接するとする．

この球面の中心を A(0, 0, 1) とし，この接線 PT と xy 平面の交わりを R(X, Y, 0) とする．

(T$\neq$B(0, 0, 2) なら，R は存在する．)

このとき，$\overrightarrow{\mathrm{PA}}$ と $\overrightarrow{\mathrm{PR}}$ のなす角は，$\overrightarrow{\mathrm{PA}}$ と $\overrightarrow{\mathrm{PB}}$ のなす角に等しく，$\frac{\pi}{4}$ であるから，

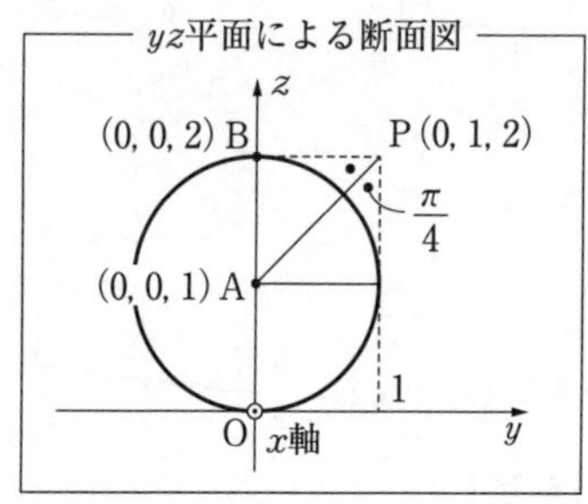

$$\overrightarrow{\mathrm{PA}}\cdot\overrightarrow{\mathrm{PR}}=|\overrightarrow{\mathrm{PA}}||\overrightarrow{\mathrm{PR}}|\cos\frac{\pi}{4}.$$

$$\therefore \quad \begin{pmatrix} 0-0 \\ 0-1 \\ 1-2 \end{pmatrix}\cdot\begin{pmatrix} X-0 \\ Y-1 \\ 0-2 \end{pmatrix}=\sqrt{2}\sqrt{X^2+(Y-1)^2+(-2)^2}\cdot\frac{1}{\sqrt{2}}.$$

$$\therefore \quad -(Y-1)-(-2)=\sqrt{X^2+(Y-1)^2+4}.$$

$$\therefore \quad (3-Y)^2=X^2+(Y-1)^2+4,\ \ Y\leqq 3.$$

$$\therefore \quad Y=-\frac{1}{4}X^2+1.$$

[参考の参考]

上で，半直線 PT の“集まり”は，P を頂点とする円錐の側面になります．

この円錐の側面を xy 平面で切ったら，その切り口が放物線になったということです．

159.

解法メモ

xy 平面上の直線 $y=-x$ の上にある点の1つを採って，

$$K(1,\ -1,\ 0)$$

とすると，K はこの回転によって不動です．

$\overrightarrow{OK}$ に垂直なベクトルがこの回転によって $\angle FOD$ の分だけ "まわる" のです．

【解答】

(1)

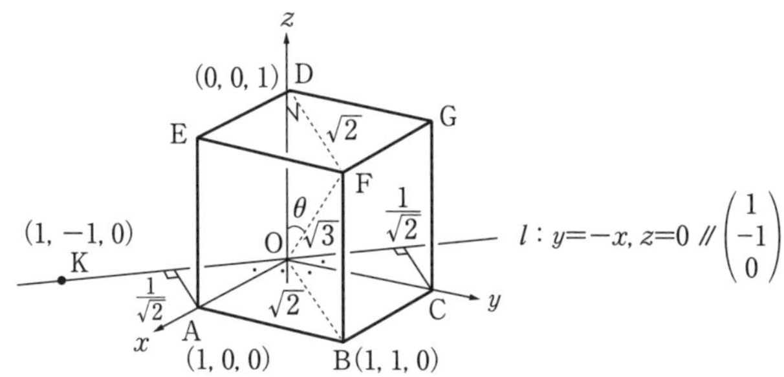

題意の回転角の大きさを $\theta\left(0<\theta<\dfrac{\pi}{2}\right)$ とすると，図より，

$$\cos\theta=\frac{1}{\sqrt{3}},\ \sin\theta=\frac{\sqrt{2}}{\sqrt{3}}$$

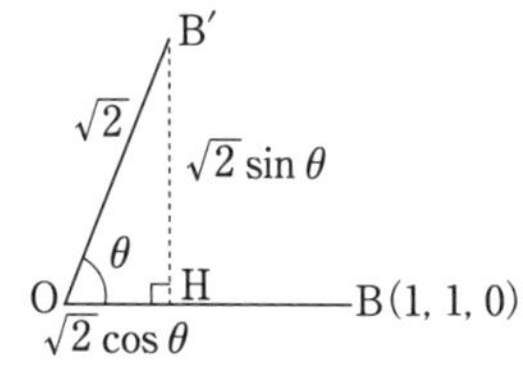

で，回転後の B を B′とすると，B′の x 座標，y 座標は共に，

$$\sqrt{2}\cos\theta\times\frac{1}{\sqrt{2}}=\cos\theta=\frac{1}{\sqrt{3}},$$

z 座標は，

$$\sqrt{2}\sin\theta=\frac{2}{\sqrt{3}}$$

ゆえ，

$$\mathbf{B'}\left(\frac{\mathbf{1}}{\sqrt{\mathbf{3}}},\ \frac{\mathbf{1}}{\sqrt{\mathbf{3}}},\ \frac{\mathbf{2}}{\sqrt{\mathbf{3}}}\right).$$

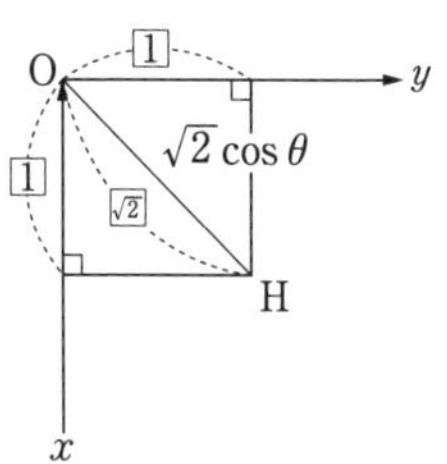

(2) xy 平面上の直線 $l：y=-x,\ z=0$ 上に，点 K$(1,\ -1,\ 0)$ を採ると，K はこの回転で動かない．

これを用いて，

$$\begin{cases} \overrightarrow{\mathrm{OA}}=\begin{pmatrix}1\\0\\0\end{pmatrix}=\dfrac{1}{2}\left\{\begin{pmatrix}1\\1\\0\end{pmatrix}+\begin{pmatrix}1\\-1\\0\end{pmatrix}\right\}=\dfrac{1}{2}\overrightarrow{\mathrm{OB}}+\dfrac{1}{2}\overrightarrow{\mathrm{OK}}, \\ \overrightarrow{\mathrm{OG}}=\overrightarrow{\mathrm{OF}}+\overrightarrow{\mathrm{FG}}=\overrightarrow{\mathrm{OF}}-\overrightarrow{\mathrm{OA}}. \end{cases}$$

回転後の A，F，G を A′，F′，G′とおくと，F′$(0,\ 0,\ \sqrt{3})$ で，

$$\begin{cases} \overrightarrow{\mathrm{OA}}'=\dfrac{1}{2}\overrightarrow{\mathrm{OB}}'+\dfrac{1}{2}\overrightarrow{\mathrm{OK}}'=\dfrac{1}{2}\overrightarrow{\mathrm{OB}}'+\dfrac{1}{2}\overrightarrow{\mathrm{OK}}, \\ \overrightarrow{\mathrm{OG}}'=\overrightarrow{\mathrm{OF}}'-\overrightarrow{\mathrm{OA}}' \end{cases}$$

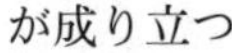

が成り立つ．

これと(1)の結果から，

$$\overrightarrow{\mathrm{A'G'}}=\overrightarrow{\mathrm{OG}}'-\overrightarrow{\mathrm{OA}}'=\overrightarrow{\mathrm{OF}}'-2\overrightarrow{\mathrm{OA}}'=\overrightarrow{\mathrm{OF}}'-\overrightarrow{\mathrm{OB}}'-\overrightarrow{\mathrm{OK}}$$

$$=\begin{pmatrix}0\\0\\\sqrt{3}\end{pmatrix}-\begin{pmatrix}\dfrac{1}{\sqrt{3}}\\\dfrac{1}{\sqrt{3}}\\\dfrac{2}{\sqrt{3}}\end{pmatrix}-\begin{pmatrix}1\\-1\\0\end{pmatrix}=\begin{pmatrix}-\dfrac{1}{\sqrt{3}}-1\\-\dfrac{1}{\sqrt{3}}+1\\\dfrac{1}{\sqrt{3}}\end{pmatrix}.$$

よって，求める $\overrightarrow{\mathrm{AG}}$ の回転後の成分は，

$$\boldsymbol{\left(-\frac{1}{\sqrt{3}}-1,\ -\frac{1}{\sqrt{3}}+1,\ \frac{1}{\sqrt{3}}\right)}.$$

24920